统计学精品译丛

（原书第2版）

随机过程

Stochastic Processes

(Second Edition)

（美）Sheldon M. Ross 著

龚光鲁 译

图书在版编目（CIP）数据

随机过程（原书第2版）/（美）罗斯（Ross，S. M.）著；龚光鲁译．—北京：机械工业出版社，2013.7（2024.5重印）

（统计学精品译丛）

书名原文：Stochastic Processes，Second Edition

ISBN 978-7-111-43029-2

Ⅰ．随…　Ⅱ．①罗…　②龚…　Ⅲ．随机过程　Ⅳ．O211.6

中国版本图书馆CIP数据核字（2013）第136418号

本书从概率的角度而不是分析的角度来看待随机过程，书中介绍了随机过程的基本理论，包括Poisson过程、Markov链、鞅、Brown运动、随机序关系、Poisson逼近等，并阐明这些理论在各领域的应用．书中有丰富的例子和习题，其中一些需要创造性地运用随机过程知识、系统地解决的实际问题，给读者提供了应用概率研究的实例．

本书是随机过程的入门教材，没有用到测度论，仅以微积分及初等概率论知识为基础，适合作为统计学专业本科生以及其他理工和经管类专业研究生相关课程的教材，更值得相关研究人员和授课教师参考．

机械工业出版社（北京市西城区百万庄大街22号　　邮政编码　100037）

责任编辑：迟振春

北京捷迅佳彩印刷有限公司印刷

2024年5月第1版第12次印刷

186mm×240mm · 20.75印张

标准书号：ISBN 978-7-111-43029-2

定　　价：79.00元

客服电话：（010）88361066　68326294

译 者 序

随机过程是研究依赖于时间的随机现象的数学工具. Sheldon M. Ross 的《随机过程》是一本通俗的教材，初版于1983年. 它不用概率论基础的严格数学框架（这种框架是建立在测度论基础上的叙证，其长处是绝对的数学严格使得不存在丝毫不清晰与二义性，然而也使得初学者理解概率实质较为困难），用更为直观的概率思想，介绍了随机过程的基本概念、内容和应用. 这本书已为我国概率界熟知并流行，在用随机过程的概念与方法处理应用问题上起了重要的作用.

译者于1987年在北京大学概率统计系的研究生班讲授应用随机过程课程时，曾以该书第1版作为教材. 如今这些学生已遍及海内外，其中不少已成为各领域的精英. 在20世纪90年代，该书已由何声武等人译为中文，不幸的是至今没有第2版的中文版出现. 声武沉稳敏思，抱负远大，可惜英年早逝.

1995年，Sheldon M. Ross 的《随机过程（第2版）》问世，其中与时俱进地加进了 Gibbs 采样与 Metropolis 采样等可近似地跟踪 Markov 链的路径的方法，以在研究随机现象时能借助高速计算机发展的成果，这些方法已在应用领域中显现其潜力. 在第2版中也增加了对较复杂的随机现象的例子的分析.

译者借此机会将第2版译出，使读者能品味概率分析的思维方法. 期望读者在学习本书的基础上，按本人的兴趣，能在如下两方面之一得以发展：在金融工程、经济学、生命科学、分子生物学、分子化学、运动目标追踪等方面的应用中做贡献，或在严格的随机过程研究理论方面有突出成果.

龚光鲁

第 2 版前言

第 2 版包括以下的改变:

(i) 第 2 章增加了关于复合 Poisson 随机变量的内容，包括能有效地计算矩的一个恒等式，且由该恒等式导出非负整数值复合 Poisson 随机变量的概率质量函数的一个优美的递推方程.

(ii) 有关鞅的内容单独作为一章（第 6 章)，包括 Azuma 不等式的几节。

(iii) 全新的关于 Poisson 逼近的一章（第 10 章)，包括给出这些逼近的误差界的 Stein-Chen 方法和一种改进逼近本身的方法.

此外，遍及全书我们还加进了大量例题和习题. 个别章节的增加如下:

在第 1 章，我们新加了关于概率方法、多元正态分布、在图上的随机徘徊和完全匹配问题的例子. 我们也新加了一节关于概率不等式（包括 Chernoff 界）和一小节介绍 Bayes 估计（证明了它们几乎都不是无偏的). 在此章附录中给出了强大数定律的一个证明.

在第 3 章中给出关于模式和无记忆的最佳硬币投掷策略的崭新例子.

在第 4 章中增加了处理在暂态中停留的平均时间的崭新内容，同时有关于 Gibbs 采样、Metropolis 算法以及在星形图中的平均覆盖时间的崭新例子.

第 5 章包含两性人口增长模型的一个例子.

第 6 章有说明鞅的停止定理的用途的附加例子.

第 7 章包含 Spitzer 等式的新材料，同时用它计算具有 gamma 分布到达间隔和服务时间的单服务线队列中的平均延迟.

第 8 章 Brown 运动已被移至鞅的章节的后面，以便应用鞅来分析 Brown 运动.

第 9 章关于随机序，现在包含相伴随机变量，也包含利用在优惠券收集和装箱问题中的耦合的新的例子.

我们想感谢所有撰写并发送对第 1 版评论的热心人士，特别感谢何声武，Stephen Herschkorn，Robert Kertz，James Matis，Erol Pekoz，Maria Rieders 和 Tomasz Rolski 提出许多有价值的意见.

第 1 版前言

这本教材是非测度论的随机过程导论，且至多假定读者具备微积分和初等概率论的知识. 在书中我们试图介绍随机过程的一些理论，显示其在不同领域中的应用，同时也培养学生在思考问题时所需的一些概率直观和洞察力. 我们尽可能从概率的角度而不是分析的角度看待随机过程. 例如，这种尝试引导我们从一条样本路径的观点研究大多数随机过程.

我要感谢 Mark Brown，Cyrus Derman，Shun-Chen Niu，Michael Pinedo 和 Zvi Schechner 提出许多有价值的意见.

Sheldon M. Ross

目　录

第 1 章 准备知识

1.1 概率

在概率论中的一个基本概念是随机试验，这种试验的结果不能预先确定. 一个试验所有可能的结果的集合称为此试验的样本空间，而我们将它记为 S.

事件是样本空间的一个子集，如果此试验的结果是这个子集的一个元素，则称这个事件发生了. 我们假定对于样本空间 S 的每个事件 E，定义了一个数 $P(E)$，它满足下述三条公理⊖.

公理（1） $0 \leqslant P(E) \leqslant 1$.

公理（2） $P(S) = 1$.

公理（3） 对于任意相互排斥的事件序列 $E_1, E_2, \cdots$，即对于当 $i \neq j$ 时 $E_iE_j = \varnothing$（此处 $\varnothing$ 是空集合）的事件，有

$$P\left(\bigcup_{i=1}^{\infty} E_i\right) = \sum_{i=1}^{\infty} P(E_i).$$

我们将称 $P(E)$ 为事件 E 的概率.

公理（1），（2）和（3）的一些简单推论如下.

1.1.1 若 $E \subset F$，则 $P(E) \leqslant P(F)$.

1.1.2 $P(E^c) = 1 - P(E)$，其中 E^c 是 E 的补.

1.1.3 $P\left(\bigcup_{i=1}^{n} E_i\right) = \sum_{i=1}^{n} P(E_i)$，当各个 E_i 相互排斥时.

1.1.4 $P\left(\bigcup_{i=1}^{\infty} E_i\right) \leqslant \sum_{i=1}^{\infty} P(E_i)$.

不等式（1.1.4）是所谓的 Boole 不等式.

1⊜

概率函数 P 的一个重要的性质是：它是连续的. 为了更精确地阐述这种性质，我们需要极限事件的概念，下面就来定义它. 如果 $E_n \subset E_{n+1}, n \geqslant 1$，则称事件序列 $\{E_n, n \geqslant 1\}$ 为递增序列；如果 $E_n \supset E_{n+1}, n \geqslant 1$，则称事件序列 $\{E_n, n \geqslant 1\}$ 为递减序列. 如果 $\{E_n, n \geqslant 1\}$ 是事件的一个递增序列，那么我们定义一个新的事件，记为 $\lim\limits_{n \to \infty} E_n$，它定义为

$$\lim_{n \to \infty} E_n = \bigcup_{i=1}^{\infty} E_i, \text{ 当 } E_n \subset E_{n+1}, n \geqslant 1.$$

同样，如果 $\{E_n, n \geqslant 1\}$ 是事件的一个递减序列，那么 $\lim\limits_{n \to \infty} E_n$ 定义为

$$\lim_{n \to \infty} E_n = \bigcap_{i=1}^{\infty} E_i, \text{ 当 } E_n \supset E_{n+1}, n \geqslant 1.$$

现在我们可以叙述下述结论.

⊖ 事实上，只能对 S 的所谓可测事件定义 $P(E)$，但是我们并不关心这种限制.

⊜ 此页码为英文原书页码，与索引页码一致.

命题 1.1.1　如果 $\{E_n, n \geqslant 1\}$ 是事件的一个递增或递减序列，那么

$$\lim_{n\to\infty} P(E_n) = P\left(\lim_{n\to\infty} E_n\right).$$

证明　首先假设 $\{E_n, n \geqslant 1\}$ 是事件的一个递增序列，定义事件 $F_n, n \geqslant 1$ 为

$$F_1 = E_1,$$

$$F_n = E_n\left(\bigcup_1^{n-1} E_i\right)^c = E_n E_{n-1}^c, \quad n > 1.$$

也就是说，F_n 由 E_n 中不属于它之前的任意一个 $E_i, i < n$ 的那些点构成. 容易检查 F_n 是相互排斥的事件，它们使得对于一切 $n \geqslant 1$ 有

2

$$\bigcup_{i=1}^{\infty} F_i = \bigcup_{i=1}^{\infty} E_i \quad 和 \quad \bigcup_{i=1}^{n} F_i = \bigcup_{i=1}^{n} E_i.$$

于是

$$\begin{aligned} P\left(\bigcup_{i=1}^{\infty} E_i\right) &= P\left(\bigcup_{i=1}^{\infty} F_i\right) = \sum_{i=1}^{\infty} P(F_i) \qquad (由公理(3)) \\ &= \lim_{n\to\infty} \sum_1^n P(F_i) = \lim_{n\to\infty} P\left(\bigcup_1^n F_i\right) \\ &= \lim_{n\to\infty} P\left(\bigcup_1^n E_i\right) = \lim_{n\to\infty} P(E_n), \end{aligned}$$

它证明了当 $\{E_n, n \geqslant 1\}$ 递增时的结论.

如果 $\{E_n, n \geqslant 1\}$ 是一个递减序列，那么 $\{E_n^c, n \geqslant 1\}$ 是一个递增序列，因此

$$P\left(\bigcup_1^{\infty} E_n^c\right) = \lim_{n\to\infty} P(E_n^c).$$

但是，因为 $\bigcup_1^{\infty} E_n^c = \left(\bigcap_1^{\infty} E_n\right)^c$，所以

$$1 - P\left(\bigcap_1^{\infty} E_n\right) = \lim_{n\to\infty}[1 - P(E_n)],$$

或者，等价地

$$P\left(\bigcap_1^{\infty} E_n\right) = \lim_{n\to\infty} P(E_n),$$

这就证明了结果. ◀

3

例 1.1(A)　考虑由能产生同种后代的个体组成的总体. 初始出现的个体数记为 X_0，称为第0代的大小. 第0代的所有后代构成第1代，他们的个数记为 X_1. 一般以 X_n 记第 n 代的大小.

由于 $X_n = 0$ 蕴含 $X_{n+1} = 0$，由此推出 $P\{X_n = 0\}$ 是递增的，于是 $\lim_{n\to\infty} P\{X_n = 0\}$ 存在. 这又意味着什么呢？为了回答这个问题，我们如下使用命题 1.1.1：

$$\lim_{n\to\infty} P\{X_n = 0\} = P\left\{\lim_{n\to\infty}\{X_n = 0\}\right\} = P\left\{\bigcup_n \{X_n = 0\}\right\} = P\{总体终将灭绝\}.$$

即，第 n 代没有个体的极限概率等于总体终将灭绝的概率. ■

命题 1.1.1 可用于证明 Borel-Cantelli 引理.

命题 1.1.2　Borel-Cantelli 引理

以 $E_1, E_2, \cdots$ 记一个事件序列. 如果

$$\sum_{i=1}^{\infty} P(E_i) < \infty,$$

那么

$$P\{\text{无穷多个 } E_i \text{ 发生}\} = 0.$$

证明　有无穷多个 E_i 发生的事件，称为 $\limsup\limits_{i \to \infty} E_i$，可以表示为

$$\limsup_{i \to \infty} E_i = \bigcap_{n=1}^{\infty} \bigcup_{i=n}^{\infty} E_i.$$

这得自，如果有无穷多个 E_i 发生，那么对于每个 n，$\bigcup\limits_{i=n}^{\infty} E_i$ 都发生，于是 $\bigcap\limits_{n=1}^{\infty} \bigcup\limits_{i=n}^{\infty} E_i$ 发生. 另一方面，如果 $\bigcap\limits_{n=1}^{\infty} \bigcup\limits_{i=n}^{\infty} E_i$ 发生，那么对于每个 n，$\bigcup\limits_{i=n}^{\infty} E_i$ 都发生，于是对于每个 n 至少有一个 E_i（$i \geqslant n$）发生，因此有无穷多个 E_i 发生.

4

因为 $\bigcup\limits_{i=n}^{\infty} E_i, n \geqslant 1$ 是一个递减的事件序列，由命题 1.1.1 推出

$$P\left(\bigcap_{n=1}^{\infty} \bigcup_{i=n}^{\infty} E_i\right) = P\left(\lim_{n \to \infty} \bigcup_{i=n}^{\infty} E_i\right) = \lim_{n \to \infty} P\left(\bigcup_{i=n}^{\infty} E_i\right) \leqslant \lim_{n \to \infty} \sum_{i=n}^{\infty} P(E_i) = 0,$$

于是就证明了结论. ◀

例 1.1(B)　令 $X_1, X_2, \cdots$ 使

$$P\{X_n = 0\} = 1/n^2 = 1 - P\{X_n = 1\}, \quad n \geqslant 1.$$

如果我们令 $E_n = \{X_n = 0\}$，那么因为 $\sum\limits_{i=n}^{\infty} P(E_i) < \infty$，由 Borel-Cantelli 引理推出，有无穷多个 n 使 X_n 等于 0 的概率等于 0. 因此对于一切充分大的 n，X_n 必须等于 1，所以我们可以得到结论，以概率 1 地有

$$\lim_{n \to \infty} X_n = 1. \quad ■$$

对于 Borel-Cantelli 引理的逆定理，要求有独立性.

命题 1.1.3（Borel-Cantelli 引理的逆）　如果 $E_1, E_2, \cdots$ 是独立事件，使得

$$\sum_{n=1}^{\infty} P(E_n) = \infty,$$

那么

$$P\{\text{无穷多个 } E_i \text{ 发生}\} = 1.$$

证明

5

$$P\{\text{无穷多个 } E_i \text{ 发生}\} = P\left\{\lim_{n \to \infty} \bigcup_{i=n}^{\infty} E_i\right\} = \lim_{n \to \infty} P\left(\bigcup_{i=n}^{\infty} E_i\right) = \lim_{n \to \infty}\left[1 - P\left(\bigcap_{i=n}^{\infty} E_i^{c}\right)\right].$$

现在

$$P\left(\bigcap_{i=n}^{\infty} E_i^{c}\right) = \prod_{i=n}^{\infty} P(E_i^{c}) \qquad \text{（由独立性）}$$

$$
\begin{aligned}
&= \prod_{i=n}^{\infty}(1-P(E_i)) \\
&\leqslant \prod_{i=n}^{\infty} \mathrm{e}^{-P(E_i)} \qquad (\text{由不等式 } 1-x \leqslant \mathrm{e}^{-x}) \\
&= \exp\Big(-\sum_{n}^{\infty} P(E_i)\Big) = 0 \qquad (\text{因为对于一切 } n \text{ 有 } \sum_{i=n}^{\infty} P(E_i) = \infty).
\end{aligned}
$$

由此得出结论. ◀

例 1.1 (C)　令 $X_1, X_2, \cdots$ 独立且使

$$P\{X_n = 0\} = 1/n = 1 - P\{X_n = 1\}, n \geqslant 1.$$

如果令 $E_n = \{X_n = 0\}$，那么因为 $\sum_{n=1}^{\infty} P(E_n) = \infty$，由命题1.1.3推出 E_n 无穷多次发生. 又因为 $\sum_{n=1}^{\infty} P(E_n^c) = \infty$，同样推出 E_n^c 也无穷多次发生. 因此，以概率为1地有，X_n 无穷多次等于0，也无穷多次等于1. 于是，当 $n \to \infty$ 时，以概率为1地有，X_n 没有极限值. ■

6

1.2　随机变量

考虑一个有样本空间 S 的随机环境. 一个随机变量 X 是一个函数，它给 S 中的每一个结果都指定一个实数值. 对于任意实数集合 A，X 假定的值包含于 A 中的概率等于试验的结果包含于 $X^{-1}(A)$ 中的概率. 即

$$P\{X \in A\} = P(X^{-1}(A)),$$

其中 $X^{-1}(A)$ 是使得 $X(s) \in A$ 的一切点 $s \in S$ 组成的事件.

对于任意的实数 x，随机变量 X 的分布函数 F 定义为

$$F(x) = P\{X \leqslant x\} = P\{X \in (-\infty, x]\}.$$

我们将 $1 - F(x)$ 记为 $\overline{F}(x)$，所以

$$\overline{F}(x) = P\{X > x\}.$$

如果一个随机变量 X 可能值的集合是可数的，则称它是离散的随机变量. 对于离散的随机变量，

$$F(x) = \sum_{y \leqslant x} P\{X = y\}.$$

如果存在一个函数 $f(x)$（称为概率密度函数），使得对于一切集合 B 有

$$P\{X \text{ 在 } B \text{ 中}\} = \int_B f(x)\,\mathrm{d}x,$$

则称随机变量 X 是连续的. 由于 $F(x) = \int_{-\infty}^{x} f(t)\,\mathrm{d}t$，由此推出

$$f(x) = \frac{\mathrm{d}}{\mathrm{d}x} F(x).$$

两个随机变量 X 和 Y 的联合分布函数定义为

$$F(x, y) = P\{X \leqslant x, Y \leqslant y\}.$$

X 和 Y 的分布函数，

$$F_X(x) = P\{X \leqslant x\} \quad 和 \quad F_Y(y) = P\{Y \leqslant y\},$$

[7]

可以利用概率算子的连续性质由 $F(x,y)$ 得到. 特别地，以 $y_n, n \geqslant 1$ 记趋向 ∞ 的一个递增序列. 那么因为事件序列 $\{X \leqslant x, Y \leqslant y_n\}, n \geqslant 1$ 是递增的，而且

$$\lim_{n \to \infty}\{X \leqslant x, Y \leqslant y_n\} = \bigcup_{n=1}^{\infty}\{X \leqslant x, Y \leqslant y_n\} = \{X \leqslant x\},$$

由连续性质推出

$$\lim_{n \to \infty} P\{X \leqslant x, Y \leqslant y_n\} = P\{X \leqslant x\},$$

或等价地

$$F_X(x) = \lim_{y \to \infty} F(x,y).$$

类似地

$$F_Y(y) = \lim_{x \to \infty} F(x,y).$$

如果对于一切的 x 和 y，有

$$F(x,y) = F_X(x)F_Y(y),$$

则称随机变量 X 和 Y 是独立的.

如果存在一个函数 $f(x,y)$（称为联合概率密度函数），使得对于一切集合 A 和 B 有

$$P\{X 在 A 中, Y 在 B 中\} = \int_A \int_B f(x,y)\mathrm{d}y\mathrm{d}x,$$

则称随机变量 X 和 Y 是联合地连续的，

任意一族随机变量 $X_1, X_2, \cdots, X_n$ 的联合分布定义为

$$F(x_1, \cdots, x_n) = P\{X_1 \leqslant x_1, \cdots, X_n \leqslant x_n\}.$$

而且，如果

$$F(x_1, \cdots, x_n) = F_{X_1}(x_1)F_{X_2}(x_2)\cdots F_{X_n}(x_n),$$

其中

$$F_{X_i}(x_i) = \lim_{\substack{x_j \to \infty \\ j \neq i}} F(x_1, \cdots, x_n).$$

则称这 n 个随机变量是独立的.

[8]

1.3 期望值

随机变量 X 的期望或均值，记为 $E[X]$，定义为

$$E[X] = \int_{-\infty}^{\infty} x\mathrm{d}F(x) = \begin{cases} \int_{-\infty}^{\infty} xf(x)\mathrm{d}x & 若 X 是连续的 \\ \sum_x xP\{X = x\} & 若 X 是离散的 \end{cases} \tag{1.3.1}$$

如果此积分存在.

方程（1.3.1）同时也定义了 X 的任意函数（例如 $h(X)$）的期望. 因为 $h(X)$ 本身是一个随机变量，由方程（1.3.1）推出

$$E[h(X)] = \int_{-\infty}^{\infty} x\mathrm{d}F_h(x),$$

其中 F_h 是 $h(X)$ 的分布函数．但是可证明此期望恒等于 $\int_{-\infty}^{\infty} h(x)\mathrm{d}F(x)$．即

$$E[h(X)] = \int_{-\infty}^{\infty} h(x)\mathrm{d}F(x). \tag{1.3.2}$$

随机变量 X 的*方差*定义为

$$\mathrm{Var}X = E[(X-E[X])^2] = E[X^2]-E^2[X].$$

两个联合地分布的随机变量 X 和 Y 称为*不相关的*，若它们的*协方差*

$$\mathrm{Cov}(X,Y) = E[(X-EX)(Y-EY)] = E[XY]-E[X]E[Y]$$

是0．由此推出独立的随机变量是不相关的．然而，其逆不一定正确．（读者应构想一个例子.）

期望的一个重要性质是随机变量和的期望等于它们期望的和.

9

$$E\left[\sum_{i=1}^{n} X_i\right] = \sum_{i=1}^{n} E[X_i]. \tag{1.3.3}$$

而方差的相应性质是

$$\mathrm{Var}\left[\sum_{i=1}^{n} X_i\right] = \sum_{i=1}^{n}\mathrm{Var}(X_i) + 2\sum_{i<j}\sum\mathrm{Cov}(X_i,X_j). \tag{1.3.4}$$

例 1.3 (A) 匹配问题 在一次聚会上，n 个人将自己的帽子放到房间中央，经混和后，每人随机地取一个．我们关心的是取到自己帽子的人数 X 的均值和方差.

为了求解，我们利用表达式

$$X = X_1 + X_2 + \cdots + X_n,$$

其中

$$X_i = \begin{cases} 1 & \text{若第 } i \text{ 个人取了自己的帽子} \\ 0 & \text{其他情形} \end{cases}$$

现在，因为第 i 个人等可能地取 n 个帽子中的任意一个，所以 $P\{X_i=1\}=1/n$，因此

$$E[X_i] = 1/n, \quad \mathrm{Var}(X_i) = \frac{1}{n}\left(1-\frac{1}{n}\right) = \frac{n-1}{n^2}.$$

再则

$$\mathrm{Cov}(X_i,X_j) = E[X_iX_j]-E[X_i]E[X_j].$$

现在

$$X_iX_j = \begin{cases} 1 & \text{如果参加聚会的第 } i \text{ 个人和第 } j \text{ 个人都取到自己的帽子} \\ 0 & \text{其他情形} \end{cases}$$

于是得到

10

$$E[X_iX_j] = P\{X_i=1,X_j=1\} = P\{X_i=1\}P\{X_j=1 \mid X_i=1\} = \frac{1}{n}\,\frac{1}{n-1}.$$

因此

$$\mathrm{Cov}(X_i,X_j) = \frac{1}{n(n-1)} - \left(\frac{1}{n}\right)^2 = \frac{1}{n^2(n-1)}.$$

所以，由式（1.3.3）和式（1.3.4）得

$$E[X]=1,\quad \mathrm{Var}(X)=\frac{n-1}{n}+2\binom{n}{2}\frac{1}{n^2(n-1)}=1.$$

故匹配数的均值和方差都等于 1.（这种结果为什么并不惊人，对此的一个解释，可参见例 1.5 (f).） ■

例 1.3 (B) 一些概率等式 以 $A_1,A_2,\cdots,A_n$ 记事件，并以

$$I_j=\begin{cases}1 & \text{若 } A_j \text{ 发生}\\ 0 & \text{其他情形}\end{cases}$$

定义示性变量 $I_j,j=1,\cdots,n$. 令

$$N=\sum_{j=1}^{n}I_j,$$

则 N 是事件 $A_j,j=1,\cdots,n$ 中发生的个数. 注意

$$(1-1)^N=\begin{cases}1 & \text{若 } N=0\\ 0 & \text{若 } N>0\end{cases}\tag{1.3.5}$$

可得到一个有用的等式. 而由二项式定理，有

$$(1-1)^N=\sum_{i=0}^{N}\binom{N}{i}(-1)^i=\sum_{i=0}^{n}\binom{N}{i}(-1)^i\qquad\left(\text{因为当 } i>m \text{ 时}\binom{m}{i}=0\right).\tag{1.3.6}$$

11

因此，若我们令

$$I=\begin{cases}1 & \text{若 } N>0\\ 0 & \text{若 } N=0\end{cases}$$

则由式 (1.3.5) 和式 (1.3.6) 可得

$$1-I=\sum_{i=0}^{n}\binom{N}{i}(-1)^i$$

或

$$I=\sum_{i=1}^{n}\binom{N}{i}(-1)^{i+1}.\tag{1.3.7}$$

在式 (1.3.7) 两边取期望得

$$E[I]=E[N]-E\left[\binom{N}{2}\right]+\cdots+(-1)^{n+1}E\left[\binom{N}{n}\right].\tag{1.3.8}$$

然而

$$E[I]=P\{N>0\}=P\{A_j\text{ 中至少一个发生}\}=P\left(\bigcup_{1}^{n}A_i\right)$$

而且

$$E[N]=E\left[\sum_{j=1}^{n}I_j\right]=\sum_{j=1}^{n}P(A_j),$$

$$E\left[\binom{N}{2}\right]=E[A_j\text{ 中成对出现的对的个数}]$$

$$=E\left[\sum\sum_{i<j}I_iI_j\right]=\sum\sum_{i<j}E[I_iI_j]=\sum\sum_{i<j}P(A_iA_j),$$

12

由于同样的原因，一般地有

$$E\left[\binom{N}{i}\right]=E[A_j\text{ 中以规模为 } i \text{ 的集合出现的集合的个数}]$$

$$=E\Big[\sum_{j_1<j_2<\cdots<j_i}\sum\sum I_{j_1}I_{j_2}\cdots I_{j_i}\Big]=\sum_{j_1<j_2<\cdots<j_i}\sum\sum P(A_{j_1}A_{j_2}\cdots A_{j_i}).$$

因此式（1.3.8）是熟知的等式

$$P\Big(\bigcup_{i=1}^{n}A_i\Big)=\sum_{i=1}^{n}P(A_i)-\sum_{i<j}\sum P(A_iA_j)+\sum_{i<j<k}\sum\sum P(A_iA_jA_k)$$
$$-\cdots+(-1)^{n+1}P(A_1A_2\cdots A_n).$$

的一个表述.

其他有用的等式也可用此方法导出. 例如，假设我们想求事件 $A_1,\cdots,A_n$ 中恰有 r 个出现的概率的一个公式. 则定义

$$I_r=\begin{cases}1 & \text{若 } N=r\\ 0 & \text{其他情形}\end{cases}$$

并用等式

$$\binom{N}{r}(1-1)^{N-r}=I_r$$

或

$$I_r=\binom{N}{r}\sum_{i=0}^{N-r}\binom{N-r}{i}(-1)^i=\sum_{i=0}^{n-r}\binom{N}{r}\binom{N-r}{i}(-1)^i=\sum_{i=0}^{n-r}\binom{N}{r+i}\binom{r+i}{r}(-1)^i.$$

在上式两边取期望，导出

13

$$E[I_r]=\sum_{i=0}^{n-r}(-1)^i\binom{r+i}{r}E\left[\binom{N}{r+i}\right]$$

或

$$P\{A_1,\cdots,A_n\text{ 中恰有 } r \text{ 个发生}\}=\sum_{i=0}^{n-r}(-1)^i\binom{r+i}{r}\sum_{j_1<j_2<\cdots<j_{r+i}}\cdots\sum P(A_{j_1}A_{j_2}\cdots A_{j_{r+1}}).\tag{1.3.9}$$

作为式（1.3.9）的一个应用，假设将 m 个球随机地放进 n 个盒子中，每个球等可能地进入 n 个盒子的任意一个，且与其他球的位置独立. 让我们计算恰有 r 个空盒的概率. 令 A_i 表示第 i 个盒子为空这一事件，由式（1.3.9）我们可知

$$P\{\text{恰有 } r \text{ 个盒子为空}\}=\sum_{i=0}^{n-r}(-1)^i\binom{r+i}{r}\binom{n}{r+i}\Big(1-\frac{r+i}{n}\Big)^m,$$

上式得自：因为和式 $\sum\limits_{j_1<\cdots<j_{r+i}}$ 由 $\binom{n}{r+i}$ 个项组成，且和式中的每项都等于指定的 $r+i$ 个盒子为空的概率. ■

下一个例子将说明*概率方法*是什么. 这是数学家 Paul Erdos 大量使用并普及的方法，这种方法试图首先引进一个概率结构，然后用概率推理去解决确定性问题.

例 1.3 (C) 图是由元素（称为顶点）的集合和顶点对（无序，称为边）的集合组成的．例如，在图 1.3.1 中显示了一个图，它有顶点集$N=\{1, 2, 3, 4, 5\}$及边集$E=\{(1, 2), (1, 3), (1, 5), (2, 3), (2, 4), (3, 4), (3, 5)\}$．证明：对于任意一个图，一定存在顶点集的一个子集 A，使得至少有一半的边，其一个顶点在 A 内而另一个顶点在 A^c 内．（例如在图 1.3.1 所示的图中，我们可取 $A=\{1, 2, 4\}$.）

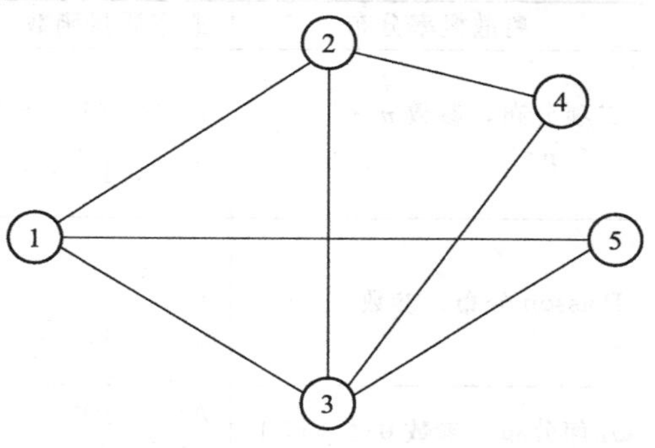

图 1.3.1 一个图

解 假设一个图含 m 条边，任意将它们分别用数 $1,2,\cdots,m$ 表示．对任意顶点集 B，若我们以 $C(B)$ 记恰有一个顶点在 B 内的边的个数，那么，问题就是要证明 $\max_B C(B) \geqslant m/2$．为了验证这个不等式，我们引进一个概率：随机选取一个顶点集 S，使这个图的任意顶点都独立地以概率1/2在 S 中．若我们以 X 记恰有一个顶点在 S 中的边的个数，则 X 是一个随机变量，它可能的取值是 $C(B)$ 所有可能值的集合．现在，如果边 i 恰有一个顶点在 S 中，就令 $X_i=1$，而在其他情形令 $X_i=0$，那么 [14]

$$E[X] = E\Big[\sum_{i=1}^{m} X_i\Big] = \sum_{i=1}^{m} E[X_i] = m/2.$$

由于随机变量至少有一个值与其均值一样大，所以我们断言，对顶点的某个集合 B 有 $C(B) \geqslant m/2$．（事实上，倘若这个图使 $C(B)$ 不是常数值，那么我们可以断言对于顶点的某个集合 B 有 $C(B) > m/2$.） ■

习题 1.9 和习题 1.10 给出了概率方法的进一步应用.

1.4 矩母函数，特征函数，Laplace 变换

X 的矩母函数定义为 [15]

$$\psi(t) = E[e^{tX}] = \int e^{tX} \mathrm{d}F(x).$$

对 ψ 逐次求导，并计算在 $t=0$ 处的值，可得 X 的各阶矩．即

$$\psi'(t) = E[Xe^{tX}].$$
$$\psi''(t) = E[X^2e^{tX}]$$
$$\vdots$$
$$\psi^n(t) = E[X^ne^{tX}].$$

计算在 $t=0$ 处的值，得到

$$\psi^n(0) = E[X^n], \quad n \geqslant 1.$$

应注意，我们假定求导数和积分运算可交换是合理的．这是通常遇到的情形.

当矩母函数存在时，它唯一地确定分布．这是十分重要的，因为它使我们能用随机变量的母函数描述其分布函数.

表 1.4.1

离散概率分布	概率质量函数，$p(x)$	矩母函数，$\psi(t)$	均值	方差
二项分布，参数 n,p，$0\leqslant p\leqslant 1$	$\binom{n}{x}p^x(1-p)^{n-x}$ $x=0,1,\cdots,n$	$(pe^t+(1-p))^n$	np	$np(1-p)$
Poisson分布，参数 $\lambda>0$	$\frac{\lambda^x}{x!}e^{-\lambda}$ $x=0,1,\cdots$	$\exp\{\lambda(e^t-1)\}$	λ	λ
几何分布，参数 $0\leqslant p\leqslant 1$	$p(1-p)^{x-1}$ $x=1,2,\cdots$	$\frac{pe^t}{1-(1-p)e^t}$	$\frac{1}{p}$	$\frac{1-p}{p^2}$
负二项分布，参数 r，p	$\binom{x-1}{r-1}p^r(1-p)^{x-r}$ $x=r,r+1,\cdots$	$\left(\frac{pe^t}{1-(1-p)e^t}\right)^r$	$\frac{r}{p}$	$\frac{r(1-p)}{p^2}$

16

表 1.4.2

连续概率分布	概率密度函数，$f(x)$	矩母函数，$\psi(t)$	均值	方差
(a,b) 上的均匀分布	$f(x)=\begin{cases}\frac{1}{b-a}, & a<x<b\\ 0, & \text{其他情形}\end{cases}$	$\frac{e^{bt}-e^{at}}{(b-a)t}$	$\frac{a+b}{2}$	$\frac{(b-a)^2}{12}$
指数分布，参数 $\lambda>0$	$f(x)=\begin{cases}\lambda e^{-\lambda x}, & x\geqslant 0\\ 0, & x<0\end{cases}$	$\frac{\lambda}{\lambda-t}$	$\frac{1}{\lambda}$	$\frac{1}{\lambda^2}$
Gamma分布，参数 (n,λ)，$\lambda>0$	$f(x)=\begin{cases}\frac{\lambda e^{-\lambda x}(\lambda x)^{n-1}}{(n-1)!}, & x\geqslant 0\\ 0, & x<0\end{cases}$	$\left(\frac{\lambda}{\lambda-t}\right)^n$	$\frac{n}{\lambda}$	$\frac{n}{\lambda^2}$
正态分布，参数 (μ,σ^2)	$f(x)=\frac{1}{\sqrt{2\pi}\sigma}\exp\left\{-\frac{(x-\mu)^2}{2\sigma^2}\right\}$， $-\infty<x<\infty$	$\exp\left\{\mu t+\frac{\sigma^2t^2}{2}\right\}$	μ	σ^2
Beta分布，参数 $a,b,a>0,b>0$	$cx^{a-1}(1-x)^{b-1}$，$0<x<1$， $c=\frac{\Gamma(a+b)}{\Gamma(a)\Gamma(b)}$		$\frac{a}{a+b}$	$\frac{ab}{(a+b)^2(a+b+1)}$

例 1.4 (A) 令 X 和 Y 是独立的正态随机变量，均值分别是 μ_1 和 μ_2，方差分别是 σ_1^2 和 σ_2^2. 它们的和的矩母函数是

$$\psi_{X+Y}(t)=E[e^{t(X+Y)}]=E[e^{tX}]E[e^{tY}]\qquad(\text{由独立性})$$

$$=\psi_X[t]\psi_Y(t)=\exp\{(\mu_1+\mu_2)t+(\sigma_1^2+\sigma_2^2)t^2/2\},$$

其中最后的等式来自表1.4.2. 于是 $X+Y$ 的矩母函数是以 $\mu_1+\mu_2$ 为均值，$\sigma_1^2+\sigma_2^2$ 为方差的正态分布的矩母函数. 由唯一性，这个正态分布就是 $X+Y$ 的分布. ■

因为随机变量的矩母函数未必存在，所以用

$$\phi(t) = E[e^{itX}], \quad -\infty < t < \infty,$$

定义随机变量 X 的特征函数在理论上更为方便，其中 $i = \sqrt{-1}$. 可以证明 ϕ 永远存在，而且像矩母函数一样唯一地确定了 X 的分布.

我们也可定义随机变量 $X_1,\cdots,X_n$ 的联合矩母函数为

$$\psi(t_1,\cdots,t_n) = E\left[\exp\left\{\sum_{j=1}^{n} t_j X_j\right\}\right],$$

或联合特征函数为

$$\phi(t_1,\cdots,t_n) = E\left[\exp\left\{i\sum_{j=1}^{n} t_j X_j\right\}\right].$$

可证明联合矩母函数（当它存在时）或联合特征函数唯一地确定了联合分布.

例 1.4 (B) 多元正态分布 令 $Z_1,\cdots,Z_n$ 是独立的标准正态随机变量. 如果对一些常数 $a_{ij}, 1\leqslant i\leqslant m, 1\leqslant j\leqslant n$ 和 $\mu_i, 1\leqslant i\leqslant m$，有

$$\begin{aligned}
X_1 &= a_{11}Z_1 + \cdots + a_{1n}Z_n + \mu_1, \\
X_2 &= a_{21}Z_1 + \cdots + a_{2n}Z_n + \mu_2, \\
&\vdots \\
X_i &= a_{i1}Z_1 + \cdots + a_{in}Z_n + \mu_i, \\
&\vdots \\
X_m &= a_{m1}Z_1 + \cdots + a_{mn}Z_n + \mu_m,
\end{aligned}$$

17~18

那么我们说随机变量 $X_1,\cdots,X_n$ 具有多元正态分布.

让我们考虑 $X_1,\cdots,X_n$ 的联合矩母函数

$$\psi(t_1,\cdots,t_m) = E[\exp\{t_1X_1 + \cdots + t_mX_m\}].$$

首先注意，由于 $\sum_{i=1}^{m} t_iX_i$ 本身是独立正态随机变量 $Z_1,\cdots,Z_n$ 的线性组合，所以它也是正态分布，其均值和方差是

$$E\left[\sum_{i=1}^{m} t_iX_i\right] = \sum_{i=1}^{m} t_i\mu_i,$$

$$\mathrm{Var}\left(\sum_{i=1}^{m} t_iX_i\right) = \mathrm{Cov}\left(\sum_{i=1}^{m} t_iX_i, \sum_{j=1}^{m} t_jX_j\right) = \sum_{i=1}^{m}\sum_{j=1}^{m} t_it_j\mathrm{Cov}(X_i,X_j).$$

现在，若 Y 是具有均值 μ 和方差 σ^2 的正态随机变量，那么

$$E[e^Y] = \psi_Y(t)\,|_{t=1} = e^{\mu+\sigma^2/2}.$$

故而，我们可得

$$\psi(t_1,\cdots,t_m) = \exp\left\{\sum_{i=1}^{m} t_i\mu_i + 1/2\sum_{i=1}^{m}\sum_{j=1}^{m} t_it_j\mathrm{Cov}(X_i,X_j)\right\},$$

它表明 $X_1,\cdots,X_m$ 的联合分布由 $E[X_i]$ 和 $\mathrm{Cov}(X_i,X_j), i,j = 1,\cdots,m$ 的值完全确定. ■

在处理只取非负值的随机变量时，有时用 Laplace 变换比用特征函数更方便. 分布 F 的 Laplace 变换定义为

$$\widetilde{F}(s)=\int_0^{\infty}e^{-sx}\,dF(x).$$

此积分对复数 $s=a+bi$ 存在，其中 $a\geqslant 0$. 正如特征函数情形一样，Laplace 变换唯一地确定了分布.

19

我们也可对任意函数定义 Laplace 变换如下：函数 g 的 Laplace 变换，记为 $\widetilde{g}$，定义为

$$\widetilde{g}(s)=\int_0^{\infty}e^{-sx}\,dg(x).$$

当此积分存在时，可证 $\widetilde{g}$ 确定 g 到加一个常数.

1.5 条件期望

如果 X 和 Y 都是离散的随机变量，那么对一切使 $P(Y=y)>0$ 的 y，在给定 $Y=y$ 的条件下，X 的条件概率质量函数定义为

$$P\{X=x\mid Y=y\}=\frac{P\{X=x,Y=y\}}{P\{Y=y\}}.$$

给定 $Y=y$ 时，X 的条件分布函数定义为

$$F(x\mid y)=P\{X\leqslant x\mid Y=y\},$$

而给定 $Y=y$ 时，X 的条件期望定义为

$$E[X\mid Y=y]=\int x\,dF(x\mid y)=\sum_x xP\{X=x\mid Y=y\}.$$

如果 X 和 Y 有联合密度函数 $f(x,y)$，那么对于一切使 $f_Y(y)>0$ 的 y，在给定 $Y=y$ 时，X 的条件概率密度函数定义为

$$f(x\mid y)=\frac{f(x,y)}{f_Y(y)},$$

而在给定 $Y=y$ 时，X 的条件概率分布函数定义为

$$F(x\mid y)=P\{X\leqslant x\mid Y=y\}=\int_{-\infty}^{x}f(x\mid y)\,dx.$$

在给定 $Y=y$ 时，X 的条件期望定义为

$$E[X\mid Y=y]=\int_{-\infty}^{\infty}xf(x\mid y)\,dx.$$

20

所以，现在除了概率都是对事件 $Y=y$ 的条件概率外，一切定义都和无条件情形一样.

让我们以 $E[X\mid Y]$ 记随机变量 Y 的函数：它在 $Y=y$ 处取 $E[X\mid Y=y]$. 条件期望的一个极其有用的性质是：当期望存在时，对于一切随机变量 X 和 Y 有

$$E[X]=E[E[X\mid Y]]=\int E[X\mid Y=y]\,dF_Y(y).\tag{1.5.1}$$

如果 Y 是离散的随机变量，那么方程（1.5.1）说明

$$E[X]=\sum_y E[X\mid Y=y]P\{Y=y\},$$

而如果 Y 是连续的，具有密度 $f(x)$，那么方程（1.5.1）表明

$$E[X]=\int_{-\infty}^{\infty}E[X\mid Y=y]f(y)\mathrm{d}y.$$

现在我们就 X 和 Y 两者都是离散的随机变量时给出方程 (1.5.1) 的证明.

当 X 和 Y 都是离散随机变量时方程 (1.5.1) 的证明 要证明

$$E[X]=\sum_{y}E[X\mid Y=y]P\{Y=y\}.$$

我们将上式右边写为

$$\sum_{y}E[X\mid Y=y]P\{Y=y\}=\sum_{y}\sum_{x}xP\{X=x\mid Y=y\}P\{Y=y\}$$

$$=\sum_{y}\sum_{x}xP\{X=x,Y=y\}=\sum_{x}x\sum_{y}P\{X=x,Y=y\}$$

$$=\sum_{x}xP\{X=x\}=E[X].$$

由此结论得证.

于是我们从方程 (1.5.1) 得出结论：$E[X]$ 是给定 $Y=y$ 时，X 的条件期望值的一个加权平均，其中每个项 $E[X\mid Y=y]$ 用取条件的事件的概率加权.

21

例 1.5 (A) 随机多个随机变量的和 以 $X_1,X_2,\cdots$ 记一列独立同分布的随机变量，而以 N 记一个与序列 $X_1,X_2,\cdots$ 独立的非负整数值随机变量. 首先我们在对 N 取条件的情形下计算 $Y=\sum_{i=1}^{N}X_i$ 的矩母函数. 现在

$$E\left[\exp\left\{t\sum_{1}^{N}X_i\right\}\middle|N=n\right]$$

$$=E\left[\exp\left\{t\sum_{1}^{n}X_i\right\}\middle|N=n\right]=E\left[\exp\left\{t\sum_{1}^{n}X_i\right\}\right]\qquad\text{(由独立性)}$$

$$=(\Psi_X(t))^n,$$

其中 $\psi_X(t)=E[\mathrm{e}^{tX}]$ 是 X 的矩母函数. 因此,

$$E\left[\exp\left\{t\sum_{1}^{N}X_i\right\}\middle|N\right]=(\psi_X(t))^N,$$

从而

$$\psi_Y(t)=E\left[\exp\left\{t\sum_{1}^{N}X_i\right\}\right]=E[(\psi_X(t))^N].$$

为了计算 $Y=\sum_{i=1}^{N}X_i$ 的期望和方差，我们对 $\psi_Y(t)$ 求导：

$$\psi'_Y(t)=E[N(\psi_X(t))^{N-1}\psi'_X(t)],$$

$$\psi''_Y(t)=E[N(N-1)(\psi_X(t))^{N-2}(\psi'_X(t))^2+N(\psi_X(t))^{N-1}\psi''_X(t)].$$

计算在 $t=0$ 处的值

$$E[Y]=E[NE[X]]=E[N]E[X],$$

$$E[Y^2]=E[N(N-1)E^2[X]+NE[X^2]]=E[N]\mathrm{Var}(X)+E[N^2]E^2[X].$$

22

因此

$$\mathrm{Var}(Y)=E[Y^2]-E^2[Y]=E[N]\mathrm{Var}(X)+E^2[X]\mathrm{Var}(N).\qquad\blacksquare$$

例 1.5 (B) 一个矿工陷进一个有三个门的矿井. 第一个门通向一个隧道，沿此隧道走两小时的旅程他可到达安全地. 第二个门通向另一个隧道，沿此隧道走三小时的旅程会使他回到矿井. 第三个门通向一个隧道，沿此隧道走五小时的旅程也使他回到矿井. 假定矿工总是等可能地选取任意一个门，让我们计算矿工到达安全地的时间 X 的矩母函数.

用 Y 表示最初选取的门. 那么

$$E[e^{tX}] = \frac{1}{3}(E[e^{tX} \mid Y = 1] + E[e^{tX} \mid Y = 2] + E[e^{tX} \mid Y = 3]). \tag{1.5.2}$$

现在，给定 $Y = 1$，推出 $X = 2$，因而

$$E[e^{tX} \mid Y = 1] = e^{2t}.$$

再给定 $Y = 2$，推出 $X = 3 + X'$，其中 X' 是在回到矿井后再到达安全地的附加时间. 但是一旦矿工回到他的矿井，问题就与以前完全相同，于是 X' 与 X 有相同的分布. 所以

$$E[e^{tX} \mid Y = 2] = E[e^{t(3+X')}] = e^{3t}E[e^{tX}].$$

类似地

$$E[e^{tX} \mid Y = 3] = e^{5t}E[e^{tX}].$$

将它代入方程（1.5.2）得到

$$E[e^{tX}] = \frac{1}{3}(e^{2t} + e^{3t}E[e^{tX}] + e^{5t}E[e^{tX}])$$

或

$$E[e^{tX}] = \frac{e^{2t}}{3 - e^{3t} - e^{5t}}.$$ ■

首先对一个适当的随机变量取条件的方法，不仅使我们能得到期望，而且我们也可用此方法计算概率. 为了了解这一点，用 E 表示一个任意事件，定义它的示性随机变量 X 为：

23

$$X = \begin{cases} 1 & \text{若 } E \text{ 发生} \\ 0 & \text{若 } E \text{ 不发生} \end{cases}$$

由 X 的定义推出

$$E[X] = P(E),$$
$$E[X \mid Y = y] = P(E \mid Y = y) \quad (\text{对于任意随机变量 } Y)$$

所以，由方程（1.5.1）我们得到

$$P[E] = \int P(E \mid Y = y)\mathrm{d}F_Y(y).$$

例 1.5 (C) 假设在例 1.3（A）的匹配问题中，那些取得自己帽子的人离开了，而其他的人（没有匹配的）再将他们取到的帽子放到房间的中央，将它们混杂后再取. 如果这种过程连续进行到每个人都取到了自己的帽子，用 R_n 表示必须取的轮数，求 $E[R_n]$.

我们要说明 $E[R_n] = n$. 证明是对人数 n 用归纳法. 因为对 $n = 1$ 是显然的，假定对 $k = 1, \cdots, n-1$ 都有 $E[R_k] = k$. 为了计算 $E[R_n]$，由取条件于首轮出现的匹配数 M 开始，它给出

$$E[R_n] = \sum_{i=0}^{n} E[R_n \mid M = i]P\{M = i\}.$$

现在，在给定首轮的全部匹配数 i 时，需要的轮数等于 1 加上余下的 $n-i$ 人的帽子匹配所需的轮数. 所以

$$E[R_n]=\sum_{i=0}^{n}(1+E[R_{n-i}])P\{M=i\}$$

$$=1+E[R_n]P\{M=0\}+\sum_{i=1}^{n}E[R_{n-i}]P\{M=i\}$$

$$=1+E[R_n]P\{M=0\}+\sum_{i=1}^{n}(n-i)P\{M=i\}\quad\text{（由归纳法假设）}$$

$$=1+E[R_n]P\{M=0\}+n(1-P\{M=0\})-E[M]$$

$$=E[R_n]P\{M=0\}+n(1-P\{M=0\})\quad\text{（因为 }E[M]=1\text{）}$$

这就证明了结论. ■

24

例 1.5 (D) 假设 X 和 Y 是分别具有分布 F 和 G 的独立随机变量. 那么 $X+Y$ 的分布（记为 $F*G$，称为 F 和 G 的卷积）为

$$(F*G)(a)=P\{X+Y\leqslant a\}=\int_{-\infty}^{\infty}P\{X+Y\leqslant a\mid Y=y\}\mathrm{d}G(y)$$

$$=\int_{-\infty}^{\infty}P\{X+y\leqslant a\mid Y=y\}\mathrm{d}G(y)=\int_{-\infty}^{\infty}F(a-y)\mathrm{d}G(y).$$

我们将 $F*F$ 记为 F_2，而一般地 $F*F_{n-1}=F_n$. 于是 F 自身的 n 重卷积 F_n 是 n 个独立的分布都是 F 的随机变量和的分布. ■

例 1.5 (E) 选票问题 如果在一次选举中，候选人 A 得到 n 张选票，候选人 B 得到 m 张选票，其中 $n>m$. 假设选票的一切排列次序都是等可能的. 证明在计票过程在 A 始终领先于 B 的概率是 $\frac{n-m}{n+m}$.

解 以 $P_{n,m}$ 记所求的概率. 取条件于得到最后那一张选票的候选人，我们有

$$P_{n,m}=P\{A\text{ 始终领先}\mid A\text{ 得最后的选票}\}\frac{n}{n+m}+P\{A\text{ 始终领先}\mid B\text{ 得最后的选票}\}\frac{m}{n+m}.$$

现在容易看到，给定 A 得最后一张选票时，A 始终领先于 B 的概率与 A 得 $n-1$ 票而 B 得 m 票时 A 始终领先的概率是一样的. 当给定 B 得最后一张选票时类似的结果也是正确的，从上述讨论中我们看到

$$P_{n,m}=\frac{n}{n+m}P_{n-1,m}+\frac{m}{m+n}P_{n,m-1}.\tag{1.5.3}$$

现在我们可以对 $n+m$ 用归纳法证明

$$P_{n,m}=\frac{n-m}{n+m}.$$

因为在 $n+m=1$ 时显然正确，即 $P_{1,0}=1$，假定它在 $n+m=k$ 时正确. 那么当 $n+m=k+1$ 时，由式 (1.5.3) 和归纳法假设，我们有

25

$$P_{n,m}=\frac{n}{n+m}\frac{n-1-m}{n-1+m}+\frac{m}{m+n}\frac{n-m+1}{n+m-1}=\frac{n-m}{n+m}.$$

结论于是得证.

选票问题有一些有趣的应用. 例如, 考虑连续投掷一个硬币, 设它的"正面"向上的概率总是 p, 让我们确定开始投掷之后"正面"出现数与"反面"出现数首次相等的时刻的概率分布. 首次相等的时刻为 $2n$ 的概率可由先对前 $2n$ 次试验中的正面总数取条件得到. 这导致

$$P\{\text{首次相等时刻} = 2n\}$$

$$= P\{\text{首次相等时刻} = 2n \mid \text{在前 } 2n \text{ 次试验中有 } n \text{ 次正面}\}\binom{2n}{n}p^n(1-p)^n.$$

现在, 给定在前 $2n$ 次中正面总数为 n 的条件下, 容易看出 n 次正面与 n 次反面的所有次序都是等可能的, 于是上面的条件概率等价于, 在一次选举中每个候选人收到 n 张选票, 而在计票过程中两人之一始终领先直至最后一张选票(这才使他们成平局)的概率. 然而由对最后一张选票的候选人取条件, 我们看到这正是投票问题中 $m = n-1$ 的情形. 因此

$$P\{\text{首次相等时刻} = 2n\} = p_{n,n-1}\binom{2n}{n}p^n(1-p)^n = \frac{\binom{2n}{n}p^n(1-p)^n}{2n-1}.$$ ■

例 1.5 (F) 匹配问题再访 让我们再次考虑例 1.3 (A), 即 n 个人混杂他们的帽子后随机地取一个. 我们要计算恰有 k 个匹配的概率.

首先以 E 表示没有匹配的事件, 而为了明确对 n 的依赖, 记 $P_n = P(E)$. 对第一个人是否取到自己的帽子取条件(分别称这两个事件为 M 和 M^c), 我们得到

26

$$P_n = P(E) = P(E \mid M)P(M) + P(E \mid M^c)P(M^c).$$

显然, $P(E \mid M) = 0$, 所以

$$P_n = P(E \mid M^c)\frac{n-1}{n}. \tag{1.5.4}$$

现在, $P(E \mid M^c)$ 是当 $n-1$ 个人从 $n-1$ 个帽子的集合中各取一个时不匹配的概率, 并且其中不包含某一个人的帽子. 此事件只能以两种互相排斥的方式发生: 一种是都不匹配且额外的人(他的帽子已被第一个人取走)没有取到额外的帽子(这是第一个人的帽子), 另一种是都不匹配且额外的人取到了额外的帽子. 第一种情形的概率是 P_{n-1}, 这可由将额外的帽子看成"属于"额外的人这一点看出. 由于第二种的概率是 $P_{n-2}/(n-1)$, 我们有

$$P(E \mid M^c) = P_{n-1} + \frac{1}{n-1}P_{n-2}$$

于是由式 (1.5.4) 得到

$$P_n = \frac{n-1}{n}P_{n-1} + \frac{1}{n}P_{n-2},$$

或等价地

$$P_n - P_{n-1} = -\frac{1}{n}(P_{n-1} - P_{n-2}). \tag{1.5.5}$$

因此, 显然有

$$P_1 = 0, \quad P_2 = \frac{1}{2}.$$

于是由（1.5.5）可得

$$P_3-P_2=-\frac{(P_2-P_1)}{3}=-\frac{1}{3!} \quad 或 \quad P_3=\frac{1}{2!}-\frac{1}{3!},$$

$$P_4-P_3=-\frac{(P_3-P_2)}{4}=\frac{1}{4!} \quad 或 \quad P_4=\frac{1}{2!}-\frac{1}{3!}+\frac{1}{4!},$$

而一般地，我们可以看出

$$P_n=\frac{1}{2!}-\frac{1}{3!}+\frac{1}{4!}-\cdots+\frac{(-1)^n}{n!}.$$

为了得到恰有 k 个匹配的概率，我们考虑任意固定的 k 个人，他们而且只有他们取到自己帽子的概率是

27

$$\frac{1}{n}\frac{1}{n-1}\cdots\frac{1}{n-(k-1)}P_{n-k}=\frac{(n-k)!}{n!}P_{n-k},$$

其中 P_{n-k} 是其余 $n-k$ 个人从他们自己的 $n-k$ 个帽子中选取全不匹配的概率. 因为 k 个人的集合有 $\binom{n}{k}$ 种取法，所以所求的恰有 k 个匹配的概率是

$$\binom{n}{k}\frac{(n-k)!}{n!}P_{n-k}=\frac{\frac{1}{2!}-\frac{1}{3!}+\cdots+\frac{(-1)^{n-k}}{(n-k)!}}{k!},$$

它在 n 很大时近似地等于 $\frac{e^{-1}}{k!}$.

因此，在 n 很大时匹配数近似具有均值为 1 的 Poisson 分布. 为了更好地理解这个结果，我们回忆一下，具有均值为 λ 的 Poisson 分布正是在 n 次独立试验中成功次数的极限分布，其中每次成功的概率为 p_n，当 $n\to\infty$ 时，$np_n\to\lambda$. 如果我们令

$$X_i=\begin{cases}1 & 如果第\ i\ 人取到自己的帽子\\ 0 & 其他情形\end{cases}$$

那么匹配数 $\sum_{i=1}^n X_i$ 可以看成 n 次试验中的成功数，每次成功的概率为 $1/n$. 然而因为这些试验不是独立的，所以上述结果不能直接套用，事实上这里有相当弱的相依性，因为，例如

$$P\{X_i=1\}=1/n,$$

$$P\{X_i=1\mid X_j=1\}=1/(n-1),\quad j\neq i.$$

因此，我们肯定希望在这种弱相依性的情形，Poisson 极限仍然成立. 本例结果显示确实如此. ■

例 1.5 (G) 一个填充问题 假设 n 个点排列在直线上，且假设随机地选取一对相邻的点. 即，选中点对 $(i,i+1)$ 的概率为 $1/(n-1), i=1,2,\cdots,n-1$. 随机地不断选取这种点对，并去掉前面已取到过点的点对，一直取到只留下孤立点为止. 我们感兴趣的是孤立点的平均数.

28

例如，若 $n=8$，而按次序出现的随机点对是 (2, 3)，(7, 8)，(3, 4)，(4, 5)，则只存在两个孤立点（去掉点对 (3, 4)）如图 1.5.1 所示.

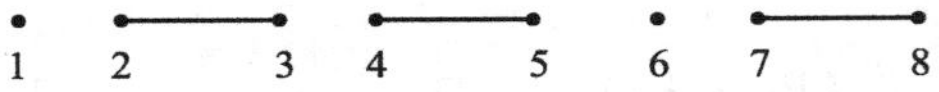

1 2 3 4 5 6 7 8

图 1.5.1

若我们令

$$I_{i,n}=\begin{cases}1 & \text{若点 } i \text{ 是孤立的}\\ 0 & \text{其他情形}\end{cases}$$

则 $\sum_{i=1}^{n} I_{i,n}$ 表示孤立点的个数. 因此

$$E[\text{孤立点的个数}]=\sum_{i=1}^{n} E[I_{i,n}]=\sum_{i=1}^{n} P_{i,n},$$

其中 $P_{i,n}$ 为在有 n 个点时，i 是孤立点的概率. 令

$$P_n \equiv P_{n,n}=P_{1,n}.$$

即 P_n 是端点 n（或 1）为孤立点的概率. 为了推导 $P_{i,n}$ 的表达式，注意我们可将此 n 个点看做由两个邻近的片段组成，即

$$1,2,\cdots,i \quad \text{和} \quad i,i+1,\cdots,n.$$

由于点 i 未取到当且仅当第一段的右端点和第二段的左端点都未取到，所以我们可见

$$P_{i,n}=P_i P_{n-i+1}. \tag{1.5.6}$$

因此，若我们能计算对应的端点未取到的概率就可确定 $P_{i,n}$. 为推导 P_n 的表达式，取条件于初始点对上，例如点对 $(i,i+1)$，并注意这种选取将线分裂为两个独立的线段即 $1,2,\cdots,i-1$ 和 $i+2,\cdots,n$. 也就是说，如果初始点对是 $(i,i+1)$，那么若 $n-i-1$ 个点的集合的端点是孤立的，则端点 n 是孤立的. 因此我们有

29

$$P_n=\sum_{i=1}^{n-1}\frac{P_{n-i-1}}{n-1}=\frac{P_1+\cdots+P_{n-2}}{n-1}$$

或

$$(n-1)P_n=P_1+\cdots+P_{n-2}.$$

用 $n-1$ 代替 n，给出

$$(n-2)P_{n-1}=P_1+\cdots+P_{n-3},$$

将两个方程相减得到

$$(n-1)P_n-(n-2)P_{n-1}=P_{n-2}$$

或

$$P_n-P_{n-1}=-\frac{P_{n-1}-P_{n-2}}{n-1}.$$

由于 $P_1=1$ 和 $P_2=0$，所以导致

$$P_3-P_2=-\frac{P_2-P_1}{2}=\frac{1}{2} \quad \text{或} \quad P_3=\frac{1}{2!}$$

$$P_4-P_3=-\frac{P_3-P_2}{3}=-\frac{1}{3!} \quad \text{或} \quad P_4=\frac{1}{2!}-\frac{1}{3!}$$

一般地

$$P_n = \frac{1}{2!} - \frac{1}{3!} + \cdots + \frac{(-1)^{n-1}}{(n-1)!} = \sum_{j=0}^{n-1} \frac{(-1)^j}{j!}, \quad n \geqslant 2.$$

于是从（1.5.6）得到

$$P_{i,n} = \begin{cases} \sum_{j=0}^{n-1} \frac{(-1)^j}{j!} & i = 1, n \\ 0 & i = 2, n-1 \\ \sum_{j=0}^{i-1} \frac{(-1)^j}{j!} \sum_{j=0}^{n-i} \frac{(-1)^j}{j!} & 2 < i < n-1. \end{cases}$$

30

对于很大的 i 和 $n-i$，由上面可见 $P_{i,n} \approx e^{-2}$，并且事实上从上面可证：对于很大的 n，孤立点的期望数 $\sum_{i=1}^{n} P_{i,n}$ 近似地由

$$\sum_{i=1}^{n} P_{i,n} \approx (n+2)e^{-2}$$

给出. ■

例 1.5（H）一个可靠性例子 考虑一个 n 个部件的系统遭受随机发生的冲击. 假设每次冲击有一个值，它来自（取值于 $[0,1]$ 的）分布 G，而独立于其他冲击值. 若发生冲击值 x，则在冲击到达时，正在工作的部件独立地以概率 x 瞬时失效. 我们感兴趣的是，直至全部部件都失效为止所必需的冲击次数 N 的分布.

为了计算 $P\{N > k\}$，以 $E_i (i = 1, \cdots, n)$ 表示部件 i 在前 k 次冲击后仍幸存这一事件. 那么

$$P\{N > k\} = P\left(\bigcup_1^n E_i\right) = \sum_i P(E_i) - \sum_{i<l} P(E_i E_l) + \cdots + (-1)^{n+1} P(E_1 E_2 \cdots E_n).$$

为计算上述概率，以 p_j 表示指定的 j 个部件在任意一次冲击后全都幸存的概率. 取条件于冲击的值，给出

$$p_j = \int P\{j \text{ 个幸存} \mid \text{值是 } x\} dG(x) = \int (1-x)^j dG(x).$$

由于

$$P(E_i) = p_1^k, P(E_i E_l) = p_2^k, \cdots, P(E_1 \cdots E_n) = p_n^k,$$

可见

31

$$P\{N > k\} = n p_1^k - \binom{n}{2} p_2^k + \binom{n}{3} p_3^k \cdots (-1)^{n+1} p_n^k.$$

从上述结果可计算 N 的均值如下：

$$E[N] = \sum_{k=0}^{\infty} P\{N > k\} = \sum_{k=0}^{\infty} \sum_{i=1}^{n} \binom{n}{i} (-1)^{i+1} p_i^k$$

$$= \sum_{i=1}^{n} \binom{n}{i} (-1)^{i+1} \sum_{k=0}^{\infty} p_i^k = \sum_{i=1}^{n} \binom{n}{i} \frac{(-1)^{i+1}}{1-p_i}.$$

读者应注意，我们已使用了等式 $E[N] = \sum_{k=0}^{\infty} P\{N > k\}$，它对一切非负整值随机变量 N 都

成立（参见习题 1.1）. ■

例 1.5 (I) 将事件的 Poisson 数分类 假设我们正在观察的全部事件数 N 是一个以 λ 为均值的 Poisson 随机变量．再假定每个事件的发生与否与其他事件独立，而这些事件以概率 $p_j(j=1,\cdots,k)$ 被归为类型 j．以 N_j 记类型 j 事件发生的个数，$j=1,\cdots,k$．让我们确定它们的联合质量函数.

对于任意非负整数 $n_j(j=1,\cdots,k)$，令 $n=\sum_{j=1}^{k}n_j$．那么，由于 $N=\sum_j N_j$，我们有

$$\begin{aligned}
&P\{N_j=n_j,j=1,\cdots,k\}\\
&=P\{N_j=n_j,j=1,\cdots k\mid N=n\}P\{N=n\}+P\{N_j=n_j,j=1,\cdots,k\mid N\neq n\}P\{N\neq n\}\\
&=P\{N_j=n_j,j=1,\cdots,k\mid N=n\}P\{N=n\}.
\end{aligned}$$

现在假定全部有 $N=n$ 个事件，由于每个事件独立地以概率 $p_j(j=1,\cdots,k)$ 为类型 j，由此推出 $N_1,N_2,\cdots,N_k$ 具有以 $p_1,p_2,\cdots,p_k$ 为参数的多项分布．所以

32

$$P\{N_j=n_j,j=1,\cdots,k\}=\frac{n!}{n_1!n_2!\cdots n_k!}p_1^{n_1}p_2^{n_2}\cdots p_k^{n_k}\frac{\lambda^n\mathrm{e}^{-\lambda}}{n!}=\prod_j\mathrm{e}^{-\lambda p_j}\frac{(\lambda p_j)^{n_j}}{n_j!}.$$

于是我们可得结论：N_j 分别是具有均值 $\lambda p_j(j=1,\cdots,k)$ 的相互独立 Poisson 随机变量. ■

在给定 $Y=y$ 时的条件期望满足通常的期望的一切性质，除了所有的概率都是对事件 $Y=y$ 取条件以外．因此，我们有

$$E\Big[\sum_{i=1}^{n}X_i\mid Y=y\Big]=\sum_{i=1}^{n}E[X_i\mid Y=y],$$

它蕴含

$$E\Big[\sum_{i=1}^{n}X_i\mid Y\Big]=\sum_{i=1}^{n}E[X_i\mid Y].$$

而且，由等式 $E[X]=E[E[X\mid Y]]$，我们可得出

$$E[X\mid W=w]=E[E[X\mid W=w,Y]\mid W=w]$$

或等价地

$$E[X\mid W]=E[E[X\mid W,Y]\mid W].$$

而且，我们应该注意基本等式

$$E[X]=E[E[X\mid Y]]$$

在 Y 是随机向量时仍然成立.

条件期望与 Bayes 估计

在统计学的 Bayes 理论中，条件期望有重要的应用．在我们观测数据 $\boldsymbol{X}=(X_1,\cdots,X_n)$ 时就产生了此领域的一个经典问题，该数据的分布由一个随机变量 θ 的值确定，θ 有一个特定的概率分布（称为先验分布）．基于数据 $\boldsymbol{X}$ 的值，我们关心的问题是估计 θ 的未见的值，θ 的一个估计可以是数据的任意函数 $d(\boldsymbol{X})$，而在 Bayes 统计中我们通常选择 $d(\boldsymbol{X})$ 使估计与参数的条件期望平方距离 $E[(d(\boldsymbol{X})-\theta)^2\mid\boldsymbol{X}]$ 达到最小．利用事实

（i）取条件于 $\boldsymbol{X}$，$d(\boldsymbol{X})$ 是常数

（ii）对于任意随机变量 W，$E[(W-c)^2]$ 在 $c=E[W]$ 时达到最小 [33]

可以推断出，使 $E[(d(\boldsymbol{X})-\theta)^2 \mid \boldsymbol{X}]$ 达到最小的估计由

$$d(\boldsymbol{X})=E[\theta \mid \boldsymbol{X}]$$

给出，这个估计称为 Bayes 估计，

θ 的一个估计 $d(\boldsymbol{X})$ 若满足

$$E[d(\boldsymbol{X}) \mid \theta]=\theta.$$

则称为无偏估计．在 Bayes 统计中，一个重要的结论是，只在平凡情形 Bayes 估计才是无偏估计，即以概率 1 等于 θ 的情形．为了证明它，我们从下述引理开始．

引理 1.5.1 对任意随机变量 Y 和随机向量 $\boldsymbol{Z}$，有

$$E[(Y-E[Y \mid \boldsymbol{Z}])E[Y \mid \boldsymbol{Z}]]=0.$$

证明

$$\begin{aligned}E[YE[Y \mid \boldsymbol{Z}]] &= E[E[YE[Y \mid \boldsymbol{Z}] \mid \boldsymbol{Z}]] \\ &= E[E[Y \mid \boldsymbol{Z}]E[Y \mid \boldsymbol{Z}]],\end{aligned}$$

其中最后一个等式得自对给定的 $\boldsymbol{Z}$，$E[Y \mid \boldsymbol{Z}]$ 是一个常数，所以 $E[YE[Y \mid \boldsymbol{Z}] \mid \boldsymbol{Z}]=E[Y \mid \boldsymbol{Z}]\,E[Y \mid \boldsymbol{Z}]$．因为最后的等式正是我们所要证明的，所以引理得证． ◀

命题 1.5.2 若 $P\{E[\theta \mid \boldsymbol{X}]=\theta\} \neq 1$，则 Bayes 估计 $E[\theta \mid \boldsymbol{X}]$ 不是无偏的．

证明 在引理 1.5.1 中，令 $Y=\theta, \boldsymbol{Z}=\boldsymbol{X}$，得到

$$E[(\theta-E[\theta \mid \boldsymbol{X}])\,E[\theta \mid \boldsymbol{X}]]=0. \tag{1.5.7}$$

现在令 $Y=E[\theta \mid \boldsymbol{X}]$，且假设 Y 是 θ 的无偏估计，因此 $E[Y \mid \theta]=\theta$．令 $\boldsymbol{Z}=\theta$，我们由引理 1.5.1 得

$$E[(E[\theta \mid \boldsymbol{X}]-\theta)\theta]=0. \tag{1.5.8}$$

将式（1.5.7）与式（1.5.8）相加，就得到

$$E[(\theta-E[\theta \mid \boldsymbol{X}])E[\theta \mid \boldsymbol{X}]]+E[(E[\theta \mid \boldsymbol{X}]-\theta)\theta]=0$$ [34]

或

$$E[(\theta-E[\theta \mid \boldsymbol{X}])E[\theta \mid \boldsymbol{X}]+(E[\theta \mid \boldsymbol{X}]-\theta)\theta]=0$$

或

$$-E[(\theta-E[\theta \mid \boldsymbol{X}])^2]=0,$$

它蕴含，以概率 1，$\theta-E[\theta \mid \boldsymbol{X}]=0$． ◀

1.6 指数分布，无记忆性，失效率函数

连续随机变量，如果它的概率密度函数是

$$f(x)=\begin{cases}\lambda e^{-\lambda x} & x \geqslant 0 \\ 0 & x<0\end{cases}$$

或等价地，如果它的分布函数是

$$F(x)=\int_{-\infty}^{x} f(y)\,dy=\begin{cases}1-e^{-\lambda x} & x \geqslant 0 \\ 0 & x<0\end{cases}$$

则称为具有参数 $\lambda(\lambda > 0)$ 的指数分布.

指数分布的矩母函数为

$$E[e^{tX}] = \int_0^\infty e^{tx} \lambda e^{-\lambda x} dx = \frac{\lambda}{\lambda - t}. \tag{1.6.1}$$

现在，X 的所有矩可由对式（1.6.1）求导得到，请读者自己去验证

$$E[X] = 1/\lambda, \quad \mathrm{Var}(X) = 1/\lambda^2.$$

指数随机变量的有用性源于它具有无记忆性这一事实，这里随机变量 X 称为缺乏记忆，或无记忆，如果

35

$$P\{X > s + t \mid X > t\} = P\{X > s\} \quad (\text{对于 } s,t \geqslant 0). \tag{1.6.2}$$

若我们将 X 想象为仪器的寿命，则式（1.6.2）表明，在给定已经存活了 t 小时，仪器至少存活 $s+t$ 小时的概率与它至少存活 s 小时的初始概率相同. 换句话说，如果这台仪器在时刻 t 存活，那么它的剩余寿命的分布就是原来的寿命分布. 条件（1.6.2）等价于

$$\overline{F}(s+t) = \overline{F}(s)\overline{F}(t),$$

由于在 F 是指数分布函数时上述条件是满足的，所以这样的随机变量是无记忆的.

例 1.6 (A)　考虑有两个办事员的邮局，假设当 A 进去时，他发现有一个办事员正在为 B 服务，而另一个办事员正在为 C 服务. 假设 A 知道，一旦 B 或 C 之一离开，为 A 的服务就开始. 如果单个办事员对一个顾客的服务时间服从均值为 $1/\lambda$ 的指数分布. 问在三个顾客中 A 是最后一个离开邮局的概率是多少？

答案得自下述推理：考虑 A 看到有一个办事员空闲的时刻. 此时 B 或 C 之一刚离开而另一个还在接受服务. 然而，由指数分布的无记忆性，另一个人在邮局继续接受服务的时间也是均值为 $1/\lambda$ 的指数分布，正好像他才开始接受服务. 因此由对称性，他在 A 之前结束的概率是 1/2. ■

例 1.6 (B)　令 $X_1, X_2, \cdots$ 是以 F 为分布函数的独立同分布连续随机变量. 若 $X_n > \max(X_1, \cdots, X_{n-1})$，则我们说在时刻 $n(n > 0)$ 产生了一个记录且其值为 X_n，这里 $X_0 = -\infty$. 即，记录产生于在每次达到新高的时刻. 以 τ_i 记在第 i 个记录与第 $i+1$ 个记录之间的时间. 问它的分布是什么？

为计算 τ_i 的分布做准备，我们注意，序列 $X_1, X_2, \cdots$ 的记录时刻与序列 $F(X_1), F(X_2), \cdots$ 的记录时刻是一样的，而由于 $F(X)$ 具有（0，1）均匀分布（参见习题 1.2），由此推出 τ_i 的分布并不依赖于实际的分布 F（只要它是连续的）. 所以让我们假定 F 是参数为 1 的指数分布.

为了计算 τ_i 的分布，我们将第 i 个记录值 R_i 取为条件. 现在 $R_1 = X_1$ 具有参数为 1 的指数分布. 而在给定 $R_2 > R_1$ 时，R_2 也具有参数为 1 的指数分布. 但是由指数分布的无记忆性可知，这意味着 R_2 与 R_1 加上一个参数为 1 的独立指数随机变量同分布. 因此 R_2 与两个独立的参数为 1 的指数随机变量的和同分布. 同样的推理说明 R_i 与 i 个参数为 1 的独立的指数随机变量的和同分布. 而我们熟知（参见习题 1.29）这样的随机变量具有参数为 $(i,1)$ 的 gamma 分布. 即 R_i 的密度由

36

$$f_{R_i}(t) = \frac{e^{-t} t^{i-1}}{(i-1)!}, \quad t \geqslant 0$$

给出. 因此，以 R_i 为条件就得到

$$P\{\tau_i > k\} = \int_0^\infty P\{\tau_i > k \mid R_i = t\} \frac{e^{-t} t^{i-1}}{(i-1)!} dt$$
$$= \int_0^\infty (1 - e^{-t})^k e^{-t} \frac{t^{i-1}}{(i-1)!} dt, \quad i \geqslant 1,$$

其中最后的方程成立是由于，如果第 i 个记录值等于 t 时，那么随后的 k 个值，如果都小于 t，则它们都不是记录. ■

结论是，不但指数分布“无记忆”，而且它是具有这种性质的唯一分布. 为了明白这一点，假设 X 是无记忆的，并且令 $\overline{F}(x) = P\{X > x\}$. 那么

$$\overline{F}(s+t) = \overline{F}(s)\overline{F}(t).$$

这就是说，$\overline{F}$ 满足函数方程

$$g(s+t) = g(s)g(t).$$

然而，上述方程满足任一种合理条件（诸如单调性、右连续或左连续，甚至可测性）的唯一解，都有

$$g(x) = e^{-\lambda x}$$

的形式，其中 λ 是一个恰当的值. [当假设 g 为右连续时，有一个简单的证明如下：由 $g(s+t) = g(s)g(t)$ 推出 $g(2/n) = g(1/n+1/n) = g^2(1/n)$. 重复这样做可得到 $g(m/n) = g^m(1/n)$. 而且有 $g(1) = g(1/n+\cdots+1/n) = g^n(1/n)$. 因此 $g(m/n) = (g(1))^{m/n}$，由于 g 是右连续的，由它推出 $g(x) = (g(1))^x$. 因为 $g(1) = g^2(1/2) \geqslant 0$，我们得到 $g(x) = e^{-\lambda x}$，这里 $\lambda = -\ln(g(1))$.] 由于分布函数总是右连续的，所以我们必定有

37

$$\overline{F}(x) = e^{-\lambda x}.$$

指数分布的无记忆性进而可用指数分布的失效率函数（也称为风险率函数）来阐述.

考虑具有分布函数 F 和密度 f 的连续随机变量 X. 它的失效率（或者风险率）函数 $\lambda(t)$ 定义为

$$\lambda(t) = \frac{f(t)}{\overline{F}(t)}. \tag{1.6.3}$$

为阐明 $\lambda(t)$ 的含义，我们将 X 设想成某个元件的寿命，且假设 X 已经使用了 t 小时，而我们想求它再经过附加时间 dt 后失效的概率. 这就是说，考虑 $P\{X \in (t, t+dt) \mid X > t\}$. 现在

$$P\{X \in (t, t+dt) \mid X > t\} = \frac{P\{X \in (t, t+dt), X > t\}}{P\{X > t\}}$$
$$= \frac{P\{X \in (t, t+dt)\}}{P\{X > t\}} \approx \frac{f(t)dt}{\overline{F}(t)} = \lambda(t)dt.$$

这就是说，$\lambda(t)$ 表示使用了 t 小时的元件将失效的概率强度.

现在假设寿命分布是指数的. 那么由无记忆性推出，使用了 t 小时的元件的剩余寿命与新部件的寿命一样. 因此 $\lambda(t)$ 必须是常数. 这可由

$$\lambda(t) = \frac{\lambda e^{-\lambda t}}{e^{-\lambda t}} = \lambda.$$

验证. 于是，指数分布的失效率函数是常数. 参数 λ 通常指的是分布的速率.（注意此速率

是均值的倒数，反之亦然.）

结论就是失效率函数唯一地确定了分布函数 F. 为证明它，我们注意

38

$$\lambda(t)=\frac{-\frac{\mathrm{d}}{\mathrm{d}t}\overline{F}(t)}{\overline{F}(t)}.$$

求积分得

$$\ln\overline{F}(t)=-\int_0^t\lambda(t)\mathrm{d}t+k$$

或

$$\overline{F}(t)=c\exp\left\{-\int_0^t\lambda(t)\mathrm{d}t\right\}.$$

令 $t=0$ 得 $c=1$，所以

$$\overline{F}(t)=\exp\left\{-\int_0^t\lambda(t)\mathrm{d}t\right\}.$$

1.7　一些概率不等式

我们从著名的 Markov 不等式开始.

引理 1.7.1 (Markov 不等式)　若 X 是一个非负的随机变量，则对于任意 $a>0$ 有

$$P\{X\geqslant a\}\leqslant E[X]/a.$$

证明　若 $X\geqslant a$，令 $I\{X\geqslant a\}$ 等于 1，而在其他情形令 $I\{X\geqslant a\}$ 为 0. 那么由于 $X\geqslant 0$，易见

$$aI\{X\geqslant a\}\leqslant X.$$

取期望就得到结果. ◀

命题 1.7.2 (Chernoff 界)　令 X 为一个具有矩母函数 $M(t)=E[\mathrm{e}^{tX}]$ 的随机变量. 那么对于 $a>0$ 有

$$P\{X\geqslant a\}\leqslant \mathrm{e}^{-ta}M(t)\quad(\text{对所有 } t>0),$$

39

$$P\{X\leqslant a\}\leqslant \mathrm{e}^{-ta}M(t)\quad(\text{对所有 } t<0).$$

证明　对 $t>0$

$$P\{X\geqslant a\}=P\{\mathrm{e}^{tX}\geqslant \mathrm{e}^{ta}\}\leqslant E[\mathrm{e}^{tX}]\mathrm{e}^{-ta},$$

此处的不等号来自 Markov 不等式. $t<0$ 时的证明类似. ◀

因为 Chernoff 界对正的象限或负的象限内的一切 t 都成立，所以我们用对所有 t 取最小 $\mathrm{e}^{-ta}M(t)$ 得到 $P\{X\geqslant a\}$ 的界.

例 1.7 (A) **Poisson 随机变量的 Chernoff 界**

若 X 是均值为 λ 的 Poisson 随机变量，则 $M(t)=\mathrm{e}^{\lambda(\mathrm{e}^t-1)}$. 因此 $P(X\geqslant j)$ 的 Chernoff 界是

$$P\{X\geqslant j\}\leqslant \mathrm{e}^{\lambda(\mathrm{e}^t-1)-tj}.$$

使上式达到最小的 t 值在 $\mathrm{e}^t=j/\lambda$ 处达到. 当 $j/\lambda>1$ 时此最小值是正的，所以在此情形我们得到

$$P\{X \geqslant j\} \leqslant e^{\lambda(j/\lambda-1)}(\lambda/j)^j = e^{-\lambda}(\lambda e)^j/j^j, \quad j > \lambda.$$ ■

下一个不等式是关于期望的，而不是关于概率的.

命题 1.7.3 (Jensen 不等式) *若 f 是凸函数，则只要期望存在，就有*

$$E[f(X)] \geqslant f(E[X]).$$

证明 我们在 f 有 Taylor 级数展开的假设下给一个证明. 在 $\mu = E[X]$ 处展开，并用余项公式，由凸性知 $f''(\xi) > 0$，从而可得

$$f(x) = f(\mu) + f'(\mu)(x-\mu) + f''(\xi)(x-\xi)^2/2 \geqslant f(\mu) + f'(\mu)(x-\mu).$$

因此

$$f(X) \geqslant f(\mu) + f'(\mu)(X-\mu).$$

[40]

取期望给出

$$E[f(X)] \geqslant f(\mu) + f'(\mu)E[X-\mu] = f(\mu).$$ ◀

1.8 极限定理

概率论中的一些最重要的结论都是以极限定理的形式出现的. 而两个最重要的极限定理如下.

强大数定律[⊖]

若 $X_1, X_2, \cdots$ 独立同分布，且具有均值 μ，则

$$P\{\lim_{n\to\infty}(X_1 + \cdots + X_n)/n = \mu\} = 1.$$

中心极限定理

若 $X_1, X_2, \cdots$ 独立同分布，且具有均值 μ 和方差 σ^2，则

$$\lim_{n\to\infty} P\left\{\frac{X_1 + \cdots + X_n - n\mu}{\sigma\sqrt{n}} \leqslant a\right\} = \int_{-\infty}^{a} \frac{1}{\sqrt{2\pi}} e^{-x^2/2} dx.$$

这样，若我们令 $S_n = \sum_{i=1}^{n} X_i$，其中 $X_1, X_2, \cdots$ 独立同分布，则强大数定律说明 S_n/n 以概率为 1 地收敛到 $E[X_i]$. 而中心极限定理说明，当 $n \to \infty$ 时，S_n 有一个渐近的正态分布.

1.9 随机过程

随机过程 $\underline{\boldsymbol{X}} = \{X(t), t \in T\}$ 是一族随机变量. 即，对于指标集 T 中的每个 t，$X(t)$ 是一个随机变量. 我们常将 t 解释为时间，而称 $X(t)$ 为过程在时刻 t 的状态. 若指标集 T 是可数集，则我们称 $\underline{\boldsymbol{X}}$ 为离散时间的随机过程，而若 T 是连续统，则我们称 $\underline{\boldsymbol{X}}$ 为连续时间过程.

$\underline{\boldsymbol{X}}$ 的任意一个实现称为一个样本路径. 例如，若事件随时间随机地发生，而 $X(t)$ 表示在 $[0,t]$ 中发生的事件个数，则图 1.9.1 给出了 $\underline{\boldsymbol{X}}$ 的一个样本路径，它对应于发生在时刻 1 的初始事件，下一个事件在时刻 3，而第三个事件在时刻 4，而此外没有其他事件

[41]

⊖ 强大数定律的一个证明在本章附录中给出.

发生.

对于连续时间的随机过程 $\{X(t), t \in T\}$，若对一切 $t_0 < t_1 < t_2 < \cdots < t_n$，随机变量

$$X(t_1) - X(t_0), X(t_2) - X(t_1), \cdots, X(t_n) - X(t_{n-1})$$

都是独立的，则称该过程为独立增量过程. 若 $X(t+s) - X(t)$ 对于一切 t 有相同的分布，则称为平稳增量过程. 也就是说，过程在没有重叠的时间区间上的值的变化都独立时具有独立增量；而过程在任意两点间的值的变化的分布只依赖这些点间的距离时具有平稳增量.

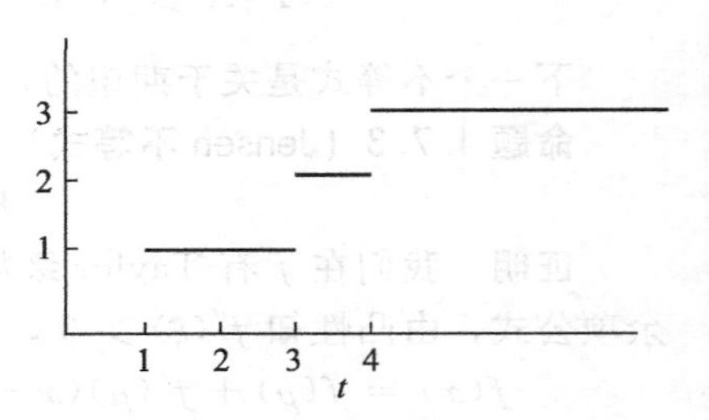

图 1.9.1　一个样本路径，$X(t)$ = 在 $[0, t]$ 中事件个数

例 1.9 (A)　考虑一个质点，它沿着按一个圆周排列的标以 $0, 1, \cdots, m$ 的 $m+1$ 个节点（参见图 1.9.2）移动. 在每一步，质点按顺时针方向，或按逆时针方向等可能地移动一个位置. 即若质点走 n 步后的位置是 X_n，则

$$P\{X_{n+1} = i+1 \mid X_n = i\} = P\{X_{n+1} = i-1 \mid X_n = i\} = 1/2,$$

其中在 $i = m$ 时 $i+1 \equiv 0$，而在 $i = 0$ 时 $i-1 \equiv m$. 现在假设质点从 0 出发，不断地按上述规则移动，直到节点 $1, \cdots, m$ 都被访问过为止. 问节点 $i(i = 1, \cdots, m)$ 是最后一个被访问的概率是多少？

解　令人惊讶的是，最后一个被访问的节点是 i 的概率不经计算就能确定. 为此考虑质点首达节点 i 的邻居之一的时间，即首达节点 $i-1$ 或 $i+1$（以 $m+1 \equiv 0$）的时间. 假设它在节点 $i-1$（另一种情形的推理是相同的）. 因为 i 与 $i+1$ 都没有被访问，由此推出节点 i 是最后一个被访问的，当且仅当 $i+1$ 在 i 前被访问. 这是因为，为了在 i 前访问 $i+1$，此质点必须在访问 i 前访问从 $i-1$ 到 $i+1$ 反时针方向路线上的所有节点. 但是位于节点 $i-1$ 的质点在 i 前访问 $i+1$ 的概率，正是质点沿指定的方向，在沿另一个方向走一步前，走 $m-1$ 步的概率. 就是说，它等于以一个单位的赌注开始的赌徒，当一个均匀的硬币掷出正面赢 1 个单位，掷出反面输 1 个单位时，赌徒在破产前财富达到 $m-1$ 的概率. 由此，如前推出最后一个被访问的是节点 i 的概率对一切 i 是相同的，而因为这些概率的和是 1，我们得

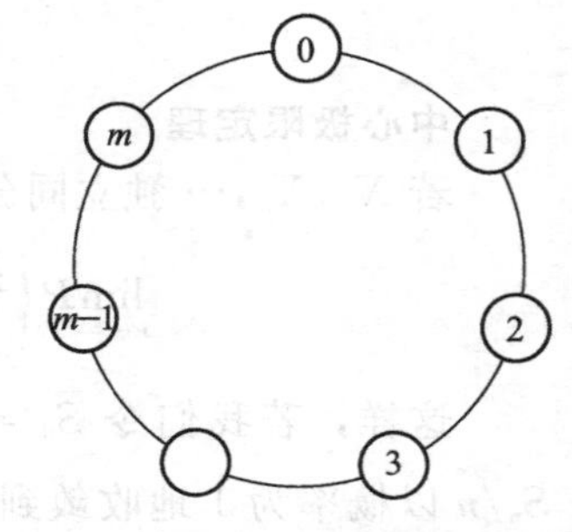

图 1.9.2　质点沿圆周运动

$$P\{\text{节点 } i \text{ 是最后一个被访问}\} = 1/m, \quad i = 1, \cdots, m. \quad ■$$

注　上例所用的推理也说明了，如果一个赌徒在每次博弈中都以相等的可能性赢 1 或输 1，则他在赢 1 以前输掉 n 的概率是 $1/(n+1)$，或等价地

$$P\{\text{赌徒在输掉 } n \text{ 前赢 } 1\} = \frac{n}{n+1}.$$

假设现在我们想要知道赌徒在输掉 n 前赢 2 个单位的概率. 只要取条件于他在输掉 n 前是否赢 1，我们就得到

$$
\begin{aligned}
&P\{赌徒在输掉 n 前赢 2\}\\
&= P\{赌徒在输掉 n 前赢 2 \mid 赌徒在输掉 n 前赢 1\} \frac{n}{n+1}\\
&= P\{赌徒在输掉 n+1 前赢 1\} \frac{n}{n+1}\\
&=\frac{n+1}{n+2}\frac{n}{n+1}=\frac{n}{n+2}.
\end{aligned}
$$

重复这个论证过程可得

$$P\{赌徒在输掉 n 前赢 k\} = \frac{n}{n+k}.$$ □

例 1.9 (B) 假设在例 1.9（A）中质点在每个方向不是等可能地移动，而是每一步沿顺时针方向的概率是 p，沿反时针方向的概率是 $q=1-p$. 若 $0.5 < p < 1$，那么我们证明最后节点 i 是一个被访问的概率是 i 的递增函数，$i=1,\cdots,m$.

为了确定最后一个被访问的节点是 i 的概率，取条件于是否 $i-1$ 或 $i+1$ 先被访问. 现在若 $i-1$ 先被访问，则 i 是最后一个被访问的概率与在每次以概率 q 赢 1 单位赌注的一个赌徒在他的财富减少 1 前他的累积财富增加 $m-1$ 的概率相同. 注意此概率并不依赖 i，令它的值为 P_1. 类似地，如果 $i+1$ 先被访问，那么 i 是最后一个被访问的概率与在每次以概率 p 赢 1 单位赌注的一个赌徒在他的财富减少 1 以前他的累积财富增加 $m-1$ 的概率相同. 我们令此概率为 P_2，注意，因为 $p>q$，所以 $P_1 < P_2$. 因此我们有

$$
\begin{aligned}
&P\{i 是最后被访问\}\\
&= P_1 P\{i-1 在 i+1 前被访问\} + P_2(1-P\{i-1 在 i+1 前被访问\})\\
&= (P_1-P_2)P\{i-1 在 i+1 前被访问\} + P_2.
\end{aligned}
$$

现在，由于事件 $i-1$ 先于 $i+1$ 被访问蕴含了事件 $i-2$ 先于 i 被访问，由此推出

$$P\{i-1 先于 i+1 被访问\} < P\{i-2 先于 i 被访问\},$$

于是我们可得结论：

$$P\{i-1 是最后被访问的状态\} < P\{i 是最后被访问的状态\}.$$ ■ 44

例 1.9 (C) 一个标记为 0 的中心顶点和由这个顶点放射出的射线组成的图，称为星形图（参见图 1.9.3). 以 r 记一个星形图的射线数，而且对于 $i=1,\cdots,r$，令射线 i 由 n_i 个顶点组成. 假设一个质点在图上沿顶点移动，使得无论从哪个顶点出发，质点移动到它任意一个相邻的顶点都是等可能的，其中若两个顶点有一条边连接，则称为相邻的. 于是，例如，当质点在顶点 0 时它等可能地移动到它的 r 个相邻顶点的任

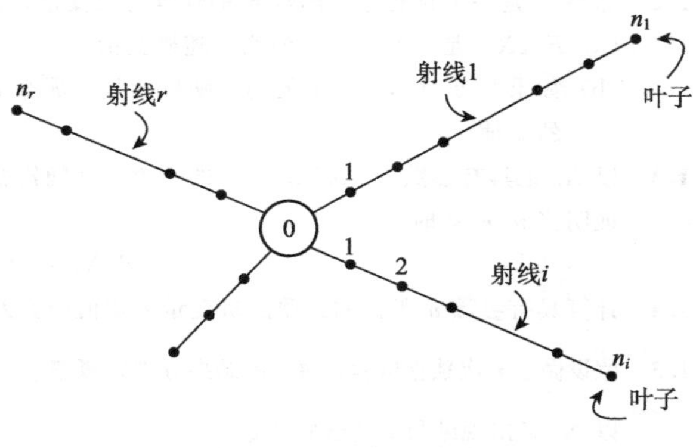

图 1.9.3 一个星形图

意一个．在射线远端的顶点都称为叶子．问从节点 0 出发，首个被访问的叶子在射线 $i(i=1,\cdots,r)$ 上的概率是多少？

解 以 L 记首个被访问的叶子．取条件于首个被访问的射线 R，得到

$$P\{L=i\}=\sum_{j=1}^{r}\frac{1}{r}P\{L=i\mid \text{首个被访问的射线是 } j\}. \tag{1.9.1}$$

现在，若首个被访问的射线是 j（就是说，质点的第一次移动是从 0 到它在射线 j 上的相邻顶点），则从例 1.9（A）后的注推出，质点将以概率 $1/n_j$ 在返回 0 之前访问射线 j 末端的叶子（因为这是赌徒的财富在减少 $n-1$ 前增加 1 这个事件的补）．又若它在访问射线 j 末端之前返回 0，则问题在本质上又重新开始．由此，基于取条件于质点是否在返回 0 之前到达射线 j 末端，得到

$$P\{L=i\mid \text{首个被访问的射线是 } i\}=1/n_i+(1-1/n_i)P\{L=i\}.$$

$$P\{L=i\mid \text{首个被访问的射线是 } j\}=(1-1/n_j)P\{L=i\},\text{对 } j\neq i.$$

[45] 将上式代入方程（1.9.1）可得

$$rP\{L=i\}=1/n_i+\Big(r-\sum_j 1/n_j\Big)P\{L=i\}$$

或

$$P\{L=i\}=\frac{1/n_i}{\sum_j 1/n_j},\quad i=1,\cdots,r. \qquad ■$$

习 题

1.1 以 N 记一个非负整数值随机变量．证明

$$E[N]=\sum_{k=1}^{\infty}P\{N\geqslant k\}=\sum_{k=0}^{\infty}P\{N>k\}.$$

更一般地，证明若 X 是一个具有分布函数 F 的非负随机变量，则

$$E[X]=\int_0^{\infty}\overline{F}(x)\mathrm{d}x,\quad E[X^n]=\int_0^{\infty}nx^{n-1}\overline{F}(x)\mathrm{d}x.$$

1.2 如果 X 是一个具有分布函数 F 的连续随机变量，证明

(a) $F(X)$ 是 (0, 1) 上的均匀随机变量．

(b) 如果 U 是 (0, 1) 上的均匀随机变量，那么 $F^{-1}(U)$ 具有分布 F，这里 $F^{-1}(x)$ 是使 $F(y)=x$ 的 y 值．

1.3 以 X_n 记具有参数 $(n,p_n),n\geqslant 1$ 的一个二项随机变量．如果在 $n\to\infty$ 时 $np_n\to\lambda$，证明当 $n\to\infty$ 时

$$P\{X_n=i\}\to \mathrm{e}^{-\lambda}\lambda^i/i!$$

1.4 计算具有参数 n 和 p 的二项随机变量的均值与方差．

1.5 假设做了 n 次独立试验，每次的结果分别以概率 $p_1,p_2,\cdots,p_r$ 出现 $1,2,\cdots,r$ 之一，其中 $\left(\sum_1^r p_i=1\right)$．

[46] 以 N_i 记出现结果 i 的试验次数．

(a) 计算 $N_1,\cdots,N_r$ 的联合分布，它称为多项分布．

(b) 计算 $\mathrm{Cov}(N_i,N_j)$．

（c）计算未出现的结果数的均值和方差.

1.6 令 $X_1, X_2, \cdots$ 是独立同分布的连续随机变量. 若 $X_n > \max(X_1, \cdots, X_{n-1})$，这里 $X_0 = -\infty$，则我们说在时刻 $n(n>0)$ 产生了一个记录，并有记录值 X_n.

（a）以 N_n 记到时刻 n 为止（包含 n）已产生的记录的个数. 计算 $E[N_n]$ 和 $\mathrm{Var}(N_n)$.

（b）令 $T = \min\{n: n > 1$ 且在 n 有一个记录$\}$. 计算 $P\{T > n\}$ 并证明 $P\{T < \infty\} = 1$ 和 $E[T] = \infty$.

（c）以 T_y 记首个大于 y 的记录值出现的时刻. 即

$$T_y = \min\{n: X_n > y\}.$$

证明 T_y 与 X_{T_y} 独立. 即取值首次大于 y 的时刻与它的值独立.（如果你将这个命题逆转，它似乎更直观.）

1.7 从含有 n 个白球和 m 个黑球的瓮中随机选取 k 个球，以 X 记其中的白球数. 计算 $E[X]$ 和 $\mathrm{Var}(X)$.

1.8 令 X_1 和 X_2 是分别具有参数 λ_1 和 λ_2 的独立 Poisson 随机变量.

（a）求 $X_1 + X_2$ 的分布.

（b）计算给定 $X_1 + X_2 = n$ 的条件下，X_1 的条件分布.

1.9 在 n 个选手的循环赛中，$\binom{n}{2}$ 对选手中每对恰好比赛一次，其结果是任意一次比赛一个选手赢而另一个输. 假设在开始时参赛者标以数字 $1, 2, \cdots, n$. 如果 i_1 打败 i_2，i_2 打败 i_3 $\cdots$ i_{n-1} 打败 i_n，排列 $i_1, \cdots, i_n$ 称为 Hamilton 排列. 证明：存在循环赛的一个结果：它的 Hamilton 排列的个数至少有 $n!/2^n$.

（提示：利用概率方法.）

[47]

1.10 考虑有 n 个选手的一个循环赛，而且令 $k(k<n)$ 是一个使 $\binom{n}{k}(1-1/2^k)^{n-k} < 1$ 的正整数. 证明循环赛有可能有这样的结果：对于每个有 k 个选手的集合，都有一个选手打败此集合中所有的人.

1.11 如果 X 是一个非负整数值随机变量，那么对 $|z| \leqslant 1$ 由

$$P(z) = E[z^X] = \sum_{j=0}^{\infty} z^j P\{X = j\}$$

定义的函数 $P(z)$，称为 X 的概率生成函数.

（a）证明

$$\frac{\mathrm{d}^k}{\mathrm{d}z^k} P(z)_{|z=0} = k! P\{X = k\}.$$

（b）将 0 考虑为偶数，证明

$$P\{X\text{ 是偶数}\} = \frac{P(-1) + P(1)}{2}.$$

（c）如果 X 是以 n 和 p 为参数的二项随机变量，证明

$$P\{X\text{ 是偶数}\} = \frac{1 + (1-2p)^n}{2}.$$

（d）如果 X 是以 λ 为参数的 Poisson 随机变量，证明

$$P\{X\text{ 是偶数}\} = \frac{1 + \mathrm{e}^{-2\lambda}}{2}.$$

（e）如果 X 是以 p 为参数的几何随机变量，证明

$$P\{X\text{ 是偶数}\} = \frac{1-p}{2-p}.$$

（f）如果 X 是以 r 和 p 为参数的负二项随机变量，证明

$$P\{X\text{是偶数}\}=\frac{1}{2}\left[1+(-1)^r\left(\frac{p}{2-p}\right)^r\right].$$

1.12 如果 $P\{0\leqslant X\leqslant a\}=1$，证明

48

$$\mathrm{Var}(X)\leqslant a^2/4.$$

1.13 考虑一副标记有1到 n 的 n 张纸牌的下述洗牌法. 从这副牌取第一张，并且将它等可能地放回到正好 k（对 $k=0,1,\cdots,n-1$）张纸牌的下面. 继续做这样的操作直至在开始时这副牌的最后一张牌如今在第一张为止. 然后再做一次并停止.

(a) 假设在某个时间有 k 张牌在开始时最后一张牌的下面. 给出 k 张牌的这个集合，解释为什么这最后的 k 张牌可能的 $k!$ 排序中的每个都是等可能的.

(b) 这副牌的最后次序是等可能地为 $N!$ 种可能次序中的一个. 给出此结论的推导过程.

(c) 求洗牌操作的平均次数.

1.14 连续地滚动一个均匀的骰子直至偶数出现在10次不同的滚动中. 以 X_i 记滚出 i 的滚动次数. 确定

(a) $E[X_1]$. (b) $E[X_2]$. (c) X_1 的概率质量函数. (d) X_2 的概率质量函数.

1.15 令 F 是连续的分布函数，而令 U 是均匀的（0，1）随机变量.

(a) 如果 $X=F^{-1}(U)$，证明 X 有分布函数 F.

(b) 证明 $-\ln(U)$ 是均值为1的指数随机变量.

1.16 令 $f(x)$ 和 $g(x)$ 是概率密度函数. 假设对一切 x，存在某个 c 使 $f(x)\leqslant cg(x)$. 假设我们可以生成具有密度函数 g 的随机变量，且考虑以下算法：

第1步：生成具有密度函数 g 的随机变量 Y.

第2步：生成均匀的（0，1）随机变量 U.

第3步：若 $U\leqslant\frac{f(Y)}{cg(Y)}$，则令 $X=Y$；否则返回第1步.

假定相继生成的随机变量是独立的，证明

(a) X 具有密度函数 $f(x)$.

(b) 此算法生成 X 必须迭代的次数是均值为 c 的几何随机变量.

1.17 令 $X_1,\cdots,X_n$ 是具有分布函数 F 的独立同分布的连续随机变量. 以 $X_{i,n}$ 记 $X_1,\cdots,X_n$ 中第 i 个最小者，而令 $F_{i,n}$ 是其分布函数. 证明

49

(a) $F_{i,n}(x)=F(x)F_{i-1,n-1}(x)+\overline{F}(x)F_{i,n-1}(x)$.

(b) $F_{i,n-1}(x)=\frac{i}{n}F_{i+1,n}(x)+\frac{n-i}{n}F_{i,n}(x)$.

（提示：对于（a）部分，取条件于是否有 $X_n\leqslant x$，而对于（b）部分，取条件于 X_n 是否在 $X_1,\cdots,X_n$ 的第 i 个最小者中.）

1.18 连续地投掷一个正面出现概率为 p 的硬币. 计算直到得到一串 r 个正面时投掷次数的期望数.

1.19 一个瓮含有 a 个白球和 b 个黑球. 在抽取一个球后，如果是白球就放回瓮中，如果是黑球就用出自其他瓮的白球来替换. 在这种操作重复进行了 n 次后，以 M_n 记瓮中白球的期望数.

(a) 推导递归方程

$$M_{n+1}=\left(1-\frac{1}{a+b}\right)M_n+1.$$

(b) 用（a）证明

$$M_n=a+b-b\left(1-\frac{1}{a+b}\right)^n.$$

(d) 第 $n+1$ 次抽取到的是白球的概率是多少？

1.20 一个连续的随机填装问题. 考虑区间 $(0,x)$ 而假设我们在此区间中填装随机单位区间（其左端点都服从 $(0,x-1)$ 上均匀分布）如下. 令首个这样的区间是 I_1. 如果 $I_1,\cdots,I_k$ 已经在此区间中被填装了，那么下一个随机区间若与 $I_1,\cdots,I_k$ 中的任意一个都不相交，则将被填装，这时将此区间记为 I_{k+1}. 若它与 $I_1,\cdots,I_k$ 中的任意一个相交，则我们就放弃它，并考虑下一个随机区间. 继续这种程序直至不再有空间能容纳另加的随机区间为止（就是说，在已填装的区间之间的所有空隙都小于 1）. 以 $N(x)$ 记用这种方法在 $[0,x]$ 中已填装的单位区间的个数.

例如，若 $x=5$ 而相继的随机区间是 $(0.5,\ 1.5)$，$(3.1,\ 4.1)$，$(4,\ 5)$，$(1.7,\ 2.7)$，则 $N(5)=3$，并有如下的填装：

—I_1— —I_3— —I_2—

0.5 1.5 0.7 2.7 3.1 4.1

50

令 $M(x)=E[N(x)]$. 证明 M 满足

$$M(x)=0,\quad x<1,$$

$$M(x)=\frac{2}{x-1}\int_0^{x-1}M(y)\mathrm{d}y+1,\quad x>1.$$

1.21 令 $U_1,U_2,\cdots$ 为独立的（0，1）均匀随机变量，而以 N 记 n 使

$$\prod_{i=1}^{n}U_i\geqslant \mathrm{e}^{-\lambda}>\prod_{i=1}^{n+1}U_i,\quad \text{其中}\ \prod_{i=1}^{0}U_i=1$$

的 $(n\geqslant 0)$ 的最小值. 证明 N 是具有均值 λ 的 Poisson 随机变量.

（提示：对 n 用归纳法，取条件于 U_1，证明 $P\{N=n\}=\mathrm{e}^{-\lambda}\lambda^n/n!$.）

1.22 X 对给定 Y 的条件方差定义为

$$\mathrm{Var}(X\mid Y)=E[(X-E[X\mid Y])^2\mid Y].$$

证明条件方差公式，即

$$\mathrm{Var}(X)=E[\mathrm{Var}(X\mid Y)]+\mathrm{Var}(E[E\mid Y]).$$

用此公式求例 1.5（B）中的 $\mathrm{Var}(X)$，并利用对生成函数求导检查你的结果.

1.23 考虑一个质点，它沿整数集合以如下方式移动. 若它当前在 i，则下一步以概率 p 移向 $i+1$，而以概率 $1-p$ 移向 $i-1$. 假设从 0 出发，以 α 记质点迟早到达 1 的概率.

(a) 论证

$$\alpha=p+(1-p)\alpha^2.$$

(b) 证明

$$\alpha=\begin{cases}1 & (\text{若 } p\geqslant 1/2)\\ p/(1-p) & (\text{若 } p<1/2)\end{cases}$$

(c) 求质点迟早到达 $n(n>0)$ 的概率.

(d) 假设 $p<1/2$，而且质点最终到达 $n(n>0)$. 若质点当前在 $i(i<n)$，而且还不曾到达 n. 证明质点下一步以概率 $1-p$ 移向 $i+1$，以概率 p 移向 $i-1$. 也就是说，证明

51

$$P\{\text{下一步在 } i+1\mid \text{在 } i \text{ 且将到达 } n\}=1-p.$$

（注意，当给定最终到达 n 时，已交换了 p 和 $1-p$ 的角色.）

1.24 在习题 1.23 中，以 $E[T]$ 记直至质点到达 1 的期望时间.

(a) 证明

$$E[T]=\begin{cases}1/(2p-1) & \text{若 } p>1/2\\ \infty & \text{若 } p\leqslant 1/2\end{cases}$$

(b) 证明对于 $p>1/2$ 有

$$\mathrm{Var}(T) = \frac{4p(1-p)}{(2p-1)^3}.$$

(c) 求直至质点到达 $n(n>0)$ 的期望时间.

(d) 求质点到达 $n(n>0)$ 的时刻的方差.

1.25 考虑一个赌徒，在每次赌博他等可能地赢1个单位或输一个单位. 从 i 出发，证明赌徒的财富到达0或 k 之一的期望时间是 $i(k-i), i=0,\cdots,k$.

(提示：以 M_i 记此期望时间，取条件于首次赌博结果.)

1.26 在投票问题中计算在计票中 A 从不落后的概率.

1.27 考虑一个赌徒，每次赌博他分别以概率 p 赢1个单位或以概率 $1-p$ 输一个单位. 他以 n 个单位开始，问他在破产前恰好赌 $n+2i$ 次的概率是多少？

(提示：利用投票问题.)

1.28 验证指数随机变量的均值和方差的公式.

1.29 如果 $X_1,\cdots,X_n$ 独立，都是参数 λ 的指数随机变量，证明 $\sum_1^n X_i$ 具有参数 (n,λ) 的 gamma 分布. 就是说，证明 $\sum_1^n X_i$ 的密度函数为

52

$$f(t) = \lambda e^{-\lambda t}(\lambda t)^{n-1}/(n-1)!, \quad t \geqslant 0.$$

1.30 在例1.6 (A) 中，如果办事员 i 的服务时间是速率 $\lambda_i, i=1,2$ 的指数随机变量. 计算 A 是最后一个离开邮局的概率.

1.31 如果 X 和 Y 是分别具有均值 $1/\lambda_1$ 和 $1/\lambda_2$ 的指数随机变量，计算 $Z=\min(X,Y)$ 的分布. 给定 $Z=X$ 时 Z 的条件分布是什么？

1.32 证明函数方程

$$g(s+t) = g(s) + g(t)$$

的唯一连续解是 $g(s)=cs$.

1.33 对任意连续分布（参见例1.6 (B)）推导第 i 个记录值的分布.

1.34 如果 X_1 和 X_2 是独立的连续非负随机变量，证明

$$P\{X_1 < X_2 \mid \min(X_1,X_2)=t\} = \frac{\lambda_1(t)}{\lambda_1(t)+\lambda_2(t)},$$

其中 $\lambda_i(t)$ 是 X_i 的失效率函数.

1.35 令 X 是具有密度函数 $f(x)$ 的一个随机变量，同时令 $M(t)=E[e^{tX}]$ 为其矩母函数. 定义倾斜密度函数 f_t 为

$$f_t(x) = \frac{e^{tx}f(x)}{M(t)}.$$

令 X_t 具有密度函数 f_t.

(a) 证明对于任意函数 $h(x)$ 有

$$E[h(X)] = M(t)E[\exp\{-tX_t\}h(X_t)].$$

(b) 证明对于 $t>0$ 有

$$P\{X>a\} \leqslant M(t)e^{-ta}P\{X_t>a\}.$$

(c) 证明：如果 $E[X_{t^*}]=a$，那么

53

$$\min_t M(t)e^{-ta} = M(t^*)e^{-t^*a}.$$

1.36 用 Jessen 不等式证明算术平均至少与几何平均一样大. 就是说，对于非负的 x_i 证明

$$\sum_{i=1}^n x_i/n \geqslant \left(\prod_{i=1}^n x_i\right)^{1/n}.$$

1.37 令 $X_1, X_2, \cdots$ 是一系列独立同分布的连续随机变量. 若 $X_{n-1} < X_n > X_{n+1}$，则我们说在时刻 n 出现了一个峰值. 论证以概率为 1 地，峰值出现的时间比例等于 1/3.

1.38 在例 1.9 (A) 中，确定直至所有的状态 $1, 2, \cdots, n$ 都被访问过的期望步数.

(提示：以 X_i 记在这些状态中的 $i(i = 0, 1, \cdots, m-1)$ 个被访问后直至这些状态中总共 $i+1$ 个被访问的附加步数，并且利用习题 1.25.)

1.39 一个质点沿如下的图移动，使得每一步等可能地移向它的任意一个邻居.

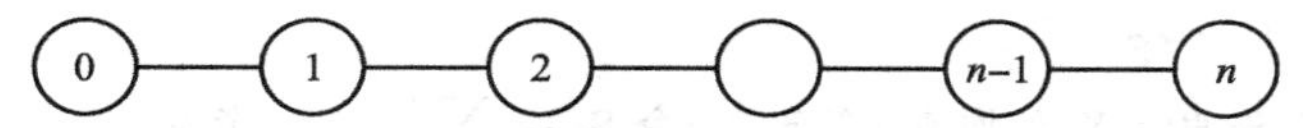

证明：如果它从 0 出发，则到达 n 的期望步数是 n^2.

(提示：以 T_i 记它从顶点 $i-1$ 走到顶点 $i(i = 1, \cdots, n)$ 所需的时间. 先从 $i = 1$，然后 $i = 2$，等等，递推地确定 $E[T_i]$.)

1.40 假设在例 1.9 (C) 中，$r = 3$，求规模为 n_1 的射线上的叶子是最后被访问的叶子的概率.

1.41 考虑由一个中心和 r 条射线组成的星形图，其中一条射线由 m 个顶点组成，而其他 $r-1$ 条都由 n 个顶点组成. 从 0 出发的质点每步都等可能地移向它的邻居时，以 P_r 记由 m 个顶点组成射线上的叶子是最后访问的叶子的概率.

(a) 求 P_2.

(b) 用 P_{r-1} 表达 P_r.

1.42 令 $Y_1, Y_2, \cdots$ 独立同分布，具有

$$P\{Y_n = 0\} = \alpha, P\{Y_n > y\} = (1-\alpha)e^{-y}, \quad y > 0.$$

54

由

$$X_0 = 0, X_{n+1} = \alpha X_n + Y_{n+1}$$

定义随机变量 $X_n, n \geqslant 0$. 证明

$$P\{X_n = 0\} = \alpha^n, P\{X_n > x\} = (1-\alpha^n)e^{-x}, \quad x > 0.$$

1.43 对于非负随机变量 X，证明对 $a > 0$ 有

$$P\{X \geqslant a\} \leqslant E[X^t]/a^t.$$

参考文献

文献 6 和 7 是概率论及其应用的初等引论. 以测度论为基础的概率论和随机过程的严格方法在文献 2，4，5 和 8 中给出. 例 1.3 (C) 取自文献 1. 命题 1.5.2 归功于 Blackwell 和 Girshik (文献 3).

1. N. Alon, J. Spencer, and P. Erdos, *The Probabilistic Method*, Wiley, New York, 1992.
2. P. Billingsley, *Probability and Measure*, 3rd ed., Wiley, New York, 1995.
3. D. Blackwell and M. A. Girshick, *Theory of Games and Statistical Decisions*, Wiley, New York, 1954.
4. L. Breiman, *Probability*, Addison-Wesley, Reading, MA, 1968.
5. R. Durrett, *Probability: Theory and Examples*, Brooks/Cole, California, 1991.
6. W. Feller, *An Introduction to Probability Theory and its Applications*, Vol. 1, Wiley, New York, 1957.
7. S. M. Ross, *A First Course in Probability*, 4th ed., Macmillan, New York, 1994.
8. D. Williams, *Probability with Martingales*, Cambridge University Press, Cambridge, England, 1991.

55

附录　强大数定律

令 $X_1, X_2, \cdots$ 是一系列独立同分布具有均值 μ 的随机变量，则

$$P\left(\lim_{n\to\infty}\frac{X_1+X_2+\cdots+X_n}{n}=\mu\right)=1.$$

虽然此定理可不需要在下述假定下证明，但是我们对强大数定律的证明依然假定随机变量 X_i 具有有限的4阶矩．即，$E[X_i^4]=K<\infty$．

强大数定律的证明　首先假定 X_i 的均值 μ 等于0．令 $S_n=\sum_{i=1}^{n}X_i$，考虑

$$E[S_n^4]=E[(X_1+\cdots+X_n)(X_1+\cdots+X_n)(X_1+\cdots+X_n)(X_1+\cdots+X_n)].$$

将上式右方展开，得到按照形如

$$X_i^4,X_i^3X_j,X_i^2X_j^2,X_i^2X_jX_k \text{ 和 } X_iX_jX_kX_l$$

的项的结果，其中 i,j,k,l 都是不同的．因为所有的 X_i 都有均值0，由独立性得到

$$E[X_i^3X_j]=E[X_i^3]E[X_j]=0,$$
$$E[X_i^2X_jX_k]=E[X_i^2]E[X_j]E[X_k]=0,$$
$$E[X_iX_jX_kX_l]=0.$$

现在，对于给定的对 (i,j)，在展开式中有 $\binom{4}{2}=6$ 项等于 $X_i^2X_j^2$．因此，由上面乘积展开并逐项取期望得

56

$$E[S_n^4]=nE[X_i^4]+6\binom{n}{2}E[X_i^2X_j^2]=nK+3n(n-1)E[X_i^2]E[X_j^2],$$

其中我们再次利用了独立性假定．现在，由于

$$0\leqslant \mathrm{Var}(X_i^2)=E[X_i^4]-(E[X_i^2])^2,$$

可见

$$(E[X_i^2])^2\leqslant E[X_i^4]=K.$$

所以，从上式可得

$$E[S_n^4]\leqslant nK+3n(n-1)K,$$

它蕴含

$$E[S_n^4/n^4]\leqslant K/n^3+3K/n^2.$$

从而，由此推出

$$E\left[\sum_{n=1}^{\infty}S_n^4/n^4\right]=\sum_{n=1}^{\infty}E[S_n^4/n^4]<\infty.\quad(*)$$

现在，对于任意 $\varepsilon>0$，由 Markov 不等式推出

$$P\{S_n^4/n^4>\varepsilon\}\leqslant E[S_n^4/n^4]/\varepsilon$$

于是由（$*$）得到

$$\sum_{n=1}^{\infty}P\{S_n^4/n^4>\varepsilon\}<\infty$$

利用 Borel-Cantelli 引理，由它推出，以概率为1地，只有有限多个 n 使得 $S_n^4/n^4>\varepsilon$．因为这个结论对任意 $\varepsilon>0$ 正确，所以我们得到结论，以概率为1地，

57

$$\lim_{n\to\infty}S_n^4/n^4=0.$$

但是，若 $S_n^4/n^4=(S_n/n)^4\to 0$，则 S_n/n 也必定趋于0；故而我们证明了以概率为1地，

当 $n\to\infty$ 时有 $S_n/n\to 0$.

当 X_i 的均值 μ 不等于 0 时，我们可以对随机变量 $X_i-\mu$ 使用上述论证得到，以概率为 1 地，

$$\lim_{n\to\infty}\sum_{i=1}^{n}(X_i-\mu)/n=0,$$

或等价地

$$\lim_{n\to\infty}\sum_{i=1}^{n}X_i/n=\mu,$$

这就证明了结论.

58

第2章 Poisson 过程

2.1 Poisson 过程

若随机变量 $N(t)$ 表示直至时刻 t 已发生的“事件”的总数，则随机过程 $\{N(t),t\geqslant 0\}$ 称为计数过程. 因此，计数过程必须满足：

(i) $N(t)\geqslant 0$.

(ii) $N(t)$ 是整数值.

(iii) 如果 $s<t$ ，那么 $N(s)\leqslant N(t)$.

(iv) 对于 $s<t$, $N(t)-N(s)$ 等于发生在区间 $(s,t]$ 中的事件数.

若发生在不相交时间区间的事件数都是独立的，则称计数过程有独立增量. 例如，这意味着在时刻 t 以前发生的事件数［即 $N(t)$ ］必须独立于在时刻 t 与 $t+s$ 之间发生的事件数［即 $N(t+s)-N(t)$ ］.

若在任意时间区间中发生的事件数的分布只依赖时间区间的长度，则称计数过程有平稳增量. 换句话说，若对于一切 $t_1<t_2$ 和 $s>0$ ，在区间 $(t_1+s,t_2+s]$ 的事件数［即 $N(t_2+s)-N(t_1+s)$］与在区间 $(t_1,t_2]$ 的事件数（即 $N(t_2)-N(t_1)$ ）有相同的分布，则过程有平稳增量.

计数过程的一个最重要类型是 Poisson 过程，其定义如下.

定义 2.1.1 若计数过程 $\{N(t),t\geqslant 0\}$ 满足

(i) $N(0)=0$ ，

59

(ii) 过程有独立增量，

(iii) 在长度为 t 的任意区间中的事件数服从以 λt 为均值的 Poisson 分布. 即，对于一切 $s,t\geqslant 0$ 有

$$P\{N(t+s)-N(s)=n\}=\mathrm{e}^{-\lambda t}\frac{(\lambda t)^n}{n!},\quad n=0,1,\cdots,$$

则称之为**具有速率 $\lambda(\lambda>0)$ 的 Poisson 过程**. <<<<<

注意由条件(iii)可推出 Poisson 过程具有平稳增量，而且

$$E[N(t)]=\lambda t,$$

这就解释了为什么将 λ 称为过程的速率.

为了确定任意计数过程的确是一个 Poisson 过程，我们必须证明条件(i)，(ii)和(iii)都满足. 条件(i)简单地说明事件的计数从 $t=0$ 开始，而条件(ii)通常可以用我们对过程的知识直接验证. 然而，我们对怎样确定条件(iii)是否满足却并不完全清楚，由于这个原因，有必要给出 Poisson 过程的一个等价的定义. 我们首先定义函数 f 为 $o(h)$ 的概念 .

定义 若

$$\lim_{h\to 0}\frac{f(h)}{h}=0,$$

则函数 f 称为 $o(h)$. <<<<<

现在我们可给出 Poisson 过程的另一个定义.

定义 2.1.2 若计数过程 $\{N(t), t \geq 0\}$ 满足

(i) $N(0) = 0$,

(ii) 过程有平稳增量和独立增量,

(iii) $P\{N(h) = 1\} = \lambda h + o(h)$,

(iv) $P\{N(h) \geq 2\} = o(h)$,

则称为**具有速率 λ(λ>0) 的 Poisson 过程**. <<<<< 60

定理 2.1.1 定义 2.1.1 和 2.1.2 是等价的.

证明 我们先证明定义 2.1.2 蕴含定义 2.1.1. 为此令

$$P_n(t) = P\{N(t) = n\}.$$

我们以如下的方式导出 $P_0(t)$ 的一个微分方程:

$$\begin{aligned} P_0(t+h) &= P\{N(t+h) = 0\} = P\{N(t) = 0, N(t+h) - N(t) = 0\} \\ &= P\{N(t) = 0\}P\{N(t+h) - N(t) = 0\} = P_0(t)[1 - \lambda h + o(h)], \end{aligned}$$

其中最后两个方程来自假定(ii), 以及(iii)与(iv)蕴含 $P\{N(h) = 0\} = 1 - \lambda h + o(h)$ 这一事实. 因此

$$\frac{P_0(t+h) - P_0(t)}{h} = -\lambda P_0(t) + \frac{o(h)}{h}.$$

令 $h \to 0$, 有

$$P'_0(t) = -\lambda P_0(t)$$

或

$$\frac{P'_0(t)}{P_0(t)} = -\lambda,$$

经求积分, 由它推出

$$\ln P_0(t) = -\lambda t + c$$

或

$$P_0(t) = K\mathrm{e}^{-\lambda t}.$$

因为 $P_0(0) = P\{N(0) = 0\} = 1$, 我们有

$$P_0(t) = \mathrm{e}^{-\lambda t}. \tag{2.1.1}$$

类似地, 对于 $n \geq 1$ 有

$$\begin{aligned} P_n(t+h) &= P\{N(t+h) = n\} \\ &= P\{N(t) = n, N(t+h) - N(t) = 0\} + P\{N(t) = n-1, N(t+h) - N(t) = 1\} \\ &\quad + P\{N(t+h) = n, N(t+h) - N(t) \geq 2\}. \end{aligned}$$

61

然而, 由(iv)知上式中最后的项是 $o(h)$; 因此, 利用(ii)我们得到

$$\begin{aligned} P_n(t+h) &= P_n(t)P_0(h) + P_{n-1}(t)P_1(h) + o(h) \\ &= (1 - \lambda h)P_n(t) + \lambda h P_{n-1}(t) + o(h). \end{aligned}$$

于是

$$\frac{P_n(t+h)-P_n(t)}{h}=-\lambda P_n(t)+\lambda P_{n-1}(t)+\frac{o(h)}{h}.$$

令 $h\to 0$，得到

$$P'_n(t)=-\lambda P_n(t)+\lambda P_{n-1}(t),$$

或等价地

$$e^{\lambda t}[P'_n(t)+\lambda P_n(t)]=\lambda e^{\lambda t}P_{n-1}(t).$$

因此

$$\frac{d}{dt}(e^{\lambda t}P_n(t))=\lambda e^{\lambda t}P_{n-1}(t). \tag{2.1.2}$$

根据式 (2.1.1)，当 $n=1$ 时我们有

$$\frac{d}{dt}(e^{\lambda t}P_1(t))=\lambda$$

或

$$P_1(t)=(\lambda t+c)e^{-\lambda t},$$

由于 $P_1(0)=0$，它导致

$$P_1(t)=\lambda t e^{-\lambda t}.$$

为了证明 $P_n(t)=e^{-\lambda t}(\lambda t)^n/n!$，我们用数学归纳法，故而首先对 $n-1$ 假定它成立．然后由式 (2.1.2) 有

$$\frac{d}{dt}(e^{\lambda t}P_n(t))=\frac{\lambda(\lambda t)^{n-1}}{(n-1)!},$$

它蕴含

[62]

$$e^{\lambda t}P_n(t)=\frac{(\lambda t)^n}{n!}+c,$$

或者，由于 $P_n(0)=P\{N(0)=n\}=0$，得到

$$P_n(t)=e^{-\lambda t}\frac{(\lambda t)^n}{n!}.$$

于是定义 2.1.2 蕴含定义 2.1.1. 我们将它的逆命题的证明留给读者． ◀

注　$N(t)$ 具有 Poisson 分布是二项分布的 Poisson 近似的一个推论．为了明白这一点，我们将区间 $[0,t]$ 划分为 k 个相等的部分，这里的 k 很大（图 2.1.1)．首先我们注意，当 $k\to\infty$ 时，在任意子区间有 2 个或更多的事件的概率趋于 0．它得自

$$\begin{aligned}&P\{\text{在任意子区间有 2 个或更多的事件}\}\\&\leqslant\sum_{i=1}^{k}P\{\text{在第 } i \text{ 个子区间有 2 个或更多的事件}\}\\&=ko(t/k)=t\frac{o(t/k)}{t/k}\to 0\qquad\text{当 } k\to\infty \text{ 时.}\end{aligned}$$

因此，$N(t)$ 将（以概率趋于 1 地）正好等于恰有一个事件发生的子区间的个数．然而由平稳增量性和独立增量性，这样的个数服从参数为 k 和 $p=\lambda t/k+o(t/k)$ 的二项分布．因此由二项分布的 Poisson 近似我们看到，令 k 趋于 ∞，则 $N(t)$ 具有 Poisson 分布，其均值等于

$$\lim_{k\to\infty}k\left[\lambda\,\frac{t}{k}+o\left(\frac{t}{k}\right)\right]=\lambda t+\lim_{k\to\infty}\left[t\,\frac{o(t/k)}{t/k}\right]=\lambda t.$$

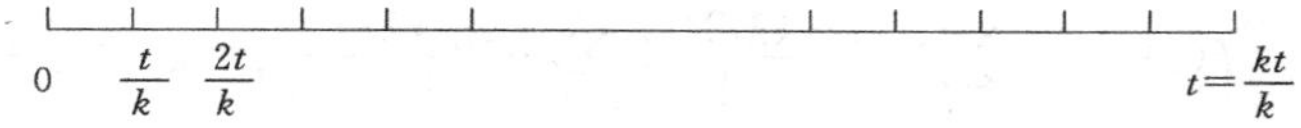

0 $\frac{t}{k}$ $\frac{2t}{k}$ $t=\frac{kt}{k}$

图 2.1.1

□ 63

2.2 到达间隔与等待时间的分布

考虑一个 Poisson 过程，以 X_1 记首个事件的到达时刻．对 $n\geqslant 1$，以 X_n 记第 $n-1$ 个和第 n 个事件之间的时间．序列 $\{X_n,n\geqslant 1\}$ 称为到达间隔时间序列．

现在我们将确定 X_n 的分布．为此我们首先注意：事件 $\{X_1>t\}$ 发生，当且仅当 Poisson 过程在区间 $[0,t]$ 中没有事件发生，故而

$$P\{X_1>t\}=P\{N(t)=0\}=\mathrm{e}^{-\lambda t}.$$

因此，X_1 具有均值为 $1/\lambda$ 的指数分布．为了得到 X_2 的分布，我们取条件于 X_1，给出

$$\begin{aligned}P\{X_2>t\mid X_1=s\}&=P\{(s,s+t]\text{ 中 0 个事件}\mid X_1=s\}\\&=P\{(s,s+t]\text{ 中 0 个事件}\}\qquad\text{(由独立增量性)}\\&=\mathrm{e}^{-\lambda t}\qquad\text{(由平稳增量性)}\end{aligned}$$

所以，由上我们断定 X_2 也具有均值为 $1/\lambda$ 的指数分布，并进而得 X_2 与 X_1 独立．再重复同样的论证，就得到以下命题．

命题 2.2.1 $X_n(n=1,2,\cdots)$ 是独立同分布的具有均值 $1/\lambda$ 的指数随机变量． ◀

注 此命题不该使我们惊讶．这是因为平稳增量与独立增量的假定在概率意义上等价于过程在任意时刻都重新开始．即，从任意时刻开始过程都独立于此前已发生的一切（由独立增量），且与原过程有相同的分布（由平稳增量）．换句话说，此过程没有记忆，故而指数分布正是预期的． □

另一个有趣的量是第 n 个事件的到达时间 S_n，也称为第 n 个事件到达的等待时间．由于

64

$$S_n=\sum_{i=1}^{n}X_i,\quad n\geqslant 1,$$

用矩母函数容易证明，命题 2.2.1 蕴含 S_n 具有以 n 和 λ 为参数的 gamma 分布．即它的概率密度是

$$f(t)=\lambda\mathrm{e}^{-\lambda t}\,\frac{(\lambda t)^{n-1}}{(n-1)!},\quad t\geqslant 0.$$

上述公式也可这样推导：注意，第 n 个事件发生在时刻 t 或 t 之前，当且仅当直至时刻 t 已发生的事件数至少是 n．即

$$N(t)\geqslant n\Leftrightarrow S_n\leqslant t.$$

因此

$$P\{S_n \leqslant t\} = P\{N(t) \geqslant n\} = \sum_{j=n}^{\infty} \mathrm{e}^{-\lambda t} \frac{(\lambda t)^j}{j!},$$

经求导后得到 S_n 的密度函数是

$$f(t) = -\sum_{j=n}^{\infty} \lambda \mathrm{e}^{-\lambda t} \frac{(\lambda t)^j}{j!} + \sum_{j=n}^{\infty} \lambda \mathrm{e}^{-\lambda t} \frac{(\lambda t)^{j-1}}{(j-1)!} = \lambda \mathrm{e}^{-\lambda t} \frac{(\lambda t)^{n-1}}{(n-1)!}$$

注　另一种得到 S_n 的密度函数的途径是利用独立增量假定，如下：

$$\begin{aligned} P\{t < S_n < t + \mathrm{d}t\} &= P\{N(t) = n-1, \text{在}(t, t+\mathrm{d}t)\text{ 中有 1 个事件}\} + o(\mathrm{d}t) \\ &= P\{N(t) = n-1\} P\{\text{在}(t, t+\mathrm{d}t)\text{ 中有 1 个事件}\} + o(\mathrm{d}t) \\ &= \frac{\mathrm{e}^{-\lambda t}(\lambda t)^{n-1}}{(n-1)!} \lambda \mathrm{d}t + o(\mathrm{d}t), \end{aligned}$$

在除以 $\mathrm{d}t$ 后令 $\mathrm{d}t$ 趋于 0，可得

$$f_{S_n}(t) = \frac{\lambda \mathrm{e}^{-\lambda t}(\lambda t)^{n-1}}{(n-1)!}.$$ □

命题 2.2.1 也给出了定义 Poisson 过程的另一种方法. 假设我们从均值为 $1/\lambda$ 的独立同分布的指数随机变量 $\{X_n, n \geqslant 1\}$ 出发. 现在我们称过程的第 n 个事件在时刻 S_n 发生，这里

65

$$S_n \equiv X_1 + X_2 + \cdots + X_n,$$

从而定义一个计数过程. 这样定义的计数过程 $\{N(t), t \geqslant 0\}$ 是速率为 λ 的 Poisson 过程.

2.3　到达时间的条件分布

假设我们被告知 Poisson 过程恰有一个事件在时刻 t 前发生，并要求我们确定此事件发生的时间的分布. 由于 Poisson 过程具有平稳和独立增量性，看来有理由认为在 $[0,t]$ 中长度相等的每个区间包含此事件的概率相同. 换句话说，此事件发生的时刻应在 $[0,t]$ 上均匀分布. 这很容易验证：因为对于 $s \leqslant t$

$$\begin{aligned} P\{X_1 < s \mid N(t) = 1\} &= \frac{P\{X_1 < s, N(t) = 1\}}{P\{N(t) = 1\}} \\ &= \frac{P\{\text{在}[0,s)\text{ 中有 1 个事件}, \text{在}[s,t)\text{ 中有 0 个事件}\}}{P\{N(t) = 1\}} \\ &= \frac{P\{\text{在}[0,s)\text{ 中有 1 个事件}) P(\text{在}[s,t)\text{ 中有 0 个事件}\}}{P\{N(t) = 1\}} \\ &= \frac{\lambda s \mathrm{e}^{-\lambda s} \mathrm{e}^{-\lambda(t-s)}}{\lambda t \mathrm{e}^{-\lambda t}} = \frac{s}{t}. \end{aligned}$$

此结论可推广，然而为此我们必须先引进次序统计量的概念.

令 $Y_1, Y_2, \cdots, Y_n$ 是 n 个随机变量. 若 $Y_{(k)}$ 是 $Y_1, Y_2, \cdots, Y_n$ 中第 $k(k=1,2,\cdots,n)$ 个最小值，我们就说 $Y_{(1)}, Y_{(2)}, \cdots, Y_{(n)}$ 是对应于 $Y_1, Y_2, \cdots, Y_n$ 的次序统计量. 若 Y_i 是具有概率密度 f 的独立同分布的连续随机变量，那么次序统计量 $Y_{(1)}, Y_{(2)}, \cdots, Y_{(n)}$ 的联合密度为

$$f(y_1,y_2,\cdots,y_n)=n!\prod_{i=1}^{n}f(y_i),\quad y_1<y_2<\cdots<y_n.$$

上式来自：(i)若 $(Y_1,Y_2,\cdots,Y_n)$ 等于 $(y_1,y_2,\cdots,y_n)$ 的 $n!$ 个排列中的任意一个，则 $(Y_{(1)},Y_{(2)},\cdots,Y_{(n)})$ 等于 $(y_1,y_2,\cdots,y_n)$．以及 (ii) 当 $(y_{i_1},y_{i_2},\cdots,y_{i_n})$ 是 $(y_1,y_2,\cdots,y_n)$ 的一个排列时，$(Y_1,Y_2,\cdots,Y_n)$ 等于 $(y_{i_1},y_{i_2},\cdots,y_{i_n})$ 的概率密度是 $f(y_{i_1})f(y_{i_2})\cdots f(y_{i_n})=\prod_1^n f(y_i)$．

66

若 $Y_i(i=1,\cdots,n)$ 是 $(0,t)$ 上的均匀分布，则由上推出次序统计量 $Y_{(1)},Y_{(2)},\cdots,Y_{(n)}$ 的联合密度是

$$f(y_1,y_2,\cdots,y_n)=\frac{n!}{t^n},\quad 0<y_1<y_2<\cdots<y_n<t.$$

现在我们已为下面这个很有用的定理做好了准备.

定理 2.3.1 给定 $N(t)=n$，n 个事件的到达时间 $S_1,S_2,\cdots,S_n$ 与 n 个独立的 $(0,t)$ 上均匀分布的随机变量的次序统计量有相同的分布.

证明 我们要计算给定 $N(t)=n$ 时，$S_1,S_2,\cdots,S_n$ 的条件密度函数. 为此令 $0<t_1<t_2<\cdots<t_{n+1}=t$，而且令 h_i 充分小，使 $t_i+h_i<t_{i+1},i=1,\cdots,n$．现在

$$\begin{aligned}&P\{t_i\leqslant S_i\leqslant t_i+h_i,i=1,2,\cdots,n\mid N(t)=n\}\\&=\frac{P\{\text{在}[t_i,t_i+h_i]\text{中恰有一个事件},i=1,\cdots,n,\text{而在}[0,t]\text{的其他地方没有事件}\}}{P\{N(t)=n\}}\\&=\frac{\lambda h_1\mathrm{e}^{-\lambda h_1}\cdots\lambda h_n\mathrm{e}^{-\lambda h_n}\mathrm{e}^{-\lambda(t-h_1-h_2-\cdots-h_n)}}{\mathrm{e}^{-\lambda t}(\lambda t)^n/n!}=\frac{n!}{t^n}h_1\cdot h_2\cdot\cdots\cdot h_n.\end{aligned}$$

因此

$$\frac{P\{t_i\leqslant S_i\leqslant t_i+h_i,i=1,2,\cdots,n\mid N(t)=n\}}{h_1\cdot h_2\cdot\cdots\cdot h_n}=\frac{n!}{t^n},$$

令 $h_i\to 0$，我们得到在给定 $N(t)=n$ 时，$S_1,S_2,\cdots,S_n$ 的条件密度函数是

$$f(t_1,\cdots,t_n)=\frac{n!}{t^n},\quad 0<t_1<\cdots<t_n,$$

这样就完成了证明. ◀

67

注 直观上，我们通常说，在 $(0,t)$ 中已发生 n 个事件的条件下，事件发生的时间 $S_1,S_2,\cdots,S_n$ 在看做不排序的随机变量时，都是相互独立的，且服从 $(0,t)$ 上的均匀分布. □

例 2.3 (A) 假设乘客按速率为 λ 的 Poisson 过程到达一个火车站. 如果火车在时刻 t 离开，我们计算在 $(0,t)$ 中到达的乘客的等待时间的期望和. 即求 $E\left[\sum_{i=1}^{N(t)}(t-S_i)\right]$，其中 S_i 是第 i 个乘客的到达时间. 我们取条件于 $N(t)$ 导致

$$E\left[\sum_{i=1}^{N(t)}(t-S_i)\mid N(t)=n\right]=E\left[\sum_{i=1}^{n}(t-S_i)\mid N(t)=n\right]=nt-E\left[\sum_{i=1}^{n}S_i\mid N(t)=n\right].$$

现在若我们以 $U_1,\cdots,U_n$ 记 n 个独立的 $(0,t)$ 均匀随机变量，则

$$E\Big[\sum_{i=1}^{n}S_i \mid N(t)=n\Big]=E\Big[\sum_{i=1}^{n}U_{(i)}\Big] \qquad (\text{由定理 } 2.3.1)$$

$$=E\Big[\sum_{i=1}^{n}U_i\Big] \qquad \Big(\text{因为 } \sum_{i=1}^{n}U_{(i)}=\sum_{i=1}^{n}U_i\Big)$$

$$=\frac{nt}{2}.$$

因此

$$E\Big[\sum_{1}^{N(t)}(t-S_i) \mid N(t)=n\Big]=nt-\frac{nt}{2}=\frac{nt}{2},$$

$$E\Big[\sum_{1}^{N(t)}(t-S_i)\Big]=\frac{t}{2}E[N(t)]=\frac{\lambda t^2}{2}. \qquad \blacksquare$$

作为定理 2.3.1 的一个重要应用，假设速率为 λ 的 Poisson 过程的每个事件分类为 I 型的或 II 型的，而且假设一个事件分类为 I 型的概率依赖于它发生的时刻. 具体地说，如果一个事件发生在时刻 s，它分类为 I 型的概率是 $P(s)$，而分类为 II 型的概率是 $1-P(s)$，并与其他事件分在什么类独立. 利用定理 2.3.1 我们可以证明下述命题. 68

命题 2.3.2 如果 $N_i(t)$ 表示直至时刻 t 为止发生的 i 型事件数，$i=1,2$，那么 $N_1(t)$ 和 $N_2(t)$ 分别是具有均值 λtp 和 $\lambda t(1-p)$ 的独立 Poisson 随机变量，其中

$$p=\frac{1}{t}\int_0^t P(s)\mathrm{d}s.$$

证明 我们利用取条件于 $N(t)$ 计算 $N_1(t)$ 和 $N_2(t)$ 的联合分布：

$$P\{N_1(t)=n,N_2(t)=m\}$$

$$=\sum_{k=0}^{\infty}P\{N_1(t)=n,N_2(t)=m \mid N(t)=k\}P\{N(t)=k\}$$

$$=P\{N_1(t)=n,N_2(t)=m \mid N(t)=n+m\}P\{N(t)=n+m\}.$$

现在我们考虑发生在区间 $[0,t]$ 的任意一个事件. 若它发生在时刻 s，则它是 I 型事件的概率是 $P(s)$. 因为由定理 2.3.1 此事件发生的时刻在 $(0,t)$ 上均匀分布，故而它是I型事件的概率是

$$p=\frac{1}{t}\int_0^t P(s)\mathrm{d}s$$

且与其他事件分在什么类是独立的. 因此，$P\{N_1(t)=n,N_2(t)=m \mid N(t)=n+m\}$ 正好是每次试验成功的概率是 p 时，在 $n+m$ 次独立试验中有 n 次成功 m 次失败的概率. 即

$$P\{N_1(t)=n,N_2(t)=m \mid N(t)=n+m\}=\binom{n+m}{n}p^n(1-p)^m.$$

随之有

$$P\{N_1(t)=n,N_2(t)=m\}=\frac{(n+m)!}{n!m!}p^n(1-p)^m\mathrm{e}^{-\lambda t}\frac{(\lambda t)^{n+m}}{(n+m)!}$$

$$=\mathrm{e}^{-\lambda tp}\frac{(\lambda tp)^n}{n!}\mathrm{e}^{-\lambda t(1-p)}\frac{(\lambda t(1-p))^m}{m!},$$

这就完成了证明. ◀

下例阐述了上述命题的重要性.

69

例 2.3(B)无穷多条服务线的 Poisson 队列 假设顾客按速率为 λ 的 Poisson 过程到达一个服务站. 对到达的顾客立刻由无穷多条服务线中的一条提供服务, 而服务时间假定为独立的, 且具有一个共同的分布 G.

为了计算在时刻 t 服务完毕的顾客数和仍在接受服务的顾客数的联合分布, 对于进入系统的一个顾客, 若到时刻 t 他的服务已完毕, 则称为 I 型的; 而若在时刻 t 他的服务还未完毕, 则称为 II 型的. 现在, 若顾客在时刻 $s(s\leqslant t)$ 到达, 又若其服务时间小于 $t-s$, 则他将是 I 型的, 而由于服务时间的分布是 G, 这个事件的概率是 $G(t-s)$. 因此

$$P(s)=G(t-s),\quad s\leqslant t,$$

于是从命题 2.3.2 我们得到 $N_1(t)$ (到时刻 t 已服务完毕的顾客数) 的分布是以

$$E[N_1(t)]=\lambda\int_0^t G(t-s)\mathrm{d}s=\lambda\int_0^t G(y)\mathrm{d}y$$

为均值的 Poisson 分布. 类似地, 在时刻 t 仍在接受服务的顾客数 $N_2(t)$ 是以

$$E[N_2(t)]=\lambda\int_0^t \overline{G}(y)\mathrm{d}y$$

为均值的 Poisson 分布. 再则, $N_1(t)$ 与 $N_2(t)$ 是独立的. ■

下例进一步阐述了定理 2.3.1 的用途.

例 2.3(C) 假设一个设备承受按速率为 λ 的 Poisson 过程发生的冲击. 第 i 次冲击引起损失 D_i. 假定 $D_i(i\geqslant 1)$ 是独立同分布的, 且也与 $\{N(t),t\geqslant 0\}$ 独立, 其中 $N(t)$ 表示在 $[0,t]$ 中的冲击数. 一次冲击引起的损失随时间指数地衰减. 即如果一次冲击有一个初始损失 D, 那么在时间 t 之后它的损失是 $D\mathrm{e}^{-\alpha t}$.

若我们假设损失是可加的, 则在时刻 t 的损失 $D(t)$ 可表示为

70

$$D(t)=\sum_{i=1}^{N(t)}D_i\mathrm{e}^{-\alpha(t-S_i)},$$

其中 S_i 是第 i 次冲击到达的时刻. 我们可确定 $E[D(t)]$ 如下:

$$\begin{aligned}
E[D(t)\mid N(t)=n]&=E\Big[\sum_{i=1}^{N(t)}D_i\mathrm{e}^{-\alpha(t-S_i)}\mid N(t)=n\Big]\\
&=E\Big[\sum_{i=1}^{n}D_i\mathrm{e}^{-\alpha(t-S_i)}\mid N(t)=n\Big]=\sum_{i=1}^{n}E[D_i\mathrm{e}^{-\alpha(t-S_i)}\mid N(t)=n]\\
&=\sum_{i=1}^{n}E[D_i\mid N(t)=n]E[\mathrm{e}^{-\alpha(t-S_i)}\mid N(t)=n]\\
&=E[D]\sum_{i=1}^{n}E[\mathrm{e}^{-\alpha(t-S_i)}\mid N(t)=n]=E[D]E\Big[\sum_{i=1}^{n}\mathrm{e}^{-\alpha(t-S_i)}\mid N(t)=n\Big]\\
&=E[D]\mathrm{e}^{-\alpha t}E\Big[\sum_{i=1}^{n}\mathrm{e}^{\alpha S_i}\mid N(t)=n\Big].
\end{aligned}$$

现在, 令 $U_1,\cdots,U_n$ 是独立同分布的 $[0,t]$ 均匀随机变量, 那么由定理 2.3.1 有

$$E\Big[\sum_{i=1}^{n} e^{\alpha S_i} \mid N(t)=n\Big] = E\Big[\sum_{i=1}^{n} e^{\alpha U_{(i)}}\Big] = E\Big[\sum_{i=1}^{n} e^{\alpha U_i}\Big] = \frac{n}{t}\int_0^t e^{\alpha x}\,dx = \frac{n}{\alpha t}(e^{\alpha t}-1).$$

因此

$$E[D(t) \mid N(t)] = \frac{N(t)}{\alpha t}(1-e^{-\alpha t})E[D],$$

取期望得

71

$$E[D(t)] = \frac{\lambda E[D]}{\alpha}(1-e^{-\alpha t}).$$ ■

注　得到 $E[D(t)]$ 的另一种方法是将区间 $[0,t]$ 划分为长度为 h 的不交子区间，然后将来自这些区间的冲击在时刻 t 的损失相加．更具体地，设 h 给定，定义 X_i 为到达区间 $I_i \equiv (ih,(i+1)h)(i=0,1,\cdots,[t/h])$ 的一切冲击在时刻 t 的损失的和，其中 $[a]$ 记小于或等于 a 的最大整数．于是我们有表达式

$$D(t) = \sum_{i=0}^{[t/h]} X_i,$$

故而

$$E[D(t)] = \sum_{i=0}^{[t/h]} E[X_i].$$

为了计算 $E[X_i]$，取条件于是否在 I_i 中有一个冲击到达，这引出

$$E[D(t)] = \sum_{i=0}^{[t/h]} (\lambda h E[D e^{-\alpha(t-L_i)}] + o(h)),$$

其中 L_i 是在 I_i 中冲击到达时刻．因此

$$E[D(t)] = \lambda E[D] E\Big[\sum_{i=0}^{[t/h]} h e^{-\alpha(t-L_i)}\Big] + \Big[\frac{t}{h}\Big] o(h), \tag{2.3.1}$$

但是，由于 $L_i \in I_i$，令 $h \to 0$ 推出

$$\sum_{i=0}^{[t/h]} h e^{-\alpha(t-L_i)} \to \int_0^t e^{-\alpha(t-y)}\,dy = \frac{1-e^{-\alpha t}}{\alpha},$$

于是由式（2.3.1）令 $h \to 0$ 得到

$$E[D(t)] = \frac{\lambda E[D]}{\alpha}(1-e^{-\alpha t}).$$

值得注意的是，上式是下述论证较为严格的版本：因为一次冲击以概率 λdy 发生在 $(y,y+dy)$ 中，又因为它在时刻 t 的损失等于初始损失的 $e^{-\alpha(t-y)}$ 倍，由此推出来自 $(y,y+dy)$ 中的冲击在时刻 t 的期望损失是

72

$$\lambda dy E[D] e^{-\alpha(t-y)},$$

从而

$$E[D(t)] = \lambda E[D]\int_0^t e^{-\alpha(t-y)}\,dy = \frac{\lambda E[D]}{\alpha}(1-e^{-\alpha t}).$$ □

M/G/1 的忙期

考虑称为 M/G/1 的排队系统，其中顾客按速率为 λ 的 Poisson 过程到达．在到达时若

服务线有空，他们就进入服务，否则他们加入队列．相继的服务时间是独立同分布的，按 G 分布并与到达过程相互独立．当一个到达者发现服务线空闲，我们说忙期开始．而忙期结束于在此系统中不存在任何顾客时．我们想要计算忙期长度的分布．

假设忙期正好开始于某个时刻，我们将此时刻记成 0．以 S_k 记直至 k 个额外的顾客到达的时间（于是，例如，S_k 具有参数为 (k,λ) 的 gamma 分布）．又以 $Y_1,Y_2,\cdots$ 记服务时间序列．现在忙期持续时间为 t 且由 n 次服务组成，当且仅当

(i) $S_k \leqslant Y_1+\cdots+Y_k, k=1,\cdots,n-1$;

(ii) $Y_1+\cdots+Y_n=t$;

(iii) 在 $(0,t)$ 有 $n-1$ 个顾客到达．

方程 (i) 是必要的，因为若 $S_k > Y_1+\cdots+Y_k$，则在首个顾客后的第 k 个顾客将发现系统无顾客，于是忙期将在第 $k+1$ 次服务前（于是在 n 次服务前）结束．在(ii)和(iii)背后的推理很简单的，我们留给读者来验证．

因此，通过启发式的推理（像对概率一样地处理密度）我们由上可见

$$
\begin{aligned}
&P\{\text{忙期长度是 } t \text{ 而且由 } n \text{ 次服务组成}\} \qquad (2.3.2)\\
&= P\{Y_1+\cdots+Y_n=t, \text{在}(0,t)\text{ 有 } n-1 \text{ 次到达}, S_k \leqslant Y_1+\cdots+Y_k, k=1,\cdots,n-1\}\\
&= P\{S_k \leqslant Y_1+\cdots+Y_k, k=1,\cdots,n-1 \mid \text{在}(0,t)\text{ 有 } n-1 \text{ 次到达}, Y_1+\cdots+Y_n=t\}\\
&\quad \times P\{\text{在}(0,t)\text{ 有 } n-1 \text{ 次到达}, Y_1+\cdots+Y_n=t\}.
\end{aligned}
$$

73

因为到达过程是与服务时间独立的，于是

$$
P\{\text{在}(0,t)\text{ 有 } n-1 \text{ 次到达}, Y_1+\cdots+Y_n=t\} = \mathrm{e}^{-\lambda t}\frac{(\lambda t)^{n-1}}{(n-1)!}\mathrm{d}G_n(t), \qquad (2.3.3)
$$

其中 G_n 是 G 与其自身的 n 次卷积．此外，由定理 2.3.1 我们有：给定在 $(0,t)$ 有 $n-1$ 次到达，依次到达的时间与 $n-1$ 个独立的 $(0,t)$ 均匀随机变量的次序统计量有相同的分布．利用此事实，结合式 (2.3.3) 与式 (2.3.2) 就导出

$$
\begin{aligned}
&P\{\text{忙期的长度是 } t \text{ 而且由 } n \text{ 次服务组成}\}\\
&= \mathrm{e}^{-\lambda t}\frac{(\lambda t)^{n-1}}{(n-1)!}\mathrm{d}G_n(t) \times P\{\tau_k \leqslant Y_1+\cdots+Y_k, k=1,\cdots,n-1 \mid Y_1+\cdots+Y_n=t\},
\end{aligned} \qquad (2.3.4)
$$

其中 $\tau_1,\cdots,\tau_{n-1}$ 与 $\{Y_1,\cdots,Y_n\}$ 独立，且表示 $n-1$ 个 $(0,t)$ 均匀随机变量的按次序的值．

为了计算式 (2.3.4) 中余下的概率，我们需要一些引理．引理 2.3.3 很初等，其证明留给读者．

引理 2.3.3 令 $Y_1,Y_2,\cdots,Y_n$ 是独立同分布的非负随机变量．那么

$$
E[Y_1+\cdots+Y_k \mid Y_1+\cdots+Y_n=y] = \frac{k}{n}y, \quad k=1,\cdots,n. \qquad ◀
$$

引理 2.3.4 以 $\tau_1,\cdots,\tau_n$ 记 n 个独立 $(0,t)$ 均匀随机变量的按次序的值．令 $Y_1,Y_2,\cdots,Y_n$ 是独立同分布的非负随机变量，而且也独立于 $\{\tau_1,\cdots,\tau_n\}$．那么

$$
P\{Y_1+\cdots+Y_k<\tau_k, \ k=1, \cdots, n \mid Y_1+\cdots+Y_n=y\} \qquad (2.3.5)
$$

$$=\begin{cases}1-y/t & 0<y<t\\0 & \text{其他情形}\end{cases}$$

74

证明　对 n 用归纳法证明. 在 $n=1$ 时，我们必须对 $(0,t)$ 均匀随机变量 τ_1 计算 $P\{Y_1<\tau_1\mid Y_1=y\}$. 但是

$$P\{Y_1<\tau_1\mid Y_1=y\}=P\{y<\tau_1\}=1-y/t,\quad 0<y<t.$$

所以，由归纳法假设引理在 $n-1$ 时成立. 现在考虑 n 的情形. 因为对 $y\geqslant t$ 结果显而易见，我们假设 $y<t$. 为了利用归纳法假设，我们计算式（2.3.5）的左边，由取条件于 $Y_1+\cdots+Y_{n-1}$ 的值和 τ_n，然后利用在取条件于 $\tau_n=u$ 时，$\tau_1,\cdots,\tau_{n-1}$ 与 $n-1$ 个 $(0,u)$ 均匀随机变量的次序统计量同分布（参见习题2.18），这样做后，对 $s<y$ 我们有

$$P\{Y_1+\cdots+Y_k<\tau_k,k=1,\cdots,n\mid Y_1+\cdots+Y_{n-1}=s,\tau_n=u,Y_1+\cdots+Y_n=y\}\tag{2.3.6}$$
$$=\begin{cases}P\{Y_1+\cdots+Y_k<\tau_k^*,k=1,\cdots,n-1\mid Y_1+\cdots+Y_{n-1}=s\} & y<u\\0 & y\geqslant u\end{cases}$$

其中 $\tau_1^*,\cdots,\tau_{n-1}^*$ 是 $n-1$ 个独立 $(0,u)$ 均匀随机变量的按次序的值. 由归纳法假设我们看到方程（2.3.6）的右边等于

$$\text{右边}=\begin{cases}1-s/u & y<u\\0 & \text{其他情形}\end{cases}$$

所以对 $y<u$ 有

$$P\{Y_1+\cdots+Y_k<\tau_k,k=1,\cdots,n\mid Y_1+\cdots+Y_{n-1},\tau_n=u,Y_1+\cdots+Y_n=y\}$$
$$=1-\frac{Y_1+\cdots+Y_{n-1}}{\tau_n},$$

于是对 $y<u$ 有

$$P\{Y_1+\cdots+Y_k<\tau_k,k=1,\cdots,n\mid \tau_n=u,Y_1+\cdots+Y_n=y\}$$
$$=E\left[1-\frac{Y_1+\cdots+Y_{n-1}}{\tau_n}\middle|\tau_n=u,Y_1+\cdots+Y_n=y\right]$$
$$=1-\frac{1}{u}E[Y_1+\cdots+Y_{n-1}\mid Y_1+\cdots+Y_n=y]=1-\frac{n-1}{n}\frac{y}{u},$$

75

其中我们已用了上面的引理2.3.3. 再一次取期望导致

$$P\{Y_1+\cdots+Y_k<\tau_k,k=1,\cdots,n\mid Y_1+\cdots+Y_n=y\}\tag{2.3.7}$$
$$=E\left[1-\frac{n-1}{n}\frac{y}{\tau_n}\middle|y<\tau_n\right]P\{y<\tau_n\}$$
$$=P\{y<\tau_n\}-\frac{n-1}{n}yE\left[\frac{1}{\tau_n}\middle|y<\tau_n\right]P\{y<\tau_n\}.$$

现在，τ_n 的分布函数为

$$P\{\tau_n<x\}=P\{\max_{1\leqslant i\leqslant n}U_i<x\}=P\{U_i<x,i=1,\cdots,n\}=(x/t)^n,\quad 0<x<t,$$

其中 $U_i(i=1,\cdots,n)$ 是独立的 $(0,t)$ 均匀随机变量. 因此其密度为

$$f_{\tau_n}(x)=\frac{n}{t}\left(\frac{x}{t}\right)^{n-1},\quad 0<x<t,$$

故而

$$E\left[\frac{1}{\tau_n}\middle|\tau_n > y\right]P\{\tau_n > y\} = \int_y^t \frac{1}{x}\frac{n}{t}\left(\frac{x}{t}\right)^{n-1}\mathrm{d}x = \frac{n}{n-1}\left(\frac{t^{n-1}-y^{n-1}}{t_n}\right). \quad (2.3.8)$$

于是在 $y<t$ 时，由式（2.3.7）和式（2.3.8）推出

$$P\{Y_1+\cdots+Y_k<\tau_k,k=1,\cdots,n \mid Y_1+\cdots+Y_n=y\}$$
$$=1-\left(\frac{y}{t}\right)^n-\frac{y(t^{n-1}-y^{n-1})}{t^n}=1-\frac{y}{t}.$$

这就完成了证明. ◀

在回到忙期问题前，我们需要一个附加的引理.

76

引理 2.3.5 以 $\tau_1,\cdots,\tau_{n-1}$ 记 $n-1$ 个独立 $(0,t)$ 均匀随机变量的按次序的值，而令 $Y_1,Y_2,\cdots$ 是独立同分布的非负随机变量，且也与 $\{\tau_1,\cdots,\tau_{n-1}\}$ 独立. 那么

$$P\{Y_1+\cdots+Y_k<\tau_k,k=1,\cdots,n-1 \mid Y_1+\cdots+Y_n=t\}=1/n.$$

证明 为了计算上面的概率，我们用引理 2.3.4 取条件于 $Y_1+\cdots+Y_{n-1}$. 这就是，根据引理 2.3.4

$$P\{Y_1+\cdots+Y_k<\tau_k,k=1,\cdots,n-1 \mid Y_1+\cdots+Y_{n-1}=y, Y_1+\cdots+Y_n=t\}$$
$$=P\{Y_1+\cdots+Y_k<\tau_k,k=1,\cdots,n-1 \mid Y_1+\cdots+Y_{n-1}=y\}$$
$$=\begin{cases}1-y/t & 0<y<t\\ 0 & \text{其他情形}\end{cases}$$

于是，因为 $Y_1+\cdots+Y_{n-1}\leqslant Y_1+\cdots+Y_n$，所以我们有

$$P\{Y_1+\cdots+Y_k<\tau_k,k=1,\cdots,n-1 \mid Y_1+\cdots+Y_n=t\}$$
$$=E\left[1-\frac{Y_1+\cdots+Y_{n-1}}{t}\middle|Y_1+\cdots+Y_n=t\right]$$
$$=1-\frac{n-1}{n} \quad (\text{由引理 } 2.3.3),$$

这就证明了结论. ◀

现在回到忙期的长度和已服务的顾客数的联合分布，由式（2.3.4）我们必须计算

$$P\{\tau_k\leqslant Y_1+\cdots+Y_k,k=1,\cdots,n-1 \mid Y_1+\cdots+Y_n=t\}.$$

现在由于在 U 是 $(0,t)$ 均匀随机变量时 $t-U$ 也是 $(0,t)$ 均匀随机变量，推出 $\tau_1,\cdots,\tau_{n-1}$ 和 $t-\tau_{n-1},\cdots,t-\tau_1$ 有相同的联合分布. 因此，在 $\tau_k(1\leqslant k\leqslant n-1)$ 全用 $t-\tau_{n-k}$ 代替后，我们得

$$P\{\tau_k\leqslant Y_1+\cdots+Y_k,k=1,\cdots,n-1 \mid Y_1+\cdots+Y_n=t\}$$
$$=P\{t-\tau_{n-k}\leqslant Y_1+\cdots+Y_k,k=1,\cdots,n-1 \mid Y_1+\cdots+Y_n=t\}$$
$$=P\{t-\tau_{n-k}\leqslant t-(Y_{k+1}+\cdots+Y_n),k=1,\cdots,n-1 \mid Y_1+\cdots+Y_n=t\}$$
$$=P\{\tau_{n-k}\geqslant Y_{k+1}+\cdots+Y_n,k=1,\cdots,n-1 \mid Y_1+\cdots+Y_n=t\}$$
$$=P\{\tau_{n-k}\geqslant Y_{n-k}+\cdots+Y_1,k=1,\cdots,n-1 \mid Y_1+\cdots+Y_n=t\},$$

77

其中最后一个等式的成立是因为 $Y_1,\cdots,Y_n$ 与 $Y_n,\cdots,Y_1$ 有相同的联合分布，所以若 Y_1 用 Y_n 代替，Y_2 用 Y_{n-1} 代替…… Y_k 用 Y_{n-k+1} 代替…… Y_n 用 Y_1 代替，那么有关 Y_i 的概率命题保持正确. 由此可见

$$
\begin{aligned}
& P\{\tau_k \leqslant Y_1 + \cdots + Y_k, k = 1, \cdots, n-1 \mid Y_1 + \cdots + Y_n = t\} \\
= & P\{\tau_k \geqslant Y_1 + \cdots + Y_k, k = 1, \cdots, n-1 \mid Y_1 + \cdots + Y_n = t\} \\
= & 1/n \qquad (\text{由引理 } 2.3.5).
\end{aligned}
$$

因此，若我们令

$$B(t,n) = P\{\text{忙期长度} \leqslant t, \text{在忙期中服务了 } n \text{ 个顾客}\},$$

则由（2.3.4）得

$$\frac{\mathrm{d}}{\mathrm{d}t}B(t,n) = \mathrm{e}^{-\lambda t}\frac{(\lambda t)^{n-1}}{n!}\mathrm{d}G_n(t)$$

或

$$B(t,n) = \int_0^t \mathrm{e}^{-\lambda t}\frac{(\lambda t)^{n-1}}{n!}\mathrm{d}G_n(t).$$

忙期长度的分布记为 $B(t) = \sum_{n=1}^{\infty} B(t,n)$，由

$$B(t) = \sum_{n=1}^{\infty}\int_0^t \mathrm{e}^{-\lambda t}\frac{(\lambda t)^{n-1}}{n!}\mathrm{d}G_n(t)$$

给出.

2.4 非时齐 Poisson 过程

在本节中，我们推广 Poisson 过程，允许它在时刻 t 的到达速率是 t 的函数.

定义 2.4.1 若计数过程 $\{N(t), t \geqslant 0\}$ 满足

(i) $N(0) = 0$,

78

(ii) $\{N(t), t \geqslant 0\}$ 有独立增量,

(iii) $P\{N(t+h) - N(t) \geqslant 2\} = o(h)$,

(iv) $P\{N(t+h) - N(t) = 1\} = \lambda(t)h + o(h)$,

则称为具有强度函数（一般要求为连续函数）$\lambda(t)(t \geqslant 0)$ 的非平稳或非时齐 Poisson 过程.

若令

$$m(t) = \int_0^t \lambda(s)\mathrm{d}s,$$

则可证

$$
\begin{aligned}
& P\{N(t+s) - N(t) = n\} \qquad (2.4.1)\\
= & \exp\{-(m(t+s) - m(t))\}[m(t+s) - m(t)]^n/n!, \quad n \geqslant 0.
\end{aligned}
$$

即 $N(t+s) - N(t)$ 服从均值为 $m(t+s) - m(t)$ 的 Poisson 分布.

等式（2.4.1）的证明可沿定理 2.1.1 的证明路线，只需稍加修改. 对固定的 t，定义

$$P_n(s) = P\{N(t+s) - N(t) = n\}.$$

则有

$$P_0(s+h) = P\{N(t+s+h) - N(t) = 0\}$$

$$= P\{(t,t+s)\text{ 中有 0 个事件},(t+s,t+s+h)\text{ 中有 0 个事件}\}$$
$$= P\{(t,t+s)\text{ 中有 0 个事件}\}P\{(t+s,t+s+h)\text{ 中有 0 个事件}\}$$
$$= P_0(s)[1-\lambda(t+s)h+o(h)],$$

其中倒数第二个等式得自公理(ii)，而最后一个等式得自公理(iii)和(iv). 因此

$$\frac{P_0(s+h)-P_0(s)}{h} = -\lambda(t+s)P_0(s)+\frac{o(h)}{h}.$$

令 $h\to 0$，导致

$$P_0{}'(s) = -\lambda(t+s)P_0(s)$$

或

$$\ln P_0(s) = -\int_0^s \lambda(t+u)\mathrm{d}u$$

或

$$P_0(s) = \mathrm{e}^{-[m(t+s)-m(t)]}.$$

79

类似地可验证 (2.4.1) 余下的部分，这里将它们留作练习.

非时齐 Poisson 过程的重要性在于我们不再要求平稳性这一事实，从而允许事件在某些时刻发生的可能性比在另一些时刻发生的可能性更大.

当强度函数 $\lambda(t)$ 有界时，我们可以将非时齐过程想象为从时齐 Poisson 过程得到的随机样本. 具体地说，令 λ 使得

$$\text{对于一切 } t\geqslant 0 \text{ 有 } \lambda(t)\leqslant\lambda$$

而考虑一个速率为 λ 的 Poisson 过程. 现在若我们假设此 Poisson 过程在时刻 t 发生的一个事件以概率 $\lambda(t)/\lambda$ 被计数，那么被计数的事件的过程是一个以 $\lambda(t)$ 为强度函数的非时齐 Poisson 过程. 这最后的结论从定义 2.4.1 很容易得到. 例如(i)，(ii)和(iii)得自于它们对时齐 Poisson 过程都正确. 公理(iv)得自于

$$P\{(t,t+h)\text{ 中有一个事件被计数}\} = P\{\text{在}(t,t+h)\text{ 中有 1 个事件}\}\frac{\lambda(t)}{\lambda}+o(h)$$
$$= \lambda h\frac{\lambda(t)}{\lambda}+o(h) = \lambda(t)h+o(h).$$

一个非时齐 Poisson 过程作为采样自时齐 Poisson 过程的样本的解释，也给出了理解命题 2.3.2 的另一个途径（或者，等价地，证明命题 2.3.2 的 $N(t)$ 服从 Poisson 分布的另一种途径).

例 2.4 (A) 记录值 以 $X_1,X_2,\cdots$ 记一个独立同分布的连续非负随机变量序列，具有相同的失效率函数 $\lambda(t)$.（即 $\lambda(t)=f(t)/\overline{F}(t)$，其中 f 和 F 分别是 X 的密度函数和分布函数.）若 $X_n>\max(X_1,\cdots,X_{n-1})$，其中 $X_0\equiv 0$，则我们说在时刻 n 产生了一个记录，X_n 称为记录值. 以 $N(t)$ 记小于或等于 t 的记录值的个数，即 $N(t)$ 是事件的计数过程，其中如果在 x 有一个记录值，则称一个事件发生在时刻 x.

80

我们断言 $\{N(t),t\geqslant 0\}$ 是一个以 $\lambda(t)$ 为强度函数的非时齐 Poisson 过程. 为验证这个结论，注意在 t 和 $t+h$ 之间存在一个记录值，当且仅当取值大于 t 的首个 X_i 落在 t 和 $t+h$ 之间. 但是由失效率函数的定义，我们（取条件于那个记录值 X_i，例如，$i=n$）有

$$P\{X_n \in (t,t+h) \mid X_n > t\} = \lambda(t)h + o(h),$$

这就证明了断言. ■

例2.4 (B) 无穷多条服务线的 Poisson 排队系统 (M/G/∞) 的输出过程　$M/G/\infty$ 排队系统（即具有 Poisson 到达及共同服务分布 G 的无穷多条服务线的排队系统）的输出过程，是具有强度函数 $\lambda(t) = \lambda G(t)$ 的非时齐 Poisson 过程. 为证明它，我们首先论证：

(1) 在 $(s,s+t)$ 中离开系统的顾客数服从均值为 $\lambda\int_s^{s+t} G(y)\mathrm{d}y$ 的 Poisson 分布；

(2) 在不交时间区间中离开系统的顾客数是独立的.

为了证明 (1)，我们将在时间区间 $(s,s+t)$ 中离开的顾客称为类型 I 到达的. 那么在时刻 y 到达的一个顾客为类型 I 的概率是

$$P(y) = \begin{cases} G(s+t-y) - G(s-y) & \text{若 } y < s \\ G(s+t-y) & \text{若 } s < y < s+t \\ 0 & \text{若 } y > s+t \end{cases}$$

因此，由命题 2.3.2，离开的这种顾客数服从均值为

$$\lambda\int_0^\infty P(y)\mathrm{d}y = \lambda\int_0^s (G(s+t-y) - G(s-y))\mathrm{d}y + \lambda\int_s^{s+t} G(s+t-y)\mathrm{d}y = \lambda\int_s^{s+t} G(y)\mathrm{d}y$$

的 Poisson 分布. 为了证明 (2)，以 I_1 和 I_2 记不相交的时间区间，将在 I_1 中离开的顾客称为类型 I 到达的，在 I_2 中离开的顾客称为类型 II 到达的，而在其他情形的顾客称为类型 III 的. 又由命题 2.3.2，或更准确地，由命题 2.3.2 在三类顾客情形的推广，推出在 I_1 和 I_2 中离开的人数（即类型 I 和类型 II 到达的顾客）都是独立的 Poisson 随机变量.

81

利用 (1) 和 (2)，验证输出过程是一个非时齐 Poisson 过程的所有公理要求是一件简单的事情（这与从 Poisson 过程的定义 2.1.1 推出定义 2.1.2 的证明非常相似）.

因为当 $t\to\infty$ 时 $\lambda(t)\to\lambda$，我们注意到，在 t 后（因为 $t\to\infty$）极限输出过程是速率为 λ 的 Poisson 过程. ■

2.5　复合 Poisson 随机变量与复合 Poisson 过程

令 $X_1, X_2, \cdots$ 是独立同分布的具有分布函数 F 的随机变量序列，且这个序列与一个均值为 λ 的 Poisson 随机变量 N 独立. 随机变量

$$W = \sum_{i=1}^{N} X_i$$

称为具有参数 λ 和分量分布 F 的复合 Poisson 随机变量.

W 的矩母函数得自取条件于 N. 它给出了

$$\begin{aligned} E[\mathrm{e}^{tW}] &= \sum_{n=0}^{\infty} E[\mathrm{e}^{tW} \mid N=n] P\{N=n\} \\ &= \sum_{n=0}^{\infty} E[\mathrm{e}^{t(X_1+\cdots+X_n)} \mid N=n] \mathrm{e}^{-\lambda t}(\lambda t)^n/n! \\ &= \sum_{n=0}^{\infty} E[\mathrm{e}^{t(X_1+\cdots+X_n)}] \mathrm{e}^{-\lambda t}(\lambda t)^n/n! \end{aligned} \quad (2.5.1)$$

$$= \sum_{n=0}^{\infty} E[e^{tX_1}]^n e^{-\lambda t}(\lambda t)^n/n!, \tag{2.5.2}$$

其中式（2.5.1）得自 $\{X_1, X_2, \cdots\}$ 与 N 的独立性，而式（2.5.2）得自 X_i 的独立性. 因此，若以

$$\phi_X(t) = E[e^{tX_i}]$$

记 X_i 的矩母函数，由式（2.5.2），我们有

$$E[e^{tW}] = \sum_{n=0}^{\infty}[\phi_X(t)]^n e^{-\lambda t}(\lambda t)^n/n! = \exp\{\lambda t(\phi_X(t) - 1)\}. \tag{2.5.3}$$

82

或由式（2.5.3）求导，或直接地取条件论证，容易证明

$$E[W] = \lambda E[X], \quad \mathrm{Var}(W) = \lambda E[X^2],$$

其中 X 具有分布 F.

例 2.5 (A) 除从定义出发的方法外，复合 Poisson 随机变量常以如下的方式出现：假设事件按速率（比如）α 的 Poisson 过程发生，且只要事件发生就导致某个分布. 具体地说，假设一个事件在时刻 s 发生，那么它将导致一个独立于过去情形的贡献，其值是分布为 F_s 的随机变量. 以 W 记到时刻 t 为止的贡献的和，即

$$W = \sum_{i=1}^{N(t)} X_i,$$

其中 $N(t)$ 是直至 t 为止所发生的事件数，X_i 是事件 i 发生所导致的贡献. 于是，即使 X_i 既不独立，也不同分布，由此也能断定 W 服从参数为

$$\lambda = \alpha t \quad 和 \quad F(x) = \frac{1}{t}\int_0^t F_s(x)\mathrm{d}s$$

的复合 Poisson 分布. 这可以通过计算 W 的分布来证明：先取条件于 $N(t)$，然后利用给定 $N(t)$ 时，$N(t)$ 的事件时刻的无序集合都是独立 $(0,t)$ 均匀随机变量这一结果（见 2.3 节）. ■

当 F 是离散概率分布函数时，W 有一个有趣的表示：作为独立 Poisson 随机变量的线性组合. 假设 X_i 都是离散的随机变量，满足

$$P\{X_i = j\} = p_j, \quad j = 1, \cdots, k, \sum_{j=1}^{k} p_j = 1.$$

若我们以 N_j 记 X_i 中等于 $j(j = 1, \cdots, k)$ 的个数，则我们可以将 W 表示为

$$W = \sum_j jN_j, \tag{2.5.4}$$

83

其中利用了例 1.5（I），N_j 是分别具有均值 $\lambda p_j (j = 1, \cdots, k)$ 的独立 Poisson 随机变量. 作为验证，我们用式（2.5.4）的表示法计算 W 的均值和方差

$$E[W] = \sum_j jE[N_j] = \sum_j j\lambda p_j = \lambda E[X],$$

$$\mathrm{Var}(W) = \sum_j j^2 \mathrm{Var}(N_j) = \sum_j j^2 \lambda p_j = \lambda E[X^2],$$

这就验证了我们前面的结果.

2.5.1 一个复合 Poisson 恒等式

如前，令 $W=\sum_{i=1}^{N}X_i$ 是一个复合 Poisson 随机变量，其中 N 是具有均值 λ 的 Poisson 随机变量，X_i 具有分布 F. 我们现在介绍一个有关 W 的有用恒等式.

命题 2.5.1 令 X 是独立于 W 且具有分布 F 的随机变量. 那么对于任意函数 $h(x)$ 有

$$E[Wh(W)]=\lambda E[Xh(W+X)].$$

证明

$$E[Wh(W)]=\sum_{n=0}^{\infty}E[Wh(W)\mid N=n]\mathrm{e}^{-\lambda}\frac{\lambda^n}{n!}=\sum_{n=0}^{\infty}\mathrm{e}^{-\lambda}\frac{\lambda^n}{n!}E\Big[\sum_{i=1}^{n}X_ih\Big(\sum_{j=1}^{n}X_j\Big)\Big]$$

$$=\sum_{n=0}^{\infty}\mathrm{e}^{-\lambda}\frac{\lambda^n}{n!}\sum_{i=1}^{n}E\Big[X_ih\Big(\sum_{j=1}^{n}X_j\Big)\Big]=\sum_{n=0}^{\infty}\mathrm{e}^{-\lambda}\frac{\lambda^n}{n!}nE\Big[X_nh\Big(\sum_{j=1}^{n}X_j\Big)\Big],$$

[84] 其中后面的方程得自于所有的随机变量 $X_ih\left(\sum_{j=1}^{n}X_j\right)$ 有相同的分布. 因此取条件于 X_n，由上面我们得

$$E[Wh(W)]=\sum_{n=1}^{\infty}\mathrm{e}^{-\lambda}\frac{\lambda^n}{(n-1)!}\int E\Big[X_nh\Big(\sum_{j=1}^{n}X_j\Big)\Big|X_n=x\Big]\mathrm{d}F(x)$$

$$=\lambda\sum_{n=1}^{\infty}\mathrm{e}^{-\lambda}\frac{\lambda^{n-1}}{(n-1)!}\int xE\Big[h\Big(\sum_{j=1}^{n-1}X_j+x\Big)\Big]\mathrm{d}F(x)$$

$$=\lambda\int x\sum_{m=0}^{\infty}\mathrm{e}^{-\lambda}\frac{\lambda^m}{m!}E\Big[h\Big(\sum_{j=1}^{m}X_j+x\Big)\Big]\mathrm{d}F(x)$$

$$=\lambda\int x\sum_{m=0}^{\infty}E[h(W+x)\mid N=m]P\{N=m\}\mathrm{d}F(x)$$

$$=\lambda\int xE[h(W+x)]\mathrm{d}F(x)$$

$$=\lambda\int E[Xh(W+X)\mid X=x]\mathrm{d}F(x)$$

$$=\lambda E[Xh(W+X)].$$

◀

命题 2.5.1 给出了计算 W 的矩的一种容易的方法.

推论 2.5.2 若 X 具有分布 F，则对任意正整数 n 有

$$E[W^n]=\lambda\sum_{j=0}^{n-1}\binom{n-1}{j}E[W^j]E[X^{n-j}].$$

证明 令 $h(x)=x^{n-1}$，且应用命题 2.5.1 得

[85] $$E[W^n]=\lambda E[X(W+X)^{n-1}]=\lambda E\Big[X\sum_{j=0}^{n-1}\binom{n-1}{j}W^jX^{n-1-j}\Big]=\lambda\sum_{j=0}^{n-1}\binom{n-1}{j}E[W^j]E[X^{n-j}].$$

于是，由 $n=1$ 开始，并依次增加 n 的值，可见

$$E[W]=\lambda E[X],$$

$$E[W^2]=\lambda(E[X^2]+E[W]E[X])=\lambda E[X^2]+\lambda^2(E[X])^2,$$

$$E[W^3] = \lambda(E[X^3] + 2E[W]E[X^2] + E[W^2]E[X])$$
$$= \lambda E[X^3] + 3\lambda^2 E[X]E[X^2] + \lambda^3 (E[X])^3,$$

等等. ◀

当 X_i 是正整数值随机变量时，我们现在阐述由命题 2.5.1 导出 W 的概率质量函数的一个精致的递推公式. 假设情形如上并令

$$\alpha_j = P\{X_i = j\}, \quad j \geqslant 1,$$
$$P_j = P\{W = j\}, \quad j \geqslant 0.$$

相继的 P_n 值可利用下述推论得到.

推论 2.5.3

$$P_0 = \mathrm{e}^{-\lambda},$$
$$P_n = \frac{\lambda}{n}\sum_{j=1}^{n} j\alpha_j P_{n-j}, \quad n \geqslant 1.$$

证明 $P_0 = \mathrm{e}^{-\lambda}$ 直接可得，所以取 $n > 0$. 令

$$h(x) = \begin{cases} 0 & 若\ x \neq n \\ 1/n & 若\ x = n \end{cases}$$

因为 $Wh(W) = I\{W = n\}$，在 $W = n$ 时，它定义为等于 1，而在其他情形等于 0. 利用命题 2.5.1，我们得

$$P\{W = n\} = \lambda E[Xh(W+X)] = \lambda\sum_j E[Xh(W+X) \mid X = j]\alpha_j$$
$$= \lambda\sum_j jE[h(W+j)]\alpha_j = \lambda\sum_j j\,\frac{1}{n}P\{W+j=n\}\alpha_j.$$ ◀

86

注 当 X_i 都恒等于 1 时，上面的递推简化为关于 Poisson 概率的著名恒等式

$$P\{N = 0\} = \mathrm{e}^{-\lambda},$$
$$P\{N = n\} = \frac{\lambda}{n}P\{N = n-1\}, \quad n \geqslant 1.$$ □

例 2.5 (B) 令 W 是一个具有 Poisson 参数 $\lambda = 4$ 和

$$P\{X_i = i\} = 1/4, \quad i = 1,2,3,4$$

的复合 Poisson 随机变量. 为了确定 $P\{W = 5\}$，我们利用推论 2.5.3 如下：

$$P_0 = \mathrm{e}^{-\lambda} = \mathrm{e}^{-4},$$
$$P_1 = \lambda\alpha_1 P_0 = \mathrm{e}^{-4},$$
$$P_2 = \frac{\lambda}{2}\{\alpha_1 P_1 + 2\alpha_2 P_0\} = \frac{3}{2}\mathrm{e}^{-4},$$
$$P_3 = \frac{\lambda}{3}\{\alpha_1 P_2 + 2\alpha_2 P_1 + 3\alpha_3 P_0\} = \frac{13}{6}\mathrm{e}^{-4},$$
$$P_4 = \frac{\lambda}{4}\{\alpha_1 P_3 + 2\alpha_2 P_2 + 3\alpha_3 P_1 + 4\alpha_4 P_0\} = \frac{73}{24}\mathrm{e}^{-4},$$
$$P_5 = \frac{\lambda}{5}\{\alpha_1 P_4 + 2\alpha_2 P_3 + 3\alpha_3 P_2 + 4\alpha_4 P_1 + 5\alpha_5 P_0\} = \frac{501}{120}\mathrm{e}^{-4}.$$ ■

2.5.2　复合 Poisson 过程

若对任意 $t \geqslant 0$，$X(t)$ 可以表示为

$$X(t) = \sum_{i=1}^{N(t)} X_i,$$

则随机过程 $\{X(t), t \geqslant 0\}$ 称为复合 Poisson 过程，其中 $\{N(t), t \geqslant 0\}$ 是一个 Poisson 过程，而 $\{X_i, i = 1, 2, \cdots\}$ 是一族独立同分布的随机变量，且与过程 $\{N(t), t \geqslant 0\}$ 独立．于是，若 $\{X(t), t \geqslant 0\}$ 是复合 Poisson 过程，则 $X(t)$ 是复合 Poisson 随机变量．

作为复合 Poisson 过程的例子，假设顾客以 Poisson 速率 λ 到达一个商店．再假设每个 [87] 顾客在商店中花销的钱数构成一族独立同分布的随机变量，且它独立于到达过程．如果 $X(t)$ 记在时刻 t 前到达的所有顾客在商店中花销的总数，那么 $\{X(t), t \geqslant 0\}$ 是一个复合 Poisson 过程．

2.6　条件 Poisson 过程

令 Λ 是一个具有分布 G 的正值随机变量，而 $\{N(t), t \geqslant 0\}$ 是一个计数过程，它使得给定 $\Lambda = \lambda$ 时，$\{N(t), t \geqslant 0\}$ 是一个速率为 λ 的 Poisson 过程．于是，例如

$$P\{N(t+s) - N(s) = n\} = \int_0^\infty \mathrm{e}^{-\lambda t} \frac{(\lambda t)^n}{n!} \mathrm{d}G(\lambda).$$

过程 $\{N(t), t \geqslant 0\}$ 称为条件 Poisson 过程，因为在取条件于事件 $\Lambda = \lambda$ 时，它是速率为 λ 的 Poisson 过程．然而，必须注意到 $\{N(t), t \geqslant 0\}$ 并不是 Poisson 过程．例如，尽管它有平稳增量，但是它没有独立增量．(为什么没有?)

我们计算给定 $N(t) = n$ 时 Λ 的条件分布，对于充分小的 $\mathrm{d}\lambda$，我们有

$$\begin{aligned}
&P\{\Lambda \in (\lambda, \lambda + \mathrm{d}\lambda) \mid N(t) = n\} \\
&= \frac{P\{N(t) = n \mid \Lambda \in (\lambda, \lambda + \mathrm{d}\lambda)\} P\{\Lambda \in (\lambda, \lambda + \mathrm{d}\lambda)\}}{P\{N(t) = n\}} \\
&= \frac{\mathrm{e}^{-\lambda t} \dfrac{(\lambda t)^n}{n!} \mathrm{d}G(\lambda)}{\displaystyle\int_0^\infty \mathrm{e}^{-\lambda t} \frac{(\lambda t)^n}{n!} \mathrm{d}G(\lambda)},
\end{aligned}$$

从而在给定 $N(t) = n$ 时 Λ 的条件分布为

$$P\{\Lambda \leqslant x \mid N(t) = n\} = \frac{\displaystyle\int_0^x \mathrm{e}^{-\lambda t} (\lambda t)^n \mathrm{d}G(\lambda)}{\displaystyle\int_0^\infty \mathrm{e}^{-\lambda t} (\lambda t)^n \mathrm{d}G(\lambda)}.$$

例 2.6 (A)　假设地震依赖于目前还不清楚的因素，在某个地区的给定季节，地震平均发生率是 λ_1 或 λ_2．再假设百分之 $100p$ 的季节地震发生率是 λ_1，而在其余时间的地震发生率是 λ_2．对这种情形，一个简单的模型是假设 $\{N(t), 0 \leqslant t < \infty\}$ 为条件 Poisson 过程，使 Λ 以概率 p 或 $1-p$ 分别等于 λ_1 或 λ_2．当给定在一个季节的前 t 个时间单位中有 n 次地 [88] 震时，那么这是一个 λ_1 季节的概率是

$$P\{\Lambda=\lambda_1 \mid N(t)=n\}=\frac{p\mathrm{e}^{-\lambda_1 t}(\lambda_1 t)^n}{p\mathrm{e}^{-\lambda_1 t}(\lambda_1 t)^n+\mathrm{e}^{-\lambda_2 t}(\lambda_2 t)^n(1-p)}.$$

再取条件于是 $\Lambda=\lambda_1$ 还是 $\Lambda=\lambda_2$，我们可见在给定 $N(t)=n$ 时，从 t 到下一次地震的时间具有分布

$$P\{\text{从 } t \text{ 到下一次地震的时间} \leqslant x \mid N(t)=n\}$$
$$=\frac{p(1-\mathrm{e}^{-\lambda_1 x})\mathrm{e}^{-\lambda_1 t}(\lambda_1 t)^n+(1-\mathrm{e}^{-\lambda_2 x})\mathrm{e}^{-\lambda_2 t}(\lambda_2 t)^n(1-p)}{p\mathrm{e}^{-\lambda_1 t}(\lambda_1 t)^n+\mathrm{e}^{-\lambda_2 t}(\lambda_2 t)^n(1-p)}.$$ ■

习 题

2.1 证明 Poisson 过程的定义 2.1.1 蕴含定义 2.1.2.

2.2 另一个证明定义 2.1.2 蕴含定义 2.1.1 的方法是：

(a) 用定义 2.1.2 证明

$$P_0(t+s)=P_0(t)P_0(s);$$

(b) 用 (a) 推断到达间隔时间 $X_1, X_2, \cdots$ 是独立的具有速率 λ 的指数随机变量；

(c) 用 (b) 证明 $N(t)$ 按 Poisson 分布，具有均值 λt.

2.3 对于 Poisson 过程，证明对 $s<t$ 有

$$P\{N(s)=k \mid N(t)=n\}=\binom{n}{k}\left(\frac{s}{t}\right)^k\left(1-\frac{s}{t}\right)^{n-k}, \quad k=0,1,\cdots,n.$$

2.4 令 $\{N(t), t\geqslant 0\}$ 是速率为 λ 的 Poisson 过程. 计算 $E[N(t)N(t+s)]$.

2.5 假设 $\{N_1(t), t\geqslant 0\}$ 和 $\{N_2(t), t\geqslant 0\}$ 是速率分别为 λ_1 和 λ_2 的独立的 Poisson 过程. 证明 $\{N_1(t)+N_2(t), t\geqslant 0\}$ 是速率为 $\lambda_1+\lambda_2$ 的 Poisson 过程. 进而，证明这个联合过程的首个事件来自 $\{N_1(t), t\geqslant 0\}$ 的概率是 $\lambda_1/(\lambda_1+\lambda_2)$，它独立于此事件发生的时刻.

2.6 一个机器运转需要两类部件. 我们备有 n 件类型 1 部件，m 件类型 2 部件. 类型 i 部件在失效前持续一个失效率为 μ_i 的指数随机变量时间. 若一个部件失效则用库存中一个同类部件代替，计算机器运转的平均时间长度，即求 $E[\min(\sum_1^n X_i, \sum_1^m Y_i)]$，其中 $X_i(Y_i)$ 是失效率为 $\mu_1(\mu_2)$ 的指数随机变量.

89

2.7 计算 S_1, S_2, S_3 的联合分布.

2.8 生成一个 Poisson 随机变量. 令 $U_1, U_2, \cdots$ 是独立的 $(0,1)$ 均匀随机变量.

(a) 如果 $X_i=(-\ln U_i)/\lambda$，证明 X_i 是具有失效率 λ 的指数随机变量.

(b) 用 (a) 部分证明，当 N 定义为等于满足

$$\prod_{i=1}^{n} U_i \geqslant \mathrm{e}^{-\lambda}>\prod_{i=1}^{n+1} U_i$$

的 n 的值时，N 是均值 λ 的 Poisson 随机变量，其中 $\prod_{i=1}^{0} U_i \equiv 1$. 将它与第 1 章习题 1.21 做比较.

2.9 假设事件按速率为 λ 的 Poisson 过程发生. 每当一个事件发生时我们必须决定是否将我们的对象停止在早于某个指定时刻 T 发生的最后一个事件的时刻. 即，若一个事件发生在时刻 $t(0\leqslant t\leqslant T)$ 而我们决定停止，则如果在区间 $(t,T]$ 中再有事件，我们就输了，而在其他情形我们就赢了. 若一个事件发生时我们并不停止而且在 T 前没有附加事件发生，那么我们也输. 考虑在某个指定的时刻 $s(0\leqslant s\leqslant T)$ 后发生的首个事件停止的策略.

(a) 如果使用上述策略，赢的概率是多少？

(b) s 的哪个值会使赢的概率最大？

(c) 证明在最佳策略下赢的概率是 $1/e$.

2.10 公交车按速率为 λ 的 Poisson 过程到达某个车站．你从这个车站上车，从你进入公交车的时刻开始计算你到家需要时间 R．如果你步行，从这个车站到家需要时间 W．假设你的策略是：到达车站时等待一段时间 s，而如果在此时间内公交车还未到达，那么你步行回家．

[90]

(a) 计算从你到达车站时直至到家的期望时间.

(b) 证明若 $W < 1/\lambda + R$，则（a）部分的期望时间在取 $s=0$ 时最小；若 $W > 1/\lambda + R$，则它在取 $s=\infty$ 时最小（就是你应继续等车）；而当 $W = 1/\lambda + R$ 时所有 s 值都给出相同的期望时间.

(c) 对于为什么当使期望时间最小时我们只需考虑 $s=0$ 和 $s=\infty$ 的情形给出一个直观的解释.

2.11 汽车按速率为 λ 的 Poisson 过程经过某个街道位置．某人在此位置等待直至此后的 T 个时间单位她都看不到车时过街．求此人在过街前等待的期望时间．（注意，例如，若在前 T 个时间单位没有车通过则等待时间是 0.）

2.12 按速率为 λ 的 Poisson 过程发生的事件由一个计数器记录．然而，每当一个事件被记录时，计数器变得在此后的 b 个时间单位不起作用，且不再记录在此段时间中发生的任何新事件．以 $R(t)$ 记在时刻 t 前被记录的事件数.

(a) 求前 k 个事件被记录的概率.

(b) 对 $t \geqslant (n-1)b$，求 $P\{R(t) \geqslant n\}$.

2.13 假设冲击按速率为 λ 的 Poisson 过程发生，并且假设独立地每次冲击以概率 p 引起系统失效．以 N 记使系统失效的冲击数，而以 T 记失效的时间．求 $P\{N=n \mid T=t\}$.

2.14 考虑一个从地下室出发向上运行的电梯．以 N_i 记在第 i 层进电梯的人数．假定 N_i 都是独立的，且 N_i 是均值为 λ_i 的 Poisson 随机变量．在第 i 层进电梯的每个人相互独立地以概率 $P_{ij}\left(\sum_{j>i} P_{ij}=1\right)$ 在第 j 层走出电梯．令 O_j = 第 j 层走出电梯的人数.

(a) 计算 $E[O_j]$.

(b) O_j 的分布是什么？

(c) O_j 与 O_k 的联合分布是什么？

2.15 考虑一个有 r 个面的硬币，假设在每次投掷时硬币恰好出现其一个面：以概率 $P_i\left(\sum_1^r P_i=1\right)$ 出现面 i．对于给定的 $n_1,\cdots,n_r$，以 N_i 记直至面 i 出现 $n_i(i=1,\cdots,r)$ 次的投掷数，且令

[91]

$$N = \min_{i=1,\cdots,r} N_i.$$

于是 N 是直至某个面 i（$i=1$，…，r）已出现 n_i 次所要求的投掷数.

(a) N_i 的分布是什么？

(b) 这些 N_i 是否独立？

现在假设投掷按速率为 $\lambda=1$ 的 Poisson 过程生成的随机时间执行．以 T_i 记直至面 i 出现 $n_i(i=1,\cdots,r)$ 次的时间，而令

$$T = \min_{i=1,\cdots,r} T_i.$$

(c) T_i 的分布是什么？

(d) 这些 T_i 是否独立？

(e) 推导 $E[T_i]$ 的一个表达式.

(f) 用（e）推导 $E[N]$ 的一个表达式.

2.16 假设需要做的试验次数是一个均值为 λ 的 Poisson 随机变量．每次试验有 n 个可能的结果，出现结果 i 的概率是 P_i，$\sum_{i=1}^{n} P_i = 1$，且各次试验相互独立．以 X_j 记恰好出现 j 次的结果数，$j = 1,2,\cdots$．计算 $E[X_j]$，$\mathrm{Var}(X_j)$．

2.17 令 $X_1, X_2, \cdots, X_n$ 是具有相同的密度函数 f 的独立连续随机变量．以 $X_{(i)}$ 记 $X_1, X_2, \cdots, X_n$ 中第 i 个最小者．

(a) 注意，为了使 $X_{(i)}$ 等于 x，恰好在 $X_1, X_2, \cdots, X_n$ 中有 $i-1$ 个必须小于 x，1 个必须等于 x，而其余的 $n-i$ 个必须大于 x．由此可证明 $X_{(i)}$ 的密度函数为

$$f_{X_{(i)}}(x) = \frac{n!}{(i-1)!(n-i)!}(F(x))^{i-1}(\overline{F}(x))^{n-i}f(x).$$

(b) $X_{(i)}$ 将小于 x，当且仅当 $X_1, X_2, \cdots, X_n$ 中有多少个小于 x？

(c) 利用 (b) 得到 $P\{X_{(i)} \leqslant x\}$ 的一个表达式．

(d) 利用 (a) 和 (c) 对 $0 \leqslant y \leqslant 1$ 建立等式

$$\sum_{k=i}^{n} \binom{n}{k} y^k (1-y)^{n-k} = \int_0^y \frac{n!}{(i-1)!(n-i)!} x^{i-1}(1-x)^{n-i} \mathrm{d}x.$$

(e) 以 S_i 记 Poisson 过程 $\{N(t), t \geqslant 0\}$ 的第 i 个事件的时刻．求

$$E[S_i \mid N(t) = n] = \begin{cases} \_\_\_\_ & i \leqslant n \\ \_\_\_\_ & i > n \end{cases}$$

2.18 以 $U_{(1)}, \cdots, U_{(n)}$ 记 n 个 $(0,1)$ 均匀随机变量的次序统计量．证明在给定 $U_{(n)} = y$ 时，$U_{(1)}, \cdots, U_{(n-1)}$ 与 $n-1$ 个 $(0,y)$ 均匀随机变量的次序统计量有相同的分布．

2.19 载顾客的公交车以速率为 λ 的 Poisson 过程到达一个有无穷多条服务线的排队系统．以 G 记服务分布．一辆公交车以概率 $\alpha_j (j = 1,2,\cdots)$ 载有 j 个顾客．以 $X(t)$ 记在时刻 t 前完成服务的顾客数．

(a) $E[X(t)] = ?$

(b) $X(t)$ 是否 Poisson 分布？

2.20 假设速率为 λ 的 Poisson 过程的事件分成类型 $1,2,\cdots,k$ 之一．若事件发生在 s，则独立于一切其他情形，它以概率 $P_i(s)$ $\left(i = 1,\cdots,k, \sum_1^k P_i(s) = 1\right)$ 分在类型 i．以 $N_i(t)$ 记在 $[0,t]$ 内发生的类型 i 的事件数．证明 $N_i(t)(i = 1,\cdots,k)$ 是独立的，且 $N_i(t)$ 具有均值为 $\lambda\int_0^t P_i(s)\mathrm{d}s$ 的 Poisson 分布．

2.21 个体按速率为 λ 的 Poisson 过程进入系统．每个到达者独立地处在系统的各个状态．以 $\alpha_i(s)$ 记一个人在到达 s 时间后处在状态 i 的概率．以 $N_i(t)$ 记在时刻 t 处在状态 i 的人数．证明 $N_i(t)(i \geqslant 1)$ 是独立的且 $N_i(t)$ 是具有均值

$$\lambda E[\text{在前 } t \text{ 个单位时间在系统中的个体处在状态 } i \text{ 的时间总量}]$$

的 Poisson 随机变量．

2.22 假设汽车以 Poisson 速率 λ 进入单向行驶的无限长高速公路．第 i 辆车选一个速度 V_i 且按此速度行驶．假定这些 V_i 是具有相同分布 F 的独立的正值随机变量．推导在时刻 t 位于区间 (a,b) 中的汽车数的分布．假定在一辆车超越另一辆时没有时间损失．

2.23 对例 2.3 (C) 的模型，求

(a) $\mathrm{Var}(D(t))$．

(b) $\mathrm{Cov}(D(t), D(t+s))$．

2.24 假设汽车以 Poisson 速率 λ 进入长度为 L 的单向行驶的高速公路．每辆车与其他车独立地以一个由分布 F 随机确定的参数速度行驶．当一辆更快的车遇到一辆较慢的车时，不计时间损失地超越它．假设一辆车在时刻 t 进入高速公路．一辆车被超越或者它超越另一辆车我们说一次相遇发生，证明

92
93

在 $t\to\infty$ 时，使相遇次数达到最小的车速是分布 F 的中位数.

2.25 假设事件按速率为 λ 的 Poisson 过程发生，且独立于过去的情形，在时刻 s 发生的事件贡献一个具有分布 $F_s(s\geqslant 0)$ 的随机的量. 证明在时刻 t 前所有贡献的和 W 是一个复合 Poisson 随机变量，即证明 W 与 $\sum_{i=1}^{N}X_i$ 有相同的分布，其中 X_i 是独立同分布随机变量，且独立于 N，N 是一个 Poisson 随机变量. 再识别 X_i 的分布和 N 的均值.

2.26 计算对给定 $S_n=t$ 时 $S_1,\cdots,S_n$ 的条件分布.

2.27 计算在例 2.3 (C) 中 $D(t)$ 的矩母函数.

2.28 证明引理 2.3.3.

2.29 对于非时齐 Poisson 过程，完成 $N(t+s)-N(t)$ 是均值为 $m(t+s)-m(t)$ 的 Poisson 随机变量的证明.

2.30 以 $T_1,T_2,\cdots$ 记具有强度函数 $\lambda(t)$ 的非时齐 Poisson 过程的事件到达间隔时间.

(a) 这些 T_i 是否独立？

(b) 这些 T_i 是否同分布？

(c) 求 T_1 的分布.

(d) 求 T_2 的分布.

2.31 考虑非时齐 Poisson 过程 $\{N(t),t\geqslant 0\}$，其中对于一切 t，$\lambda(t)>0$. 令

$$N^*(t)=N(m^{-1}(t)).$$

[94] 证明 $\{N^*(t),t\geqslant 0\}$ 是速率为 $\lambda=1$ 的 Poisson 过程.

2.32 (a) 令 $\{N(t),t\geqslant 0\}$ 是平均值函数为 $m(t)$ 的非时齐 Poisson 过程. 给定 $N(t)=n$ 时，证明到达时间的无次序集合与 n 个具有分布函数

$$F(x)=\begin{cases}\dfrac{m(x)}{m(t)} & x\leqslant t\\ 1 & x>t\end{cases}$$

的独立同分布随机变量有相同的分布.

(b) 假设工人按平均值函数为 $m(t)$ 的非时齐 Poisson 过程遭遇事故. 又假设每个伤员在具有分布 F 的随机时间内无工作. 令 $X(t)$ 是在时刻 t 无工作的工人数. 计算 $E[X(t)]$ 和 $\mathrm{Var}(X(t))$.

2.33 一个二维 Poisson 过程是在平面上的事件的过程，使得(i)对于面积为 A 的每个区域，在该区域中的事件数服从均值为 λA 的 Poisson 分布，并且(ii)在不相交的区域中的事件数是独立的. 考虑一个固定的点，以 X 记从此点到最近的事件的距离，此处的距离是以通常的欧几里得方式度量的. 证明：

(a) $P\{X>t\}=\mathrm{e}^{-\lambda\pi t^2}$.

(b) $E[X]=1/(2\sqrt{\lambda})$.

以 $R_i(i\geqslant 1)$ 记从一个任意的点到第 i 近的事件的距离. 令 $R_0=0$，证明

(c) $\pi R_i^2-\pi R_{i-1}^2(i\geqslant 1)$ 是速率为 1 的独立指数随机变量.

2.34 在事件按强度函数为 $\lambda(t)(t\geqslant 0)$ 的非时齐 Poisson 过程发生时重做习题 2.25.

2.35 令 $\{N(t),t\geqslant 0\}$ 是强度函数为 $\lambda(t)(t\geqslant 0)$ 的非时齐 Poisson 过程. 而假设我们在一个具有分布 F 的随机时间 τ 开始观测过程. 以 $N^*(t)=N(\tau+t)-N(\tau)$ 记在观测的前 t 个时间单位中发生的事件数.

(a) 过程 $\{N^*(t),t\geqslant 0\}$ 是否为独立增量过程？

(b) 当 $\{N(t),t\geqslant 0\}$ 是 Poisson 过程时重做 (a).

2.36 以 C 记在一个 M/G/1 的忙期完成服务的顾客数. 求

(a) $E[C]$.

(b) $\mathrm{Var}(C)$.

95

2.37 令 $\{X(t), t \geqslant 0\}$ 是一个复合 Poisson 过程：$X(t) = \sum_{i=1}^{N(t)} X_i$，且假设 X_i 只能取有限个可能的值. 论证对充分大的 t，$X(t)$ 的分布是渐近正态的.

2.38 令 $\{X(t), t \geqslant 0\}$ 是一个复合 Poisson 过程：$X(t) = \sum_{i=1}^{N(t)} X_i$，且假设 $\lambda = 1$，而 $P(X_i = j) = j/10 (j = 1,2,3,4)$. 计算 $P\{X(4) = 20\}$.

2.39 对复合 Poisson 过程计算 $\mathrm{Cov}(X(s), X(t))$.

2.40 给出一个计数过程 $\{N(t), t \geqslant 0\}$ 的例子，使它不是 Poisson 过程，但是具有以下性质：取条件于 $N(t) = n$，前 n 个事件的时间与 n 个独立 $(0,t)$ 均匀随机变量的次序统计量有相同的分布.

2.41 对于一个条件 Poisson 过程：

(a) 解释为什么条件 Poisson 过程有平稳增量而没有独立增量.

(b) 当给定过程到时刻 t 的历史 $\{N(s), 0 \leqslant s \leqslant t\}$ 时，计算 Λ 的条件分布，再证明它只通过依赖 $N(t)$ 依赖于历史. 解释为什么这是对的.

(c) 计算在给定 $N(t) = n$ 时，t 以后首个事件的时间的条件分布.

(d) 计算

$$\lim_{h \to 0} \frac{P\{N(h) \geqslant 1\}}{h}.$$

(e) 以 $X_1, X_2, \cdots$ 记到达间隔时间. 它们是否独立？它们是否同分布？

2.42 考虑一个条件 Poisson 过程，其中 Λ 的分布是具有参数 m 和 α 的 gamma 分布：其密度是

$$g(\lambda) = \alpha e^{-\lambda\alpha} (\lambda\alpha)^{m-1} / (m-1)!, \quad 0 < \lambda < \infty.$$

(a) 证明

96

$$P\{N(t) = n\} = \binom{m+n-1}{n} \left(\frac{\alpha}{\alpha+t}\right)^m \left(\frac{t}{\alpha+t}\right)^n, \quad n \geqslant 0.$$

(b) 证明对给定 $N(t) = n$，Λ 的条件分布是具有参数 $m+n$ 和 $\alpha+t$ 的 gamma 分布.

(c) $\lim_{h \to 0} P\{N(t+h) - N(t) = 1 \mid N(t) = n\}/h$ 是什么？

参考文献

文献 3 提供了 Poisson 过程在数学上更容易处理的另一种定义. 推论 2.5.3 原是在文献 1 中利用生成函数得到的. Poisson 过程的另一种定义方法在文献 2 中给出.

1. R. M. Adelson, "Compound Poisson Distributions," Operations Research Ouarterly, 17, 73-75, (1966).

2. E. Cinlar, *Introduction to Stochastic Processes*, Prentice-Hall, Englewood Cliffs, NJ, 1975.

3. S. M. Ross, *Introduction to Probability Models*, 5th ed., Academic Press, Orlando, FL, 1993.

97

第 3 章　更新理论

3.1　引言与准备知识

在前一章中我们看到，对于 Poisson 过程，到达间隔时间是独立同分布的指数随机变量. 一个自然的推广是考虑这样的计数过程，其到达间隔时间是独立同分布的任意随机变量. 这样的过程称为*更新过程*.

正式地，令 $\{X_n, n = 1,2,\cdots\}$ 是一列有相同分布 F 的非负的独立同分布随机变量，为避免平凡情形，我们假设 $F(0) = P\{X_n = 0\} < 1$，并将 X_n 解释为，在第 $n-1$ 个事件与第 n 个事件之间的时间. 以

$$\mu = E[X_n] = \int_0^\infty x\mathrm{d}F(x)$$

记在相继事件之间的平均时间，注意由假定 $X_n \geqslant 0$ 和 $F(0) < 1$ 推出 $0 < \mu \leqslant \infty$. 令

$$S_0 = 0,\quad S_n = \sum_{i=1}^{n} X_i,\quad n \geqslant 1,$$

可知 S_n 是第 n 个事件的时间. 因为直至时刻 t 为止的事件数，等于使第 n 个事件在时刻 t 之前或在时刻 t 发生的最大 n 值，所以记为 $N(t)$ 的到 t 为止的事件数为

$$N(t) = \sup\{n\colon S_n \leqslant t\}. \tag{3.1.1}$$

99

定义 3.1.1　计数过程 $\{N(t), t \geqslant 0\}$ 称为**更新过程**. <<<<<

我们将交换地使用术语*事件*和*更新*，故而我们说第 n 个更新在时刻 S_n 发生. 因为到达间隔时间是独立同分布的，所以在每次更新时刻过程在概率意义上重新开始.

我们要回答的第一个问题是，在有限时间中是否可能有无穷多次更新发生. 为说明这并不可能，我们注意由强大数定律，以概率为 1 地，当 $n \to \infty$ 时，有

$$\frac{S_n}{n} \to \mu.$$

但是，由于 $\mu > 0$，这意味着，当 n 趋于无穷大时，S_n 必须趋于无穷大. 于是至多只有有限个 n 值使 S_n 小于或等于 t. 因此，由式 (3.1.1) 可知 $N(t)$ 必须是有限的，且可写为

$$N(t) = \max\{n\colon S_n \leqslant t\}.$$

3.2　$N(t)$ 的分布

至少在理论上可以得到 $N(t)$ 的分布，为此，首先注意一个重要的关系：直至 t 为止的更新数大于或等于 n，当且仅当，第 n 个更新发生在时刻 t 前或在时刻 t. 即

$$N(t) \geqslant n \Leftrightarrow S_n \leqslant t. \tag{3.2.1}$$

我们由式 (3.2.1) 得

$$P\{N(t) = n\} = P\{N(t) \geqslant n\} - P\{N(t) \geqslant n+1\} = P\{S_n \leqslant t\} - P\{S_{n+1} \leqslant t\}. \tag{3.2.2}$$

现在，由于随机变量 $X_i(i \geqslant 1)$ 是独立的且有相同的分布 F，故而 $S_n = \sum_{i=1}^{n} X_i$ 和 F 与其自身的 n 次卷积 F_n 同分布. 所以，我们从式 (3.2.2) 得到

$$P\{N(t) = n\} = F_n(t) - F_{n+1}(t).$$

令

$$m(t) = E[N(t)].$$

$m(t)$ 称为*更新函数*，而更新理论的很多内容涉及确定更新函数的性质. $m(t)$ 和 F 之间的关系由下述命题给出.

100

命题 3.2.1

$$m(t) = \sum_{n=1}^{\infty} F_n(t). \tag{3.2.3}$$

证明

$$N(t) = \sum_{n=1}^{\infty} I_n,$$

其中

$$I_n = \begin{cases} 1 & 若在[0,t]中有 n 个更新发生 \\ 0 & 其他情形 \end{cases}$$

因此，

$$E[N(t)] = E\Big[\sum_{n=1}^{\infty} I_n\Big] = \sum_{n=1}^{\infty} E[I_n] = \sum_{n=1}^{\infty} P\{I_n = 1\} = \sum_{n=1}^{\infty} P\{S_n \leqslant t\} = \sum_{n=1}^{\infty} F_n(t),$$

其中求期望与求和的交换由 I_n 的非负性证明是合理的. ◀

下一个性质说明 $N(t)$ 具有有限的期望.

命题 3.2.2 对一切 $0 \leqslant t < \infty$ 有

$$m(t) < \infty.$$

证明 因为 $P\{X_n = 0\} < 1$，由概率的连续性推出，存在一个 $\alpha > 0$ 使 $P\{X_n \geqslant \alpha\} > 0$. 我们现在由

$$\overline{X}_n = \begin{cases} 0 & 若 X_n < \alpha \\ \alpha & 若 X_n \geqslant \alpha \end{cases}$$

定义一个有关的更新过程 $\{\overline{X}_n, n \geqslant 1\}$，且令 $\overline{N}(t) = \sup\{n: \overline{X}_1 + \cdots + \overline{X}_n \leqslant t\}$. 那么易见对此有关的过程，更新只能发生在时刻 $t = n\alpha\,(n = 0,1,2,\cdots)$，且在这些时刻的更新次数是独立的几何随机变量，具有均值

$$\frac{1}{P\{X_n \geqslant \alpha\}}.$$

于是

$$E[\overline{N}(t)] \leqslant \frac{t/\alpha + 1}{P\{X_n \geqslant \alpha\}} < \infty,$$

从而推出结论，因为 $\overline{X}_n \leqslant X_n$ 蕴含 $\overline{N}(t) \geqslant N(t)$. ◀

注　上述证明也说明了对一切 $t \geqslant 0, r \geqslant 0$ 有 $E[N^r(t)] < \infty$. □

3.3　一些极限定理

若我们以 $N(\infty) = \lim_{t \to \infty} N(t)$ 记发生的更新总数，则易见以概率为1地有

$$N(\infty) = \infty .$$

它得自，因为发生的更新总数 $N(\infty)$ 是有限的唯一可能是到达间隔时间中的一个是无穷大. 所以

[101]

$$P\{N(\infty) < \infty\} = P\{\text{对于某个 } n, X_n = \infty\} = P\{\bigcup_{n=1}^{\infty} \{X_n = \infty\}\} \leqslant \sum_{n=1}^{\infty} P\{X_n = \infty\} = 0.$$

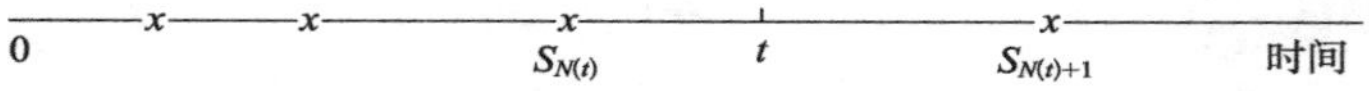

0　$S_{N(t)}$　t　$S_{N(t)+1}$　时间

图　3.3.1

于是当 t 趋于无穷时，$N(t)$ 趋于无穷. 然而，我们感兴趣的是 $N(t)$ 趋于无穷的速率. 就是说，我们要对 $\lim_{t \to \infty} N(t)/t$ 说点儿什么.

作为确定 $N(t)$ 增长的速率的前奏，让我们先考虑随机变量 $S_{N(t)}$. 换言之，这个随机变量表示什么？让我们归纳地进行，假设，例如 $N(t) = 3$. 那么 $S_{N(t)} = S_3$ 表示第3个事件的时刻. 因为直至 t 只发生了3个事件，S_3 也代表了早于 t 或在时刻 t 的最后一个事件的时刻. 即在事实上，$S_{N(t)}$ 表示的是，早于 t 或在时刻 t 的最后一次更新的时间. 类似的推理可得，$S_{N(t)+1}$ 表示时间 t 以后第一次更新的时刻（参见图3.1.1).

我们现在可证下述命题.

命题 3.3.1　*在 $t \to \infty$ 时，以概率为1地有*

$$\frac{N(t)}{t} \to \frac{1}{\mu} .$$

证明　由于 $S_{N(t)} \leqslant t < S_{N(t)+1}$，可见

$$\frac{S_{N(t)}}{N(t)} \leqslant \frac{t}{N(t)} < \frac{S_{N(t)+1}}{N(t)}. \tag{3.3.1}$$

然而，因为 $S_{N(t)}/N(t)$ 是前 $N(t)$ 次到达间隔时间的平均，由强大数定律推出，在 $N(t) \to \infty$ 时，$S_{N(t)}/N(t) \to \mu$. 然而，在 $t \to \infty$ 时，$N(t) \to \infty$，我们得到在 $t \to \infty$ 时，

$$S_{N(t)}/N(t) \to \mu .$$

进而写成

[102]

$$\frac{S_{N(t)+1}}{N(t)} = \left[\frac{S_{N(t)+1}}{N(t)+1}\right]\left[\frac{N(t)+1}{N(t)}\right],$$

由同样的推理，我们有：在 $t \to \infty$ 时，

$$S_{N(t)+1}/N(t) \to \mu .$$

现在，命题的结论得自式（3.3.1)，因为 $t/N(t)$ 在两个数之间，当 $t \to \infty$ 时，其中每个数都收敛到 μ. ◀

例 3.3 (A) 一个容器内含有无穷多个硬币. 每个硬币有各自出现正面的概率，而这些概率是独立的 (0,1) 均匀分布的随机变量的值. 假设我们按序投掷硬币，在任意时间或者掷一个新的硬币，或者掷一个已经用过的硬币. 如果我们的目标是使掷出正面的长程比例最大，问应该如何进行？

解 我们要展示一个策略，其结果使在长程中掷出正面的比例等于 1. 作为开始，以 $N(n)$ 记在前 n 次投掷中掷出反面的次数，所以正面的长程比例，记为 P_h，有

$$P_h = \lim_{n\to\infty}\frac{n-N(n)}{n} = 1-\lim_{n\to\infty}\frac{N(n)}{n}.$$

考虑如下策略：开始时选取一个硬币，连续地投掷它直至出现反面为止. 此时将此硬币抛弃（不再用它）并选取一个新的硬币. 这种过程就如此重复. 为了计算对于这个策略的 P_h，注意，一个投掷的硬币出现反面构成了更新事件. 因此，由命题 3.3.1

$$\lim_{n\to\infty}\frac{N(n)}{n} = 1/E[\text{在相继的反面之间的投掷数}].$$

但是，给定投掷出正面的概率 p 时，直至出现反面的投掷数是具有均值 $1/(1-p)$ 的几何随机变量. 因此，条件给出了

$$E[\text{在相继的反面之间的投掷数}] = \int_0^1 \frac{1}{1-p}\mathrm{d}p = \infty,$$

上式蕴含，以概率为 1 地有 $\lim_{n\to\infty}\frac{N(n)}{n} = 0$. ■ 103

于是，命题 3.3.1 说明，以概率为 1 地，更新发生的长程比率等于 $1/\mu$. 由于这个原因 $1/\mu$ 称为*更新过程的速率*.

我们要说明更新的期望平均率 $m(t)/t$ 也趋于 $1/\mu$. 然而，在介绍证明之前，我们认为先离开正题去讨论停时和 Wald 方程是有用的.

3.3.1 Wald 方程

以 $X_1, X_2, \cdots$ 记一列独立的随机变量. 我们有以下的定义.

定义 设 $X_1, X_2, \cdots$ 是随机变量序列，N 是整数值随机变量，若对一切 $n = 1,2,\cdots$，事件 $\{N = n\}$ 都与 $X_{n+1}, X_{n+2}, \cdots$ 独立，则称 N 为对序列 $X_1, X_2, \cdots$ 的**停时**. <<<<<

直观地，在我们按序列的次序观察 X_n 时，N 记停止前观察的次数. 如果 $N = n$，那么我们在观察 $X_1, \cdots, X_n$ 后，并在观察 $X_{n+1}, X_{n+2}, \cdots$ 前能停止.

例 3.3 (B) 令 $X_n (n = 1,2,\cdots)$ 相互独立且使

$$P\{X_n = 0\} = P\{X_n = 1\} = \frac{1}{2}, \quad n = 1,2,\cdots,$$

若我们令

$$N = \min\{n: X_1 + \cdots + X_n = 10\},$$

则 N 是停时. 我们可将 N 看成一个试验的停止时间，这个试验是投掷一枚均匀的硬币，且在正面达到 10 次时停止. ■

例 3.3 (C)　令 $X_n(n=1,2,\cdots)$ 相互独立且使

$$P\{X_n=-1\}=P\{X_n=1\}=\frac{1}{2},$$

那么

104

$$N=\min\{n: X_1+\cdots+X_n=1\}$$

是一个停时．它可看成每次赌博等可能地或者赢 1 单位或者输 1 单位的赌徒，当他决定在首次领先时停止的时间．（在下一章中将证明 N 以概率为 1 地是有限的．）■

定理 3.3.2 (Wald 方程)　*若 $X_1,X_2,\cdots$ 是具有有限期望的独立同分布随机变量，而 N 对 $X_1,X_2,\cdots$ 是停时，满足 $E[N]<\infty$，则*

$$E\Big[\sum_1^N X_n\Big]=E[N]E[X].$$

证明　令

$$I_n=\begin{cases}1 & 若\ N\geqslant n\\ 0 & 若\ N<n\end{cases}$$

我们有

$$\sum_{n=1}^N X_n=\sum_{n=1}^\infty X_nI_n.$$

因此

$$E\Big[\sum_{n=1}^N X_n\Big]=E\Big[\sum_{n=1}^\infty X_nI_n\Big]=\sum_{n=1}^\infty E[X_nI_n].\tag{3.3.2}$$

然而，$I_n=1$ 当且仅当我们在依次观察 $X_1,\cdots,X_{n-1}$ 后还未停止．所以 I_n 由 $X_1,\cdots,X_{n-1}$ 确定，从而独立于 X_n．于是我们由方程（3.3.2）得

$$E\Big[\sum_{n=1}^N X_n\Big]=\sum_{n=1}^\infty E[X_n]E[I_n]=E[X]\sum_{n=1}^\infty E[I_n]=E[X]\sum_{n=1}^\infty P\{N\geqslant n\}=E[X]E[N].$$

105

◀

注　在方程（3.3.2）中，我们没有经过验证就交换了期望与求和．为了验证可交换性，只需要将全部 X_i 用其绝对值代替．此时由于所有的项都是非负的，故交换是合理的．然而，由 Lebesgue 控制收敛定理，这蕴含了原来的交换也是允许的．□

对例 3.3 (B)，Wald 方程蕴含

$$E[X_1+\cdots+X_N]=\frac{1}{2}EN.$$

然而，由 N 的定义，$X_1+\cdots+X_N=10$，所以 $E[N]=20$．

将 Wald 方程的结论应用于例 3.3（C），会得出 $E[X_1+\cdots+X_N]=E[N]E[X]$．而因为 $X_1+\cdots+X_N=1$ 和 $E[X]=0$，所以我们得到一个矛盾．于是，在此例子中 Wald 方程不能应用，因为它导致 $E[N]=\infty$．

3.3.2　回到更新理论

以 $X_1,X_2,\cdots$ 记一个更新过程的到达间隔时间．让我们在 t 后首次更新的时刻停

止，即在第 $N(t)+1$ 次更新的时刻．为了验证 $N(t)+1$ 确实是对序列 X_i 的一个停时，注意

$$N(t)+1=n \Leftrightarrow N(t)=n-1$$
$$\Leftrightarrow X_1+\cdots+X_{n-1}\leqslant t,\quad X_1+\cdots+X_n>t.$$

于是，事件 $\{N(t)+1=n\}$ 只依赖 $X_1,\cdots,X_n$，故而独立于 $X_{n+1},X_{n+2},\cdots$，因此 $N(t)+1$ 对 $X_1,X_2,\cdots$ 是一个停时．我们由 Wald 方程得到，在 $E[X]<\infty$ 时

$$E[X_1+\cdots+X_{N(t)+1}]=E[X]E[N(t)+1],$$

或等价地我们有下述推论．

推论 3.3.3 若 $\mu<\infty$，则

$$E[S_{N(t)+1}]=\mu[m(t)+1]. \tag{3.3.3}$$

◀ 106

我们现在可证下述定理．

定理 3.3.4（基本更新定理）

$$在\ t\to\infty\ 时，\qquad \frac{m(t)}{t}\to\frac{1}{\mu}\qquad \left(这里\frac{1}{\infty}\equiv 0\right).$$

证明 首先假设 $\mu<\infty$．现在（参见图 3.3.1）有

$$S_{N(t)+1}>t.$$

取期望，并利用推论 3.3.3 给出

$$\mu(m(t)+1)>t,$$

它蕴含

$$\liminf_{t\to\infty}\frac{m(t)}{t}\geqslant\frac{1}{\mu}. \tag{3.3.4}$$

另一方面，我们固定一个常数 M，令

$$\overline{X}_n=\begin{cases}X_n & 若\ X_n\leqslant M,\\ M & 若\ X_n>M,\end{cases}\qquad n=1,2,\cdots$$

定义一个新的更新过程 $\{\overline{X}_n,n=1,2,\cdots\}$．令 $\overline{S}_n=\sum_1^n\overline{X}_i$ 和 $\overline{N}(t)=\sup\{n:\overline{S}_n\leqslant t\}$．由于对于截断的更新过程，$M$ 是到达间隔时间的上界，我们得

$$\overline{S}_{N(t)+1}\leqslant t+M.$$

因此由推论 3.3.3 有

$$(\overline{m}(t)+1)\mu_M\leqslant t+M,$$

其中 $\mu_M=E[\overline{X}_n]$．于是

$$\limsup_{t\to\infty}\frac{\overline{m}(t)}{t}\leqslant\frac{1}{\mu_M}.$$

现在因为 $\overline{S_n}\leqslant S_n$，推得 $\overline{N}(t)\geqslant N(t)$ 和 $\overline{m}(t)\geqslant m(t)$，于是

$$\limsup_{t\to\infty}\frac{m(t)}{t}\leqslant\frac{1}{\mu_M}. \tag{3.3.5}$$

令 $M\to\infty$，导致

$$\limsup_{t\to\infty}\frac{m(t)}{t}\leqslant\frac{1}{\mu},\tag{3.3.6}$$

107 从而定理结果得自式（3.3.4）和式（3.3.6）.

当 $\mu=\infty$ 时，我们再一次考虑截断过程. 由于当 $M\to\infty$ 时 $\mu_M\to\infty$，定理结论得自式（3.3.5）. ◀

注 初看一下，似乎基本更新定理应该是命题 3.3.1 的简单推论. 即，因为平均更新率以概率为 1 地收敛到 $1/\mu$，这不应该蕴含期望平均更新率也收敛到 $1/\mu$？ 然而我们还必须小心. 为此我们考虑如下例子.

令 U 是 $(0,1)$ 均匀分布的随机变量. 定义 $Y_n(n\geqslant 1)$ 为

$$Y_n=\begin{cases}0 & 若 U>1/n\\ n & 若 U\leqslant 1/n\end{cases}$$

现在因为以概率为 1 地有 $U>0$，由此推出在 n 充分大时有 $Y_n=0$. 即对于一切足够大以使 $1/n<U$ 的 n，有 $Y_n=0$. 因此，在 $n\to\infty$ 时以概率为 1 地有

$$Y_n\to 0.$$

然而

$$E[Y_n]=nP\left\{U\leqslant\frac{1}{n}\right\}=n\frac{1}{n}=1.$$

所以，即使随机变量序列 Y_n 趋于 0，Y_n 的期望值也恒等地都是 1.

我们以证明在 $t\to\infty$ 时 $N(t)$ 渐近地正态分布来结束本节. 为了证明此结论，我们利用中心极限定理（说明 S_n 渐近地正态）以及关系式

$$N(t)<n\Leftrightarrow S_n>t.\tag{3.3.7}$$ □

定理 3.3.5 *令 μ 和 σ^2 都有限，表示到达间隔时间的均值和方差. 则在 $t\to\infty$ 时*

108

$$P\left\{\frac{N(t)-t/\mu}{\sigma\sqrt{t/\mu^3}}<y\right\}\to\frac{1}{\sqrt{2\pi}}\int_{-\infty}^{y}\mathrm{e}^{-x^2/2}\mathrm{d}x.$$

证明 令 $r_t=t/\mu+y\sigma\sqrt{t/\mu^3}$，则

$$P\left\{\frac{N(t)-t/\mu}{\sigma\sqrt{t/\mu^3}}<y\right\}=P\{N(t)<r_t\}=P\{S_{r_t}>t\}\qquad(由式(3.3.7))$$

$$=P\left\{\frac{S_{r_t}-r_t\mu}{\sigma\sqrt{r_t}}>\frac{t-r_t\mu}{\sigma\sqrt{r_t}}\right\}=P\left\{\frac{S_{r_t}-r_t\mu}{\sigma\sqrt{r_t}}>-y\left(1+\frac{y\sigma}{\sqrt{t\mu}}\right)^{-1/2}\right\}.$$

现在由中心极限定理，当 t（因此 r_t）趋向 ∞ 时，$(S_{r_t}-r_t\mu)/\sigma\sqrt{r_t}$ 趋向一个具有均值 0 和方差 1 的正态随机变量. 也因为在 $t\to\infty$ 时

$$-y\left(1+\frac{y\sigma}{\sqrt{t\mu}}\right)^{-1/2}\to -y,$$

可见

$$P\left\{\frac{N(t)-t/\mu}{\sigma\sqrt{t/\mu^3}}<y\right\}\to\frac{1}{\sqrt{2\pi}}\int_{-y}^{\infty}\mathrm{e}^{-x^2/2}\mathrm{d}x,$$

而由于

$$\int_{-y}^{\infty} e^{-x^2/2} dx = \int_{-\infty}^{y} e^{-x^2/2} dx,$$

结论得证. ◀

注 (1) 上述推理有一个小困难，由于在使用关系式 (3.3.7) 时 r_t 必须是整数. 然而使论证严格化并不太困难.

(2) 定理 3.3.5 说明 $N(t)$ 渐近地具有均值 t/μ 和方差 $t\sigma^2/\mu^3$. □

3.4 关键更新定理及其应用

一个非负随机变量 X，若存在 $d>0$，使 $\sum_{n=0}^{\infty} P(X=nd)=1$，则 X 称为格点的. 即若 X 只取某个非负正数 d 的整倍数，则 X 是格点的. 具有这个性质的最大的 d 称为 X 的周期. 若 X 是格点的而且 F 是 X 的分布，则我们说 F 是格点的. [109]

我们叙述如下定理而并不加以证明.

定理 3.4.1 (Blackwell 定理)

(i) *若 F 不是格点的，则对一切 $a \geqslant 0$，在 $t \to \infty$ 时有*

$$m(t+a) - m(t) \to a/\mu.$$

(ii) *若 F 是具有周期 d 的格点分布，则在 $n \to \infty$ 时有*

$$E[\text{在 } nd \text{ 的更新次数}] \to d/\mu.$$ ◀

于是 Blackwell 定理说明，若 F 不是格点的，则在远离原点的一个长度为 a 的区间中的期望更新次数近似为 a/μ. 这是非常直观的，因为离原点更远，看起来初始效应会消失，故而

$$g(a) \equiv \lim_{t\to\infty}[m(t+a) - m(t)] \tag{3.4.1}$$

应该存在. 然而，若上面的极限确实存在，则作为基本更新定理的简单推论，此极限必须等于 a/μ. 为了明白这一点，先注意

$$\begin{aligned} g(a+b) &= \lim_{t\to\infty}[m(t+a+b) - m(t)] \\ &= \lim_{t\to\infty}[m(t+a+b) - m(t+a) + m(t+a) - m(t)] \\ &= g(b) + g(a). \end{aligned}$$

然而，$g(a+b) = g(a) + g(b)$ 的唯一递增解是，对某个常数 c，

$$g(a) = ca, \quad a > 0.$$ [110]

为了说明 $c = 1/\mu$，定义

$$\begin{aligned} x_1 &= m(1) - m(0) \\ x_2 &= m(2) - m(1) \\ &\vdots \\ x_n &= m(n) - m(n-1) \\ &\vdots \end{aligned}$$

则

$$\lim_{n\to\infty} x_n = c,$$

它蕴含了

$$\lim_{n\to\infty} \frac{x_1 + \cdots + x_n}{n} = c$$

或

$$\lim_{n\to\infty} \frac{m(n)}{n} = c.$$

因此，由基本更新定理，$c = 1/\mu$.

在 F 是格点的以 d 为周期时，则在式（3.4.1）中的极限不可能存在. 因为此时更新只能在 d 的整数倍处发生，所以在远离原点的一个区间中的期望更新次数显然本来就不依赖区间的长度，而依赖它含有多少个形如 $nd, n \geqslant 0$ 的点. 于是在格点的情形有关的极限是在 nd 更新的期望次数的极限，而若 $\lim_{n\to\infty} E[\text{在 } nd \text{ 的更新次数}]$ 存在，则由基本更新定理，它必须等于 d/μ. 若到达间隔时间总是正的，则 Blackwell 定理的（ii）部分说明，在格点情形

$$\lim_{n\to\infty} P[\text{在 } nd \text{ 更新}] = d/\mu.$$

令 h 是定义在 $[0,\infty]$ 上的函数. 对任意 $a > 0$，令 $\overline{m}_n(a)$ 是 $h(t)$ 在区间 $(n-1)a \leqslant t \leqslant na$ 上的上确界，而 $\underline{m}_n(a)$ 是 $h(t)$ 在区间 $(n-1)a \leqslant t \leqslant na$ 上的下确界. 我们说 h 是直接 Riemann 可积的，如果对于一切 $a > 0$，$\sum_{n=1}^{\infty} \overline{m}_n(a)$ 和 $\sum_{n=1}^{\infty} \underline{m}_n(a)$ 都有限，而且

111

$$\lim_{a\to 0} a \sum_{n=1}^{\infty} \overline{m}_n(a) = \lim_{a\to 0} a \sum_{n=1}^{\infty} \underline{m}_n(a).$$

h 是直接 Riemann 可积的一个充分条件是：

（i）对一切 $t \geqslant 0$ 有 $h(t) \geqslant 0$，

（ii）$h(t)$ 是不增的，

（iii）$\int_0^{\infty} h(t)\mathrm{d}t < \infty$.

我们叙述下述以关键更新定理而著名的定理而不加以证明.

定理 3.4.2（关键更新定理）　若 F 不是格点分布，且若 $h(t)$ 是直接 Riemann 可积的，则

$$\lim_{t\to\infty} \int_0^t h(t-x)\mathrm{d}m(x) = \frac{1}{\mu}\int_0^t h(t)\mathrm{d}t,$$

其中

$$m(x) = \sum_{n=1}^{\infty} F_n(x) \text{ 和 } \mu = \int_0^{\infty} \overline{F}(t)\mathrm{d}t. \qquad ◀$$

为了对关键更新定理有一点感性认识，我们从 Blackwell 定理开始作论述如下：根据

Blackwell 定理，我们有

$$\lim_{t\to\infty}\frac{m(t+a)-m(t)}{a}=\frac{1}{\mu},$$

因此

$$\lim_{a\to 0}\lim_{t\to\infty}\frac{m(t+a)-m(t)}{a}=\frac{1}{\mu}.$$

现在假定可正确地交换极限的次序，我们就得

$$\lim_{t\to\infty}\frac{\mathrm{d}m(t)}{\mathrm{d}t}=\frac{1}{\mu}.$$

而关键更新定理是以上极限的一种表述.

112

可证 Blackwell 定理和关键更新定理是等价的. 习题 3.12 要求读者从关键更新定理导出 Blackwell 定理，而其逆定理可由以阶梯函数逼近直接 Riemann 可积函数来证明. 在 9.3 节中介绍了在 F 是连续的且其失效率函数具有正的下界和上界时，Blackwell 定理的一个概率证明.

关键更新定理是非常重要而有用的结果. 它用于在我们要计算 $g(t)$ 的极限值的情形，其中 $g(t)$ 是在时刻 t 的某个概率或期望. 我们对它的使用方法是，先取条件于早于（或在）t 的最后一次更新的时刻，由此推导出 $g(t)$ 的一个方程. 正如我们将看到，这将产生形如

$$g(t)=h(t)+\int_0^t h(t-x)\mathrm{d}m(x)$$

的一个方程. 我们从一个引理开始，它给出了早于（或在）t 的最后一次更新的时刻 $S_{N(t)}$ 的分布.

引理 3.4.3 $P\{S_{N(t)}\leqslant s\}=\overline{F}(t)+\int_0^s\overline{F}(t-y)\mathrm{d}m(y),\quad t\geqslant s\geqslant 0.$

证明

$$P\{S_{N(t)}\leqslant s\}=\sum_{n=0}^{\infty}P\{S_n\leqslant s,S_{n+1}>t\}=\overline{F}(t)+\sum_{n=1}^{\infty}P\{S_n\leqslant s,S_{n+1}>t\}$$

$$=\overline{F}(t)+\sum_{n=1}^{\infty}\int_0^{\infty}P\{S_n\leqslant s,S_{n+1}>t\mid S_n=y\}\mathrm{d}F_n(y)=\overline{F}(t)+\sum_{n=1}^{\infty}\int_0^s\overline{F}(t-y)\mathrm{d}F_n(y)$$

$$=\overline{F}(t)+\int_0^s\overline{F}(t-y)\mathrm{d}\left(\sum_{n=1}^{\infty}F_n(y)\right)=\overline{F}(t)+\int_0^s\overline{F}(t-y)\mathrm{d}m(y),$$

其中积分与求和的交换是正确的，因为所有的项都是非负的. ◀

113

注 （1）由引理 3.4.3 推出

$$P\{S_{N(t)}=0\}=\overline{F}(t),$$

$$\mathrm{d}F_{S_{N(t)}}(y)=\overline{F}(t-y)\mathrm{d}m(y),\quad 0<y<\infty.$$

（2）为了得到上述结论的一个直观感觉，假设 F 是连续的，且具有密度 f，那么 $m(y)=\sum_{n=1}^{\infty}F_n(y)$，因而对 $y>0$ 有

$$\mathrm{d}m(y)=\sum_{n=1}^{\infty}f_n(y)\mathrm{d}y=\sum_{n=1}^{\infty}P\{\text{第 } n \text{ 次更新发生在}(y,y+\mathrm{d}y)\}$$
$$=P\{\text{更新发生在}(y,y+\mathrm{d}y)\}.$$

所以 $S_{N(t)}$ 的概率密度是

$$f_{S_{N(t)}}(y)\mathrm{d}y=P\{\text{更新发生在}(y,y+\mathrm{d}y),\text{下一个到达间隔时间}>t-y\}$$
$$=\overline{F}(t-y)\mathrm{d}m(y).$$ □

现在我们介绍一些应用关键更新定理的例子. 我们将再次使用取条件于 $S_{N(t)}$ 的技巧.

3.4.1 交替更新过程

考虑一个可处在开或关两个状态之一的系统. 初始时它处在开状态而且保持一段时间 Z_1；然后它转变为关状态而且保持一段时间 Y_1；然后它转变为开状态而且保持一段时间 Z_2；然后它又转变为关状态而且保持一段时间 Y_2；如此继续下去.

我们假设随机向量 $(Z_n,Y_n),n\geqslant 1$ 独立同分布. 因此随机变量序列 $\{Z_n\}$ 和随机变量序列 $\{Y_n\}$ 两者分别都是独立同分布的；但是我们允许 Z_n 和 Y_n 是相依的. 换句话说，每次过程在转变为开状态时重新开始，但是当它转变为关状态时我们允许关的时间长度依赖于前面开状态的时间长度.

令 H 是 Z_n 的分布，G 是 Y_n 的分布，而 F 是 $Z_n+Y_n,n\geqslant 1$ 的分布. 进而令

114

$$P(t)=P\{\text{在时刻 } t \text{ 系统在开状态}\}.$$

定理 3.4.4 *若 $E[Z_n+Y_n]<\infty$，且 F 不是格点的，那么*

$$\lim_{t\to\infty}P(t)=\frac{E[Z_n]}{E[Z_n]+E[Y_n]}.$$

证明 每当此系统转变为开状态时我们称一次更新发生. 取条件于早于（或在）时刻 t 的最后一次更新的时间，就得到

$$P(t)=P\{\text{在时刻 } t \text{ 系统处于开状态}\mid S_{N(t)}=0\}P\{S_{N(t)}=0\}$$
$$+\int_0^{\infty}P\{\text{在时刻 } t \text{ 系统处于开状态}\mid S_{N(t)}=y\}\mathrm{d}F_{S_{N(t)}}(y).$$

现在

$$P\{\text{在时刻 } t \text{ 系统处于开状态}\mid S_{N(t)}=0\}=P\{Z_1>t\mid Z_1+Y_1>t\}=\overline{H}(t)/\overline{F}(t),$$

而对于 $y<t$，

$$P\{\text{在时刻 } t \text{ 系统处于开状态}\mid S_{N(t)}=y\}=P\{Z_1>t-y\mid Z_1+Y_1>t-y\}$$
$$=\overline{H}(t-y)/\overline{F}(t-y).$$

因此，用引理 3.4.3 得

$$P(t)=\overline{H}(t)+\int_0^t\overline{H}(t-y)\mathrm{d}m(y),$$

其中 $m(y)=\sum_{n=1}^{\infty}F_n(y)$. 现在 $\overline{H}(t)$ 显然非负，非增，且 $\int_0^{\infty}\overline{H}(t)\mathrm{d}t=E[Z]<\infty$. 因为最后的陈述也蕴含了在 $t\to\infty$ 时 $\overline{H}(t)\to 0$，基于用关键更新定理，我们有

$$P(t) \to \frac{\int_0^\infty \overline{H}(t)\mathrm{d}t}{\mu_F} = \frac{E[Z_n]}{E[Z_n]+E[Y_n]}.$$

若我们令 $Q(t) = P\{$在时刻 t 系统处于关状态$\} = 1 - P(t)$，则

$$Q(t) \to \frac{E[Y]}{E[Z]+E[Y]}.$$

我们注意到一个事实，即此系统初始处于开状态在极限中并不起作用. ◀ [115]

定理 3.4.4 十分重要，因为许多系统可以用交替更新过程建模. 例如，考虑一个更新过程，而以 $Y(t)$ 记自 t 时刻起到下一次更新的时间，而以 $A(t)$ 记时刻 t 前的最后一次更新到 t 的时间. 即

$$Y(t) = S_{N(t)+1} - t, \quad A(t) = t - S_{N(t)}.$$

$Y(t)$ 称为在 t 的**超出量**或**剩余寿命**. 而 $A(t)$ 称为在 t 的**年龄**. 若我们想象此更新过程产生于将一个元件投入使用，而在失效时更换它，则 $A(t)$ 表示在时刻 t 正在使用的元件的年龄，而 $Y(t)$ 是它的剩余寿命.

假设我们想要推导 $P\{A(t) \leqslant x\}$. 为此，使一个"开-关"周期对应于一次更新，且若在时刻 t 的年龄小于或等于 x，则称系统在时刻 t 处在"开". 即系统在更新区间的前 x 个单位时间处在"开"，而在剩余的时间处于"关". 那么，若更新分布不是格点分布，那么我们由定理 3.4.4 有

$$\begin{aligned}\lim_{t\to\infty} P\{A(t) \leqslant x\} &= E[\min(X,x)]/E[X] \\ &= \int_0^\infty P\{\min(X,x) > y\}\mathrm{d}y/E[X] = \int_0^x \overline{F}(y)\mathrm{d}y/\mu.\end{aligned}$$

(注意 $X = Z + Y$). 类似地，为了得到 $P\{Y(t) \leqslant x\}$ 的极限值，我们说此系统在一个更新循环的最后 x 个单位时间处于"关"，而在其他时间处于"开". 于是在一个循环中，关的时间是 $\min(x,X)$，故而

$$\begin{aligned}\lim_{t\to\infty} P\{Y(t) \leqslant x\} &= \lim_{t\to\infty} P\{\text{在时刻 } t \text{ 系统处于关状态}\} \\ &= E[\min(x,X)]/E[X] = \int_0^x \overline{F}(y)\mathrm{d}y/\mu.\end{aligned}$$

于是，归纳起来我们证明了如下命题.

命题 3.4.5 *若到达间隔分布不是格点的，且 $\mu < \infty$，则*

$$\lim_{t\to\infty} P\{Y(t) \leqslant x\} = \lim_{t\to\infty} P\{A(t) \leqslant x\} = \int_0^x \overline{F}(y)\mathrm{d}y/\mu.$$

◀ [116]

注 为了理解为什么剩余寿命与年龄有相同的极限分布，将过程考虑为已经运转了很久以后，例如，假设它开始于 $t = -\infty$. 那么若我们从时间上向后看，相继的事件之间的时间将仍是独立的且都有分布 F. 因此，在向后看时，我们看到了一个同分布的更新过程. 但是当向后看时在 t 的剩余寿命恰是原过程在 t 的年龄. 我们将会发现，这种在时间上向后看的技术在第 4 章和第 5 章 Markov 链的研究中十分有价值. (对于有关剩余寿命和年龄的分布相关联的另一种方法可参见习题 3.14.) □

另一个有趣的随机变量是 $X_{N(t)+1} = S_{N(t)+1} - S_{N(t)}$，或等价地，

$$X_{N(t)+1} = A(t) + Y(t).$$

于是 $X_{N(t)+1}$ 表示包含点 t 的更新区间的长度．在习题 3.3 中我们证明

$$P\{X_{N(t)+1} > x\} \geqslant \overline{F}(x).$$

即，对于任意 x，包含点 t 的更新区间的长度大于 x 比普通的更新区间的长度大于 x 更有可能．这个结果乍看上去似乎惊人，它以检验悖论而著名．

我们现在要利用交替更新过程理论得到 $X_{N(t)+1}$ 的极限分布．我们再次令一个"开一关"循环对应于一个更新区间，而若此更新区间大于 x，则称此循环中开的时间是这全部循环时间，而在其他情形称此循环中开的时间是 0．即，此系统或者在一个循环全部是开（如果更新区间大于 x），或者在其他情形，全部是关．那么

$$P\{X_{N(t)+1} > x\} = P\{\text{含 } t \text{ 的更新区间长度} > x\} = P\{\text{在时刻 } t \text{ 处于开状态}\}$$

于是，由定理 3.4.4，在 F 不是格点时，我们得

$$\lim_{t\to\infty} P\{X_{N(t)+1} > x\} = \frac{E[\text{在循环中"开"的时间}]}{\mu}$$

117

$$= E[X \mid X > x]\overline{F}(x)/\mu = \int_x^{\infty} y \mathrm{d}F(y)/\mu,$$

或等价地

$$\lim_{t\to\infty} P\{X_{N(t)+1} \leqslant x\} = \int_0^x y \mathrm{d}F(y)/\mu. \tag{3.4.2}$$

注 为了更好地理解检验悖论，我们论述如下：由于直线被更新区间覆盖时，不就是一个较大的区间（作为一个较短区间的对立面）更可能盖住点 t 吗？事实上，在极限情形（因为 $t \to \infty$）这是完全正确的，即一个长度为 y 的区间覆盖 t 的可能性是一个长度为 1 的区间覆盖 t 的可能性的 y 倍．若真是这样，则包含点 t 的区间的密度，记为 g，将是 $g(y) = y\mathrm{d}F(y)/\mu$（因为 $\mathrm{d}F(y)$ 是一个任意区间的长度是 y 的概率，而 y/μ 是它包含点 t 的条件概率）．但是由式（3.4.2）我们可知这事实上正是极限密度． □

对于交替更新过程的多种用发的另一种说明，考虑下述例子．

例 3.4 (A) 一个存货例子 假设顾客按一个具有非格点到达间隔分布 F 的更新过程到达一个商店，此商店卖单一品种的商品．顾客需要的数量假定是独立的，具有相同的分布 G．商店使用以下的订货 (s,S) 策略：若在对一个顾客服务后的存货水平低于 s，则订购使存货增加到 S 的货．其他情形则不订购．于是若在对一个顾客服务后的存货水平是 x，那么订货的数量为

$$\begin{cases} S - x & \text{若 } x < s \\ 0 & \text{若 } x \geqslant s \end{cases}$$

这里假定供货是即时的．

以 $X(t)$ 记在时刻 t 的存货水平，假设我们想求 $\lim\limits_{t\to\infty} P\{X(t) \geqslant x\}$．若 $X(0) = S$，则若在存货水平至少为 x 时，我们说系统处在"开"，而在其他情形系统处在"关"，以上正是

一个交替更新过程. 因此，由定理 3.4.4 有

$$\lim_{t\to\infty}P\{X(t)\geqslant x\}=\frac{E[\text{在一个循环中存货量}\geqslant x\text{ 的时间}]}{E[\text{一个循环的时间}]}.$$

我们现在若以 $Y_1, Y_2, \cdots$ 记相继到达顾客的需求，且令

$$N_x=\min\{n: Y_1+\cdots+Y_n>S-x\},\tag{3.4.3}$$

118

则在此循环中恰是第 N_x 个顾客引起存货水平下降到 x 以下，且是第 N_s 个顾客结束了此循环. 因此若以 $X_i(i\geqslant 1)$ 记顾客的到达间隔时间，则

$$\text{在循环中处在“开”的时间的总量}=\sum_{i=1}^{N_x}X_i,$$

$$\text{一个循环的时间}=\sum_{i=1}^{N_s}X_i.$$

假定到达间隔时间都独立于相继的需求量，于是，我们取期望得

$$\lim_{t\to\infty}P\{X(t)\geqslant x\}=\frac{E\left[\sum_{i=1}^{N_x}X_i\right]}{E\left[\sum_{i=1}^{N_s}X_i\right]}=\frac{E[N_x]}{E[N_s]}.\tag{3.4.4}$$

然而，因为 $Y_i(i\geqslant 1)$ 是独立同分布的，由式 (3.4.3) 推出，我们可将 N_x-1 解释为具有到达间隔分布 $Y_i(i\geqslant 1)$ 的更新过程到时刻 $S-s$ 为止的更新次数. 因此

$$E[N_x]=m_G(S-x)+1,\quad E[N_s]=m_G(S-s)+1,$$

其中 G 是顾客的需求分布，而

$$m_G(t)=\sum_{n=1}^{\infty}G_n(t).$$

因此，从式 (3.4.4) 我们得到

$$\lim_{t\to\infty}P\{X(t)\geqslant x\}=\frac{1+m_G(S-x)}{1+m_G(S-s)},\quad s\leqslant x\leqslant S.$$ ■

3.4.2 极限平均剩余寿命和 $m(t)$ 的展开

我们首先计算非格点更新过程的平均剩余寿命. 取条件于 $S_{N(t)}$ 可得（由引理 3.4.3）

119

$$E[Y(t)]=E[Y(t)\mid S_{N(t)}=0]\overline{F}(t)+\int_0^t E[Y(t)\mid S_{N(t)}=y]\overline{F}(t-y)\mathrm{d}m(y).$$

现在

$$E[Y(t)\mid S_{N(t)}=0]=E[X-t\mid X>t],$$
$$E[Y(t)\mid S_{N(t)}=y]=E[X-(t-y)\mid X>t-y],$$

其中最后一个等式成立是因为 $S_{N(t)}=y$ 的意思是，在时刻 y 存在一个更新，而下一个到达间隔时间（称之为 X）大于 $t-y$（参见图 3.4.1). 因此

$$E[Y(t)]=E[X-t\mid X>t]\overline{F}(t)+\int_0^t E[X-(t-y)\mid X>t-y]\overline{F}(t-y)\mathrm{d}m(y).$$

现在可证，倘若 $E[X^2]<\infty$，则函数 $h(t)=E[X-t\mid X>t]\overline{F}(t)$ 是直接 Riemann 可积

的，从而由关键更新定理有

$$E[Y(t)] \to \int_0^\infty E[X-t \mid X>t]\overline{F}(t)\mathrm{d}t/\mu = \int_0^\infty \int_t^\infty (x-t)\mathrm{d}F(x)\mathrm{d}t/\mu$$

$$= \int_0^\infty \int_0^x (x-t)\mathrm{d}t\mathrm{d}F(x)/\mu \quad \text{(由交换积分的次序)}$$

$$= \int_0^\infty x^2 \mathrm{d}F(x)/2\mu = E[X^2]/2\mu.$$

于是，我们证明了如下命题.

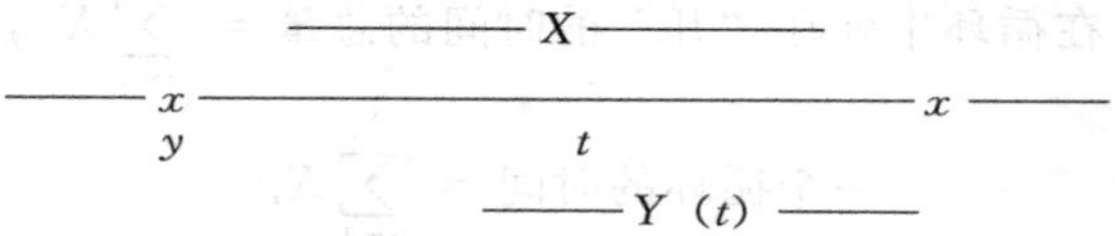

——X——

——x————t————x——

y

——$Y(t)$——

图 3.4.1　$S_{N(t)} = y, x =$ 更新

命题 3.4.6　若到达间隔分布是非格点的，且 $E[X^2] < \infty$，则

$$\lim_{t\to\infty} E[Y(t)] = E[X^2]/2\mu.$$

现在，在时刻 t 以后首次更新的时间 $S_{N(t)+1}$ 可以表示为

120

$$S_{N(t)+1} = t + Y(t).$$

取期望且用推论 3.3.3，我们得

$$\mu(m(t)+1) = t + E[Y(t)]$$

或

$$m(t) - \frac{t}{\mu} = \frac{E[Y(t)]}{\mu} - 1.$$

因此，由命题 3.4.6 得如下推论. ◀

推论 3.4.7　若 $E[X^2] < \infty$，且 F 是非格点的，则在 $t \to \infty$ 时有

$$m(t) - \frac{t}{\mu} \to \frac{E[X^2]}{2\mu^2} - 1.$$ ◀

3.4.3　年龄相依的分支过程

假设一个有机体在结束生命时按概率分布 $\{P_j, j=0,1,2,\cdots\}$ 产生随机多个后代. 进而假定所有的后代都互相独立地行动，且按同样的概率分布 $\{P_j\}$ 再产生各自的后代. 最后，让我们假定这些有机体的寿命都是独立随机变量，具有相同的分布 F.

以 $X(t)$ 记在时刻 t 活着的有机体的个数. 随机过程 $\{X(t), t \geqslant 0\}$ 称为年龄相依的分支过程. 我们关注的是，在 $m = \sum_{j=0}^\infty jP_j > 1$ 时，确定 $M(t) = E[X(t)]$ 的渐近形式.

定理 3.4.8　若 $X_0 = 1, m > 1$，而 F 不是格点的，则在 $t \to \infty$ 时

$$\mathrm{e}^{-\alpha t} M(t) \to \frac{m-1}{m^2 \alpha \int_0^\infty x \mathrm{e}^{-\alpha x} \mathrm{d}F(x)},$$

其中 α 是唯一的正数，使得

$$\int_0^{\infty} \mathrm{e}^{-\alpha x} \mathrm{d}F(x) = \frac{1}{m}.$$

121

证明 由取条件于初始有机体的寿命 T_1，我们得

$$M(t) = \int_0^{\infty} E[X(t) \mid T_1 = s] \mathrm{d}F(s).$$

然而

$$E[X(t) \mid T_1 = s] = \begin{cases} 1 & \text{若 } s > t \\ m \cdot M(t-s) & \text{若 } s \leqslant t \end{cases} \tag{3.4.5}$$

为了理解为什么式（3.4.5）正确，假设 $T_1 = s, s \leqslant t$，且进一步假设此有机体有 j 个后代．那么在时刻 t 活着的有机体的个数可写为 $Y_1 + \cdots + Y_j$，其中 Y_i 是在时刻 t 活着的第 i 个后代的后裔（包括它自己）个数．显然 $Y_1, \cdots, Y_j$ 是独立的，且与 $X(t-s)$ 有相同的分布．于是 $E[Y_1 + \cdots + Y_j] = jM(t-s)$，而式（3.4.5）得自对 $jM(t-s)$（关于 j）取期望．

于是从上面我们得

$$M(t) = \overline{F}(t) + m\int_0^t M(t-s) \mathrm{d}F(s). \tag{3.4.6}$$

现在以 a 记满足

$$\int_0^{\infty} \mathrm{e}^{-ay} \mathrm{d}F(y) = \frac{1}{m}$$

的唯一正数，且定义分布 G 为

$$G(s) = m\int_0^s \mathrm{e}^{-ay} \mathrm{d}F(y), \quad 0 \leqslant s < \infty.$$

对式（3.4.6）的两边同乘以 e^{-at}，并利用 $dG(t) = m\mathrm{e}^{-at} dF(t)$ 这一事实，我们得

$$\mathrm{e}^{-at} M(t) = \mathrm{e}^{-at} \overline{F}(t) + \int_0^t \mathrm{e}^{-a(t-s)} M(t-s) \mathrm{d}G(s). \tag{3.4.7}$$

令 $f(t) = \mathrm{e}^{-at} M(t)$ 和 $h(t) = \mathrm{e}^{-at} \overline{F}(t)$，利用卷积记号，由式（3.4.7）我们有

$$\begin{aligned} f &= h + f * G = h + G * f = h + G * (h + G * f) \\ &= h + G * h + G_2 * f \\ &= h + G * h + G_2 * (h + G * f) \\ &= h + G * h + G_2 * h + G_3 * f \\ &\ \vdots \\ &= h + G * h + G_2 * h + \cdots + G_n * h + G_{n+1} * f. \end{aligned}$$

122

现在由于 G 是某个非负随机变量的分布，由此推出在 $n \to \infty$ 时 $G_n(t) \to 0$（为什么？），故而在上式中令 $n \to \infty$ 导致

$$f = h + h * \sum_{i=1}^{\infty} G_i = h + h * m_G$$

或

$$f(t) = h(t) + \int_0^t h(t-s) \mathrm{d}m_G(s).$$

我们可证 $h(t)$ 是直接 Riemann 可积的，于是由关键更新定理得

$$f(t) \to \frac{\int_0^\infty h(t)\mathrm{d}t}{\mu_G} = \frac{\int_0^\infty \mathrm{e}^{-\alpha t}\overline{F}(t)\mathrm{d}t}{\int_0^\infty x\mathrm{d}G(x)}. \tag{3.4.8}$$

现在

$$\begin{aligned}\int_0^\infty \mathrm{e}^{-\alpha t}\overline{F}(t)\mathrm{d}t &= \int_0^\infty \mathrm{e}^{-\alpha t}\int_t^\infty \mathrm{d}F(x)\mathrm{d}t = \int_0^\infty\int_0^x \mathrm{e}^{-\alpha t}\mathrm{d}t\mathrm{d}F(x)\\ &= \frac{1}{\alpha}\int_0^\infty (1-\mathrm{e}^{-\alpha x})\mathrm{d}F(x) = \frac{1}{\alpha}\left(1-\frac{1}{m}\right) \quad (\text{由 } \alpha \text{ 的定义}),\end{aligned} \tag{3.4.9}$$

又

$$\int_0^\infty x\mathrm{d}G(x) = m\int_0^\infty x\mathrm{e}^{-\alpha x}\mathrm{d}F(x). \tag{3.4.10}$$

于是从式（3.4.8）、式（3.4.9）和式（3.4.10），我们得到在 $t\to\infty$ 时

$$\mathrm{e}^{-\alpha t}M(t) \to \frac{m-1}{m^2\alpha\int_0^\infty x\mathrm{e}^{-\alpha x}\mathrm{d}F(x)}.$$

◀

3.5 延迟更新过程

[123] 我们常常需要考虑这样的一种计数过程，其首个到达间隔时间与其余的到达间隔时间有不同的分布．例如，我们可能在某个时刻 $t>0$ 开始观察一个更新过程．若并没有更新发生在时刻 t，则我们首次观察到更新必须等待的时间的分布将不同于其他到达间隔时间分布．

正式地说，令 $\{X_n, n=1,2,\cdots\}$ 是一列独立的非负随机变量，X_1 具有分布 G，而 X_n 具有分布 F，$n>1$．令 $S_0=0, S_n=\sum_{i=1}^n X_i, n\geqslant 1$，且定义

$$N_D(t) = \sup\{n:\ S_n\leqslant t\}.$$

定义 随机过程 $\{N_D(t), t\geqslant 0\}$ 称为广义更新过程或者**延迟更新过程**． <<<<<

当 $G=F$ 时，当然这是一个通常的更新过程，像在通常情形一样，我们有

$$P\{N_D(t)=n\} = P\{S_n\leqslant t\} - P\{S_{n+1}\leqslant t\} = G*F_{n-1}(t) - G*F_n(t).$$

令

$$m_D(t) = E[N_D(t)].$$

则容易证明

$$m_D(t) = \sum_{n=1}^\infty G*F_{n-1}(t), \tag{3.5.1}$$

而对式（3.5.1）作 Laplace 变换，可得

$$\widetilde{m}_D(s) = \frac{\widetilde{G}(s)}{1-\widetilde{F}(s)}. \tag{3.5.2}$$

利用对通常的更新过程的对应结果，易证对延迟更新过程的类似极限定理．我们将下

述命题的证明留给读者. 令 $\mu = \int_0^\infty x\mathrm{d}F(x)$. 124

命题 3.5.1 (i) 在 $t \to \infty$ 时, 以概率为 1 地有

$$\frac{N_D(t)}{t} \to \frac{1}{\mu}.$$

(ii) 在 $t \to \infty$ 时

$$\frac{m_D(t)}{t} \to \frac{1}{\mu}.$$

(iii) 若 F 不是格点的, 则在 $t \to \infty$ 时,

$$m_D(t+a) - m_D(t) \to \frac{a}{\mu}.$$

(iv) 若 F 和 G 都是格点的, 具有周期 d, 则在 $n \to \infty$ 时

$$E[\text{在 } nd \text{ 的更新数}] \to \frac{d}{\mu}.$$

(v) 若 F 不是格点的, $\mu < \infty$, 且 h 是直接 Riemann 可积的, 则在 $t \to \infty$ 时,

$$\int_0^\infty h(t-x)\mathrm{d}m_D(x) \to \int_0^\infty h(t)\mathrm{d}t/\mu.$$ ◀

例 3.5 (A) 假设观察了一列独立同分布的离散随机变量 $X_1, X_2, \cdots$, 且假设我们记录一个给定的结果的子序列 (或模式) 之出现次数. 即, 假定这个模式是 $x_1, x_2, \cdots, x_k$, 且若 $X_n = x_k, X_{n-1} = x_{k-1}, \cdots, X_{n-k+1} = x_1$, 则说该模式在时刻 n 出现. 例如, 若模式是 0, 1, 0, 1 而序列是 $(X_1, X_2, \cdots) = (1,0,1,0,1,0,1,1,1,0,1,0,1,\cdots)$, 则该模式出现在时刻 5, 7, 13. 若我们以 $N(n)$ 记直至时刻 n 为止该模式出现的次数, 则 $\{N(n), n \geq 1\}$ 是延迟更新过程. 直至首次更新时间的分布就是此模式首次出现时刻的分布, 而随后的到达间隔时间分布是模式的两次出现之间的时间分布.

假设我们想要确定模式出现的速率. 由延迟更新过程的强大数定律 (定理 3.5.1 的(i)部分), 它等于在模式之间的平均时间的倒数. 但是由 Blackwell 定理 (定理 3.5.1 的 (iv) 部分) 这正是更新过程在时刻 n 的极限概率. 即 125

$$(E[\text{模式之间的时间}])^{-1} = \lim_{n\to\infty} P\{\text{在时刻 } n \text{ 有模式}\} = \prod_{i=1}^{k} P\{X = x_i\}.$$

因此模式出现的速率是 $\prod_{i=1}^{k} P\{X = x_i\}$, 而模式间的平均时间是 $\left(\prod_{i=1}^{k} P\{X = x_i\}\right)^{-1}$.

例如, 若每个随机变量以概率 p 取 1, 而以概率 q 取 0. 则在模式 0, 1, 0, 1 间的平均时间是 $p^{-2}q^{-2}$. 假设我们现在对首次出现模式 0, 1, 0, 1 的期望时间感兴趣. 由于从 0, 1, 0, 1 到 0, 1, 0, 1 的期望时间是 $p^{-2}q^{-2}$, 由此推出从 0, 1 开始得到 0, 1, 0, 1 的附加结果的期望数是 $p^{-2}q^{-2}$. 但是由于为了出现 0, 1, 0, 1, 我们首先必须得到 0, 1, 由此推出

$$E[\text{到 } 0,1,0,1 \text{ 的时间}] = E[\text{到 } 0,1 \text{ 的时间}] + p^{-2}q^{-2}.$$

由对模式 0, 1 应用同样的逻辑推理, 我们得到这种模式两次出现之间的期望时间是 $1/(pq)$; 而因为这等于它的首次出现的期望时间, 我们可得

$$E[\text{到 } 0,1,0,1 \text{ 的时间}] = p^{-2}q^{-2} + p^{-1}q^{-1}.$$

以上推理可以用于计算对任意指定模式出现所需要的结果的期望数．例如，若连续地投掷一枚以概率 p 出现正面 H（以概率 q 出现反面 T）的硬币，那么

$$\begin{aligned} E[\text{直到 HTHHTHH 的时间}] &= E[\text{直到 HTHH 的时间}] + p^{-5}q^{-2} \\ &= E[\text{直到 H 的时间}] + p^{-3}q^{-1} + p^{-5}q^{-2} \\ &= p^{-1} + p^{-3}q^{-1} + p^{-5}q^{-2}. \end{aligned}$$

又由同样推理，

$$\begin{aligned} &E[\text{直到 } k \text{ 次连续正面的时间}] \\ &= (1/p)^k + E[\text{直到 } k-1 \text{ 次连续正面的时间}] = \sum_{i=1}^{k} (1/p)^i. \end{aligned}$$

现在假设我们要计算一个给定的模式（如模式 A）在另一个模式（如模式 B）前发生的概率．例如，独立地投掷一枚以概率 p 出现正面 H 的硬币，且假设我们感兴趣的是 $A=$ HTHT 在 $B=$ THTT 前出现的概率．为得此概率，我们发现先考虑在指定的一个出现后直至另一个出现的期望附加时间是很有用的．以 $N_{B|A}$ 记自 A 开始到 B 出现需要的附加投掷数，而类似地定义 $N_{A|B}$．又以 N_A 记直至 A 出现的投掷数．那么

126

$$\begin{aligned} E[N_{B|A}] &= E[\text{从 HTHT 开始到 THTT 的附加次数}] \\ &= E[\text{从 THT 开始到 THTT 的附加次数}]. \end{aligned}$$

然而因为

$$E[N_{\mathrm{THTT}}] = E[N_{\mathrm{THT}}] + E[N_{\mathrm{THTT|THT}}],$$

所以

$$E[N_{B|A}] = E[N_{\mathrm{THTT}}] - E[N_{\mathrm{THT}}].$$

但是

$$\begin{aligned} E[N_{\mathrm{THTT}}] &= E[N_T] + q^{-3}p^{-1} = q^{-1} + q^{-3}p^{-1}, \\ E[N_{\mathrm{THT}}] &= E[N_T] + q^{-2}p^{-1} = q^{-1} + q^{-2}p^{-1}, \end{aligned}$$

故而

$$E[N_{B|A}] = q^{-3}p^{-1} - q^{-2}p^{-1}.$$

再则

$$E[N_{A|B}] = E[N_A] = p^{-2}q^{-2} + p^{-1}q^{-1}.$$

为了计算 $P_A = P\{A \text{ 在 } B \text{ 前}\}$，令 $M = \min(N_A, N_B)$．那么

$$\begin{aligned} E[N_A] &= E[M] + E[N_A - M] \\ &= E[M] + E[N_A - M \mid B \text{ 在 } A \text{ 前}](1-P_A) \\ &= E[M] + E[N_{A|B}](1-P_A). \end{aligned}$$

类似地，

$$E[N_B] = E[M] + E[N_{B|A}]P_A.$$

求解这些方程，导致

$$P_A = \frac{E[N_B] + E[N_{A|B}] - E[N_A]}{E[N_{B|A}] + E[N_{A|B}]},$$

$$E[M]=E[N_B]-E[N_{B|A}]P_A.$$ 127

例如，假设 $p=1/2$，那么因为

$$E[N_{A|B}]=E[N_A]=2^4+2^2=20,$$
$$E[N_B]=2+2^4=18, E[N_{B|A}]=2^4-2^3=8,$$

我们得到

$$P_A=\frac{18+20-20}{8+20}=9/14, E[M]=18-\frac{8\times 9}{14}=90/7.$$

所以，直至 A 出现的期望投掷次数是 20，直至 B 出现的期望投掷次数是 18，直至两者之一出现的期望投掷次数是 90/7，A 先出现的概率是 9/14（这有点违反直觉，因为 $E[N_A]>E[N_B]$）. ■

例 3.5 (B) 一个系统由 n 个独立的元件组成，每个元件像一个指数交替更新过程一样运转. 更具体地说，元件 $i(i=1,\cdots,n)$ 正常工作一个均值为 λ_i 的指数时间，而后失效，此失效状态在重新开始工作前保持一个均值为 μ_i 的指数时间.

假设在任意时刻，若至少有一个部件在正常工作，则此系统就称为在工作状态（这种系统称为并联系统）. 若我们以 $N(t)$ 记在 $[0,t]$ 中系统变成不在工作状态（即发生故障）的次数，则 $\{N(t),t\geqslant 0\}$ 是一个延迟更新过程.

假设我们想要计算在系统两次出故障之间的平均时间. 为此我们先看对于很大的 t 及很小的 h，系统在 $(t,t+h)$ 中出故障的概率. 现在，在 $(t,t+h)$ 中发生故障的一种情形是，直至时刻 t 恰有一个元件在正常工作，而其他元件都发生故障，且这个元件在 $(t,t+h)$ 中也发生故障. 因为一切其他可能在一起显然具有概率 $o(h)$，我们可见

$$\lim_{t\to\infty}P\{\text{在 }(t,t+h)\text{ 中发生故障}\}=\sum_{i=1}^{n}\left\{\frac{\lambda_i}{\lambda_i+\mu_i}\prod_{j\neq i}\frac{\mu_j}{\lambda_j+\mu_j}\right\}\frac{1}{\lambda_i}h+o(h).$$

但是由 Blackwell 定理，上式正是在两次出故障之间的平均时间的倒数的 h 倍，所以令 $h\to 0$ 我们得到

$$E[\text{两次故障之间的时间}]=\left(\prod_{j=1}^{n}\frac{\mu_j}{\lambda_j+\mu_j}\sum_{i=1}^{n}\frac{1}{\mu_i}\right)^{-1}.$$

因为故障期的期望时间是 $\left(\sum_{i=1}^{n}1/\mu_i\right)^{-1}$，所以我们可以计算一个工作周期的平均长度 128

$$E[\text{工作周期的长度}]=E[\text{两次故障之间的时间}]-\left(\sum_{i=1}^{n}1/\mu_i\right)^{-1}=\frac{1-\prod_{j=1}^{n}\frac{\mu_j}{\lambda_j+\mu_j}}{\prod_{j=1}^{n}\frac{\mu_j}{\lambda_j+\mu_j}\sum_{i=1}^{n}\frac{1}{\mu_i}}.$$

作为对上式的一个检验，注意此系统可以看成一个延迟交替更新过程，其发生故障的极限概率是

$$\lim_{t\to\infty}P\{\text{系统在 }t\text{ 发生故障}\}=\prod_{j=1}^{n}\frac{\mu_j}{\lambda_j+\mu_j}.$$

现在我们可以验证，上式事实上等于一个故障周期的期望长度除以一个周期的期望时间长度（或者两次故障之间的时间）. ■

例 3.5 (C) 考虑两个硬币，假设每次硬币 i 以未知的概率 $p_i(i=1,2)$ 投掷出反面. 我们的目的是连续投掷这些硬币，使得反面的长程比例等于 $\min(p_1,p_2)$. 下面的策略只需要非常小的存储，但能实现这个目的. 从投掷硬币 1 开始直至出现反面，在此时转而投掷硬币 2 直至出现反面. 我们说此时循环 1 结束. 现在投掷硬币 1 直至在这一系列投掷中出现 2 个反面，而后转而对硬币 2 做相同的事. 且说此时循环 2 结束. 一般地，在循环 n 结束时，回到硬币 1，并且投掷它直至在一行中出现 $n+1$ 个反面，然后投掷硬币 2 直至出现 $n+1$ 个反面. 这就结束了循环 $n+1$.

为了说明上述策略符合我们的目的，令 $p=\max(p_1,p_2)$ 而 $\alpha p=\min(p_1,p_2)$，其中 $\alpha<1$（若 $\alpha=1$，则一切策略都符合目的）. 我们称反面概率为 p 的硬币为坏硬币，而称反面概率为 αp 的那个为好硬币，以 B_m 记在第 m 个循环中使用坏硬币投掷的次数，而以 G_m 记在第 m 个循环中使用好硬币投掷的次数. 我们需要下述引理. ■

引理 对任意 $\varepsilon>0$，

129

$$P\{\text{有无穷多个 } m \text{ 使 } B_m \geqslant \varepsilon G_m\}=0.$$

证明 我们将证明

$$\sum_{m=1}^{\infty} P\{B_m \geqslant \varepsilon G_m\}<\infty,$$

由 Borel-Cantelli 引理（参见 1.1 节），这就得到了结果. 现在

$$P\{G_m \leqslant B_m/\varepsilon\}=E[P\{G_m \leqslant B_m/\varepsilon \mid B_m\}]=E\left[\sum_{i=1}^{B_m/\varepsilon} P\{G_m=i \mid B_m\}\right] \leqslant E\left[\sum_{i=1}^{B_m/\varepsilon}(\alpha p)^m\right],$$

其中上面的表达式来自这个事实：$G_m=i$ 蕴含 $i \geqslant m$ 且在第 m 个循环中好硬币投掷中编号为 $i-m+1$ 到 i 必须全是反面. 于是我们可见

$$P\{G_m \leqslant B_m/\varepsilon\} \leqslant \varepsilon^{-1}(\alpha p)^m E[B_m].$$

但是，由例 3.5（A）有

$$E[B_m]=\sum_{i=1}^{m}(1/p)^i=\frac{(1/p)^m-1}{1-p}.$$

所以

$$\sum_{m=1}^{\infty} P\{B_m \geqslant \varepsilon G_m\} \leqslant \frac{1}{\varepsilon(1-p)} \sum_{m=1}^{\infty} \alpha^m<\infty,$$

这就证明了引理. ◀

于是，利用这个引理，可见除了有限个循环外，所有使用坏硬币投掷的比例 $B/(B+G)$ 都将小于 $\varepsilon/(1+\varepsilon)<\varepsilon$. 因此，假设在每个循环中首个使用的硬币是好硬币，由此推出，以概率为 1 地在投掷中使用坏硬币的长程比例将小于或等于 ε. 由于 ε 是任意的，从概率的连续性（命题 1.1.1）推出，使用坏硬币的长程比例是 0. 结果推出，以概率为 1 地，投掷出反面的长程比例，等于好硬币投掷出反面的长程比例，而由强大数定律知，此比例是 αp.（然而以上的推理假设了好硬币在每个循环中先被使用，这并不必要，类似的推理可以证明在没有此假定下的结论也成立.）

130

利用与我们在通常的更新过程的情形证明结果的同样方式推出，在时刻 t 前（或在 t）

的最后一次更新的时间的分布为

$$P\{S_{N(t)} \leqslant s\} = \overline{G}(t) + \int_0^s \overline{F}(t-y)\mathrm{d}m_D(y). \tag{3.5.3}$$

当 $\mu < \infty$ 时，分布函数

$$F_e(x) = \int_0^x \overline{F}(y)\mathrm{d}y/\mu, \quad x \geqslant 0,$$

称为 F 的平衡分布. 它的 Laplace 变换为

$$\begin{aligned}\widetilde{F}_e(s) &= \int_0^\infty \mathrm{e}^{-sx}\mathrm{d}F_e(x) = \int_0^\infty \mathrm{e}^{-sx}\int_x^\infty \mathrm{d}F(y)\mathrm{d}x/\mu \\ &= \int_0^\infty \int_0^y \mathrm{e}^{-sx}\mathrm{d}x\mathrm{d}F(y)/\mu = \frac{1}{s\mu}\int_0^\infty (1-\mathrm{e}^{-sy})\mathrm{d}F(y) = \frac{1-\widetilde{F}(s)}{\mu s}.\end{aligned} \tag{3.5.4}$$

具有 $G = F_e$ 的延迟更新过程称为平衡更新过程，它极其重要. 因为假设我们在时刻 t 开始观察一个更新过程，那么我们观察到的过程是一个延迟更新过程，其初始分布是 $Y(t)$ 的分布. 于是，对很大的 t，由命题 3.4.5 推出，观察过程是平衡更新过程. 此过程的平稳性在下述定理中证明.

以 $Y_D(t)$ 记一个延迟更新过程在 t 的剩余寿命.

定理 3.5.2 对于平衡更新过程有：

(i) $m_D(t) = t/\mu$;

(ii) 对一切 $t \geqslant 0$ 有 $P\{Y_D(t) \leqslant x\} = F_e(x)$;

(iii) $\{N_D(t), t \geqslant 0\}$ 有平稳增量.

证明 (i)从 (3.5.2) 和 (3.5.4)，我们有

$$\widetilde{m}_D(s) = \frac{1}{\mu s}.$$

131

然而，简单的计算说明 $1/\mu s$ 是函数 $h(t) = t/\mu$ 的 Laplace 变换，因此由变换的唯一性，我们得

$$m_D(t) = t/\mu.$$

(ii) 对一个延迟更新过程，在取条件于 $S_{N(t)}$ 后，利用式 (3.5.3)，我们得

$$\begin{aligned}P\{Y_D(t) > x\} &= P\{Y_D(t) > x \mid S_{N(t)} = 0\}\overline{G}(t) \\ &\quad + \int_0^t P\{Y_D(t) > x \mid S_{N(t)} = s\}\overline{F}(t-s)\mathrm{d}m_D(s).\end{aligned}$$

现在

$$P\{Y_D(t) > x \mid S_{N(t)} = 0\} = P\{X_1 > t+x \mid X_1 > t\} = \frac{\overline{G}(t+x)}{\overline{G}(t)},$$

$$P\{Y_D(t) > x \mid S_{N(t)} = s\} = P\{X > t+x-s \mid X > t-s\} = \frac{\overline{F}(t+x-s)}{\overline{F}(t-s)}.$$

因此

$$P\{Y_D(t) > x\} = \overline{G}(t+x) + \int_0^t \overline{F}(t+x-s)\mathrm{d}m_D(s).$$

令 $G = F_e$ 并且利用(i)部分，导致

$$P\{Y_D(t) > x\} = \overline{F}_e(t+x) + \int_0^t \overline{F}(t+x-s)\mathrm{d}s/\mu$$
$$= \overline{F}_e(t+x) + \int_x^{t+x} \overline{F}(y)\mathrm{d}y/\mu = \overline{F}_e(x).$$

(iii) 为了证明(iii)，我们注意 $N_D(t+s)-N_D(s)$ 可解释为一个延迟更新过程在时间 t 中的更新次数，其中初始分布是 $Y_D(t)$ 的分布．于是结果得自 (ii)．◀

3.6　更新报酬过程

大量概率模型都是下述模型的特殊情形．考虑一个具有分布 F 和到达间隔时间 X_n，$n \geqslant 1$ 的更新过程 $\{N(t), t \geqslant 0\}$，而假设在每次更新发生时我们收到一份报酬．我们以 R_n 记在第 n 次更新的时刻收到的报酬．假设 $R_n(n \geqslant 1)$ 是独立同分布的．然而我们允许 R_n 可能（通常会）依赖第 n 次更新区间的长度 X_n，故而我们假定 $(X_n, R_n)(n \geqslant 1)$ 是独立同分布的．若我们令

132

$$R(t) = \sum_{n=1}^{N(t)} R_n,$$

则 $R(t)$ 表示直至时间 t 为止赚得的总报酬．令

$$E[R] = E[R_n], \quad E[X] = E[X_n].$$

定理 3.6.1　若 $E[R] < \infty$ 和 $E[X] < \infty$，则

(i) 当 $t \to \infty$ 时，以概率为 1 地有

$$\frac{R(t)}{t} \to \frac{E[R]}{E[X]}.$$

(ii) 当 $t \to \infty$ 时有

$$\frac{E[R(t)]}{t} \to \frac{E[R]}{E[X]}.$$

证明　为了证明(i)，我们写出

$$\frac{R(t)}{t} = \frac{\sum_{n=1}^{N(t)} R_n}{t} = \left(\frac{\sum_{n=1}^{N(t)} R_n}{N(t)}\right)\left(\frac{N(t)}{t}\right).$$

由强大数定律，我们得到在 $t \to \infty$ 时有

$$\frac{\sum_{n=1}^{N(t)} R_n}{N(t)} \to E[R],$$

而由更新过程的强大数定律，在 $t \to \infty$ 时有

$$\frac{N(t)}{t} \to \frac{1}{E[X]}.$$

133

于是(i)得证．

为了证明(ii)，我们首先注意到，由于 $N(t)+1$ 对序列 $X_1, X_2, \cdots$ 是停时，它对序列 $R_1, R_2, \cdots$ 也是停时（为什么？）．于是由 Wald 方程，

$$E\Big[\sum_{i=1}^{N(t)} R_i\Big] = E\Big[\sum_{i=1}^{N(t)+1} R_i\Big] - E[R_{N(t)+1}] = (m(t)+1)E[R] - E[R_{N(t)+1}],$$

故而

$$\frac{E[R(t)]}{t} = \frac{m(t)+1}{t}E[R] - \frac{E[R_{N(t)+1}]}{t},$$

若我们能说明当 $t \to \infty$ 时 $E[R_{N(t)+1}]/t \to 0$，则(ii)的结果就得自基本更新定理. 所以，为完成此目的，我们令 $g(t) = E[R_{N(t)+1}]$. 然后，取条件于 $S_{N(t)}$，导致

$$g(t) = E[R_{N(t)+1} \mid S_{N(t)} = 0]\overline{F}(t) + \int_0^t E[R_{N(t)+1} \mid S_{N(t)} = s]\overline{F}(t-s)\mathrm{d}m(s).$$

然而

$$E[R_{N(t)+1} \mid S_{N(t)} = 0] = E[R_1 \mid X_1 > t], E[R_{N(t)+1} \mid S_{N(t)} = s] = E[R_n \mid X_n > t-s],$$

所以

$$g(t) = E[R_1 \mid X_1 > t]\overline{F}(t) + \int_0^t E[R_n \mid X_n > t-s]\overline{F}(t-s)\mathrm{d}m(s). \quad (3.6.1)$$

现在令

$$h(t) = E[R_1 \mid X_1 > t]\overline{F}(t) = \int_t^\infty E[R_1 \mid X_1 = x]\mathrm{d}F(x).$$

而注意到，因为

$$E \mid R_1 \mid = \int_0^\infty E[\mid R_1 \mid \mid X_1 = x]\mathrm{d}F(x) < \infty,$$

由此推出

在 $t \to \infty$ 时 $h(t) \to 0$，且对于一切 t 有 $h(t) \leqslant E \mid R_1 \mid$，

于是我们可选择 T，使得只要 $t \geqslant T$ 就有 $\mid h(t) \mid < \varepsilon$. 因此，由 (3.6.1)

$$\begin{aligned}\frac{\mid g(t) \mid}{t} &\leqslant \frac{\mid h(t) \mid}{t} + \int_0^{t-T} \frac{\mid h(t-x) \mid \mathrm{d}m(x)}{t} + \int_{t-T}^t \frac{\mid h(t-x) \mid \mathrm{d}m(x)}{t} \\ &\leqslant \frac{\varepsilon}{t} + \frac{\varepsilon m(t-T)}{t} + E \mid R_1 \mid \frac{m(t)-m(t-T)}{t} \\ &\to \frac{\varepsilon}{E[X]} \qquad (\text{在 } t \to \infty \text{ 时，由基本更新定理}).\end{aligned}$$

134

因为 ε 是任意的，由此推出 $g(t)/t \to 0$，随之得到结论. ◀

注 若我们说，在每次更新发生时完成了一个循环，则此定理说明（期望）长程平均回报正是在一个循环中赚得的期望回报除以一个循环的期望时间. □

在定理的证明中，人们禁不住会认为 $E[R_{N(t)+1}] = E[R_1]$，这样就使 $1/tE[R_{N(t)+1}]$ 不足道地趋于 0. 然而 $R_{N(t)+1}$ 与 $X_{N(t)+1}$ 有关，而 $X_{N(t)+1}$ 是包含点 t 的更新区间的长度，因为较大的更新区间有较大的机会包含 t，我们倾向于（直观地）推出 $X_{N(t)+1}$ 大于一个通常的更新区间（参见习题 3.3），于是 $R_{N(t)+1}$ 的分布不是 R_1 的分布.

再则，至今我们假定了赚得的报酬在一个更新循环的末端立刻得到. 然而这是非本质的，若报酬是在更新循环中逐渐赚得的，定理 3.6.1 仍然保持正确. 为了明白这一点，以 $R(t)$ 记直至 t 为止赚得的报酬，且先假设一切回报都是非负的. 那么

$$\frac{\sum_{n=1}^{N(t)} R_n}{t} \leqslant \frac{R(t)}{t} \leqslant \frac{\sum_{n=1}^{N(t)} R_n}{t} + \frac{R_{N(t)+1}}{t},$$

而定理 3.6.1 的(ii)部分得自，因为

$$\frac{E[R_{N(t)+1}]}{t} \to 0 .$$

定理 3.6.1 的(i)部分得自，注意到在证明的推理中 $\sum_{n=1}^{N(t)} R_n/t$ 和 $\sum_{n=1}^{N(t)+1} R_n/t$ 两者都收敛到 $E[R]/E[X]$. 类似的推理在回报为非正值时也成立，而一般情形得自将回报分为其正部分和负部分，并且对每一部分分别应用上述推理.

例 3.6 (A)　交替报酬过程. 对一个交替更新过程（参见 3.4.1 节）假设在系统处于开时我们在每单位时间以比率 1 赚钱（于是一个循环的报酬等于在那个循环的时间）. 这样，到 t 赚得的总报酬正是在 $[0,t]$ 中系统开着的总时间，因此由定理 3.6.1，以概率为 1 地有

135

$$\frac{\text{在}[0,t]\text{中系统开着的时间}}{t} \to \frac{E[X]}{E[X]+E[Y]},$$

其中 X 是系统开着的时间，而 Y 是系统关闭的时间. 于是由定理 3.4.4，在循环分布为非格点时系统开着的极限概率等于系统开着时间的长程比例. ■

例 3.6 (B)　平均年龄和剩余寿命　以 $A(t)$ 记一个更新过程在时刻 t 的年龄. 假设我们感兴趣的是计算

$$\lim_{t\to\infty}\int_0^t A(s)\,\mathrm{d}s/t.$$

为此我们假定更新过程在任意时刻按年龄的比率收钱. 也就是说，在时刻 s 以比率 $A(s)$ 收钱，所以 $\int_0^t A(s)\,\mathrm{d}s$ 表示到时刻 t 赚得的总数. 因为当一次更新发生时一切又从头开始，我们以概率为 1 地有

$$\frac{\int_0^t A(s)\,\mathrm{d}s}{t} \to \frac{E[\text{一个更新循环中的报酬}]}{E[\text{一个更新循环的时间}]},$$

现在由于更新过程在进入一个更新循环 s 时间后的年龄正是 s，我们有

$$\text{在一个更新循环的报酬} = \int_0^X s\,\mathrm{d}s = \frac{X^2}{2},$$

其中 X 是更新循环的时间. 因此，以概率为 1 地有

$$\lim_{t\to\infty}\frac{\int_0^t A(s)\,\mathrm{d}s}{t} = \frac{E[X^2]}{2E[X]}.$$

类似地，如果以 $Y(t)$ 记时刻 t 的剩余寿命，通过假设赚得报酬的比率等于该时刻的剩余寿命来计算平均剩余寿命. 于是由定理 3.6.1，剩余寿命的平均值为

$$\lim_{t\to\infty}\int_0^t Y(s)\,\mathrm{d}s/t = \frac{E[\text{一个更新循环中的报酬}]}{E[X]}$$

136

$$= \frac{E\left[\int_0^X (X-t)\mathrm{d}t\right]}{E[X]} = \frac{E[X^2]}{2E[X]}.$$

于是年龄和剩余寿命的平均值是相等的.（为什么这是预料中的?）

等式 $X_{N(t)+1} = S_{N(t)+1} - S_{N(t)}$ 表示包含点 t 的更新区间的长度. 由于它也可表示为

$$X_{N(t)+1} = A(t) + Y(t),$$

可见它的平均值为

$$\lim_{t\to\infty}\int_0^t X_{N(s)+1}\mathrm{d}s/t = \frac{E[X^2]}{E[X]}.$$

由于

$$\frac{E[X^2]}{E[X]} \geqslant E[X]$$

（只在 $\mathrm{Var}(X)=0$ 时是等式）可见 $X_{N(t)+1}$ 的平均值大于 $E[X]$.（为什么这并不使人惊讶 ?） ■

例 3.6 (C) 假设旅客按平均到达间隔时间为 μ 的更新过程到达一个火车站. 只要有 N 个旅客在站内等车，就开走一辆火车. 若每当有 n 个旅客等车时，车站以单位时间 nc 美元的比率支付费用，且加上每次开走一班火车的附加费用 K，问此车站单位时间支付的平均费用是多少 ?

如果每次开走一辆火车，我们就说完成了一个循环，那么上述是一个更新报酬过程. 一个循环的期望长度是到达 N 个旅客所需要的时间，而且由于平均到达间隔时间是 μ，它等于

$$E[\text{循环的长度}] = N\mu .$$

若我们以 X_n 记在一个循环中在第 n 个和第 $n+1$ 个到达之间的时间，则一个循环的平均费用可表为

$$E[\text{循环的费用}] = E[cX_1 + 2cX_2 + \cdots + (N-1)cX_{N-1}] + K = \frac{c\mu N(N-1)}{2} + K,$$

因此支付的平均费用是

137

$$\frac{c(N-1)}{2} + \frac{K}{N\mu}.$$ ■

排队论应用

假设顾客按一个非格点的更新过程到达一个单条服务线的服务站. 在到达时，若服务线空闲就立刻接受服务，若服务线在忙就排队等待. 顾客服务时间假定是独立同分布的，且也假定与到达流独立.

以 $X_1, X_2, \cdots$ 记顾客之间的到达间隔时间，而以 $Y_1, Y_2, \cdots$ 记相继顾客的服务时间. 我们假定

$$E[Y_i] < E[X_i] < \infty. \tag{3.6.2}$$

假设首个顾客在时刻 0 到达，且以 $n(t)$ 记在时刻 t 此系统中的顾客数. 定义

$$L = \lim_{t \to \infty} \int_0^t n(s) \mathrm{d}s / t.$$

为了证明 L 以概率为 1 地存在且是常数，设想在时刻 s 以比率 $n(s)$ 赚得一个报酬．若我们让一个循环对应于一个忙期的开始（即一个新的循环开始于每当一个到达的顾客发现系统空闲时）．因为 L 表示长程平均报酬，由定理 3.6.1 推出

$$L = \frac{E[\text{一个循环中的报酬}]}{E[\text{一个循环的时间}]} = \frac{E\left[\int_0^T n(s) \mathrm{d}s\right]}{E[T]}. \tag{3.6.3}$$

又以 W_i 记第 i 个顾客在系统中停留的全部时间，且定义

$$W = \lim_{n \to \infty} \frac{W_1 + \cdots + W_n}{n}.$$

为了论证 W 以概率为 1 地存在，设想我们在第 i 天得到一个报酬 W_i．因为排队过程在每个循环后重新开始，由此推出若我们以 N 记在一个循环中接受服务的顾客数，那么 W 是更新过程在单位时间的平均报酬，其中循环的时间是 N，而循环的报酬是 $W_1 + \cdots + W_N$，故而

[138]

$$W = \frac{E[\text{一个循环中的报酬}]}{E[\text{一个循环的时间}]} = \frac{E\left[\sum_{i=1}^{N} W_i\right]}{E[N]}. \tag{3.6.4}$$

我们应注意，可以证明（参见第 7 章的命题 7.1.1）式（3.6.2）蕴含 $E[N] < \infty$．

下述定理在排队论中十分重要．

定理 3.6.2　*以 $\lambda = 1/E[X_i]$ 记到达速率．那么*

$$L = \lambda W.$$

证明　我们从一个循环的长度 T 和在此循环中得到服务的顾客数 N 之间的关系开始．若在某个循环中 n 个顾客得到了服务，那么下一个循环开始于第 $n+1$ 个顾客到达之时，因此

$$T = \sum_{i=1}^{N} X_i.$$

现在易见 N 是对序列 $X_1, X_2, \cdots$ 的停时，因为

$$N = n \leftrightarrow X_1 + \cdots + X_k < Y_1 + \cdots + Y_k, \quad k = 1, \cdots, n-1$$
$$\text{且 } X_1 + \cdots + X_n > Y_1 + \cdots + Y_n$$

故而 $\{N = n\}$ 独立于 $X_{n+1}, X_{n+2}, \cdots$．因此由 Wald 方程，

$$E[T] = E[N]E[X] = E[N]/\lambda,$$

而且由式（3.6.3）和式（3.6.4）得到

[139]

$$L = \lambda W \frac{E\left[\int_0^T n(s) \mathrm{d}s\right]}{E\left[\sum_{i=1}^{N} W_i\right]}. \tag{3.6.5}$$

但是设想每个顾客在系统中以每单位时间 1 元的比率付钱（所以第 i 个顾客付的钱的总量正是 W_i），可见

$$\int_0^T n(s)\mathrm{d}s = \sum_{i=1}^{N} W_i = \text{在一个循环中付的钱的总量},$$

故而结论得自式（3.6.5）. ◀

注 （1）定理3.6.2的证明并不依赖于我们假定的特殊排队模型. 这个证明不用改变就能适用于任意这样的排队系统：它包含过程在概率意义下重新开始的一些时刻，而且在这种循环之间的平均时间有限. 例如，若我们假设模型中有 k 条服务线，那么可证，平均循环时间有限的一个充分条件是

$$E[Y_i] < kE[X_i] \quad \text{和} \quad P\{Y_i < X_i\} > 0 .$$

（2）定理3.6.2说明了

在“系统”中（时间）平均人数 $= \lambda \times$ 每个顾客在“系统”中停留的平均时间.

用“队列”代替“系统”，同样的证明给出

在“队列”中（时间）平均人数 $= \lambda \times$ 每个顾客在“队列”中停留的平均时间，

或者用“服务”代替“系统”，我们有

在接受服务的平均人数 $= \lambda E[Y]$. □

3.7 再现过程

考虑状态空间为 $\{0,1,2,\cdots\}$ 的随机过程 $\{X(t), t \geqslant 0\}$，它具有如下的性质：存在一些时间点，使过程在这些时刻在概率意义上重新开始. 即以概率为1地，假设存在一个时刻 S_1，使过程在 S_1 后的继续在概率上是从时刻0开始的对全过程的复制. 注意，此性质蕴含，进一步地存在具有与 S_1 同样性质的时刻 $S_2, S_3, \cdots$. 这样的随机过程以再现过程而著名. [140]

从上推出 $\{S_1, S_2, \cdots\}$ 组成一个更新过程的事件发生的时刻. 每当一次更新发生时，我们就说完成一个循环. 以 $N(t) = \max\{n, S_n \leqslant t\}$ 记直至 t 为止的循环数.

下述重要定理的证明是关键更新定理威力的进一步显示.

定理 3.7.1 若一个循环的分布 F 在某个区间具有密度，且如果 $E[S_1] < \infty$，则

$$P_j = \lim_{t\to\infty} P\{X(t) = j\} = \frac{E[\text{一个循环中在状态 } j \text{ 的总时间}]}{E[\text{一个循环的时间}]}.$$

证明 令 $P(t) = P\{X(t) = j\}$. 取条件于 t 前面的最后一个循环完成的时刻，这导致

$$P(t) = P\{X(t) = j \mid S_{N(t)} = 0\}\overline{F}(t) + \int_0^t P\{X(t) = j \mid S_{N(t)} = s\}\overline{F}(t-s)\mathrm{d}m(s).$$

现在

$$P\{X(t) = j \mid S_{N(t)} = 0\} = P\{X(t) = j \mid S_1 > t\},$$
$$P\{X(t) = j \mid S_{N(t)} = s\} = P\{X(t-s) = j \mid S_1 > t-s\},$$

于是

$$P(t) = P\{X(t) = j, S_1 > t\} + \int_0^t P\{X(t-s) = j, S_1 > t-s\}\mathrm{d}m(s).$$

因为可证 $h(t) \equiv P\{X(t) = j, S_1 > t\}$ 是直接Riemann可积的，所以由关键更新定理，我们

有

$$P(t) \to \int_0^\infty P\{X(t)=j, S_1>t\}\mathrm{d}t / E[S_1].$$

现在令

141

$$I(t)=\begin{cases}1 & \text{若 } X(t)=j, S_1>t \\ 0 & \text{其他情形}\end{cases}$$

则 $\int_0^\infty I(t)\mathrm{d}t$ 表示在首个循环中 $X(t)=j$ 的时间总量．因为

$$E\left[\int_0^\infty I(t)\mathrm{d}t\right]=\int_0^\infty E[I(t)]\mathrm{d}t=\int_0^\infty P\{X(t)=j, S_1>t\}\mathrm{d}t,$$

故而结论成立． ◀

例 3.7 (A) 按更新过程到达的排队模型　多数顾客按更新过程到达的排队过程（如 3.6 节中的那些排队过程）都是再现过程，其循环开始于每当到达的顾客发现系统空闲的时刻．例如，在按更新过程到达的单条服务线的排队模型中，倘使首个顾客是在 $t=0$ 到达的，则在时刻 t 系统中的人数 $X(t)$ 构成一个再现过程，（若首个顾客不是在 $t=0$ 到达的，则它是一个*延迟的*再现过程，而定理 3.7.1 保持有效）． ■

从更新报酬过程的理论推出，P_j 也等于 $X(t)=j$ 的时间的*长程比例*．事实上，我们有下述命题．

命题 3.7.2　*对一个 $E[S_1]<\infty$ 的再现过程，以概率为 1 地有*

$$\lim_{t\to\infty}\frac{[\text{在}(0,t)\text{ 中处在 } j \text{ 的总时间}]}{t}=\frac{E[\text{一个循环中处在 } j \text{ 的时间}]}{E[\text{一个循环的时间}]}.$$

证明　假设每当过程处在状态 j 就以比率 1 赚得报酬．这样就生成一个更新报酬过程，而命题就直接得自定理 3.6.1． ◀

对称随机徘徊和反正弦律

令 $Y_1, Y_2, \cdots$ 独立同分布，具有

142

$$P\{Y_i=1\}=P\{Y_i=-1\}=\frac{1}{2},$$

且定义

$$Z_0=0,\quad Z_n=\sum_{i=1}^n Y_i.$$

过程 $\{Z_n, n\geqslant 0\}$ 称为*对称随机徘徊过程*．

如果我们现在定义

$$X_n=\begin{cases}0 & \text{若 } Z_n=0 \\ 1 & \text{若 } Z_n>0 \\ -1 & \text{若 } Z_n<0\end{cases}$$

那么 $\{X_n, n\geqslant 0\}$ 是再现过程，每次 X_n 取值 0 时再现．为得此再现过程的一些性质，我们

先研究对称随机徘徊 $\{Z_n, n \geqslant 0\}$.

令

$$u_n = P\{Z_{2n} = 0\} = \binom{2n}{n}\left(\frac{1}{2}\right)^{2n}$$

且注意

$$u_n = \frac{2n-1}{2n} u_{n-1}. \tag{3.7.1}$$

现在让我们回忆一下，从第1章例1.5（E）的结论（选票问题的例子）可得，对称随机徘徊在时刻 $2n$ 首访0的概率表达式. 即

$$P\{Z_1 \neq 0, Z_2 \neq 0, \cdots, Z_{2n-1} \neq 0, Z_{2n} = 0\} = \frac{\binom{2n}{n}\left(\frac{1}{2}\right)^{2n}}{2n-1} = \frac{u_n}{2n-1}. \tag{3.7.2}$$

我们需要下述引理，它是说，对称随机徘徊在时刻 $2n$ 在0的概率 u_n，也等于随机徘徊直至时刻 $2n$ 为止并未击中0的概率.

143

引理 3.7.3 $P\{Z_1 \neq 0, Z_2 \neq 0, \cdots, Z_{2n} \neq 0\} = u_n$.

证明 从式（3.7.2）可见

$$P\{Z_1 \neq 0, \cdots, Z_{2n} \neq 0\} = 1 - \sum_{k=1}^{n} \frac{u_k}{2k-1}.$$

因此我们必须证明

$$u_n = 1 - \sum_{k=1}^{n} \frac{u_k}{2k-1}, \tag{3.7.3}$$

我们对 n 归纳地进行. 当 $n = 1$ 时，上述等式成立，因为 $u_1 = 1/2$. 所以假定式（3.7.3）对 $n-1$ 成立. 现在

$$\begin{aligned}
1 - \sum_{k=1}^{n} \frac{u_k}{2k-1} &= 1 - \sum_{k=1}^{n-1} \frac{u_k}{2k-1} - \frac{u_n}{2n-1} \\
&= u_{n-1} - \frac{u_n}{2n-1} \qquad \text{（由归纳法假设）} \\
&= u_n \qquad \text{（由（3.7.1））}.
\end{aligned}$$

这就完成了证明. ◀

因为

$$u_n = \binom{2n}{n}\left(\frac{1}{2}\right)^{2n},$$

用 Stirling 近似（它说明 $n! \sim \sqrt{2\pi}\, n^{n+1/2} \mathrm{e}^{-n}$）推出

$$u_n \sim \frac{(2n)^{2n+1/2} \mathrm{e}^{-2n} \sqrt{2\pi}}{n^{2n+1} \mathrm{e}^{-2n} (2\pi) 2^{2n}} = \frac{1}{\sqrt{n\pi}},$$

故而在 $n \to \infty$ 时，$u_n \to 0$. 于是，从引理3.7.3，我们可得以概率为1地，对称随机徘徊将回到原点.

144

下述命题给出了直至（且包含）时刻 $2n$ 为止最后一次访问0的时刻的分布.

命题 3.7.4　对 $k=0,1,\cdots,n$，

$$P\{Z_{2k}=0,Z_{2k+1}\neq 0,Z_{2k+2}\neq 0,\cdots,Z_{2n}\neq 0\}=u_k u_{n-k}.$$

证明

$$\begin{aligned}&P\{Z_{2k}=0,Z_{2k+1}\neq 0,\cdots,Z_{2n}\neq 0\}\\&=P\{Z_{2k}=0\}P\{Z_{2k+1}\neq 0,\cdots,Z_{2n}\neq 0\mid Z_{2k}=0\}=u_k u_{n-k},\end{aligned}$$

其中我们利用引理 3.7.3 计算了上式右边的第二项. ◀

我们现在已经为主要结果做好了准备，此结果是，若我们（从 $Z_0=0$ 开始）用直线将 Z_k 与 Z_{k+1} 连接以绘出对称随机徘徊（参见图 3.7.1），则过程直至时刻 $2n$ 为止取 $2k$ 个正单位且取 $2n-2k$ 个负单位的概率，与命题 3.7.4 中给出的概率相同.（对于图 3.7.4 给出的样本路径，随机徘徊的前 8 个单位中，正的是 6 个单位，负的是 2 个单位.）

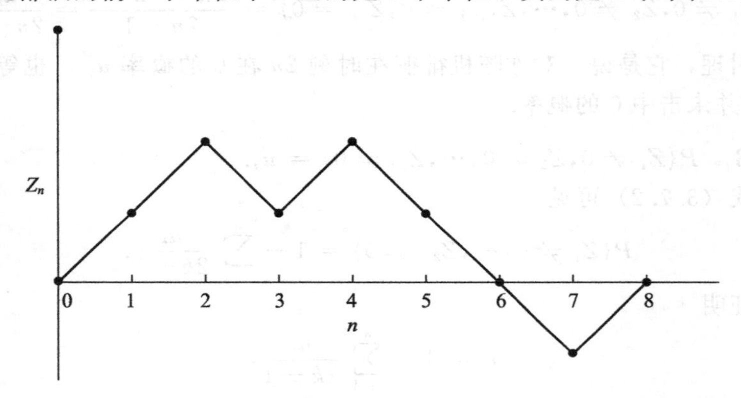

145

图 3.7.1　随机徘徊的一条样本路径

定理 3.7.5　*以 $E_{k,n}$ 记对称随机徘徊直至时刻 $2n$ 为止有 $2k$ 个单位为正且有 $2n-2k$ 个单位为负这一事件，　且令 $b_{k,n}=P(E_{k,n})$. 则*

$$b_{k,n}=u_k u_{n-k}. \tag{3.7.4}$$

证明　对 n 用归纳法证明. 因为

$$b_{0,1}=b_{1,1}=\frac{1}{2},\quad u_0=1,\quad u_1=\frac{1}{2},$$

由此推出当 $n=1$ 时（3.7.4）成立. 所以假定对一切使 $m<n$ 的 m 有 $b_{k,m}=u_k u_{m-k}$. 为证明（3.7.4），我们先考虑 $k=n$ 的情形. 于是，取条件于首次回访 0 的时刻 T 可得

$$b_{n,n}=\sum_{r=1}^{n}P\{E_{n,n}\mid T=2r\}P\{T=2r\}+P\{E_{n,n}\mid T>2n\}P\{T>2n\}.$$

现在，对于给定的 $T=2r$，随机徘徊在 $2r$ 首次为 0，与在 $(0,2r)$ 总是为正或总是为负，是等可能的. 因此

$$P\{E_{n,n}\mid T=2r\}=b_{n-r,n-r}/2,\quad P\{E_{n,n}\mid T>2n\}=\frac{1}{2},$$

故而

$$b_{n,n}=\frac{1}{2}\sum_{r=1}^{n}b_{n-r,n-r}P\{T=2r\}+\frac{1}{2}P\{T>2n\}=\frac{1}{2}\sum_{r=1}^{n}u_{n-r}P\{T=2r\}+\frac{1}{2}P\{T>2n\},$$

其中最后的等式，$b_{n-r,n-r}=u_{n-r}u_0$ 来自于归纳法假设．现在

$$\sum_{r=1}^{n}u_{n-r}P\{T=2r\}=\sum_{r=1}^{n}P\{Z_{2n-2r}=0\}P\{T=2r\}$$

$$=\sum_{r=1}^{n}P\{Z_{2n}=0\mid T=2r\}P\{T=2r\}=u_n,$$

故而

$$b_{n,n}=\frac{1}{2}u_n+\frac{1}{2}P\{T>2n\}$$

$$=\frac{1}{2}u_n+\frac{1}{2}u_n \qquad (\text{由引理 } 3.7.3)$$

$$=u_n.$$

146

因此（3.7.4）对 $k=n$ 成立，而事实上，由对称性，也对 $k=0$ 成立．用类似的方法可证明（3.7.4）在 $0<k<n$ 时也成立．再则，取条件于 T 得

$$b_{k,n}=\sum_{r=1}^{n}P\{E_{k,n}\mid T=2r\}P\{T=2r\}.$$

现在，对给定的 $T=2r$，随机徘徊在 $(0,2r)$ 中等可能地或总是为正，或总是为负．因此，为了发生 $E_{k,n}$，随机徘徊从时刻 $2r$ 到 $2n$ 的延续在前一种情形需要 $2k-2r$ 个正的单位，而在后一种情形需要 $2k$ 个．因此

$$b_{k,n}=\frac{1}{2}\sum_{r=1}^{n}b_{k-r,n-r}P\{T=2r\}+\frac{1}{2}\sum_{r=1}^{n}b_{k,n-r}P\{T=2r\}$$

$$=\frac{1}{2}u_{n-k}\sum_{r=1}^{n}u_{k-r}P\{T=2r\}+\frac{1}{2}u_k\sum_{r=1}^{n}u_{n-r-k}P\{T=2r\},$$

其中最后的等号来自归纳法假设．因为

$$\sum_{r=1}^{n}u_{k-r}P\{T=2r\}=u_k,$$

$$\sum_{r=1}^{n}u_{n-r-k}P\{T=2r\}=u_{n-k},$$

可见

$$b_{k,n}=u_ku_{n-k},$$

这就完成了证明． ◀

由定理 3.7.5 给出的概率分布，即

$$P\{X=2k\}=u_ku_{n-k},$$

称为**离散反正弦分布**．我们这样称呼，是因为对于很大的 k 和 n，由 Stirling 近似有

147

$$u_ku_{n-k}\sim\frac{1}{\pi\sqrt{k(n-k)}}.$$

因此对任意 $x,0<x<1$，可得在 $(0,2n)$ 中随机徘徊为正的时间比例小于 x 的概率为

$$\sum_{k=0}^{nx} u_k u_{n-k} \approx \frac{1}{\pi}\int_0^{nx} \frac{1}{\sqrt{y(n-y)}}\mathrm{d}y = \frac{1}{\pi}\int_0^{x} \frac{1}{\sqrt{w(1-w)}}\mathrm{d}w \quad (\text{由 } w = \frac{y}{n})$$
$$= \frac{2}{\pi}\arcsin\sqrt{x}. \tag{3.7.5}$$

于是我们由上可见，当 n 很大时，在前 $2n$ 个时间单位中对称随机徘徊为正的时间比例近似地是由式（3.7.5）给出的反正弦分布. 这样，例如，它取正值的时间小于一半的概率是 $\frac{2}{\pi}\arcsin\sqrt{\frac{1}{2}} = \frac{1}{2}$.

上式的一个有趣的结论是，它告诉我们，对称随机徘徊为正的时间的比例并不收敛于常数值 1/2（因为若是这样，则极限分布将不是反正弦分布而是常数随机变量的分布）. 因此，如果我们考虑追踪对称随机徘徊的符号的再现过程 $\{X_n\}$，由此推出 X_n 等于 1 的时间比例并不收敛于某个常数. 另一方面，由对称性和在 $n \to \infty$ 时 $u_n \to 0$ 这一事实，显见在 $n \to \infty$ 时

$$P\{X_n = 1\} = P\{Z_n > 0\} \to \frac{1}{2}.$$

为什么上述事实（再现过程处在某个状态的极限概率，不等于它在所处状态的时间的长程比例这一事实）不构成矛盾呢？这是因为期望循环时间是无限的. 即对称随机徘徊访问状态 0 之间的平均时间满足

$$E[T] = \infty.$$

上式必须正确，否则我们将有矛盾. 此结论也可直接从引理 3.7.3 推出，因为

$$E[T] \geqslant \sum_{n=0}^{\infty} P\{T > 2n\}$$
$$= \sum_{n=0}^{\infty} u_n \quad (\text{由引理 } 3.7.3),$$

又因为 $u_n = (\sqrt{n\pi})^{-1}$，可见

[148]

$$E[T] = \infty.$$

注 由命题 3.7.4 和 Stirling 近似推出，对 $0 < x < 1$ 和很大的 n，有

$$P\{\text{在 } 2nx \text{ 和 } 2n \text{ 之间无零点}\} = 1 - \sum_{k=nx}^{n} u_k u_{n-k}$$
$$= \sum_{k=0}^{nx-1} u_k u_{n-k} \approx \frac{2}{\pi}\arcsin\sqrt{x},$$

其中最后的近似来自式（3.7.5）. □

3.8 平稳点过程

具有平稳增量的计数过程 $\{N(t), t \geqslant 0\}$ 称为*平稳点过程*. 我们注意到，由定理 3.5.2 可知平衡更新过程是平稳点过程的一个例子.

定理 3.8.1 *除了对一切 $t \geqslant 0$ 有 $P\{N(t) = 0\} = 1$ 的平凡情形以外，对任意平稳点过*

程有

$$\lim_{t\to\infty}\frac{P\{N(t)>0\}}{t}=\lambda>0\,,\tag{3.8.1}$$

其中并不排除 $\lambda=\infty$.

证明　令 $f(t)=P\{N(t)>0\}$ 且注意到 $f(t)$ 取非负值，且非减. 又

$$\begin{aligned}f(s+t)&=P\{N(s+t)-N(s)>0\text{ 或 }N(s)>0\}\\&\leqslant P\{N(s+t)-N(s)>0\}+P\{N(s)>0\}\\&=f(t)+f(s).\end{aligned}$$

因此

$$f(t)\leqslant 2f(t/2),$$

而由归纳法，对一切 $n=1,2,\cdots$ 有

$$f(t)\leqslant nf(t/n),$$

149

于是，令 a 使 $f(a)>0$，对一切 $n=1,2,\cdots$ 有

$$\frac{f(a)}{a}\leqslant\frac{f(a/n)}{a/n}.\tag{3.8.2}$$

现在定义 $\lambda=\limsup_{t\to 0}f(t)/t$. 由 (3.8.2) 我们得

$$\lambda\geqslant\frac{f(a)}{a}>0.$$

为了证明 $\lambda=\lim_{t\to 0}f(t)/t$，我们考虑两种情形. 首先，假设 $\lambda<\infty$. 此时，固定 $\varepsilon>0$，取 $s>0$ 使 $f(s)/s>\lambda-\varepsilon$. 现在对 $t\in(0,s)$ 存在一个整数 n 使

$$\frac{s}{n}\leqslant t\leqslant\frac{s}{n-1}.$$

由 $f(t)$ 的单调性和式 (3.8.2) 可知，对这个区间中的一切 t 有

$$\frac{f(t)}{t}\geqslant\frac{f(s/n)}{s/(n-1)}=\frac{n-1}{n}\frac{f(s/n)}{s/n}\geqslant\frac{n-1}{n}\frac{f(s)}{s}.\tag{3.8.3}$$

因此

$$\frac{f(t)}{t}>\frac{n-1}{n}(\lambda-\varepsilon).$$

由于 ε 是任意的，且当 $t\to 0$ 时 $n\to\infty$，由此推出 $\lim_{t\to 0}f(t)/t=\lambda$.

现在假定 $\lambda=\infty$. 此时，固定任意很大的 $A>0$，取 s 使 $f(s)/s>A$. 则由式 (3.8.3) 推出对一切 $t\in(0,s)$ 有

$$\frac{f(t)}{t}\geqslant\frac{n-1}{n}\frac{f(s)}{s}>\frac{n-1}{n}A,$$

它蕴含 $\lim_{t\to 0}f(t)/t=\infty$，这就完成了证明. ◀

例 3.8 (A)　对平衡更新过程有

$$P\{N(t)>0\}=F_e(t)=\int_0^t\overline{F}(t)\mathrm{d}y/\mu.$$

因此，利用 L'hospital 法则得

$$\lambda=\lim_{t\to 0}\frac{P\{N(t)>0\}}{t}=\lim_{t\to 0}\frac{\overline{F}(t)}{\mu}=\frac{1}{\mu}.$$

150 于是对平衡更新过程，λ 是过程的速率. ■

对任意点过程 $\{N(t),t\geqslant 0\}$，我们有

$$E[N(t+s)]=E[N(t+s)-N(s)]+E[N(s)]=E[N(t)]+E[N(s)],$$

它蕴含对某个 c 有

$$E[N(t)]=ct.$$

c 与 λ 有什么关系呢？（在平衡更新过程情形，由例 3.8（A）和定理 3.5.2 推出 $\lambda=c=1/\mu$.）一般情形，我们注意，由于

$$c=\sum_{n=1}^{\infty}\frac{nP\{N(t)=n\}}{t}\geqslant\sum_{n=1}^{\infty}\frac{P\{N(t)=n\}}{t}=\frac{P\{N(t)>0\}}{t},$$

由此 $c\geqslant\lambda$. 为确定何时有 $c=\lambda$，我们需要下述概念. 一个平稳点过程称为正则的或有序的，若

$$P\{N(t)\geqslant 2\}=o(t).\tag{3.8.4}$$

对平稳点过程，应注意（3.8.4）蕴含在任意时刻同时发生两个或更多事件的概率为 0. 为了明白这点，将区间 $[0,1]$ 等分为 n 个相等的部分. 多个事件同时发生的概率小于在

$$\left(\frac{j}{n},\frac{j+1}{n}\right),\quad j=0,1,\cdots,n-1,$$

中任意一个区间发生两个或更多事件的概率，以上概率具有上界 $nP\{N(1/n)\geqslant 2\}$，在 $n\to\infty$ 时，由式（3.8.4）知上述概率趋于 0. 当 $c<\infty$ 时，其逆也是正确的. 即对 c 有限的任意平稳点过程，为了多个事件同时发生的概率为 0，正则性是必需的. 这个方向的证明更复杂，我们并不在本书中给出.

151 我们以证明对正则的平稳点过程有 $c=\lambda$ 来结束本节. 它称为 Korolyook 定理.

Korolyook 定理　对正则的平稳点过程，单位时间的平均事件数 c 与由式（3.8.1）定义的强度 λ 是相等的. 而 $\lambda=c=\infty$ 的情形并不排除

证明　让我们定义下列记号：

A_k 为事件 $\{N(1)>k\}$；

B_{nj} 为事件 $\left\{N\left(\frac{j+1}{n}\right)-N\left(\frac{j}{n}\right)\geqslant 2\right\}$；

$B_n=\bigcup_{j=0}^{n-1}B_{nj}$；

C_{nkj} 为事件 $\left\{N\left(\frac{j+1}{n}\right)-N\left(\frac{j}{n}\right)\geqslant 1,N(1)-N\left(\frac{j+1}{n}\right)=k\right\}$.

给定 $\varepsilon>0$ 和正整数 m. 从过程假定的正则性推出，对一切充分大的 n 有

$$P(B_{nj})<\frac{\varepsilon}{n(m+1)},\quad j=0,1,\cdots,n-1.$$

因此

$$P(B_n)\leqslant\sum_{j=0}^{n-1}P(B_{nj})\leqslant\frac{\varepsilon}{m+1}.$$

所以

$$P(A_k)=P(A_k\overline{B}_n)+P(A_kB_n)\leqslant P(A_k\overline{B}_n)+\frac{\varepsilon}{m+1}, \tag{3.8.5}$$

其中 $\overline{B}_n$ 是 B_n 的补. 然而，稍加思考就会发现

$$A_k\overline{B}_n=\bigcup_{j=0}^{n-1}C_{nkj}\overline{B}_n,$$

故而

152

$$P(A_k\overline{B}_n)\leqslant\sum_{j=0}^{n-1}P(C_{nkj}),$$

它与式 (3.8.5) 一起，蕴含了对一切充分大的 n 有

$$\begin{aligned}\sum_{k=0}^{m}P(A_k)&\leqslant\sum_{j=0}^{n-1}\sum_{k=0}^{m}P(C_{nkj})+\varepsilon \qquad (3.8.6)\\&=\sum_{j=0}^{n-1}P\left\{N\left(\frac{j+1}{n}\right)-N\left(\frac{j}{n}\right)\geqslant 1, N(1)-N\left(\frac{j+1}{n}\right)\leqslant m\right\}+\varepsilon\\&\leqslant\sum_{j=0}^{n-1}P\left\{N\left(\frac{j+1}{n}\right)-N\left(\frac{j}{n}\right)\geqslant 1\right\}+\varepsilon\\&=nP\{N(1/n)\geqslant 1\}+\varepsilon\leqslant\lambda+2\varepsilon.\end{aligned}$$

现在因为式 (3.8.6) 对一切 m 正确，由此推出

$$\sum_{k=0}^{\infty}P(A_k)\leqslant\lambda+2\varepsilon.$$

因此

$$c=E[N(1)]=\sum_{k=0}^{\infty}P\{N(1)>k\}=\sum_{k=0}^{\infty}P(A_k)\leqslant\lambda+2\varepsilon,$$

而结论得自于 ε 是任意的，且已知 $c\geqslant\lambda$. ◀

习　题

3.1 它是否正确：

(a) $N(t)<n$ 当且仅当 $S_n>t$？

(b) $N(t)\leqslant n$ 当且仅当 $S_n\geqslant t$？

(c) $N(t)>n$ 当且仅当 $S_n<t$？

3.2 在定义更新过程时，我们假设到达间隔时间为有限的概率 $F(\infty)$，等于 1. 若 $F(\infty)<1$，则在每次更新后以一个正概率 $1-F(\infty)$ 没有别的更新. 证明在 $F(\infty)<1$ 时记为 $N(\infty)$ 的全部更新数，使得 $1+N(\infty)$ 具有以 $1/(1-F(\infty))$ 为均值的几何分布.

3.3 用语言表述随机变量 $X_{N(t)+1}$ 代表什么？(提示：它是哪个更新区间的长度？) 证明

$$P\{X_{N(t)+1}\geqslant x\}\geqslant\overline{F}(x).$$

当 $F(x)=1-e^{-\lambda x}$ 时精确地计算上式的左边的项.

153

3.4 证明更新方程

$$m(t)=F(t)+\int_0^t m(t-x)\mathrm{d}F(x).$$

3.5　证明更新函数 $m(t), 0 \leqslant t < \infty$ 唯一地确定了到达间隔分布.

3.6　令 $\{N(t), t \geqslant 0\}$ 是更新过程，且假设对一切 n 和 t，在取条件于事件 $\{N(t) = n\}$ 时，事件的时刻 $S_1, \cdots, S_n$ 与独立的 $(0,t)$ 均匀随机变量的次序统计量有相同的分布．证明 $\{N(t), t \geqslant 0\}$ 是 Poisson 过程.

（提示：考虑 $E[N(s) \mid N(t)]$，然后用习题 3.5 的结果.）

3.7　若到达间隔分布 F 是 $(0,1)$ 均匀分布，证明

$$m(t) = e^t - 1, \quad 0 \leqslant t \leqslant 1.$$

现在论证：为使到达间隔时间加起来超过 1 所需的 $(0,1)$ 均匀随机变量的期望数的均值是 e.

3.8　若只要 $i_1, \cdots, i_n$ 是 $1, \cdots, n$ 的一个排列，$X_{i_1}, \cdots, X_{i_n}$ 与 $X_1, \cdots, X_n$ 就有相同的联合分布，则随机变量 $X_1, \cdots, X_n$ 称为可交换的．即若联合分布函数 $P\{X_1 \leqslant x_1, \cdots, X_n \leqslant x_n\}$ 是 $(x_1, \cdots, x_n)$ 的一个对称函数，则它们是可交换的．以 $X_1, X_2, \cdots$ 记一个更新过程的到达间隔时间.

(a) 论证取条件于 $N(t) = n$，$X_1, \cdots, X_n$ 是可交换的．又问 $X_1, \cdots, X_n, X_{n+1}$ 是否可交换（取条件于 $N(t) = n$）?

(b) 利用 (a) 证明对 $n > 0$ 有

$$E\left[\frac{X_1 + \cdots + X_{N(t)}}{N(t)} \middle| N(t) = n\right] = E[X_1 \mid N(t) = n].$$

(c) 证明

$$E\left[\frac{X_1 + \cdots + X_{N(t)}}{N(t)} \middle| N(t) > 0\right] = E[X_1 \mid X_1 < t].$$

3.9　考虑只有一个服务员的银行，顾客按速率为 λ 的 Poisson 过程到达．然而当顾客到达时，只在服务员空闲时他才能进银行．以 G 记服务时间的分布.

(a) 顾客进银行的速率是什么?

(b) 潜在的顾客中进银行的占多少比例?

154

(c) 服务员的忙期占多少时间比例?

3.10　设 $X_1, X_2, \cdots$ 独立同分布，$E[X_i] < \infty$．又设 $N_1, N_2, \cdots$ 为独立同分布的对序列 $X_1, X_2, \cdots$ 的停时，$E[N_i] < \infty$．依次地观察 X_i，停止在 N_1．现在开始在余下的 X_i 中抽样（好像刚从 X_{N_1+1} 开始一样）在附加时间 N_2 之后停止（这样，例如 $X_1 + \cdots + X_{N_1}$ 与 $X_{N_1+1} + \cdots + X_{N_1+N_2}$ 同分布)．现在开始在余下的 X_i 中抽样（也好像刚开始一样）在附加时间 N_3 之后停止．如此继续.

(a) 令

$$S_1 = \sum_{i=1}^{N_1} X_i, \quad S_2 = \sum_{i=N_1+1}^{N_1+N_2} X_i, \cdots, \quad S_m = \sum_{i=N_1+\cdots+N_{m-1}+1}^{N_1+\cdots+N_m} X_i,$$

用强大数定律计算

$$\lim_{m \to \infty} \left(\frac{S_1 + \cdots + S_m}{N_1 + \cdots + N_m}\right).$$

(b) 写出

$$\frac{S_1 + \cdots + S_m}{N_1 + \cdots + N_m} = \frac{S_1 + \cdots + S_m}{m} \frac{m}{N_1 + \cdots + N_m},$$

推导 (a) 中极限的另一个表达式.

(c) 令两个表达式相等以得到 Wald 方程.

3.11　考虑一个矿工陷在一个有三个门的矿井中，1 号门引导他经两天路程后脱险．2 号门引导他经四天路程后回到矿井，3 号门引导他经八天路程后回到矿井．假定他在任意时刻都等可能地选取三个门中的一个，而以 T 记此矿工脱险所用的时间.

(a) 定义一个独立同分布随机变量序列 $X_1, X_2, \cdots$ 和一个停时 N，满足

$$T = \sum_{i=1}^{N} X_i.$$

注：你也许必须想象此矿工继续随机选取那些门即使在他到达安全地之后.

(b) 用 Wald 方程求 $E[T]$.

155

(c) 计算 $E\left[\sum_{i=1}^{n} X_i \mid N = n\right]$，注意它不等于 $E\left[\sum_{i=1}^{n} X_i\right]$.

(d) 利用 (c) 再次推导 $E[T]$.

3.12 说明 Blackwell 定理如何能得自关键更新定理.

3.13 一个过程处在 $1,2,\cdots,n$ 中的状态之一. 它开始处在状态 1，且在那里保持一个具有分布 F_1 的时间总量. 在离开状态 1 后，它转移到状态 2，且在那里保持一个具有分布 F_2 的时间总量. 当它离开状态 2 时，它转移到状态 3，如此继续. 从状态 n，它返回到 1，并且重新开始. 求

$$\lim_{t\to\infty} P\{\text{在时刻 } t \text{ 过程处在状态 } i\}.$$

假定在进入状态 1 之间的时间的分布 H 不是格点的，且其均值有限.

3.14 以 $A(t)$ 和 $Y(t)$ 记一个更新过程在时刻 t 的年龄和剩余寿命. 填上缺失的项：

(a) $A(t) > x \Leftrightarrow$ 在区间________中没发生事件？

(b) $Y(t) > x \Leftrightarrow$ 在区间________中没发生事件？

(c) $P\{Y(t) > x\} = P\{A(\quad) > \quad\}$.

(d) 对 Poisson 过程计算 $A(t)$ 和 $Y(t)$ 的联合分布.

3.15 以 $A(t)$ 和 $Y(t)$ 分别记在时刻 t 的年龄和剩余寿命. 求

(a) $P\{Y(t) > x \mid A(t) = s\}$.

(b) $P\{Y(t) > s \mid A(t + x/2) = s\}$.

(c) 对 Poisson 过程计算 $P\{Y(t) > x \mid A(t+x) > s\}$.

(d) $P\{Y(t) > x, A(t) > y\}$.

(e) 若 $\mu < \infty$，证明当 $t \to \infty$ 时，以概率为 1 地有 $A(t)/t \to 0$.

3.16 考虑一个更新过程，其到达间隔时间是参数为 (n,λ) 的 gamma 分布. 利用命题 3.4.6 证明

$$\lim_{t\to\infty} E[Y(t)] = \frac{n+1}{2\lambda}.$$

现在请解释不用任何计算如何得到它.

3.17 形如

156

$$g(t) = h(t) + \int_0^t g(t-x)\mathrm{d}F(x)$$

的方程称为更新型方程. 用卷积记号，上面说明

$$g = h + g * F.$$

或者对上式迭代，或者利用 Laplace 变换证明更新型方程具有解

$$g(t) = h(t) + \int_0^t h(t-x)\mathrm{d}m(x),$$

其中 $m(x) = \sum_{n=1}^{\infty} F_n(x)$. 若 h 是直接 Riemann 可积，且 F 是均值有限的非格点分布，我们可应用关键更新定理，得到

$$\lim_{t\to\infty} g(t) = \frac{\int_0^\infty h(t)\mathrm{d}t}{\int_0^\infty \overline{F}(t)\mathrm{d}t}.$$

对 $g(t)$ 的更新型方程得自取条件于过程按概率意义上重新开始的时刻. 对下列函数建立更新型方程：

(a) 一个交替更新过程在时刻 t 处于开状态的概率 $P(t)$.

(b) 更新过程在时刻 t 的期望年龄 $g(t)=E[A(t)]$.

应用关键更新定理得到 (a) 和 (b) 中的极限值.

3.18 在习题3.9中假设潜在的顾客按一个到达间隔分布为 F 的更新过程到达. 在时刻 t 前的事件数是否构成一个（可能有延迟的）更新过程，若一个事件对应于一个顾客的两个行为：(a) 进入银行？(b) 离开银行？

如果 F 是指数分布，结果是什么？

3.19 证明方程 (3.5.3).

3.20 考虑连续投掷一枚均匀的硬币.

(a) 计算直到模式 HHTHHTT 出现的平均投掷次数.

[157] (b) 在模式 HHTT 或 HTHT 中哪一个对投掷要求更长的期望时间？

3.21 一个赌徒在每次赌博中，独立于过去的结果，分别以概率 p 和 $1-p$ 赢或输一个单位. 假设该赌徒的策略是：当他首次连续赢 k 次时离开. 求在他离开时

(a) 他赢的期望次数，(b) 他已赢得的赌资的期望数.

3.22 考虑连续投掷一个出现正面的概率为 p 的硬币. 求直至下列序列出现时的期望投掷数：

(a) A=HHTTHH，(b) B=HTHTT.

现在假设 $p=1/2$.

(c) 求 $P\{A$ 在 B 前发生$\}$.

(d) 求直至 A 或 B 之一发生时的期望投掷数.

3.23 投掷了一个出现正面的概率为 p 的硬币 k 次. 追加该硬币的投掷直至重复了前 k 次的模式（可能用了前 k 次投掷的某些结果）. 证明在开始的 k 次投掷后追加的投掷的期望数是 2^k.

3.24 从一副标准的扑克牌中每次有放回地抽出一张. 求直至连续出现四张同花色的牌时所抽牌的期望数.

3.25 考虑一个延迟更新过程 $\{N_D(t),t\geqslant 0\}$，其首个到达间隔具有分布 G 而其余的到达间隔具有分布 F. 令 $m_D(t)=E[N_D(t)]$.

(a) 证明

$$m_D(t)=G(t)+\int_0^t m(t-x)\mathrm{d}G(x),$$

其中 $m(t)=\sum_{n=1}^{\infty}F_n(t)$.

(b) 以 $A_D(t)$ 记在时刻 t 的年龄. 证明若 F 不是格点的，$\int x^2\mathrm{d}F(x)<\infty$，且在 $t\to\infty$ 时有 $t\overline{G}(t)\to 0$，则

$$E[A_D(t)]\to\frac{\int_0^{\infty}x^2\mathrm{d}F(x)}{2\int_0^{\infty}x\mathrm{d}F(x)}.$$

[158] (c) 证明若 G 的均值有限，则在 $t\to\infty$ 时有 $t\overline{G}(t)\to 0$.

3.26 对更新报酬过程证明 Blackwell 定理. 即假定循环分布不是格点的，证明当 $t\to\infty$ 时有

$$E[\text{在}(t,t+a)\text{中的报酬}]\to a\frac{E[\text{在一个循环中的报酬}]}{E[\text{一个循环的时间}]}$$

假定有关的任何函数都是直接 Riemann 可积的.

3.27 对更新报酬过程证明

$$\lim_{t\to\infty}E[R_{N(t)+1}]=\frac{E[R_1X_1]}{E[X_1]}.$$

假定 X_i 的分布不是格点的，而有关的任何函数都是直接 Riemann 可积的．当循环的报酬定义为等于循环的长度时，上式导致

$$\lim_{t\to\infty}E[X_{N(t)+1}]=\frac{E[X^2]}{E[X]},$$

它总是大于 $E[X]$，除非 X 以概率为 1 地是常数．（为什么？）

3.28 在例 3.6（C）中，假设到达的更新过程是均值为 μ 的 Poisson 过程．如果每当有 N 个旅客等待时就开走一辆火车，以 N^* 记使长程平均费用最小的 N 值．另一类型策略是每 T 个时间单位开走一辆火车．计算此策略的长程平均费用，且以 T^* 记使之最小的 T 值．证明每当有 N^* 个旅客等待时就开走一辆火车的策略，比每 T^* 个时间单位就开走一辆火车的策略，产生较小的平均费用．

3.29 小汽车的寿命是一个分布为 F 的随机变量．当汽车损坏或年龄达到 A 时，有一个以旧换新的策略．以 $R(A)$ 记一辆用了 A 年的车的卖出价格．损坏的车不再有价值．以 C_1 记一辆新车的价格，且假设每当车毁坏时再以旧换新要付额外费用 C_2．

(a) 每次购买一辆新车时说一个循环开始．计算单位时间长程平均费用．

(b) 每次在用的一辆车损坏时说一个循环开始．计算单位时间长程平均费用．

注　在 (a) 和 (b) 两种情形，你要计算在一个循环中的期望费用与一个循环的期望时间的比值．当然在这两部分的答案应该是相同的．

159

3.30 假设在例 3.3（A）中硬币落下正面的概率是参数为 n 和 m 的 bata 随机变量，即其概率密度是

$$f(p)=Cp^{n-1}(1-p)^{m-1},\quad 0\leqslant p\leqslant 1.$$

考虑每次投掷新选取的硬币直至 m 次落下反面的策略，然后放弃此硬币，而对一个新的硬币做同样的投掷．对此策略证明，以概率为 1 地，投掷出正面的长程比例是 1．

3.31 一个包含四个部件的系统称为在工作，如果每当既有部件 1 和 2 中至少有一个在工作，又有部件 3 和 4 中至少有一个在工作．假设部件 i 按具有非格点分布 F_i 和 $G_i(i=1,2,3,4)$ 的交替更新过程交替地处于工作状态和失效状态．若这些交替更新过程都是独立的，求 $\lim_{t\to\infty}P\{$系统在时刻 t 在工作$\}$．

3.32 考虑一个按速率为 λ 的 Poisson 过程到达的单条服务线排队系统，其具有均值为 μ_G 的服务分布 G．假设 $\lambda\mu_G<1$．

(a) 求系统空闲的时间比例 P_0．

(b) 当系统非空时就称为在忙（故而服务线在忙着）．计算忙期的平均长度．

(c) 利用 (b) 部分和 Wald 方程计算在一个忙期中服务过的期望顾客数．

3.33 对 3.6.1 节的排队系统，将在时刻 t 的工作量 $V(t)$ 定义为时刻 t 在系统中的所有顾客的剩余服务时间之和．令

$$V=\lim_{t\to\infty}\int_0^t V(s)\mathrm{d}s/t.$$

又以 D_i 记第 i 个顾客在排队系统中的等待时间的总量，且定义

$$W_Q=\lim_{n\to\infty}(D_1+\cdots+D_n)/n.$$

(a) 论证 V 和 W_Q 都存在，且以概率为 1 地是常数．

(b) 证明等式

$$V=\lambda E[Y]W_Q+\lambda E[Y^2]/2,$$

160

其中 $1/\lambda$ 是平均到达间隔时间，而 Y 具有服务时间的分布．

3.34 在具有更新到达过程的 k 条服务线的排队模型中，请用反例说明条件 $E[Y]<kE[X]$ 对一个循环的

时间必为有限并不充分，其中Y是服务时间而X是到达间隔时间.（提示：给出在初始到达后永远不空的系统的一个例子.）

3.35 包裹按速率为λ的 Poisson 过程到达一个邮件仓库. 取走所有等待的包裹的货车按具有一个非格点到达间隔分布F的更新过程到达. 以$X(t)$记在时刻t等待取走的包裹数.

(a) $\{X(t), t \geqslant 0\}$ 是什么类型的随机过程 ?

(b) 对下述极限：

$$\lim_{t \to \infty} P\{X(t) = i\}, \quad i \geqslant 0.$$

3.36 考虑一个满足定理 3.7.1 的条件的再现过程. 假设每当过程在状态j时，以速率$r(j)$赚得一个报酬. 若在一个循环中的期望报酬是有限的，证明单位时间的长程平均报酬，以概率为1地为

$$\lim_{t \to \infty} \int_0^t \frac{r(X(s))\mathrm{d}s}{t} = \sum_j P_j r(j),$$

其中P_j是$X(t)$等于j的极限概率.

参考文献

文献 1，6，7 和 11 以与本书大致相同的数学水平介绍了更新理论. 一个更简单、更直观的方法在文献 8 中给出. 文献 10 有许多有趣的应用.

文献 9 提供了关于更新理论的启发性的评论文章. 在最严格的条件下，对关键更新定理的一个证明，读者应该参见 Feller 的第 2 卷（文献 4）. 定理 3.6.2 在排队论的文献中以“Little公式”闻名. 本书给出的反正弦律的方法与 Feller 的第 1 卷（文献 4）中所给的方法相似. 例 3.3（A）和 3.5（C）都取自文献 5.

1. D. R. Cox，*Renewal Theory*，Methuen，London，1962.

161

2. H. Cramer and M. Leadbetter，*Stationary and Related Stochastioc Processes*，Wiley，New York，1966.

3. B. DeFinetti，*Theory of Probability*，Vol. 1，Wiley，New York，1970.

4. W. Feller，*An Introduction to Probability Theory and Its Applications*，Vols. I and II，Wiley，New York，1957 and 1966.

5. S. Herschkorn，E. Pekoz，and S. M. Ross，“Policies Without Memory for the Infinite-Armed Bernoulli Bandit Under the Average Reward Criterion，” *Probability in the Engineering and Informational Sciences*，Vol. 10，1，1996.

6. D. Heyman and M. Sobel，*Stochastic Models in Operations Research*，*Volume I*，McGraw-Hill，New York，1982.

7. S. Karlin and H. Taylor，*A First Course in Stochastic Processes*，2nd ed.，Academic Press，Orlando，FL，1975.

8. S. M. Ross，*Introduction to Probability Models*，5th ed.，Academic Press，Orlando，FL，1993.

9. W. Smith，“Renewal Theory and its Ramifications，” *Journal of the Royal Statistical Society*，Series B，20，(1958)，pp. 243 - 302.

10. H. C. Tijms，*Stochastic Models*，*An Algorthmic Approach*，Wiley，New York，1994.

162

11. R. Wolff，*Stochastic Modeling and the Theory of Queues*，Prentice-Hall，NJ，1989.

第4章 Markov 链

4.1 引言与例子

考虑一个取值于有限或可数个可能值的随机过程 $\{X_n, n=0,1,2,\cdots\}$. 除非另外声明，此随机过程的可能值的集合将取为非负整数集合 $\{0,1,2,\cdots\}$. 若 $X_n = i$，则称过程在时刻 n 处在状态 i. 我们假设每当过程处在状态 i 时，就存在一个固定的概率 P_{ij}，使过程在下一时刻处在状态 j. 即我们假设对一切状态 $i_0, i_1, \cdots, i_{n-1}, i, j$ 和一切 $n \geqslant 0$ 有

$$P\{X_{n+1}=j \mid X_n=i, X_{n-1}=i_{n-1}, \cdots, X_1=i_1, X_0=i_0\}=P_{ij}. \qquad (4.1.1)$$

这样的随机过程以 Markov 链闻名. 方程 (4.1.1) 可以解释为叙述，对一个 Markov 链，给定过去的状态 $X_0, X_1, \cdots, X_{n-1}$ 和现在的状态 X_n 时，任意未来的状态 X_{n+1} 的条件分布独立于过去的状态，而只依赖于现在的状态. 这称为 Markov 性. P_{ij} 的值表示当过程处在状态 i 时，下次转移到状态 j 的概率. 因为概率都是非负的，且因为过程必须转移到某个状态，我们有

$$P_{ij} \geqslant 0, \qquad i,j \geqslant 0; \qquad \sum_{j=0}^{\infty} P_{ij}=1, \qquad i=0,1,\cdots.$$

以 P 记一步转移概率 P_{ij} 的矩阵，因此

$$P=\begin{Vmatrix} P_{00} & P_{01} & P_{02} & \cdots \\ P_{10} & P_{11} & P_{12} & \cdots \\ \vdots & & & \\ P_{i0} & P_{i1} & P_{i2} & \cdots \\ \vdots & \vdots & & \vdots \end{Vmatrix}.$$

163

例 4.1 (A) M/G/1 排队系统 假设顾客按速率为 λ 的 Poisson 过程到达服务中心. 该服务中心只有一条服务线，而到达后发现服务线空闲的那些顾客就立刻进入服务；其余的顾客都排队等候直至轮到他们服务. 相继顾客的服务时间假定是独立的随机变量，具有共同的分布 G，且也假定它们与到达过程独立.

上面的系统称为 M/G/1 排队系统. 字母 M 表示顾客的到达间隔时间的分布是指数分布，G 表示服务时间分布；数字 1 表示只有一条服务线.

若我们以 $X(t)$ 记在时刻 t 系统中的顾客数，则 $\{X(t), t \geqslant 0\}$ 并不具有将来不依赖过去，只依赖现在的 Markov 性. 因为若我们知道在时刻 t 系统中的顾客数，那么对于预测未来的性态，我们并不关心从最后一个顾客到达以来已经过去了多少时间（因为到达过程是无记忆的），我们会关心正在接受服务的顾客已经服务了多久（因为服务时间分布 G 是任意的，从而不是无记忆性的）.

作为走出这个困境的方法，让我们只在顾客离开的时刻看此系统. 即以 X_n 记在第 n 个顾客离开系统后留下的顾客数，$n \geqslant 1$. 又以 Y_n 记在第 $n+1$ 个顾客服务期间到达的顾

客数.

当 $X_n>0$ 时，第 n 个顾客离开系统后留下 X_n 个顾客，其中一人进入服务，其他 X_n-1 人在排队等待．因此在下一个顾客离开时，系统中的顾客数将是在队列上的 X_n-1 个顾客加上在第 $n+1$ 个顾客服务期间到达的顾客．因为类似的推理在 $X_n=0$ 时成立，我们可见

$$X_{n+1}=\begin{cases}X_n-1+Y_n & 若 X_n>0\\ Y_n & 若 X_n=0\end{cases} \tag{4.1.2}$$

因为 $Y_n, n\geqslant 1$ 表示在不相交的服务时间区间中到达的顾客数，由到达过程是 Poisson 过程推出它们是独立的，且

$$P\{Y_n=j\}=\int_0^\infty \mathrm{e}^{-\lambda x}\frac{(\lambda x)^j}{j!}\mathrm{d}G(x),\quad j=0,1,\cdots. \tag{4.1.3}$$

从 (4.1.2) 和 (4.1.3) 推出，$\{X_n, n=1,2,\cdots\}$ 是一个 Markov 链，其转移概率为

$$P_{0j}=\int_0^\infty \mathrm{e}^{-\lambda x}\frac{(\lambda x)^j}{j!}\mathrm{d}G(x),\quad j\geqslant 0,$$

$$P_{ij}=\begin{cases}\displaystyle\int_0^\infty \mathrm{e}^{-\lambda x}\frac{(\lambda x)^{j-i+1}}{(j-i+1)!}\mathrm{d}G(x) & j\geqslant i-1, i\geqslant 1\\ 0 & 其他情形\end{cases}$$

164

■

例 4.1 (B) G/M/1 排队系统　假设顾客按到达间隔分布为 G 的任意更新过程到达服务中心，该服务中心只有一条服务线．又假设服务时间是速率为 μ 的指数分布.

若我们以 X_n 记第 n 个顾客在到达时所看到的在系统中的顾客数，易见 $\{X_n, n=1,2,\cdots\}$ 是一个 Markov 链．为了计算此 Markov 链的转移概率，我们首先注意到，只要有顾客在接受服务，在长度为 t 的时间段内服务完成的顾客数是均值为 μt 的 Poisson 随机变量．这是因为在相继的服务之间的时间是指数随机变量，且因为我们知道，它蕴含服务完的顾客数构成一个 Poisson 过程．所以

$$P_{i,i+1-j}=\int_0^\infty \mathrm{e}^{-\mu t}\frac{(\mu t)^j}{j!}\mathrm{d}G(t),\quad j=0,1,\cdots,i,$$

它得自，若一个到达的顾客发现在系统中有 i 个顾客，则下一个到达的顾客将看到的顾客数是 $i+1$ 减去在这段时间内已服务完的顾客数，而易见已服务完 j 个顾客的概率等于上式右边的表达式（由取条件于相继到达之间的时间).

P_{i0} 的公式稍有不同（它是具有分布 G 的随机长度的时间区间中至少有 $i+1$ 个 Poisson 事件发生的概率)，故而为

$$P_{i0}=\int_0^\infty \sum_{k=i+1}^\infty \mathrm{e}^{-\mu t}\frac{(\mu t)^k}{k!}\mathrm{d}G(t),\quad i\geqslant 0.$$

■

注　读者应注意到，在上述两个例子中，由只看过程在某个时间点，并选取这些时间点以便利用指数分布的无记忆性，我们能发现一个嵌入的 Markov 链．这对出现指数分布的过程常是富有成效的方法.　□

例 4.1 (C) 独立同分布的随机变量的和，一般随机徘徊　令 $X_i(i\geqslant 1)$ 独立同分布，具

有

$$P\{X_i = j\} = a_j, \quad j = 0, \pm 1, \cdots.$$

若我们令

$$S_0 = 0 \text{ 且 } S_n = \sum_{i=1}^{n} X_i,$$

则 $\{S_n, n \geqslant 0\}$ 是一个 Markov 链，对它有

$$P_{ij} = a_{j-i}.$$

165

$\{S_n, n \geqslant 0\}$ 称为一般随机徘徊，将在第 7 章中研究它. ■

例 4.1 (D) 简单随机徘徊的绝对值 随机徘徊 $\{S_n, n \geqslant 1\}$ 称为简单随机徘徊，若对某个 $p(0 < p < 1)$ 有

$$P\{X_i = 1\} = p,$$
$$P\{X_i = -1\} = q \equiv 1 - p.$$

其中 $S_n = \sum_{i=1}^{n} X_i$. 于是在简单随机徘徊中，过程总是或（以概率 p）向右一步，或（以概率 q）向左一步.

现在考虑简单随机徘徊的绝对值 $|S_n|$. 过程 $\{|S_n|, n \geqslant 1\}$ 度量了在每个时间单位简单随机徘徊离原点的绝对距离. 有些使人惊讶的是 $|S_n|$ 本身是一个 Markov 链. 为了证明它，我们证明若 $|S_n| = i$，则无论它先前是什么值，S_n 等于 i（相对于 $-i$）的概率是 $p^i/(p^i + q^i)$. ■

命题 4.1.1 若 $\{S_n, n \geqslant 1\}$ 是简单随机徘徊，则

$$P\{S_n = i \mid |S_n| = i, |S_{n-1}| = i_{n-1}, \cdots, |S_1| = i_1\} = \frac{p^i}{p^i + q^i}.$$

证明 若我们令 $i_0 = 0$ 且定义

$$j = \max\{k: 0 \leqslant k \leqslant n: i_k = 0\},$$

则因为我们知道 S_j 的确切的值，显见

$$P\{S_n = i \mid |S_n| = i, |S_{n-1}| = i_{n-1}, \cdots, |S_1| = i_1\}$$
$$= P\{S_n = i \mid |S_n| = i, \cdots, |S_{j+1}| = i_{j+1}, |S_j| = 0\}.$$

现在，序列 $S_{j+1}, \cdots, S_n$ 有两种可能的值使 $|S_{j+1}| = i_{j+1}, \cdots, |S_n| = i$. 第一种值导致 $S_n = i$ 且具有概率

$$p^{\frac{n-j}{2}+\frac{i}{2}} q^{\frac{n-j}{2}-\frac{i}{2}},$$

第二种值导致 $S_n = -i$ 且具有概率

$$p^{\frac{n-j}{2}-\frac{i}{2}} q^{\frac{n-j}{2}+\frac{i}{2}}.$$

166

因此

$$P\{S_n = i \mid |S_n| = i, \cdots, |S_1| = i_1\} = \frac{p^{\frac{n-j}{2}+\frac{j}{2}} q^{\frac{n-j}{2}-\frac{i}{2}}}{p^{\frac{n-j}{2}+\frac{i}{2}} q^{\frac{n-j}{2}-\frac{i}{2}} + p^{\frac{n-j}{2}-\frac{i}{2}} q^{\frac{n-j}{2}+\frac{i}{2}}} = \frac{p^i}{p^i + q^i}.$$ ◀

从命题 4.1.1 推出，取条件于是有 $S_n = i$ 还是有 $S_n = -i$，得

$$P\{|S_{n+1}|=i+1 \,\big|\, |S_n|=i,|S_{n-1}|,\cdots,|S_1|\}$$

$$=P\{S_{n+1}=i+1 \mid S_n=i\}\frac{p^i}{p^i+q^i}+P\{S_{n+1}=-(i+1) \mid S_n=-i\}\frac{q^i}{p^i+q^i}$$

$$=\frac{p^{i+1}+q^{i+1}}{p^i+q^i}.$$

因此 $\{|S_n|,n\geqslant 1\}$ 是 Markov 链，具有转移概率

$$P_{i,i+1}=\frac{p^{i+1}+q^{i+1}}{p^i+q^i}=1-P_{i,i-1},\quad i>0,$$

$$P_{01}=1.$$

4.2 Chapman-Kolmogorov 方程和状态的分类

我们已经定义了一步转移概率 P_{ij} . 现在我们定义 n 步转移概率 P_{ij}^n 为，一个处在状态 i 的过程经 n 次转移后处在状态 j 的概率. 记

$$P_{ij}^n=P\{X_{n+m}=j \mid X_m=i\},\quad n\geqslant 0,\quad i,j\geqslant 0.$$

当然 $P_{ij}^1=P_{ij}$. Chapman-Kolmogorov 方程提供了计算 n 步转移概率的方法. 这些方程是

167

$$P_{ij}^{n+m}=\sum_{k=0}^{\infty}P_{ik}^nP_{kj}^m \qquad \text{对一切 } n,m\geqslant 0\text{，一切 } i,j. \tag{4.2.1}$$

为了建立它们，只需通过观察

$$P_{ij}^{n+m}=P\{X_{n+m}=j \mid X_0=i\}=\sum_{k=0}^{\infty}P\{X_{n+m}=j,X_n=k \mid X_0=i\}$$

$$=\sum_{k=0}^{\infty}P\{X_{n+m}=j \mid X_n=k,X_0=i\}P\{X_n=k \mid X_0=i\}=\sum_{k=0}^{\infty}P_{kj}^mP_{ik}^n.$$

若我们以 $P^{(n)}$ 记 n 步转移概率 P_{ij}^n 的矩阵，则方程 (4.2.1) 断言

$$P^{(n+m)}=P^{(n)}\cdot P^{(m)},$$

其中的圆点表示矩阵的乘法. 因此

$$P^{(n)}=P\cdot P^{(n-1)}=P\cdot P\cdot P^{(n-2)}=\cdots=P^n,$$

于是这个 $P^{(n)}$ 可由矩阵 P 自乘 n 次计算.

状态 j 称为可由状态 i 到达，如果对某个 $n\geqslant 0$ ，有 $P_{ij}^n>0$. 可互相到达的两个状态称为*互通的*，且记为 $i\leftrightarrow j$.

命题 4.2.1 *互通是一个等价关系，即*

(i) $i\leftrightarrow i$;

(ii) 若 $i\leftrightarrow j$ ，则 $j\leftrightarrow i$;

(iii) 若 $i\leftrightarrow j$ ，$j\leftrightarrow k$ ，则 $i\leftrightarrow k$.

证明 前两条直接得自互通的定义. 为了证明 (iii)，假设 $i\leftrightarrow j$ ，$j\leftrightarrow k$ ，则存在 m,n 使 $P_{ij}^m>0$ ，$P_{jk}^n>0$. 因此

$$P_{ik}^{m+n}=\sum_{r=0}^{\infty}P_{ir}^{m}P_{rk}^{n}\geqslant P_{ij}^{m}P_{jk}^{n}>0.$$

类似地，我们可以证明存在一个 s 使 $P_{ki}^{s}>0$． ◀ [168]

两个互通的状态称为在同一个类中，而由命题 4.2，两个类或者不交，或者相同．Markov 链称为不可约的，如果它只有一个类，即所有的状态彼此都互通．

状态 i 称为具有周期 d，若只要 n 不能被 d 整除时就有 $P_{ii}^{n}=0$，且 d 是具有此性质的最大整数．（若对任意 n 都有 $P_{ii}^{n}=0$，则定义 i 的周期为无穷．）周期为 1 的状态称为非周期的．将状态 i 的周期记为 $d(i)$．我们现在证明周期性是等价类的一个性质．

命题 4.2.2 若 $i\leftrightarrow j$，则 $d(i)=d(j)$．

证明 令 m 和 n 使 $P_{ij}^{m}P_{ji}^{n}>0$，且假设 $P_{ii}^{s}>0$，则

$$P_{jj}^{n+m}\geqslant P_{ji}^{n}P_{ij}^{m}>0,$$

$$P_{jj}^{n+s+m}\geqslant P_{ji}^{n}P_{ii}^{s}P_{ij}^{m}>0,$$

其中第二个不等式来自，例如，因为左边表示从 j 开始的链，经 $n+s+m$ 步转移后回到 j 的概率，而右边是遵从在 n 步和 $n+s$ 步转移后都处在状态 i 的更多限制下同样事件的概率．因此 $d(j)$ 能整除 $n+m$ 和 $n+s+m$ 两者，从而只要 $P_{ii}^{s}>0$，$d(j)$ 就能整除 $n+s+m-(n+m)=s$．所以 $d(j)$ 整除 $d(i)$．类似的推理导致 $d(i)$ 整除 $d(j)$，从而 $d(i)=d(j)$． ◀

对任意状态 i 和 j 定义 f_{ij}^{n} 为，开始处在 i 而转移到 j 在时刻 n 首次发生．形式地

$$f_{ij}^{0}=0,$$

$$f_{ij}^{n}=P\{X_n=j,X_k\neq j,k=1,\cdots,n-1\mid X_0=i\}.$$

令

$$f_{ij}=\sum_{n=1}^{\infty}f_{ij}^{n}.$$

于是 f_{ij} 记给定过程开始处在 i，它迟早会转移至 j 的概率．（注意对 $i\neq j$，f_{ij} 为正值当且仅当由 i 可到达 j．）若 $f_{jj}=1$，则状态 j 称为常返的，而在其他情形则称为暂态的． [169]

命题 4.2.3 状态 j 是常返的，当且仅当

$$\sum_{n=1}^{\infty}P_{jj}^{n}=\infty.$$

证明 状态 j 是常返的，若以概率为 1 地，一个从 j 出发的过程将最终返回．然而，由 Markov 性质推出，在回返 j 后，过程在概率意义上重新开始．因此，以概率为 1 地，它又回返到 j．重复此论证，我们可见，以概率为 1 地，访问 j 的次数将是无穷的，因而有无穷的期望．另一方面，假设 j 是暂态的．那么每当过程回返 j 时有一个正概率 $1-f_{jj}$ 使过程不再回到 j，因此回返次数是具有有限均值 $1/(1-f_{jj})$ 的几何随机变量．

由上述论证我们可见，状态 j 是常返的，当且仅当

$$E[\text{访问 } j \text{ 的次数}\mid X_0=j]=\infty.$$

然而，令

$$I_n=\begin{cases}1 & \text{若 } X_n=i\\ 0 & \text{其他情形}\end{cases}$$

由此推出 $\sum_{0}^{\infty} I_n$ 表示访问 j 的次数. 由于

$$E\Big[\sum_{n=0}^{\infty} I_n \mid X_0 = j\Big] = \sum_{n=0}^{\infty} E\Big[I_n \mid X_0 = j\Big] = \sum_{n=0}^{\infty} P_{jj}^{n},$$

命题得证. ◀

引至上述命题的推理倍加重要，因为它也证明了一个暂态只被访问有限次（因此称为暂态）. 这引至断定，一个有限个状态的 Markov 链的状态不可能全是暂态. 为了明白这一点，假设状态是 $0,1,\cdots,M$，且都是暂态. 那么在一段有限时间之后（譬如 T_0 之后）状态 0 不再被访问，且在一段时间之后（譬如 T_1）状态 1 不再被访问，且在一段时间之后（譬如 T_2）状态 2 不再被访问，如此等等. 于是在有限时间 $T = \max(T_0, T_1, \cdots, T_M)$ 之后无状态可访问，但是过程在有限时间 T 之后必须处于某个状态，我们得到了矛盾，这就说明了至少有一个状态必须是常返的.

170

我们用命题 4.2.3 来证明，常返性与周期性一样，是等价类的一个性质.

推论 4.2.4　*若 i 是常返的，且 $i \leftrightarrow j$，则 j 是常返的.*

证明　令 m 和 n 使 $P_{ij}^{n} > 0, P_{ji}^{m} > 0$. 对任意 $\varepsilon > 0$，有

$$P_{jj}^{m+n+s} \geqslant P_{ji}^{m} P_{ii}^{s} P_{ij}^{n},$$

故而

$$\sum_{s} P_{jj}^{m+n+s} \geqslant P_{ji}^{m} P_{ij}^{n} \sum_{s} P_{ii}^{s} = \infty,$$

于是结果得自命题 4.2.3. ◀

例 4.2 (A) 简单随机徘徊　状态空间是一切整数的集合且具有转移概率

$$P_{i,i+1} = p = 1 - P_{i,i-1}, \quad i = 0, \pm 1, \cdots$$

的 Markov 链称为简单随机徘徊，其中 $0 < p < 1$. 这个过程的一种解释是，它表示一个醉汉沿一条直线的徘徊. 另一种情形是，它表示一个赌徒在每次赢得或失去 1 美元的赌博中的输赢.

由于所有的状态显然都互通，由推论 4.2.4 推出，它们或全是暂态，或全是常返态. 所以我们只需考虑状态 0，试图确定 $\sum_{n=1}^{\infty} P_{00}^{n}$ 是否有限.

因为（用赌博模型解释）在奇数次赌局后不可能成平局，当然我们必有

$$P_{00}^{2n+1} = 0, \quad n = 1, 2, \cdots.$$

另一方面，赌徒在 $2n$ 次赌局后成平局，当且仅当他在其中赢 n 次且输 n 次. 因为每局赌博以概率 p 赢，以概率 $1-p$ 输，于是所求的概率是二项概率

$$P_{00}^{2n} = \binom{2n}{n} p^n (1-p)^n = \frac{(2n)!}{n!n!}(p(1-p))^n, \quad n = 1, 2, 3, \cdots.$$

利用归功于 Stirling 的一个近似，即

171

$$n! \sim n^{n+1/2} \mathrm{e}^{-n} \sqrt{2\pi},$$

其中当 $\lim_{n\to\infty} a_n/b_n = 1$ 时，就说 $a_n \sim b_n$，我们得

$$P_{00}^{2n} \sim \frac{(4p(1-p))^n}{\sqrt{\pi n}}.$$

现在容易验证，若 $a_n \sim b_n$，则当且仅当 $\sum_n b_n < \infty$ 时有 $\sum_n a_n < \infty$. 因此 $\sum_{n=1}^{\infty} P_{00}^n$ 收敛，当且仅当

$$\sum_{n=1}^{\infty} \frac{(4p(1-p))^n}{\sqrt{\pi n}}$$

收敛. 然而 $4p(1-p) \leqslant 1$ 且等号当且仅当在 $p = 1/2$ 时成立. 因此 $\sum_{n=1}^{\infty} P_{00}^n = \infty$ 当且仅当 $p = 1/2$. 于是当 $p = 1/2$ 时，此链为常返的，而当 $p \neq 1/2$ 时，此链为暂态的.

当 $p = 1/2$ 时上述过程称为对称随机徘徊. 我们也可在高于一维的情形考虑对称随机徘徊. 例如，在二维对称随机徘徊中，每次转移时分别以 1/4 概率向左，向右，向上，向下移动一步. 类似地，在三维情形以 1/6 概率转移到六个相邻点中的任意一个. 利用像一维随机徘徊一样的方法，可证二维对称随机徘徊是常返的，但是一切更高维的随机徘徊都是暂态的. ■

推论 4.2.5 *若 $i \leftrightarrow j$，且 j 是常返的，则 $f_{ij} = 1$.*

证明 假设 $X_0 = i$，令 n 使 $P_{ij}^n > 0$. 若 $X_n \neq j$，则我们说错失机会 1. 若我们错失机会 1，则以 T_1 记下一次进入 i 的时刻（由推论 4.2.4 知 T_1 以概率为 1 地有限）. 若 $X_{T_1+n} \neq j$，则我们说错失机会 2，则以 T_2 记下一次进入 i 的时刻. 若 $X_{T_2+n} \neq j$，则我们说错失机会 3，如此等等. 容易看出，首次成功的机会数是一个均值为 $1/P_{ij}^n$ 的几何随机变量，且概率为 1 地为有限值. 推论的结果得自，由于 i 是常返的，它蕴含潜在的机会数是无穷的. ◀

以 $N_j(t)$ 记直至时刻 t 为止转移到 j 的次数. 若 j 是常返的，且 $X_0 = j$，那么当转移到 j 时过程在概率上重新开始，由此推出 $\{N_j(t), t \geqslant 0\}$ 是具有到达间隔分布 $\{f_{jj}^n, n \geqslant 1\}$ 的更新过程. 若 $X_0 = i, i \leftrightarrow j$，且 j 是常返的，则 $\{N_j(t), t \geqslant 0\}$ 是具有初始到达间隔分布 $\{f_{ij}^n, n \geqslant 1\}$ 的延迟更新过程.

172

4.3 极限定理

若 j 是暂态的，则易证对一切 i 有

$$\sum_{n=1}^{\infty} P_{ij}^n < \infty,$$

其含义为，在 i 开始，转移到状态 j 的期望次数是有限的. 因此，对暂态的 j，当 $n \to \infty$ 时有 $P_{ij}^n \to 0$.

以 μ_{jj} 记回返到状态 j 所需的期望转移次数. 即

$$\mu_{jj} = \begin{cases} \infty & \text{若 } j \text{ 是暂态的} \\ \sum_{n=1}^{\infty} n f_{jj}^n & \text{若 } j \text{ 常返的} \end{cases}$$

将转移到状态 j 解释为一次更新，从第 3 章的命题 3.3.1、命题 3.3.4 和命题 3.4.1，我们

得下述定理.

定理 4.3.1 若 i 和 j 互通，则

(i) $P\left\{\lim\limits_{t\to\infty} N_j(t)/t = 1/\mu_{jj} \mid X_0 = i \mid\right\} = 1$；

(ii) $\lim\limits_{n\to\infty} \sum\limits_{k=1}^{n} P_{ij}^{k}/n = 1/\mu_{jj}$；

(iii) 若 j 非周期，则 $\lim\limits_{n\to\infty} P_{ij}^{n} = 1/\mu_{jj}$；

(iv) 若 j 有周期 d，则 $\lim\limits_{n\to\infty} P_{ij}^{nd} = d/\mu_{jj}$. ◀

若状态 j 是常返态，那么，如果 $\mu_{jj} < \infty$，则我们称之为**正常返**，而若 $\mu_{jj} = \infty$，则我们称之为**零常返**. 若我们令

$$\pi_j = \lim_{n\to\infty} P_{jj}^{nd(j)},$$

由此断言，若 $\pi_j > 0$ 则常返态 j 是正常返的，若 $\pi_j = 0$，则是零常返的. 我们将下述命题

173 的证明留作练习.

命题 4.3.2 正（零）常返性是等价类的一个性质. ◀

正常返的非周期状态称为**遍历的**. 在介绍在遍历情形中怎样得到极限概率的定理之前，我们需要下述定义.

定义 概率分布 $\{P_j, j \geqslant 0\}$ 若满足

$$P_j = \sum_{i=0}^{\infty} P_i P_{ij}, \quad j \geqslant 0,$$

则称为该 Markov 链的**平稳分布**.

若 X_0 的概率分布，譬如 $P_j = P\{X_0 = j\}, j \geqslant 0$，是一个平稳分布，则

$$P\{X_1 = j\} = \sum_{i=0}^{\infty} P\{X_1 = j \mid X_0 = i\} P\{X_0 = i\} = \sum_{i=0}^{\infty} P_i P_{ij} = P_j,$$

而由归纳法得

$$P\{X_n = j\} = \sum_{i=0}^{\infty} P\{X_n = j \mid X_{n-1} = i\} P\{X_{n-1} = i\} = \sum_{i=0}^{\infty} P_{ij} P_i = P_j. \quad (4.3.1)$$

因此，若初始概率分布是平稳分布，则对一切 n, X_n 将有相同的分布. 事实上，因为 $\{X_n, n \geqslant 0\}$ 是 Markov 链，容易由此推出，对每个 $m \geqslant 0$，对每个 n，$X_n, X_{n+1}, \cdots, X_{n+m}$ 有相同

174 的联合分布，换句话说，$\{X_n, n \geqslant 0\}$ 是平稳过程.

定理 4.3.3 一个不可约的非周期的 Markov 链必属于下述两类之一：

(i) 一切状态或者都是暂态，或者都是零常返态；在此情形，在 $n \to \infty$ 时，对一切 i, j 都有 $P_{ij}^{n} \to 0$，且不存在平稳分布.

(ii) 或者其他情形，一切状态都是正常返态，且

$$\pi_j = \lim_{n\to\infty} P_{ij}^{n} > 0.$$

在此情形，$\{\pi_j, j = 0,1,2,\cdots\}$ 是一个平稳分布，且不存在其他平稳分布.

证明 我们首先证明(ii). 作为开始，注意到对一切 M 有

$$\sum_{j=0}^{M} P_{ij}^{n} \leqslant \sum_{j=0}^{\infty} P_{ij}^{n} = 1 .$$

令 $n \to \infty$ ，导致对一切 M 有

$$\sum_{j=0}^{M} \pi_j \leqslant 1 ,$$

它蕴含

$$\sum_{j=0}^{\infty} \pi_j \leqslant 1 .$$

现在对一切 M 有

$$P_{ij}^{n+1} = \sum_{k=0}^{\infty} P_{ik}^{n} P_{kj} \geqslant \sum_{k=0}^{M} P_{ik}^{n} P_{kj} .$$

令 $n \to \infty$ ，导致对一切 M 有

$$\pi_j \geqslant \sum_{k=0}^{M} \pi_k P_{kj} ,$$

它蕴含

175

$$\pi_j \geqslant \sum_{k=0}^{\infty} \pi_k P_{kj} , j \geqslant 0.$$

为了证明上面的确是等式，假设对某个 j 不等式是严格成立. 将这些不等式相加，我们得到

$$\sum_{j=0}^{\infty} \pi_j > \sum_{j=0}^{\infty} \sum_{k=0}^{\infty} \pi_k P_{kj} = \sum_{k=0}^{\infty} \pi_k \sum_{j=0}^{\infty} P_{kj} = \sum_{k=0}^{\infty} \pi_k ,$$

这是一个矛盾. 所以

$$\pi_j = \sum_{k=0}^{\infty} \pi_k P_{kj} , \quad j = 0,1,2,\cdots.$$

置 $P_j = \pi_j / \sum_0^{\infty} \pi_k$ ，可见 $\{P_j , j = 0,1,2,\cdots\}$ 是一个平稳分布，故而至少存在一个平稳分布. 现在令 $\{P_j , j = 0,1,2,\cdots\}$ 是任意一个平稳分布. 于是若将 $\{P_j , j = 0,1,2,\cdots\}$ 取为 X_0 的概率分布，则由（4.3.1）得到

$$P_j = P\{X_n = j\} = \sum_{i=0}^{\infty} P\{X_n = j \mid X_0 = i\} P\{X_0 = i\} = \sum_{i=0}^{\infty} P_{ij}^{n} P_i . \tag{4.3.2}$$

从（4.3.2），我们可见对一切 M 有

$$P_j \geqslant \sum_{i=0}^{M} P_{ij}^{n} P_i .$$

令 n 趋向于 0，然后令 M 趋向 ∞ ，导致

$$P_j \geqslant \sum_{i=0}^{\infty} \pi_j P_i = \pi_j . \tag{4.3.3}$$

对另一个方向证明 $P_j \leqslant \pi_j$ ，我们用（4.3.2）和 $P_{ij}^{n} \leqslant 1$ 这一事实，得到对一切 M 有

$$P_j \leqslant \sum_{i=0}^{M} P_{ij}^{n} P_i + \sum_{i=M+1}^{\infty} P_i ,$$

令 $n \to \infty$ 给出对一切 M 有

[176]

$$P_j \leqslant \sum_{i=0}^{M} \pi_j P_i + \sum_{i=M+1}^{\infty} P_i .$$

因为 $\sum_0^\infty P_i = 1$，令 $M \to \infty$，我们得到

$$P_j \leqslant \sum_{i=0}^{\infty} \pi_j P_i = \pi_j. \tag{4.3.4}$$

若状态都是暂态，或零常返的，且 $\{P_j, j = 0,1,2,\cdots\}$ 是一个平稳分布，则方程 (4.3.2) 成立且 $P_{ij}^n \to 0$，这显然不可能. 于是对情形 (i)，平稳分布不存在. 这就完成了证明. ◀

注　(1) 对于定理 4.3.3 的 (ii) 部分中所述的情形，我们说，Markov 链是*遍历的*.

(2) 若过程开始于它的极限分布，则所得的 Markov 链是平稳的，这很直观. 对此情形，Markov 链在时刻 0 等价于具有相同的 P 矩阵的独立 Markov 链在时刻 ∞. 因此原过程在时刻 t 等价于第二个过程在时刻 $\infty + t = \infty$，故而是平稳的.

(3) 在不可约、正常返、周期情形我们仍有 $\{\pi_j, j = 0,1,2,\cdots\}$ 是方程

$$\pi_j = \sum_i \pi_i P_{ij},$$

$$\sum_j \pi_j = 1$$

的唯一非负的解.

但是现在 π_j 必须解释为此 Markov 链处在状态 j 的长程时间比例（参见习题 4.17）. 于是，$\pi_j = 1/\mu_{jj}$，然而由定理 4.3.1 的 (iv) 从 j 跨 $nd(j)$ 步到 j 的极限概率为

$$\lim_{n\to\infty} P_{jj}^{nd} = \frac{d}{\mu_{jj}} = d\pi_j,$$

其中 d 是此 Markov 链的周期. □

[177]

例 4.3 (A) 嵌入 M/G/1 排队过程的极限概率　考虑如在例 4.1 (A) 中的系统 M/G/1 的嵌入 Markov 链，且令

$$a_j = \int_0^\infty e^{-\lambda x} \frac{(\lambda x)^j}{j!} dG(x).$$

即 a_j 是在一个服务周期内到达 j 个顾客的概率. 此链的转移概率是

$$P_{0j} = a_j,$$
$$P_{ij} = a_{j-i+1}, \quad i > 0, j \geqslant i-1,$$
$$P_{ij} = 0, \quad j < i-1.$$

令 $\rho = \sum_j j a_j$. 由于 ρ 等于在一个服务周期内到达顾客的平均数，由取条件于该周期的长度，推出

$$\rho = \lambda E[S],$$

其中 S 是具有分布 G 的服务时间.

现在我们由求解方程组

$$\pi_j = \sum_i \pi_i P_{ij}.$$

来证明当 $\rho < 1$ 时此 Markov 链是正常返的. 这些方程的形式为

$$\pi_j = \pi_0 a_j + \sum_{i=1}^{j+1} \pi_i a_{j-i+1}, \quad j \geqslant 0. \tag{4.3.5}$$

为求解，我们引入母函数

$$\pi(s) = \sum_{j=0}^{\infty} \pi_j s^j, \quad A(s) = \sum_{j=0}^{\infty} a_j s^j.$$

将 (4.3.5) 的两边乘以 s^j，且对 j 求和，导致

$$\begin{aligned}\pi(s) &= \pi_0 A(s) + \sum_{j=0}^{\infty} \sum_{i=1}^{j+1} \pi_i a_{j-i+1} s^j = \pi_0 A(s) + s^{-1} \sum_{i=1}^{\infty} \pi_i s^i \sum_{j=i-1}^{\infty} a_{j-i+1} s^{j-i+1} \\ &= \pi_0 A(s) + (\pi(s) - \pi_0) A(s)/s,\end{aligned}$$

178

或

$$\pi(s) = \frac{(s-1)\pi_0 A(s)}{s - A(s)}.$$

为计算 π_0，我们在上式中令 $s \to 1$. 因为

$$\lim_{s \to 1} A(s) = \sum_{i=0}^{\infty} a_i = 1,$$

它给出

$$\lim_{s \to 1} \pi(s) = \pi_0 \lim_{s \to 1} \frac{s-1}{s - A(s)} = \pi_0 (1 - A'(1))^{-1},$$

其中最后的等号来自 L'Hospital 法则. 现在

$$A'(1) = \sum_{i=0}^{\infty} i a_i = \rho,$$

故而

$$\lim_{s \to 1} \pi(s) = \frac{\pi_0}{1 - \rho}.$$

然而，由于 $\lim_{s \to 1} \pi(s) = \sum_{i=0}^{\infty} \pi_i$，这蕴含 $\sum_{i=0}^{\infty} \pi_i = \pi_0/(1-\rho)$，于是平稳分布存在当且仅当 $\rho < 1$，且在此情形有

$$\pi_0 = 1 - \rho = 1 - \lambda E[S].$$

由此，在 $\rho < 1$ 时，或等价地，在 $E[S] < 1/\lambda$ 时，有

$$\pi(s) = \frac{(1 - \lambda E[S])(s-1)A(s)}{s - A(s)}.$$

■

例 4.3 (B) 嵌入 G/M/1 排队过程的极限概率 考虑如在例 4.1 (B) 中介绍的G/M/1 排队系统的嵌入 Markov 链. 极限概率 $\pi_k (k = 0,1,2,\cdots)$ 可由方程

$$\pi_k = \sum_i \pi_i P_{ik}, \quad k \geqslant 0,$$

$$\sum_k \pi_k = 1,$$

179

的唯一解得到. 此方程在这种情形下是

$$\pi_k = \sum_{i=k-1}^{\infty} \pi_i \int_0^{\infty} \mathrm{e}^{-\mu t} \frac{(\mu t)^{i+1-k}}{(i+1-k)!} \mathrm{d}G(t), \quad k \geqslant 1, \tag{4.3.6}$$

$$\sum_0^{\infty} \pi_k = 1.$$

(此处并没有包括方程 $\pi_0 = \sum_i \pi_i P_{i0}$，因为方程中总有一个是冗余的.)

为了求解，让我们试探形如 $\pi_k = c\beta^k$ 的解. 代入方程 (4.3.6)，导致

$$c\beta^k = c\sum_{i=k-1}^{\infty} \beta^i \int_0^{\infty} \mathrm{e}^{-\mu t} \frac{(\mu t)^{i+1-k}}{(i+1-k)!} \mathrm{d}G(t) = c\int_0^{\infty} \mathrm{e}^{-\mu t} \beta^{k-1} \sum_{i=k-1}^{\infty} \frac{(\beta\mu t)^{i+1-k}}{(i+1-k)!} \mathrm{d}G(t)$$

$$= c\int_0^{\infty} \mathrm{e}^{-\mu t} \beta^{k-1} \mathrm{e}^{\beta\mu t} \mathrm{d}G(t) \tag{4.3.7}$$

或

$$\beta = \int_0^{\infty} \mathrm{e}^{-\mu t(1-\beta)} \mathrm{d}G(t). \tag{4.3.8}$$

常数 c 可以得自 $\sum_k \pi_k = 1$，它蕴含

$$c = 1 - \beta.$$

因为 π_k 是方程 (4.3.6) 的唯一解，而 $\pi_k = (1-\beta)\beta^k$ 满足这些方程，由此推出

$$\pi_k = (1-\beta)\beta^k, \quad k = 0,1,\cdots,$$

其中 β 是方程 (4.3.8) 的解. (可证，若 G 的均值大于平均服务时间 $1/\mu$，则存在唯一的 β 值满足方程 (4.3.8)，它在 0 与 1 之间.) 而 β 确切的值通常只能由数值计算得到. ■

例 4.3 (C) 更新过程的年龄 从一个组件使用开始，在它失效时就在下一个时间周期代以一个新的组件. 假设组件的寿命是独立的，且每一个在其第 i 个使用时期以概率 P_i，$i \geqslant 1$ 失效，其中分布 $\{P_i\}$ 非周期，且 $\sum_i iP_i < \infty$. 以 X_n 记在时刻 n 使用的组件的年龄，即它已使用的时期数 (包括第 n 个时期). 那么若我们以

$$\lambda(i) = \frac{P_i}{\sum_{j=i}^{\infty} P_j}$$

记年龄为 i 的组件失效的概率，则 $\{X_n, n \geqslant 0\}$ 是转移概率为

$$P_{i,1} = \lambda(i) = 1 - P_{i,i+1}, \quad i \geqslant 1.$$

的 Markov 链. 因此极限概率是

$$\pi_1 = \sum_i \pi_i \lambda(i), \tag{4.3.9}$$

$$\pi_{i+1} = \pi_i(1-\lambda(i)), \quad i \geqslant 1. \tag{4.3.10}$$

将方程 (4.3.10) 迭代，导致

$$\pi_{i+1} = \pi_i(1-\lambda(i)) = \pi_{i-1}(1-\lambda(i))(1-\lambda(i-1))$$

$$= \pi_1(1-\lambda(1))(1-\lambda(2))\cdots(1-\lambda(i)) = \pi_1 \sum_{j=i+1}^{\infty} P_j = \pi_1 P\{X \geqslant i+1\},$$

其中 X 是组件的寿命. 利用 $\sum_1^\infty \pi_i = 1$ 得到

$$1 = \pi_1 \sum_{i=1}^{\infty} P\{X \geqslant i\}$$

或

$$\pi_1 = 1/E[X],$$
$$\pi_i = P\{X \geqslant i\}/E[X], \quad i \geqslant 1, \tag{4.3.11}$$

易见它满足方程 (4.3.9).

值得注意的是，式(4.3.11) 正如我们所预料，因为在非格点情形年龄的极限分布是平衡分布（参见第 3 章 3.4 节），其密度是 $\overline{F}(x)/E[X]$. ■

181

我们下面两个例子说明，有时平稳概率可不必由代数地求解平稳方程确定，当初始状态按概率的某些集合选取时，可由直接推理知得到的链是平稳的.

例 4.3 (D) 假设在每个时间周期，群体的每一个成员以概率 p 死去，又在每个时期加入此群体的新成员数是均值为 λ 的 Poisson 随机变量. 若我们以 X_n 记在时期 n 开始时群体的成员数，则易见 $\{X_n, n \geqslant 0\}$ 是一个 Markov 链.

为求此链的平稳概率，假设 X_0 以具有参数为 α 的 Poisson 随机变量分布. 因为这 X_0 个个体彼此独立地在下一个时期的开始以概率 $1-p$ 活着，由此推出它们在时刻 1 仍在群体中的个数是均值为 $\alpha(1-p)$ 的 Poisson 随机变量. 因为直至时刻 1 为止加入群体的新成员数是均值为 λ 的独立的 Poisson 随机变量，由此推出 X_1 是均值为 $\alpha(1-p)+\lambda$ 的 Poisson 随机变量. 因此，若

$$\alpha = \alpha(1-p) + \lambda$$

则这个链将是平稳的. 因此，由平稳分布的唯一性，我们可断言平稳分布是均值为 λ/p 的 Poisson 分布. 即

$$\pi_j = e^{-\lambda/p}(\lambda/p)^j/j!, \quad j = 0,1,\cdots. \qquad ■$$

例 4.3 (E) **Gibbs 采样** 令 $p(x_1,\cdots,x_n)$ 是随机向量 $X_1,\cdots,X_n$ 的联合概率质量函数. 如果难以直接生成这种随机向量的值，然而对每个 i，相对地容易生成具有在给定 $X_j(j \neq i)$ 时 X_i 的条件分布的随机变量，这个时候，利用 Gibbs 采样，我们可生成一个近似具有联合概率质量函数 $p(x_1,\cdots,x_n)$ 的随机向量. 其进行如下.

设 $\boldsymbol{X}^0 = (x_1^0,\cdots,x_n^0)$ 是满足 $p(x_1^0,\cdots,x_n^0) > 0$ 的任意向量.

接着生成一个随机变量，其分布是，在给定 $X_j = x_j^0 (j = 2,\cdots,n)$ 时，X_1 的条件分布. 记这个随机变量的值为 x_1^1.

再接着生成一个随机变量，其分布是，在给定 $X_1 = x_1^1, X_j = x_j^0 (j = 3,\cdots,n)$ 时，X_2 的条件分布. 记这个随机变量的值为 x_2^1.

然后继续依此方式直至已生成了一个随机变量，它的分布是，在给定 $X_j = x_j^1 (j = 1,\cdots,n-1)$ 时，X_n 的条件分布. 记这个随机变量的值为 x_n^1.

182

令 $\boldsymbol{X}^1 = (x_1^1,\cdots,x_n^1)$，现在以 $\boldsymbol{X}^1$ 代替 $\boldsymbol{X}^0$ 且重复以上步骤，得到新向量 $\boldsymbol{X}^2$，如此等等. 易见向量序列 $\boldsymbol{X}^j, j \geqslant 0$ 是一个 Markov 链，且断言它的平稳概率是 $p(x_1,\cdots,x_n)$.

为验证这个断言，假设 $\boldsymbol{X}^0$ 具有联合概率质量函数 $p(x_1,\cdots,x_n)$. 那么易见在此算法的任意点，向量 $x_1^j,\cdots,x_{i-1}^j,x_i^{j-1},\cdots,x_n^{j-1}$ 将是具有质量函数 $p(x_1,\cdots,x_n)$ 的一个随机变量的值. 例如，令 X_i^j 是取值记为 x_i^j 的随机变量，那么

$$\begin{aligned}&P\{X_1^1=x_1,X_j^0=x_j,j=2,\cdots,n\}\\&=P\{X_1^1=x_1\mid X_j^0=x_j,j=2,\cdots,n\}P\{X_j^0=x_j,j=2,\cdots,n\}\\&=P\{X_1=x_1\mid X_j=x_j,j=2,\cdots,n\}P\{X_j=x_j,j=2,\cdots,n\}=p(x_1,\cdots,x_n).\end{aligned}$$

于是 $p(x_1,\cdots,x_n)$ 是一个平稳概率分布，故而，倘若 Markov 链是不可约且非周期的，我们可断定它是 Gibbs 采样的极限概率向量的分布. 从上面又推出 $p(x_1,\cdots,x_n)$ 是极限概率向量的分布，即使 Gibbs 采样不是有系统地首先改变 X_1 的值，然后 X_2，依此等等. 事实上，倘若导出的链是不可约且非周期的. 即使需要改变值的分量随机地确定，$p(x_1,\cdots,x_n)$ 总保持是平稳分布，且是极限概率质量函数. ■

现在，考虑具有平稳分布 $\pi_j(j\geqslant 0)$ 的一个不可约的正常返 Markov 链，即 π_j 是到状态 j 的转移的长程比例. 考虑这个链的一个指定的状态，例如状态 0，以 N 记相继访问状态 0 之间的转移次数. 因为访问状态 0 构成更新过程，由定理 3.3.5 推出，当 n 很大时，直至时刻 n 为止的访问次数近似服从均值为 $n/E[N]=n\pi_0$，方差为 $n\mathrm{Var}(N)/(E[N])^3=n\mathrm{Var}(N)\pi_0^3$ 的正态分布. 余下的是确定 $\mathrm{Var}(N)=E[N^2]-1/\pi_0^2$.

为推导 $E[N^2]$ 的表示式，我们确定直至 Markov 链下次进入状态 0 的平均转移次数. 即以 T_n 记从时刻 n 向前直至 Markov 链进入状态 0 的转移次数，且考虑 $\lim_{n\to\infty}\dfrac{T_1+\cdots+T_n}{n}$. 想象在任意时刻我们接受一个报酬，它等于从这个时刻向前直至下一次访问状态 0 的转移次数，我们得到一个更新报酬过程，其中新的循环在每次转移到状态 0 开始，且单位时间的平均报酬是

183

$$\text{单位时间的长程平均报酬}=\lim_{n\to\infty}\frac{T_1+T_2+\cdots+T_n}{n}.$$

由更新报酬过程的理论，单位时间的长程平均报酬等于在一个循环中赚得的期望报酬除以循环的期望时间. 但是若 N 是相继访问状态 0 之间的转移次数，则

$$E[\text{一个循环中赚得的报酬}]=E[N+(N-1)+\cdots+1],$$

$$E[\text{循环的时间}]=E[N].$$

于是

$$\text{单位时间的平均报酬}=\frac{E[N(N+1)/2]}{E[N]}=\frac{E[N^2]+E[N]}{2E[N]}.\tag{4.3.12}$$

然而，因为平均报酬正是 Markov 链作一个到状态 0 的转移的平均转移次数，且因为这个链处在状态 i 的时间比例是 π_i，由此推出

$$\text{单位时间的平均报酬}=\sum_i\pi_i\mu_{i0},\tag{4.3.13}$$

其中 μ_{i0} 是给定当前处在状态 i，直至这个链进入状态 0 的平均转移次数. 令由方程 (4.3.12) 和方程 (4.3.13) 给出的平均报酬的两个表达式相等，且利用 $E[N]=1/\pi_0$，就得

$$\pi_0 E[N^2]+1=2\sum_i \pi_i \mu_{i0}$$

或

$$E[N^2]=\frac{2}{\pi_0}\sum_i \pi_i \mu_{i0}-\frac{1}{\pi_0}=\frac{2}{\pi_0}\sum_{i\neq 0}\pi_i \mu_{i0}+\frac{1}{\pi_0}, \tag{4.3.14}$$

其中最后的方程用了 $\mu_{00}=E[N]=1/\pi_0$. μ_{i0} 可由求解下述的线性方程组（得自取条件于下一个访问的状态）

$$\mu_{i0}=1+\sum_{j\neq 0}P_{ij}\mu_{j0}, \quad i\geqslant 0$$

得到.

184

例 4.3 (F) 考虑具有

$$P_{00}=\alpha=1-P_{01}, \quad P_{10}=\beta=1-P_{11}$$

的两个状态的 Markov 链. 对这个链有

$$\pi_0=\frac{\beta}{1-\alpha+\beta}, \quad \pi_1=\frac{1-\alpha}{1-\alpha+\beta},$$

$$\mu_{00}=1/\pi_0, \quad \mu_{10}=1/\beta.$$

因此，从（4.3.14）得

$$E[N^2]=2\pi_1\mu_{10}/\pi_0+1/\pi_0=2(1-\alpha)/\beta^2+(1-\alpha+\beta)/\beta,$$

故而

$$\mathrm{Var}(N)=2(1-\alpha)/\beta^2+(1-\alpha+\beta)/\beta-(1-\alpha+\beta)^2/\beta^2=(1-\beta+\alpha\beta-\alpha^2)/\beta^2.$$

因此，对很大的 n，直至时刻 n 为止转移到状态 0 的转移次数近似于，均值为 $n\pi_0=n\beta/(1-\alpha+\beta)$，方差为 $n\pi_0^3\mathrm{Var}(N)=n\beta(1-\beta+\alpha\beta-\alpha^2)/(1-\alpha+\beta)^3$ 的正态分布. 例如，若 $\alpha=\beta=1/2$，则对很大的 n，直至时刻 n 为止转移到状态 0 的转移次数近似于，均值为 $n/2$，方差为 $n/4$ 的正态分布. ■

4.4 类之间的转移，赌徒破产问题，处在暂态的平均时间

我们要说明常返类是一个封闭的类，意思是，进入这个类后就不再离开.

命题 4.4.1 *令 R 是状态的一个常返类. 若 $i\in R, j\notin R$，则 $P_{ij}=0$.*

证明 假设 $P_{ij}>0$. 那么，因为 i 和 j 不互通（由于 $j\notin R$），对一切 n 有 $P_{ji}^n=0$. 因此，若过程开始处在 i，则存在一个至少等于 P_{ij} 的正概率，使过程不再回到 i. 这与 i 是常返态发生矛盾，故而 $P_{ij}=0$. ◀

185

令 j 是指定的常返态，而以 T 记所有暂态的集合. 对 $i\in T$，我们常常感兴趣于计算给定过程开始处在状态 i 时，过程迟早到达 j 的概率 f_{ij}. 取条件于初始转移后的状态，可得到 f_{ij} 满足的一组方程，从而推导出下述命题.

命题 4.4.2 *若 j 是常返的，则概率的集合 $\{f_{ij}, i\in T\}$ 满足*

$$f_{ij}=\sum_{k\in T}P_{ik}f_{kj}+\sum_{k\in R}P_{ik}, \quad i\in T,$$

这里 R 记与 j 互通的状态集.

证明

$$\begin{aligned} f_{ij} &= P\{N_j(\infty) > 0 \mid X_0 = i\} \\ &= \sum_{\text{所有}k} P\{N_j(\infty) > 0 \mid X_0 = i, X_1 = k\} P\{X_1 = k \mid X_0 = i\} \\ &= \sum_{k\in T} f_{kj}P_{ik} + \sum_{k\in R} f_{kj}P_{ik} + \sum_{\substack{k\notin R\\k\notin T}} f_{kj}P_{ik} = \sum_{k\in T} f_{kj}P_{ik} + \sum_{k\in R} P_{ik}, \end{aligned}$$

其中我们在推断对 $k \in R$ 有 $f_{kj} = 1$ 时用了推论 4.2.5，而在推断对 $k \notin T, k \notin R$ 有 $f_{kj} = 0$ 时用了命题 4.4.1. ◀

例 4.4 (A) 赌徒破产问题　考虑一个赌徒，他在每次赌局以概率 p 赢一个单位且以概率 $q = 1 - p$ 输一个单位. 假定相继的赌局是独立的. 问从 i 单位开始，在达到 0 之前，赌徒的财富先达到 N 的概率是多少.

若我们以 X_n 记赌徒在时刻 n 的财富，则过程 $\{X_n, n = 0,1,2,\cdots\}$ 是一个 Markov 链，具有转移概率

$$\begin{aligned} &P_{00} = P_{NN} = 1, \\ &P_{i,i+1} = p = 1 - P_{i,i-1}, \quad i = 1,2,\cdots,N-1. \end{aligned}$$

此 Markov 链有三个类，即 $\{0\},\{1,2,\cdots,N-1\},\{N\}$，第一类和第三类是常返类，第二类是暂态类. 由于每个暂态只被访问有限多次，由此推出在某个有限的时间后，该赌徒或达到他的目标 N，或破产.

186

以 $f_i \equiv f_{iN}$ 记从 $i(0 \leqslant i \leqslant N)$ 开始，赌徒财富迟早达到 N 的概率. 由取条件于赌博的首局的结果（或等价地，由利用命题 4.4.2），我们得

$$f_i = pf_{i+1} + qf_{i-1}, \quad i = 1,2,\cdots,N-1,$$

或由于 $p + q = 1$，等价地有

$$f_{i+1} - f_i = \frac{q}{p}(f_i - f_{i-1}), \quad i = 1,2,\cdots,N-1.$$

由于 $f_0 = 0$，我们由上可见

$$\begin{aligned} f_2 - f_1 &= \frac{q}{p}(f_1 - f_0) = \frac{q}{p}f_1 \\ f_3 - f_2 &= \frac{q}{p}(f_2 - f_1) = \left(\frac{q}{p}\right)^2 f_1 \\ &\vdots \\ f_i - f_{i-1} &= \frac{q}{p}(f_{i-1} - f_{i-2}) = \left(\frac{q}{p}\right)^{i-1} f_1 \\ &\vdots \\ f_N - f_{N-1} &= \left(\frac{q}{p}\right)(f_{N-1} - f_{N-2}) = \left(\frac{q}{p}\right)^{N-1} f_1. \end{aligned}$$

将这 $i - 1$ 个方程相加得

$$f_i - f_1 = f_1\left[\left(\frac{q}{p}\right)+\left(\frac{q}{p}\right)^2+\cdots+\left(\frac{q}{p}\right)^{i-1}\right]$$

或

$$f_i = \begin{cases} \dfrac{1-(q/p)^i}{1-(q/p)}f_1 & \text{若}\dfrac{q}{p}\neq 1 \\ if_1 & \text{若}\dfrac{q}{p}=1 \end{cases}$$

用 $f_N = 1$ ，导致

$$f_i = \begin{cases} \dfrac{1-(q/p)^i}{1-(q/p)^N} & \text{若 } p\neq \dfrac{1}{2} \\ \dfrac{i}{N} & \text{若 } p = \dfrac{1}{2} \end{cases}$$

187

注意，有趣的是，当 $N\to\infty$ 时有

$$f_i \to \begin{cases} 1-(q/p)^i & \text{若 } p > \dfrac{1}{2} \\ 0 & \text{若 } p\leqslant \dfrac{1}{2} \end{cases}$$

因此，由概率的连续性质，若 $p>1/2$ ，则有一个正概率使赌徒的财富趋于无穷；而当 $p\leqslant 1/2$ 时．则当与一个将有无穷财富的对手赌博时，以概率为 1 地赌徒迟早会破产.

假设现在我们要确定从 i 开始的赌徒达到 0 或 n 的期望赌局数．我们记这个量为 m_i 并导出 $m_i(i=1,\cdots,n-1)$ 的一组线性方程，由取条件于赌博首局的结果，利用 Wald 方程沿上面的思路，我们得到更精美的解.

想象此赌徒在到达 0 或 n 后还继续赌博，以 X_j 记他在第 j 局的输赢，$j\geqslant 1$ ．再以 B 记此赌徒的财富达到 0 或 n 时所需的赌局数．即

$$B = \mathrm{Min}\left\{m:\sum_{j=1}^{m}X_j=-i \text{ 或 } \sum_{j=1}^{m}X_j = n-i\right\}.$$

因为 X_j 是独立同分布的，具有均值 $E[X_j]=1(p)-1(1-p)=2p-1$ ，且 N 是一个对 X_j 的停时，由此用 Wald 方程导出

$$E\left[\sum_{j=1}^{B}X_j\right]=(2p-1)E[B].$$

但是，若我们令 $\alpha=[1-(q/p)^i]/[1-(q/p)^n]$ 为在 0 前达到 n 的概率，则

$$\sum_{j=1}^{B}X_j = \begin{cases} n-i & \text{以概率 } \alpha \\ -i & \text{以概率 } 1-\alpha \end{cases}$$

由此我们得

$$(2p-1)E[B] = n\alpha - i$$

或

$$E[B] = \frac{1}{2p-1}\left\{\frac{n[1-(q/p)^i]}{1-(q/p)^n}-i\right\}. \quad ■$$

188

现在考虑一个有限状态的 Markov 链，假设其状态都是编号的，因此以 $T=\{1,2,\cdots,t\}$ 记它的暂态的集合．令

$$Q=\begin{bmatrix} P_{11} & P_{12} & \cdots & P_{1t} \\ P_{i1} & P_{i2} & \cdots & P_{it} \\ P_{t1} & P_{t2} & \cdots & P_{tt} \end{bmatrix}.$$

注意，由于 $\boldsymbol{Q}$ 只指定从暂态到暂态的转移概率，它的某些行的和是小于 1 的（因为如不是这样，T 将会是闭类）．

对暂态 i 和 j，以 m_{ij} 记有初始状态 i 的链处在状态 j 的期望时间周期次数．取条件于首次转移的结果导致

$$m_{ij}=\delta(i,j)+\sum_{k} P_{ik}m_{kj}=\delta(i,j)+\sum_{k=1}^{t} P_{ik}m_{kj}, \tag{4.4.1}$$

此处当 $i=j$ 时，$\delta(i,j)$ 等于 1，而在其他情形都等于 0，而且其中最后的等式来自，当 k 是常返态时 $m_{kj}=0$ 这一事实．

以 $\boldsymbol{M}$ 记分量为 $m_{ij}(i,j=1,\cdots,t)$ 的矩阵，即

$$M=\begin{bmatrix} m_{11} & m_{12} & \cdots & m_{1t} \\ m_{i1} & m_{i2} & \cdots & m_{it} \\ m_{t1} & m_{t2} & \cdots & m_{tt} \end{bmatrix}.$$

式 (4.4.1) 用矩阵的记号可写为

$$\boldsymbol{M}=\boldsymbol{I}+\boldsymbol{QM},$$

其中 $\boldsymbol{I}$ 是 t 阶单位矩阵．因为上述方程等价于

$$(\boldsymbol{I}-\boldsymbol{Q})\boldsymbol{M}=\boldsymbol{I},$$

在两边都乘以 $(\boldsymbol{I}-\boldsymbol{Q})^{-1}$，我们得到

$$\boldsymbol{M}=(\boldsymbol{I}-\boldsymbol{Q})^{-1}.$$

189 即量 $m_{ij}(i\in T,j\in T)$ 可通过对矩阵 $\boldsymbol{I}-\boldsymbol{Q}$ 求逆得到．（容易证明这个逆的存在性．）

对 $i\in T,j\in T$，量 f_{ij} 容易由 $\boldsymbol{M}$ 确定，这里的 f_{ij} 等于在给定链开始处在状态 i 时它迟早转移到状态 j 的概率．为了确定关系，我们取条件于是否到过 j，由推导 m_{ij} 的一个表达式开始．

$$m_{ij}=E[\text{转移到 } j \text{ 的次数} \mid \text{开始在 } i]=m_{jj}f_{ij},$$

其中 m_{jj} 是，在给定从状态 i 迟早进入状态 j 时，处在 j 的时间段的期望数．于是可见

$$f_{ij}=m_{ij}/m_{jj}.$$

例 4.4 (B)　考虑一个 $p=0.4,n=6$ 的赌徒破产问题．从状态 3 开始，确定：

(a) 处在状态 3 的期望总时间；

(b) 访问状态 2 的期望次数；

(c) 曾访问过状态 4 的概率．

解　确定 $P_{ij}(i,j\in\{1,2,3,4,5\})$ 的矩阵 $\boldsymbol{Q}$ 表达如下

$$\boldsymbol{Q}=\begin{array}{c} \\ 1\\2\\3\\4\\5\end{array}\begin{array}{c}\begin{array}{ccccc}1 & 2 & 3 & 4 & 5\end{array}\\ \begin{bmatrix} 0 & 0.4 & 0 & 0 & 0\\ 0.6 & 0 & 0.4 & 0 & 0\\ 0 & 0.6 & 0 & 0.4 & 0\\ 0 & 0 & 0.6 & 0 & 0.4\\ 0 & 0 & 0 & 0.6 & 0\end{bmatrix}\end{array}$$

对 $(\boldsymbol{I}-\boldsymbol{Q})$ 求逆，给出

$$\boldsymbol{M}=(\boldsymbol{I}-\boldsymbol{Q})^{-1}=\begin{bmatrix} 1.5865 & 0.9774 & 0.5714 & 0.3008 & 0.1203\\ 1.4662 & 2.4436 & 1.4286 & 0.7519 & 0.3008\\ 1.2857 & 2.1429 & 2.7143 & 1.4286 & 0.5714\\ 1.0150 & 1.6917 & 2.1429 & 2.4436 & 0.9774\\ 0.6090 & 1.0150 & 1.2857 & 1.4662 & 1.5865\end{bmatrix}$$

因此

$$m_{3,3}=2.7143,\quad m_{3,2}=2.1429,$$
$$f_{3,4}=m_{3,4}/m_{4,4}=1.4286/2.4436=0.5846.$$

190

作为验证，注意到 $f_{3,4}$ 正是从 3 开始在 0 之前访问 4 的概率，故而

$$f_{3,4}=\frac{1-(0.6/0.4)^3}{1-(0.6/0.4)^4}=38/65=0.5846.$$ ■

4.5 分支过程

考虑一个可产生同样的子裔的群体. 假设每个个体在其生命结束时，与任何其他个体产生的个体数独立地，以 $P_j(j\geqslant 0)$ 的概率产生了 j 个新的个体. 将初始出现的个体数记为 X_0，称为第 0 代的规模. 第 0 代的所有子裔组成第一代，其个数记为 X_1. 一般地，以 X_n 记第 n 代的规模. 这个 Markov 链 $\{X_n,n\geqslant 0\}$ 称为*分支过程*.

假设 $X_0=1$. 注意

$$X_n=\sum_{i=1}^{X_{n-1}}Z_i,$$

我们可计算 X_n 的均值，其中 Z_i 表示第 $n-1$ 代的第 i 个个体的子裔数. 取条件于 X_{n-1}，导致

$$E[X_n]=E[E[X_n\mid X_{n-1}]]=\mu E[X_{n-1}]=\mu^2E[X_{n-2}]=\mu^n,$$

其中 μ 是单个个体的子裔的平均数.

以 π_0 记从一个个体开始的群体会消失的概率.

可由取条件于此初始个体的子裔数推导确定 π_0 的方程如下：

$$\pi_0=P\{\text{群体消失}\}=\sum_{j=0}^{\infty}P\{\text{群体消失}\mid X_1=j\}P_j.$$

现在，在给定 $X_1=j$ 时，群体最终消失当且仅当，由第一代开始的 j 个家庭的每一个都最终消失. 由于假定每个家庭是独立行动的，又因为每个特定的家庭消失的概率正是 π_0，这

191

导致

$$\pi_0 = \sum_{j=0}^{\infty} \pi_0^j P_j. \tag{4.5.1}$$

事实上，我们可以证明下述定理.

定理 4.5.1　假设 $P_0 > 0$ 且 $P_0 + P_1 < 1$. 则

(i) π_0 是满足方程

$$\pi_0 = \sum_{j=0}^{\infty} \pi_0^j P_j$$

的最小正数.

(ii) $\pi_0 = 1$，当且仅当 $\mu \leqslant 1$.

证明　为证明 π_0 是方程 (4.5.1) 的最小解，令 $\pi \geqslant 0$ 满足方程 (4.5.1). 我们首先用归纳法证明，对一切 n 有 $\pi \geqslant P\{X_n = 0\}$. 现在

$$\pi = \sum_j \pi^j P_j \geqslant \pi^0 P_0 = P_0 = P\{X_1 = 0\},$$

且假定 $\pi \geqslant P\{X_n = 0\}$. 那么

$$\begin{aligned} P\{X_{n+1} = 0\} &= \sum_j P\{X_{n+1} = 0 \mid X_1 = j\} P_j \\ &= \sum_j (P\{X_n = 0\})^j P_j \\ &\leqslant \sum_j \pi^j P_j \quad (\text{由归纳法假设}) \\ &= \pi. \end{aligned}$$

因此对一切 n

$$\pi \geqslant P\{X_n = 0\},$$

令 $n \to \infty$

$$\pi \geqslant \lim_{n\to\infty} P\{X_n = 0\} = P\{\text{群体消失}\} = \pi_0.$$

为证 (ii)，定义母函数

192

$$\phi(s) = \sum_{j=0}^{\infty} s^j P_j.$$

因为 $P_0 + P_1 < 1$，由此推出对一切 $s \in (0,1)$ 有

$$\phi''(s) = \sum_{j=0}^{\infty} j(j-1)s^{j-2} P_j > 0.$$

因此，$\phi(s)$ 在开区间 $(0,1)$ 上是一个严格的凸函数. 我们现在区分两种情形（图 4.5.1 和图 4.5.2). 在图 4.5.1 中，对一切 $s \in (0,1)$ 有 $\phi(s) > s$，而在图 4.5.2 中，对某个 $s \in (0,1)$ 有 $\phi(s) = s$. 从几何角度来看，这很清楚，图 4.5.1 表示当 $\phi'(1) \leqslant 1$ 时的适当的图形，而图 4.5.2 是当 $\phi'(1) > 1$ 时的适当的图形. 于是，因为 $\phi(\pi_0) = \pi_0$，$\pi_0 = 1$ 当且仅当 $\phi'(1) \leqslant 1$. 定理结论就得自 $\phi'(1) = \sum_1^{\infty} jP_j = \mu$.

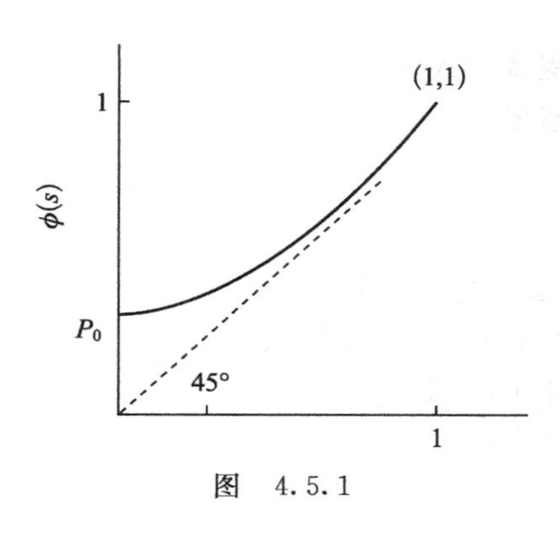

图　4.5.1

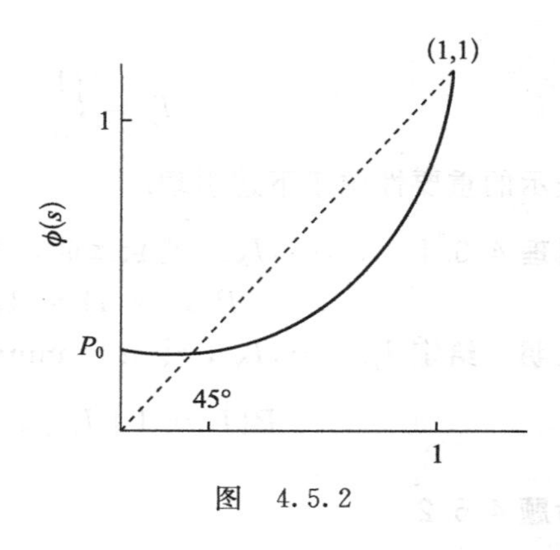

图　4.5.2

◀

4.6　Markov 链的应用

4.6.1　算法有效性的一个 Markov 链模型

在运筹学和计算机科学中的一些算法以如下的方式出现：目标是确定 N 个有序元素的最佳集合. 算法开始于其中的一个元素，然后相继地移动至一个更好的元素直至达到最好.（最重要的例子或许是线性规划的单纯形算法，它试图在一些线性约束下取一个线性函数的最大值，在这里一个元素对应于可行性区域的一个端点.）如果从“最差的情形”的角度看待算法的有效性，那么一般能构造粗略地需要 $N-1$ 步到达最佳元素的例子. 在本节中，我们要介绍对必需步数的一个简单概率模型. 特别地，我们考虑一个 Markov 链，它从任意状态转移时等可能地进入更好状态中的任意一个. [193]

考虑一个 Markov 链，它有 $P_{11}=1$，而

$$P_{ij}=\frac{1}{i-1},\quad j=1,\cdots,i-1,i>1,$$

并以 T_i 记从状态 i 转移到状态 1 的步数. $E[T_i]$ 的一个递推公式得自取条件于首次转移的结果：

$$E[T_i]=1+\frac{1}{i-1}\sum_{j=1}^{i-1}E[T_j].\tag{4.6.1}$$

从 $E[T_1]=0$ 开始，相继可见

$$E[T_2]=1,\quad E[T_3]=1+\frac{1}{2},\quad E[T_4]=1+\frac{1}{3}(1+1+\frac{1}{2})=1+\frac{1}{2}+\frac{1}{3},$$

不难猜测，而后归纳地证明

$$E[T_i]=\sum_{j=1}^{i-1}\frac{1}{j}.$$

然而，为了得到 T_N 的更全面的描述，我们要用表示

$$T_N=\sum_{j=1}^{N-1}I_j,$$

其中

$$I_j = \begin{cases} 1 & \text{若过程曾进入 } j \\ 0 & \text{其他情形} \end{cases}$$

上述表示的重要性源于下述引理.

引理 4.6.1　$I_1, \cdots, I_{N-1}$ 是独立的，且

194

$$P\{I_j = 1\} = 1/j, \quad 1 \leqslant j \leqslant N-1.$$

证明　给定 $I_{j+1}, \cdots, I_N$，令 $n = \min\{i : i > j, I_i = 1\}$. 那么

$$P\{I_j = 1 \mid I_{j+1, \cdots}, I_N\} = \frac{1/(n-1)}{j/(n-1)} = \frac{1}{j}.$$ ◀

命题 4.6.2

(i) $E[T_N] = \sum_{j=1}^{N-1} \frac{1}{j}$.

(ii) $\operatorname{Var}(T_N) = \sum_{j=1}^{N-1} \frac{1}{j}\left(1 - \frac{1}{j}\right)$.

(iii) 对很大的 N，T_N 近似于均值为 $\ln N$ 的 Poisson 分布.

证明　(i)和 (ii)部分得自引理 4.6.1 以及表示 $T_N = \sum_{j=1}^{N-1} I_j$. 由于每个有非零的小概率的大量独立 Bernoulli 随机变量的和近似地是 Poisson 分布的，(iii) 部分来自，因为

$$\int_1^N \frac{\mathrm{d}x}{x} < \sum_1^{N-1} \frac{1}{j} < 1 + \int_1^{N-1} \frac{\mathrm{d}x}{x}$$

或

$$\ln N < \sum_1^{N-1} \frac{1}{j} < 1 + \ln(N-1),$$

故而

$$\ln N \approx \sum_{j=1}^{N-1} \frac{1}{j}.$$ ◀

4.6.2　对连贯的一个应用——一个具有连续状态空间的 Markov 链

考虑一个数列 $x_1, x_2, \cdots$，若我们在 x_1 前置一条竖线，且只要 $x_j > x_{j+1}$，就在 x_j 与 x_{j+1} 之间置一条竖线，则我们称在两条竖线之间的片段为**连贯**. 例如，部分序列 3，5，8，2，4，3，1 含有四个连贯，如下所示：

$$| \ 3,5,8 \ | \ 2,4 \ | \ 3 \ | \ 1.$$

195

于是每个连贯是这个序列的一个递增的片段.

现在假设 $X_1, X_2, \cdots$ 都是独立同分布的 $(0,1)$ 均匀随机变量，且假设我们感兴趣于相继的连贯的长度分布. 例如，若我们以 L_1 记初始连贯的长度，则因为 L_1 至少为 m 当且仅当，前 m 个值是递增的，可见

$$P\{L_1 \geqslant m\} = \frac{1}{m!}, \quad m = 1, 2, \cdots.$$

若我们知道此连贯的起始值 x，则其后的连贯的分布可以容易地得到. 因为若一个连贯的起始值是 x，则

$$P\{L \geqslant m \mid x\} = \frac{(1-x)^{m-1}}{(m-1)!}, \tag{4.6.2}$$

因为若要连贯的长度至少为 m，则其后的 $m-1$ 个值都必须大于 x 且是递增的.

为了得到给定连贯的长度的无条件分布，以 I_n 记第 n 个连贯的初始值. 现在易见 $\{I_n, n \geqslant 1\}$ 是一个连续状态的 Markov 链. 为了计算在给定一个连贯开始于起始值 x 的条件下，下一个连贯开始于起始值 y 的条件概率密度 $p(y \mid x)$，我们做如下的推导：

$$P\{I_{n+1} \in (y, y+\mathrm{d}y) \mid I_n = x\} = \sum_{m=1}^{\infty} P\{I_{n+1} \in (y, y+\mathrm{d}y), L_n = m \mid I_n = x\},$$

其中 L_n 是第 n 个连贯的长度. 现在若：

（i）随后的 $m-1$ 个值都大于 x，且有递增的次序，

（ii）第 m 个值等于 y，

（iii）前 $m-1$ 个值的最大值超过 y，

则此连贯的长度将是 m 且下一个连贯起始于 y. 因此

$$\begin{aligned}
&P\{I_{n+1} \in (y, y+\mathrm{d}y), L_n = m \mid I_n = x\} \\
&= \frac{(1-x)^{m-1}}{(m-1)!}\mathrm{d}y P\{\max(X_1, \cdots, X_{m-1}) > y \mid X_i > x, i = 1, \cdots, m-1\} \\
&= \begin{cases} \dfrac{(1-x)^{m-1}}{(m-1)!}\mathrm{d}y & \text{若 } y < x \\ \dfrac{(1-x)^{m-1}}{(m-1)!}\mathrm{d}y\left[1 - \left(\dfrac{y-x}{1-x}\right)^{m-1}\right] & \text{若 } y > x \end{cases}
\end{aligned}$$

[196]

对 m 求和导致

$$p(y \mid x) = \begin{cases} \mathrm{e}^{1-x} & \text{若 } y < x \\ \mathrm{e}^{1-x} - \mathrm{e}^{y-x} & \text{若 } y > x \end{cases}$$

记 $\{I_n, n \geqslant 1\}$ 为具有如上的转移概率密度 $p(y \mid x)$ 且有连续状态空间 $(0,1)$ 的 Markov 链.

为了得到 I_n 的极限分布，我们首先冒险地做一个猜测，然后用类似于定理 4.3.3 的结果验证我们的猜测. 现在首个连贯的初始值 I_1 在 $(0,1)$ 上均匀分布. 然而，只要出现一个值小于它前一个值，就开始下一个连贯. 所以似乎合理地认为，这种小于 y 的值的长程比例，会等于一个 $(0,1)$ 均匀随机变量（在小于与它独立的第二个 $(0,1)$ 均匀随机变量的条件下）小于 y 的概率. 由于

$$P\{X_2 > y \mid X_2 < X_1\} = \frac{\frac{1}{2}(1-y)^2}{\frac{1}{2}} = (1-y)^2,$$

似乎合理地认为 I_n 的极限密度 $\pi(y)$ 是

$$\pi(y) = 2(1-y), \quad 0 < y < 1.$$

[上述极限密度的第二个直观推导如下：每个取值 y 的 X_i，若其前一个值大于 y，则它是新连贯的开始. 因此似乎合理地认为初始值在 $(y, y+\mathrm{d}y)$ 中的连贯发生速率等于

$\overline{F}(y)f(y)\mathrm{d}y=(1-y)\mathrm{d}y$，故而初始值在 $(y,y+\mathrm{d}y)$ 中的一切连贯的比例是 $(1-y)\mathrm{d}y/\int_0^1(1-y)\mathrm{d}y=2(1-y)\mathrm{d}y$.] 由于可以证明对于连续状态空间的 Markov 链的情形有一个类似于定理 4.3.3 的定理，为了证明上面的极限密度，我们只需验证

$$\pi(y)=\int_0^1\pi(x)p(y\mid x)\mathrm{d}x.$$

在此情形，上式就简化为要验证

$$1-y=\int_0^y(\mathrm{e}^{1-x}-\mathrm{e}^{y-x})(1-x)\mathrm{d}x+\int_y^1\mathrm{e}^{1-x}(1-x)\mathrm{d}x$$

或

197

$$1-y=\int_0^1\mathrm{e}^{1-x}(1-x)\mathrm{d}x-\int_0^y\mathrm{e}^{y-x}(1-x)\mathrm{d}x,$$

它容易用恒等式

$$\int z\mathrm{e}^z\mathrm{d}z=z\mathrm{e}^z-\mathrm{e}^z$$

来证明.

于是我们证明了，第 n 个连贯的初始值 I_n 的极限密度是 $\pi(x)=2(1-x),0<x<1$. 因此第 n 个连贯的长度 L_n 的极限分布是

$$\lim_{n\to\infty}P\{L_n\geqslant m\}=\int_0^1\frac{(1-x)^{m-1}}{(m-1)!}2(1-x)\mathrm{d}x=\frac{2}{(m+1)(m-1)!}.\tag{4.6.3}$$

为了计算一个连贯的平均长度，注意从 (4.6.2) 得到

$$E[L\mid I=x]=\sum_{m=1}^{\infty}\frac{(1-x)^{m-1}}{(m-1)!}=\mathrm{e}^{1-x},$$

故而

$$\lim_{n\to\infty}E[L_n]=\int_0^1\mathrm{e}^{1-x}2(1-x)\mathrm{d}x=2.$$

上式也可由 (4.6.3) 计算如下：

$$\lim_{n\to\infty}E[L_n]=2\sum_{m=1}^{\infty}\frac{1}{(m+1)(m-1)!},$$

它导致如下的有趣等式

$$1=\sum_{m=1}^{\infty}\frac{1}{(m+1)(m-1)!}.$$

4.6.3　表列的排序规则——移前一位规则的最佳性

198

假设有指定 n 个元素 $e_1,\cdots,e_n$ ，我们要将它们安排成某个次序. 每单位时间有一次需求去检索这些元素中的一个，独立于过去检索的情形，e_i 以概率 $P_i(P_i\geqslant0,\sum_1^nP_i=1)$ 被检索. 我们关心的问题是确定最佳次序，使需求检索的元素的长程平均位置最小. 显然若 P_i 已知，则最佳排序简单地是按 P_i 的递减顺序来安排元素次序. 事实上，即使 P_i 未知，我们同样可以在每个单位时间按对它们以前的需求次数递减地渐近进行安排元素的次序. 然而，若我们

不允许对上述规则有必需的记忆存储，问题会变得更有趣. 然而我们要对重排规则做限制，只允许在每个单位时间元素的重新排列依赖于当前的排序和需求元素的位置.

对一个给定的重排规则，分析 $n!$ 个状态的 Markov 链，需求元素的平均位置至少在理论上可以得到，在这里 Markov 链在任意时刻的状态是此时刻的排序. 然而，对于如此多的状态，这种分析很快变得不可行，故而我们将这个问题简化，假定这些概率满足

$$P_1 = p, \quad P_2 = \cdots = P_n = \frac{1-p}{n-1} = q.$$

对于这样的概率，由于 2 至 n 的所有元素都有相等的需求概率，我们可由分析更为简单的以元素 e_1 的位置为状态的 n 个状态的 Markov 链，得到需求元素的平均位置. 我们现在来说明，对这样的概率以及在很宽的一类规则中，将需求元素向前移一位的转移规则是最佳规则.

考虑如下限制的规则类，当被需求的元素在位置 i 时，将此元素移至位置 j_i，而保持其他元素的相对位置不变. 此外，我们假设对 $i>1, j_1=1$ 有 $j_i<i$ 和 $j_i \geqslant j_{i-1}(i=2,\cdots,n)$. 集合 $\{j_i, i=1,\cdots,n\}$ 刻画了在这个类中的一个规则.

对上述类中的一个指定的规则，令

$$K(i) = \max\{l: j_{i+l} \leqslant i\}.$$

换句话说，对任意 i，在位置 $i, i+1, \cdots, i+K(i)$ 的一个任意元素，若被需求，则将它移至小于或等于 i 的位置.

对上述类中的一个指定的规则 R，譬如有 $K(i)=k(i)(i=1,\cdots,n)$ 的那个，当使用此规则时，我们以

$$\pi_i = P_\infty\{e_1 \text{ 处在位置 } i\}, \quad i \geqslant 1$$

199

记其平稳概率.

此外，令

$$\Pi_i = \sum_{j=i+1}^{n} \pi_j = P_\infty\{e_1 \text{ 处在大于 } i \text{ 的位置}\}, \quad i \geqslant 0.$$

此处记号 P_∞ 标记上述概率都是极限概率. 在写出稳定态方程前，注意下述事实也许是值得的：

(i) 任意一个元素在每个单位时间至多向后移动一个位置.

(ii) 若一个在位置 i 的元素未被需求，且在以后的 $k(i)$ 个位置上的元素也未被需求，则它将仍然在位置 i.

(iii) 若在位置 $i, i+1, \cdots, i+k(i)$ 之一的元素被需求，就将其移至一个 $\leqslant i$ 的位置.

现在稳定态的概率易见为

$$\Pi_i = \Pi_{i+k(i)} + (\Pi_i - \Pi_{i+k(i)})(1-p) + (\Pi_{i-1} - \Pi_i)qk(i).$$

上式得自，由于若元素 1 在前一时期的位置，或大于 $i+k(i)$，或小于 $i+k(i)$ 但是大于 i 且未被选取，或它在位置 i 而选取了位置 $i+1, \cdots, i+k(i)$ 上的一个元素，则元素 1 将处在一个大于 i 的位置. 上面的方程组等价于

$$\Pi_0 = 1, \quad \Pi_n = 0, \quad \Pi_i = a_i \Pi_{i-1} + (1-a_i)\Pi_{i+k(i)}, \quad i = 1, \cdots, n-1, \tag{4.6.4}$$

其中

$$a_i = \frac{qk(i)}{qk(i)+p}.$$

现在考虑上述受限类中的一个特殊规则，即移前一位规则，它有 $j_i = i-1(i=2,\cdots,n)$，$j_1 = 1$．将移前一位规则对应的 Π_i 记为 $\overline{\Pi}_i$．则从方程（4.6.4）可得，由于对此规则有 $K(i)=1$，所以

$$\overline{\Pi}_i = \frac{q\overline{\Pi}_{i-1} + p\overline{\Pi}_{i+1}}{p+q},$$

或等价地

[200]

$$\overline{\Pi}_{i+1} - \overline{\Pi}_i = \frac{q}{p}(\overline{\Pi}_i - \overline{\Pi}_{i-1}),$$

它蕴含

$$\begin{aligned}\overline{\Pi}_{i+j} - \overline{\Pi}_{i+j-1} &= \frac{q}{p}(\overline{\Pi}_{i+j-1} - \overline{\Pi}_{i+j-2}) \\ &\vdots \\ &= \left(\frac{q}{p}\right)^j (\overline{\Pi}_i - \overline{\Pi}_{i-1}).\end{aligned}$$

将上述方程从 $j=1,\cdots,r$ 求和得

$$\overline{\Pi}_{i+r} - \overline{\Pi}_i = (\overline{\Pi}_i - \overline{\Pi}_{i-1})\left[\frac{q}{p} + \cdots + \left(\frac{q}{p}\right)^r\right], \quad i+r \leqslant n.$$

令 $r=k(i)$，其中 $k(i)$ 是在我们的类中的一个给定的规则 R 的 $K(i)$ 的值，可见

$$\overline{\Pi}_{i+k(i)} - \overline{\Pi}_i = (\overline{\Pi}_i - \overline{\Pi}_{i-1})\left[\frac{q}{p} + \cdots + \left(\frac{q}{p}\right)^{k(i)}\right],$$

或等价地

$$\overline{\Pi}_0 = 1, \quad \overline{\Pi}_n = 0, \quad \overline{\Pi}_i = b_i\overline{\Pi}_{i-1} + (1-b_i)\overline{\Pi}_{i+k(i)}, \quad i=1,\cdots,n-1, \tag{4.6.5}$$

其中

$$b_i = \frac{(q/p)+\cdots+(q/p)^{k(i)}}{1+(q/p)+\cdots+(q/p)^{k(i)}}, \quad i=1,\cdots,n-1.$$

现在我们可证下述命题.

命题 4.6.3 *若 $p \geqslant 1/n$，则对一切 i 有 $\overline{\Pi}_i \leqslant \Pi_i$．若 $p \leqslant 1/n$，则对一切 i 有 $\overline{\Pi}_i \geqslant \Pi_i$．*

证明 考虑 $p \geqslant 1/n$ 的情形，它等价于 $p \geqslant q$，注意在此情形有

[201]

$$a_i = 1 - \frac{1}{1+(k(i)/p)q} \geqslant 1 - \frac{1}{1+q/p+\cdots+(q/p)^{k(i)}} = b_i.$$

现在定义状态为 $0,1,\cdots,n$，而转移概率为

$$P_{0,0} = P_{n,n} = 1,$$

$$P_{ij} = \begin{cases} c_i & 若\ j=i-1, \\ 1-c_i & 若\ j=i+k(i), \end{cases} \quad i=1,\cdots,n-1 \tag{4.6.6}$$

的 Markov 链．以 f_i 记给定从状态 i 开始时 Markov 链迟早进入状态 0 的概率．则 f_i 满足

$$f_i = c_i f_{i-1} + (1-c_i) f_{i+k(i)}, \quad i=1,\cdots,n-1,$$

$$f_0 = 1, \quad f_n = 0.$$

因此，由于可证上面的方程组有唯一解，由（4.6.4）推出，若我们对一切 i 取 c_i 等于 a_i，则 f_i 将等于规则 R 的 Π_i，而由（4.6.5）推出，若我们令 $c_i = b_i$，则 f_i 等于 $\overline{\Pi}_i$. 很显然（我们将形式证明推迟至第 8 章），由（4.6.6）定义的 Markov 链迟早进入 0 的概率是向量 $\underline{c} = (c_1, \cdots, c_{n-1})$ 的递增函数. 因此，由于 $a_i \geqslant b_i (i = 1, \cdots, n)$，我们可见，对一切 i 有

$$\Pi_i \geqslant \overline{\Pi}_i$$

当 $p \leqslant 1/n$ 时，则 $a_i \leqslant b_i (i = 1, \cdots, n-1)$，从而上面的不等式取反向. ◀

定理 4.6.4 *在考虑的规则中，移前一位规则使被需求的元素的极限期望位置最小.*

证明 以 X 记 e_1 的位置，我们已经用取条件于 e_1 是否被需求，使被需求的元素的期望位置能表示为

$$\begin{aligned} E[\text{位置}] &= pE[X] + (1-p)\frac{E[1+2+\cdots+n-X]}{n-1} \\ &= \left(p - \frac{1-p}{n-1}\right)E[X] + \frac{(1-p)n(n+1)}{2(n-1)}. \end{aligned}$$

于是，若 $p \geqslant 1/n$，由最小化 $E[X]$ 就使期望位置最小，而若 $p \leqslant 1/n$，由最大化 $E[X]$ 就使期望位置最小. 由于 $E[X] = \sum_{i=0}^{\infty} P\{X > i\}$，结论就得自命题 4.6.3. ◀ 202

4.7 时间可逆的 Markov 链

初始状态按平稳概率选取的不可约的正常返 Markov 链是平稳的.（在遍历链的情形，这等价于想象过程在时间 $t = -\infty$ 开始.）我们称这样的链处于*稳定态*.

现在考虑一个具有转移概率 P_{ij} 和平稳概率 π_i 的平稳 Markov 链，且假设从某个时刻开始我们沿时间倒向追踪其状态的序列. 即从时刻 n 开始考虑状态序列 $X_n, X_{n-1}, \cdots$. 结果表示状态的这个序列本身是一个 Markov 链，其转移概率 P_{ij}^* 定义为

$$P_{ij}^* = P\{X_m = j \mid X_{m+1} = i\} = \frac{P\{X_{m+1} = i \mid X_m = j\}P\{X_m = j\}}{P\{X_{m+1} = i\}} = \frac{\pi_j P_{ji}}{\pi_i}.$$

为了证明倒向过程确实是一个 Markov 链，我们必需验证

$$P\{X_m = j \mid X_{m+1} = i, X_{m+2}, X_{m+3}, \cdots\} = P\{X_m = j \mid X_{m+1} = i\}.$$

为了明白上式的正确性，想象当前的时刻是时刻 $m+1$. 则因为 $X_n, n \geqslant 1$ 是一个 Markov 链，由此推出在给定现在的状态 X_{m+1} 时，过去的状态 X_m 与将来的状态 $X_{m+2}. X_{m+3}, \cdots$ 是独立的. 然而这正是上面方程所述.

于是倒向过程也是一个 Markov 链，其转移概率为

$$P_{ij}^* = \frac{\pi_j P_{ji}}{\pi_i}.$$

若对一切 i,j 有 $P_{ij} = P_{ij}^*$，则此 Markov 链称为*时间可逆的*. 时间可逆性的条件，即

$$\pi_i P_{ij} = \pi_j P_{ji} \quad \text{对一切 } i,j \text{ 成立,} \tag{4.7.1}$$

这可解释为，对一切状态 i,j，过程从 i 到 j 的速率（即 $\pi_i P_{ij}$）等于从 j 到 i 的速率（即 $\pi_j P_{ji}$）. 我们应该注意这是时间可逆性的一个显然的必要条件，因为一个从 i 到 j 的时间

203 逆向的转移等价于从 j 到 i 的时间正向的转移．即若 $X_m = i$ 且 $X_{m-1} = j$，则如果我们沿着时间逆向看就观察到从 i 到 j 的一个转移，而如果我们沿着时间正向看就观察到从 j 到 i 的一个转移．

若我们可找到加起来等于 1 的非负数满足（4.7.1），则 Markov 链是时间可逆的，而这些数表示平稳概率．之所以这样是因为，若

$$x_i P_{ij} = x_j P_{ji}\text{，对一切 } i,j \quad \text{且} \quad \sum_i x_i = 1, \tag{4.7.2}$$

则对 j 求和导致

$$\sum_i x_i P_{ij} = x_j \sum_i P_{ji} = x_j, \quad \sum_i x_i = 1.$$

由于平稳概率 π_i 是上述条件的唯一解，由此推出对一切 i 有 $x_i = \pi_i$．

例 4.7 (A) 一个遍历随机徘徊　我们可不借助计算而论证满足 $P_{i,i+1} + P_{i,i-1} = 1$ 的遍历链是时间可逆的．这得自，注意到在一切时刻从 i 到 $i+1$ 的转移次数与从 $i+1$ 到 i 的转移次数的差必须不超过 1．这是由于在从 i 到 $i+1$ 的两次转移之间必须有一次从 $i+1$ 到 i 的转移（反之亦然），因为由一个较高的状态重新进入 i 的唯一的方式是经过 $i+1$．因此，由此推出从 i 到 $i+1$ 的转移率等于从 $i+1$ 到 i 的转移率，从而过程是时间可逆的．■

例 4.7 (B) Metropolis 算法　令 $a_j (j = 1,\cdots,m)$ 是正数，再令 $A = \sum_{j=1}^{m} a_j$．假设 m 很大，而 A 很难计算，且假设我们想要模拟概率为 $p_j = a_j / A (j = 1,\cdots,m)$ 的一系列独立随机变量的值．模拟分布收敛到 $\{p_j, j = 1,\cdots,m\}$ 的一系列随机变量的一种方法是，构造一个既容易模拟，又有极限概率 p_j 的 Markov 链．Metropolis 算法提供了实现此想法的一个途径．

令 Q 是在整数 $1,\cdots,n$ 上的任意一个不可约转移概率矩阵，满足对一切 i,j 有 $q_{ij} = q_{ji}$．现在定义一个如下的 Markov 链 $\{X_n, n \geqslant 0\}$：若 $X_n = i$，则生成一个以概率 $q_{ij} (i,j = 1,\cdots,$
204 $m)$ 等于 j 的随机变量．若此随机变量取值 j，则以概率 $\min(1, a_j/a_i)$ 取 X_{n+1} 等于 j，而在其他情形则取为 i．即 $\{X_n, n \geqslant 0\}$ 的转移概率是

$$P_{ij} = \begin{cases} q_{ij} \min(1, a_j/a_i) & \text{若 } j \neq i \\ q_{ii} + \sum_{j \neq i} q_{ij} \{1 - \min(1, a_j/a_i)\} & \text{若 } j = i \end{cases}$$

现在我们将证明此 Markov 链的极限概率正好是 p_j．

为了证明 p_j 是极限概率，我们首先以证明

$$p_i P_{ij} = p_j P_{ji}$$

来说明这个链是以 $\{p_j, j = 1,\cdots,m\}$ 为平稳概率的时间可逆链．为验证上述等式我们必须证明

$$p_i q_{ij} \min(1, a_j/a_i) = p_j q_{ji} \min(1, a_i/a_j).$$

现在因为 $q_{ij} = q_{ji}$ 和 $a_j/a_i = p_j/p_i$，故而我们必须验证

$$p_i \min(1, p_j/p_i) = p_j \min(1, p_i/p_j).$$

然而这可直接得到，因为方程的两边都等于 $\min(p_i, p_j)$．这些平稳概率也是极限概率得自下述事实：由于 Q 是不可约转移概率矩阵，$\{X_n\}$ 也是不可约的，而因为（平凡情形 $p_i \equiv$

$1/n$ 除外）对某个 i 有 $P_{ii} > 0$，它也是非周期的.

选取一个容易模拟的转移概率矩阵 $\boldsymbol{Q}$，即对每个 i 容易生成以概率 $q_{ij}(j = 1,\cdots,n)$ 等于 j 的随机变量的值，我们可利用上述方法生成一个极限概率为 $a_j/A(j = 1,\cdots,n)$ 的 Markov 链. 这又可不用计算 A 而完成. ■

考虑每条边 (i,j) 与一个正数 w_{ij} 相关的图，且假设一个质点从顶点到顶点以如下方式的移动：若质点当前在顶点 i，则下一步移动到顶点 j 的概率是

$$P_{ij} = w_{ij} \Big/ \sum_j w_{ij},$$

其中若 (i,j) 不是这个图的边，则 w_{ij} 是 0. 描述质点访问的顶点序列的 Markov 链，称为一个边加权图上的随机徘徊. [205]

命题 4.7.1 *考虑一个具有有限个顶点的边加权图上的随机徘徊. 若这个 Markov 链是不可约的，则它是处在稳定态的，时间可逆的，且平稳概率是*

$$\pi_i = \frac{\sum_i w_{ij}}{\sum_j \sum_i w_{ij}}.$$

证明 时间可逆性方程

$$\pi_i P_{ij} = \pi_j P_{ji}$$

化为

$$\frac{\pi_i w_{ij}}{\sum_k w_{ik}} = \frac{\pi_j w_{ji}}{\sum_k w_{jk}},$$

或，由于 $w_{ij} = w_{ji}$，等价地，

$$\frac{\pi_i}{\sum_k w_{ik}} = \frac{\pi_j}{\sum_k w_{jk}},$$

它蕴含

$$\pi_i = c \sum_k w_{ik},$$

由 $\sum_i \pi_i = 1$ 就证明了结论. ◀

例 4.7 (C) 考虑一个由 r 条射线组成的星形图，每条射线有 n 个顶点. [关于星形图的顶点定义，参见例 1.9 (C).] 以叶子 i 记射线 i 上的叶子. 假定一个质点沿星形图的顶点按如下方式移动：在顶点的中心 0 每次等可能地移至与它相邻的一个顶点. 每当它在一条射线的一个内部（不是叶子）顶点时，它以概率 p 移向射线的叶子方向且以概率 $1-p$ 移向 0 的方向. 每次它在叶子上时，它以概率 1 移至与它相邻的顶点. 我们感兴趣的是，求从顶点 0 出发，访问遍所有的顶点然后回到 0 的平均转移次数. [206]

作为开始，让我们确定相继两次回到中心顶点 0 之间的平均转移次数. 为计算这个量，注意到相继访问的顶点的 Markov 链属于命题 4.7.1 中考虑的类型. 为明白此点，在每条与 0 连接的边给以权重 1，而在一条射线上连接第 i 个（从 0 开始）和第 $i+1$ 个顶点的边给

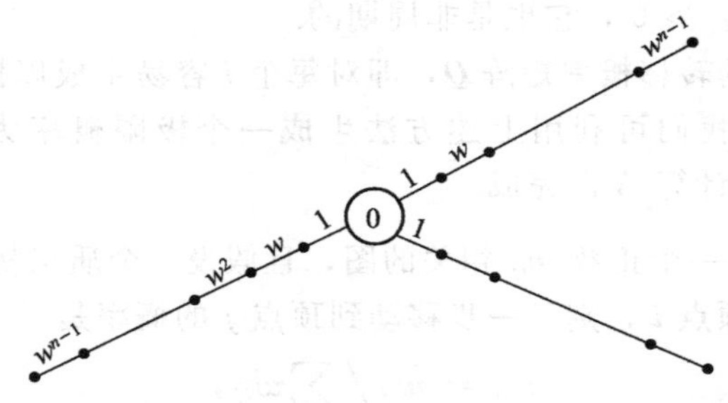

图 4.7.1　权重为 $w = p/(1-p)$ 的一个星形图

以权重 w^i，其中 $w = p/(1-p)$（参见图 4.7.1）。于是，以这些边的权重，一个质点从离 0 有 i 步的顶点移动到它的叶子的概率是 $w^i/(w^i + w^{i-1}) = p$.

由于从每个顶点出发的边上的权重的总和是

$$r + r\Big[\sum_{i=1}^{n-1}(w^{i-1} + w^i) + w^{n-1}\Big] = \frac{2r(1-w^n)}{1-w},$$

且从顶点 0 出发的边上的权重之和是 r，由命题 4.7.1 可见

$$\pi_0 = \frac{1-w}{2(1-w^n)}.$$

所以，回到中心顶点 0 之间的平均转移次数 μ_{00} 是

$$\mu_{00} = 1/\pi_0 = \frac{2(1-w^n)}{1-w}.$$

现在，每当质点回到顶点 0 时，我们就说一个新的循环开始，且令 $X_j(j \geqslant 1)$ 是第 j 个循环中的转移次数．再固定 i 并以 N 记质点访问叶子 i 后回到 0 所需的循环个数．由这些定义，$\sum_{j=1}^{N} X_j$ 就等于访问叶子 i 后回到 0 所需的步数．因为 N 显然是对 X_j 的停时，我们由 Wald 方程得

[207]

$$E\Big[\sum_{j=1}^{N} X_j\Big] = \mu_{00}E[N] = \frac{2(1-w^n)}{1-w}E[N].$$

为了确定到达叶子 i 所需的期望循环个数 $E(N)$，注意到每个循环独立地以概率 $\frac{1-1/w}{r(1-(1/w)^n)}$ 到达叶子 i，这里 $1/r$ 是从 0 转移到射线 i 的概率，而 $\frac{1-1/w}{1-(1/w)^n}$ 是在射线 i 上的第一个顶点的质点在回到 0 之前到达此射线的叶子（就是增加 $n-1$）的（赌徒破产）概率．所以到达叶子 i 所需的循环个数 N 是一个均值为 $\frac{r(1-(1/w)^n)}{1-(1/w)}$ 的几何随机变量，故而

$$E\Big[\sum_{j=1}^{N} X_j\Big] = \frac{2r(1-w^n)[1-(1/w)^n]}{(1-w)(1-1/w)} = \frac{2r[2-w^n-(1/w)^n]}{2-w-1/w}.$$

现在以 T 记访问遍这个图的所有顶点然后回到 0 的转移次数．为了确定 $E[T]$，我们用表示

$$T = T_1 + T_2 + \cdots + T_r,$$

其中 T_1 是访问叶子 1 然后回到顶点 0 的时间，T_2 是从 T_1 直至叶子 1 和叶子 2 都访问后过程回到顶点 0 的附加时间，而一般地，T_i 是从 T_{i-1} 直至叶子 $1,\cdots,i$ 都访问后过程回到顶点 0 的附加时间. 注意，若 i 不是叶子 $1,\cdots,i$ 中最后被访问的那个时，则 T_i 等于 0；而若 i 是叶子 $1,\cdots,i$ 中最后被访问的那个时，则 T_i 与直至一个指定的叶子被首次访问后过程回到 0 的时间有相同的分布. 因此，在取条件于叶子 i 是否是叶子 $1,\cdots,i$ 中最后被访问的那个（而这个事件的概率显然是 $1/i$）时，由上面我们得到

$$E[T]=\frac{2r[2-w^n-1/w^n]}{2-w-1/w}\sum_{i=1}^{r}1/i. \quad \blacksquare$$

208

若我们试图对于任意的 Markov 链求解方程（4.7.2），通常出现的情况是方程无解. 例如，从式（4.7.2）有

$$x_iP_{ij}=x_jP_{ji},$$
$$x_kP_{kj}=x_jP_{jk},$$

它蕴含（若 $P_{ij}P_{jk}>0$）

$$\frac{x_i}{x_k}=\frac{P_{ji}P_{kj}}{P_{ij}P_{jk}},$$

这一般未必等于 P_{ki}/P_{ik}. 于是可见时间可逆性的一个必要条件是

$$P_{ik}P_{kj}P_{ji}=P_{ij}P_{jk}P_{ki} \qquad \text{对一切 } i,j,k, \tag{4.7.3}$$

它等价于说，开始在状态 i，沿路径 $i\to k\to j\to i$ 与沿它的逆向路径 $i\to j\to k\to i$ 有相同的概率. 为了解必要性，注意时间可逆性蕴含了，从 i 到 k 到 j 再到 i 这一系列转移发生的速率必须等于从 i 到 j 到 k 再到 i 这一系列转移发生的速率（为什么?），故而我们必须有

$$\pi_iP_{ik}P_{kj}P_{ji}=\pi_iP_{ij}P_{jk}P_{ki},$$

它蕴含了式（4.7.3）.

事实上，我们可以证明下述定理.

定理 4.7.2 一个平稳 Markov 链是时间可逆的，当且仅当，对一切 i，任意从状态 i 出发又回到 i,i_1,i_2 的路径与它的逆向路径有相同的概率. 即如果对一切状态 $i,i_1,\cdots i_k$ 都有

$$P_{i,i_1}P_{i_1,i_2}\cdots P_{i_k,i}=P_{i,i_k}P_{i_k,i_{k-1}}\cdots P_{i_1,i}. \tag{4.7.4}$$

证明 必要性的证明在上面已指出. 至于证明充分性，我们固定状态 i 和 j，且改写式（4.7.4）为

$$P_{i,i_1}P_{i_1,i_2}\cdots P_{i_k,j}p_{ji}=P_{ij}P_{j,i_k}\cdots P_{i_1,i}.$$

将上式对一切状态 $i_1,\cdots,i_k$ 求和，导致

$$P_{ij}^{k+1}P_{ji}=P_{ij}P_{ji}^{k+1}.$$

209

因此

$$P_{ji}\frac{\sum_{k=1}^{n}P_{ij}^{k+1}}{n}=P_{ij}\frac{\sum_{k=1}^{n}P_{ji}^{k+1}}{n}.$$

现在令 $n\to\infty$ 得到

$$P_{ji}\pi_j=P_{ij}\pi_i,$$

这就建立了定理. ◀

例 4.7 (D) **一个表列问题** 假设给定记为1至 n 的 n 个元素的一个集合. 要求将它们排成某种次序的表列. 在每个单位时间, 需求检索这些元素中的一个, 而元素 i (与过去独立地) 被需求的概率为 P_i. 然后将被需求的元素放回, 但是不必在原来的位置. 事实上, 让我们假设这个被需求的元素是从表列向前移近一个位置, 例如, 现在表列的次序是1, 3, 4, 2, 5, 且需求的元素是2, 那么新的表列的次序是1, 3, 2, 4, 5.

209

对任意指定的概率向量 $\underline{\boldsymbol{P}} = (P_1,\cdots,P_n)$, 上述情形可以用 $n!$ 个状态的 Markov 链建立模型, 它在任意时刻的状态是在当时表列的次序. 利用定理 4.7.1, 易证这个链是时间可逆的. 例如, 假设 $n=3$. 考虑从状态 (1, 2, 3) 到它自己的路径:

$$(1,2,3) \to (2,1,3) \to (2,3,1) \to (3,2,1) \to (3,1,2) \to (1,3,2) \to (1,2,3).$$

正向转移概率的乘积和倒向的乘积都等于 $P_1^2P_2^2P_3^2$. 由于类似结果一般地成立, 此 Markov 是时间可逆的.

事实上, 注意到下述事实也可验证时间可逆性和极限概率, 对任意排列 $(i_1,\cdots,i_n)$, 由

$$\pi(i_1,\cdots,i_n) = CP_{i_1}^{n}P_{i_2}^{n-1}\cdots P_{i_n}$$

给定的概率满足方程 (4.7.1), 其中选取 C 使得

210

$$\sum_{(i_1,\cdots,i_n)} \pi(i_1,\cdots,i_n) = 1.$$

因此, 我们得到这个链可逆的第二个论证, 而其平稳概率都确定如上. ■

当过程不是时间可逆的时, 倒向链的概念也非常有用. 我们就从下面这个定理开始, 来阐述这一点.

定理 4.7.3 *考虑一个具有转移概率 P_{ij} 的不可约的 Markov 链. 若可以求得和为1的非负数 $\pi_i, i \geqslant 0$, 以及转移概率矩阵 $P^* = [P_{ij}^*]$ 使*

$$\pi_iP_{ij} = \pi_jP_{ji}^*, \tag{4.7.5}$$

则 $\pi_i, i\geqslant 0$ 是平稳概率, 且 P_{ij}^* 是倒向链的转移概率.

证明 将上述等式对一切 i 求和, 导致

$$\sum_i \pi_iP_{ij} = \pi_j\sum_i P_{ji}^* = \pi_j.$$

因此, $\pi_i, i\geqslant 0$ 是正向链的平稳概率 (且也是倒向链的平稳概率, 为什么?). 因为

$$P_{ji}^* = \frac{\pi_iP_{ij}}{\pi_j},$$

由此推出 P_{ij}^* 是倒向链的转移概率. ◀

定理 4.7.2 的重要性在于, 有时我们可猜测倒向链的性质, 而后利用 (4.7.5) 这组方程同时得到平稳概率和 P_{ij}^* 两者.

例 4.7 (E) 让我们再考虑处理离散时间更新过程的例 4.3 (C). 即, 以 X_n 记到达间隔时间是整数的更新过程在时刻 n 的年龄. 因为这个 Markov 链的状态总是增加1单位, 直至它到达一个按到达间隔分布选取的值, 而后下降到1, 由此推出倒向过程将总是减少1

单位，直至它到达状态 1，此时它跳到一个按到达间隔分布选取的状态．因此，看来倒向过程正是过程的超出量或剩余寿命．

211

于是以 $P_i(i \geqslant 1)$ 记到达间隔为 i 的概率，看来可能有

$$P_{1i}^* = P_i,\quad P_{i,i-1}^* = 1,\quad i > 1.$$

因为

$$P_{i1} = \frac{P_i}{\sum_{j=i}^{\infty} P_j} = 1 - P_{i,i+1},\quad i \geqslant 1,$$

对如上面给出的倒向链，由（4.7.5）我们需要

$$\frac{\pi_i P_i}{\sum_{j=i}^{\infty} P_j} = \pi_1 P_i$$

或

$$\pi_i = \pi_1 P\{X \geqslant i\},$$

这里 X 是到达间隔时间．因为 $\sum_i \pi_i = 1$，上面必须有

$$1 = \pi_1 \sum_{i=1}^{\infty} P\{X \geqslant i\} = \pi_1 E[X],$$

故而关于倒向链，正如我们所猜测的那样，就需要

$$\pi_i = \frac{P\{X \geqslant i\}}{E[X]}. \tag{4.7.6}$$

为了完成倒向过程是剩余寿命且极限概率是由式（4.7.6）给出的证明，我们需要验证

$$\pi_i P_{i,i+1} = \pi_{i+1} P_{i+1,i}^*,$$

或，等价地

$$P\{X \geqslant i\}\left[1 - \frac{P_i}{P\{X \geqslant i\}}\right] = P\{X \geqslant i+1\},$$

而这立即可得．

212

于是由注意倒向链，我们可证它是剩余寿命更新过程，且同时得到它（剩余寿命和年龄两者）的极限分布．事实上，由这个例子也得到了，为什么更新剩余时间与年龄有相同极限分布的额外解释． ■

使用倒向链得极限概率的技术将在第 5 章中进一步得到利用，在那里我们将处理连续时间的 Markov 链．

4.8 半 Markov 过程

一个半 Markov 过程是这样的过程，它的状态按一个 Markov 链转移，但是在状态转移之间的时间间隔是随机的．更特别地，考虑一个状态为 0，1，…的随机过程，它每次进入状态 $i(i \geqslant 0)$ 时有：

（i）下一个进入的状态是 j 的概率为 $P_{ij}, i, j \geqslant 0$，

（ii）在指定下一个进入的状态是 j 时，直至从 i 到 j 的转移发生的时间具有分布 F_{ij}．

如果我们以 $Z(t)$ 记在时刻 t 的状态，则 $\{Z(t), t \geqslant 0\}$ 称为一个半 Markov 过程.

于是半 Markov 过程并没有在给定现在的状态时将来独立与过去的 Markov 性. 因为为了预测将来，我们不仅需要知道现在的状态，而且还需要知道在那个状态停留的时间长度. 当然在转移的时刻，我们需要知道的一切是新的状态（而不需要有关过去的情形）. Markov 链是半 Markov 过程，它具有

$$F_{ij}(t) = \begin{cases} 0 & t < 1 \\ 1 & t \geqslant 1 \end{cases}$$

即 Markov 链的一切转移时间恒等于 1.

以 H_i 记半 Markov 过程在转移前停留在状态 i 的时间的分布. 即，由取条件于下一个状态，我们有

$$H_i(t) = \sum_j P_{ij} F_{ij}(t),$$

以 μ_i 记它的均值. 即

213

$$\mu_i = \int_0^\infty x \mathrm{d} H_i(x).$$

若我们以 X_n 记第 n 个被访问的状态，则 $\{X_n, n \geqslant 0\}$ 是以 P_{ij} 为转移概率的 Markov 链. 它称为半 Markov 过程的嵌入 Markov 链. 若嵌入 Markov 链是不可约的，则我们称半 Markov 过程不可约.

以 T_{ii} 记相继转移到状态 i 之间的时间，且令 $\mu_{ii} = E[T_{ii}]$. 用交替更新过程理论推导半 Markov 过程的极限概率是一件简单的事情.

命题 4.8.1　*若半 Markov 过程不可约，且 T_{ii} 的分布具有有限均值的非格点分布，则*

$$P_i \equiv \lim_{t \to \infty} P\{Z(t) = i \mid Z(0) = j\}$$

存在，且与初始状态独立. 进而

$$P_i = \frac{\mu_i}{\mu_{ii}}.$$

证明　每当过程进入状态 i 时，我们说一个循环开始，且当过程在状态 i 时，称过程处于“开”，而当不在 i 时称“关”. 于是我们有一个（延迟的，当 $Z(0) \neq i$）交替更新过程，它是“开”的时间具有分布 H_i，且它的循环时间是 T_{ii}. 因此结论得自第 3 章命题 3.4.4. ◀

作为一个推论，我们注意 P_i 也等于过程在状态 i 的长程时间比例.

推论 4.8.2　*若半 Markov 过程不可约，且 $\mu_{ii} < \infty$，则以概率为 1 地有*

$$\frac{\mu_i}{\mu_{ii}} = \lim_{t \to \infty} \frac{\text{在}[0,t]\text{中处在 } i \text{ 的时间总量}}{t},$$

于是 μ_i / μ_{ii} 等于处在状态 i 的长程时间比例.

214

证明　得自第 3 章命题 3.7.2. ◀

命题 4.8.1 给了我们极限概率的表达式，然而它不是实际计算 P_i 的方法. 为此假设嵌入 Markov 链 $\{X_n, n \geqslant 0\}$ 是不可约和正常返的，而令其平稳概率是 $\pi_j (j \geqslant 0)$. 即 $\pi_j (j \geqslant 0)$ 是

$$\pi_j = \sum_i \pi_i P_{ij}, \quad \sum_j \pi_j = 1$$

的唯一解，而 π_j 具有它是 X_n 等于 j 的比例的解释.（若 Markov 链是非周期的，则 π_j 也等于 $\lim_{n\to\infty} P\{X_n = j\}$）. 现在 π_j 等于转移到状态 j 的比例，而 μ_j 是在每次转移到状态 j 后在 j 停留的平均时间，直观看来极限概率应该与 $\pi_j\mu_j$ 成比例. 现在我们来证明它.

定理 4.8.3 假设命题 4.8.1 的条件成立，再假设嵌入 Markov 链 $\{X_n, n \geqslant 0\}$ 是正常返的. 那么

$$P_i = \frac{\pi_i \mu_i}{\sum_j \pi_j \mu_j}.$$

证明 定义以下记号

$Y_i(j) =$ 在第 j 次访问状态 i 后在 i 停留的时间总量，$i \geqslant 0, j \geqslant 0$.

$N_i(m) =$ 半 Markov 过程在前 m 次转移中访问状态 i 的次数.

用上述记号可见，在前 m 次转移中在 i 的比例，记之为 $P_{i=m}$，如下

$$P_{i=m} = \frac{\sum_{j=1}^{N_i(m)} Y_i(j)}{\sum_i \sum_{j=1}^{N_i(m)} Y_i(j)} = \frac{\frac{N_i(m)}{m} \sum_{j=1}^{N_i(m)} \frac{Y_i(j)}{N_i(m)}}{\sum_i \frac{N_i(m)}{m} \sum_{j=1}^{N_i(m)} \frac{Y_i(j)}{N_i(m)}}. \tag{4.8.1}$$

215

现在，因为在 $m \to \infty$ 时，$N_i(m) \to \infty$，由强大数定律推出

$$\sum_{j=1}^{N_i(m)} \frac{Y_i(j)}{N_i(m)} \to \mu_i,$$

且由更新过程的强大数定律得

$$\frac{N_i(m)}{m} \to (E[\text{在相继访问 } i \text{ 之间的转移次数}])^{-1} = \pi_i.$$

因此，在 (4.8.1) 中令 $m \to \infty$ 就证明了

$$\lim_{m\to\infty} P_{i=m} = \frac{\pi_i \mu_i}{\sum_j \pi_j \mu_j},$$

证明就此完成. ◀

从定理 4.8.3 推出极限概率只依赖转移概率 P_{ij} 和平均时间 $\mu_{ij}, i, j \geqslant 0$.

例 4.8 (A) 考虑一台机器，它可处于良好，尚好，或损坏三种状态之一. 假设机器在良好状态时将以平均时间 μ_1 保持这个状态，然后分别以概率 3/4 与 1/4 转移至尚好状态与损坏状态. 在尚好状态的机器将以平均时间 μ_2 保持这个状态，然后转移至损坏状态. 在损坏状态的机器平均需要时间 μ_3 修理. 而修理后的机器分别以概率 2/3 与 1/3 转移为良好状态与尚好状态. 问机器在每个状态的时间比例各是多少？

解 令这些状态分别为 1，2，3. 我们有：π_i 满足

$$\pi_1 + \pi_2 + \pi_3 = 1, \quad \pi_1 = \frac{2}{3}\pi_3, \quad \pi_2 = \frac{3}{4}\pi_1 + \frac{1}{3}\pi_3, \quad \pi_3 = \frac{1}{4}\pi_1 + \pi_2.$$

其解是

216

$$\pi_1 = \frac{4}{15}, \quad \pi_2 = \frac{1}{3}, \quad \pi_3 = \frac{2}{5}.$$

因此，机器在状态 i 的时间比例 P_i 为

$$P_1 = \frac{4\mu_1}{4\mu_1 + 5\mu_2 + 6\mu_3}, \quad P_2 = \frac{5\mu_2}{4\mu_1 + 5\mu_2 + 6\mu_3}, \quad P_3 = \frac{6\mu_3}{4\mu_1 + 5\mu_2 + 6\mu_3}.$$

推导 P_i 并没有完全解决确定半 Markov 过程的极限分布问题. 因为我们可能要求，在时刻 t 处于状态 i，而下一次转移在时刻 $t+x$ 后，且转移到状态 j，在 $t \to \infty$ 时的极限概率. 为了表达此概率，令

$$Y(t) = \text{从 } t \text{ 到下次转移的时间},$$
$$S(t) = t \text{ 后首次转移进入的状态}.$$

为了计算

$$\lim_{t\to\infty} P\{Z(t)\} = i, Y(t) > x, S(t) = j\},$$

我们再次用交替更新过程. ■

定理 4.8.4 若半 Markov 过程是不可约的，且非格点的，则

$$\lim_{t\to\infty} P\{Z(t) = i, Y(t) > x, S(t) = j \mid Z(0) = k\} = \frac{P_{ij}\int_x^\infty \overline{F}_{ij}(y)\mathrm{d}y}{\mu_{ii}}. \tag{4.8.2}$$

证明 每当过程进入状态 i 时，我们说一个循环开始，而若状态是 i，且至少在下面的 x 个时间单位保持在 i，同时下一个状态是 j，则称过程处于“开”，而在其他情形说它处于“关”. 于是我们得一个交替更新过程. 取条件于在 i 后的状态是否为 j，我们看到

217

$$E[\text{在一个循环中处于“开”的时间}] = P_{ij}E[(X_{ij} - x)^+],$$

其中 X_{ij} 是具有分布 F_{ij} 的一个随机变量，它表示做一次从 i 到 j 的转移所需的时间，而 $y^+ = \max(y, 0)$. 因此

$$E[\text{在一个循环中处于“开”的时间}] = P_{ij}\int_0^\infty P(X_{ij} - x > a)\mathrm{d}a$$
$$= P_{ij}\int_0^\infty \overline{F}_{ij}(a+x)\mathrm{d}a = P_{ij}\int_x^\infty \overline{F}_{ij}(y)\mathrm{d}y.$$

因为 $E[\text{一个循环的时间}] = \mu_{ii}$，定理得自交替更新过程. ◀

由同样的技术（或由式 (4.8.2) 对 j 求和)，我们可证下述推论.

推论 4.8.5 若半 Markov 过程是不可约的，且非格点的，则

$$\lim_{t\to\infty} P\{Z(t)\} = i, Y(t) > x \mid Z(0) = k\} = \int_x^\infty \overline{H}_i(y)\mathrm{d}y/\mu_{ii}. \tag{4.8.3}$$ ◀

注 (1) 在定理 4.8.4 和推论 4.8.5 中的极限概率当然也可解释为时间的长程比例. 例如，半 Markov 过程处在状态 i，且在下面的 x 个时间单位停留在 i 并不转移，同时转移到 j 的时间的长程比例由定理 4.8.4 给出.

(2) 将 (4.8.3) 乘以并除以 μ_i，并利用 $P_i = \mu_i/\mu_{ii}$ 得

$$\lim_{t\to\infty} P\{Z(t) = i, Y(t) > x\} = P_i \overline{H}_{i,e}(x),$$

其中 $H_{i,e}$ 是 H_i 的平衡分布. 因此处在状态 i 的极限概率是 P_i，而给定在时刻 t 处于状态 i 时，直至转移的时间（当 t 趋于 ∞）具有 H_i 的平衡分布. □ [218]

习 题

4.1 一个商店对某种商品的库存用以下的 (s,S) 订货策略：若在一个时期开始时商店的供应量是 x，则订货

$$\begin{cases} 0 & 若\ x \geqslant s \\ S-x & 若\ x < s \end{cases}$$

订货立刻供应. 每天的需求以概率 α_j 等于 j，各天的需求是独立的. 而不能立刻满足的需求就会失去. 以 X_n 记在第 n 个时期结束时的存货水平. 论证 $\{X_n, n \geqslant 1\}$ 是 Markov 链并计算它的转移概率.

4.2 对 Markov 链证明，只要 $n_1 < n_2 < \cdots < n_k < n$，就有

$$P\{X_n = j \mid X_{n_1} = i_1, \cdots, X_{n_k} = i_k\} = P\{X_n = j \mid X_{n_k} = i_k\}.$$

4.3 若状态数为 n，且从状态 i 可达状态 j，证明状态 j 在 n 或更少的步数内可达.

4.4 证明

$$P_{ij}^n = \sum_{k=0}^{n} f_{ij}^k P_{jj}^{n-k}.$$

4.5 对状态 $i, j, k, k \neq j$，令

$$P_{ij/k}^n = P\{X_n = j, X_\ell \neq k, \ell = 1, \cdots, n-1 \mid X_0 = i\}.$$

(a) 用语言解释 $P_{ij/k}^n$ 表示什么.

(b) 证明对 $i \neq j$ 有 $P_{ij}^n = \sum_{k=0}^{n} P_{ii}^k P_{ij/i}^{n-k}$.

4.6 证明对称随机徘徊在二维情形是常返的，而在三维情形是暂态的.

4.7 对从 0 出发的对称随机徘徊：

(a) 回到 0 的期望时间是多少？ [219]

(b) 以 N_n 记直至时刻 n 为止回到 0 的次数. 证明

$$E[N_{2n}] = (2n+1)\binom{2n}{n}\left(\frac{1}{2}\right)^{2n} - 1.$$

(c) 利用 (b) 和 Stirling 近似证明当 n 很大时 $E[N_n]$ 与 $\sqrt{n}$ 成比例.

4.8 令 $X_1, X_2, \cdots$ 是独立随机变量且满足 $P\{X_i = j\} = \alpha_j (j \geqslant 0)$. 若 $X_n > \max(X_1, \cdots, X_{n-1})$，其中 $X_0 = -\infty$，则我们称一个记录发生在时刻 n，而若一个记录发生在时刻 n，则称 X_n 为记录值. 令 R_i 为第 i 个记录值.

(a) 论证 $\{R_i, i \geqslant 1\}$ 是 Markov 链，并计算它的转移概率.

(b) 以 T_i 记第 i 个记录与第 $i+1$ 个记录之间的时间. $\{T_i, i \geqslant 1\}$ 是 Markov 链吗？$\{(R_i. T_i), i \geqslant 1\}$ 是 Markov 链吗？在 Markov 链的情形计算它的转移概率.

(c) 令 $S_n = \sum_{i=1}^n T_i, n \geqslant 1$. 论证当 X_i 都是连续随机变量时 $\{S_n, n \geqslant 1\}$ 是 Markov 链，并计算它的转移概率.

4.9 对 Markov 链 $\{X_n, n \geqslant 0\}$ 证明

$$P\{X_k = i_k \mid X_j = i_j, 对所有\ j \neq k\} = P\{X_k = i_k \mid X_{k-1} = i_{k-1}, X_{k+1} = i_{k+1}\}.$$

4.10 在每个时期的开始，N 个个体中的每一个处在三个可能的情况之一：有传染性，受感染但无传染

性，或未感染．若一个未感染的个体在一段时期变成受感染，则它在此后的时期处在受感染（但没有传染性）情况．在每个时期个体的 $\binom{N}{2}$ 对独立地以概率 p 相接触．若一对个体相接触，且其中之一的成员有传染性，而另一个未感染，则未感染的人变成受感染（于是在下一个时期的开始处在有传染性情况）．以 X_n 和 Y_n 分别记在第 n 个时期开始有传染性个体数和未感染的个体数．

(a) 若在一个时期的开始有 i 个有传染性的个体，问一个指定的未感染的个体在此时期变成受感染的概率是多少？

220

(b) $\{X_n, n \geqslant 0\}$ 是 Markov 链吗？如果是，给出它的转移概率．

(c) $\{Y_n, n \geqslant 0\}$ 是 Markov 链吗？如果是，给出它的转移概率．

(d) $\{(X_n, Y_n), n \geqslant 0\}$ 是 Markov 链吗？如果是，给出它的转移概率．

4.11　若 $f_{ii} < 1$ 且 $f_{jj} < 1$，证明

$$(a) \sum_{n=1}^{\infty} P_{ij}^n < \infty; \quad (b) f_{ij} = \frac{\sum_{n=1}^{\infty} P_{ij}^n}{1 + \sum_{n=1}^{\infty} P_{jj}^n}.$$

4.12　若对一切 j 有

$$\sum_i P_{ij} = 1$$

即一切列的和都等于 1，则转移概率矩阵 P 称为双随机的．若一个双随机的链有 n 个状态且都是遍历的，计算它的极限概率．

4.13　证明正常返性和零常返性都是类性质．

4.14　证明有限个状态的 Markov 链没有零常返状态，而且并非所有状态都是暂态的．

4.15　在 M/G/1 系统（例 4.3（A））中假设 $\rho < 1$ 故而平稳概率存在．计算 $\pi'(s)$，并由当 $s \to 1$ 时取极限求 $\sum_0^\infty i\pi_i$．

4.16　一个人有 r 把雨伞，用于在她的家和办公室之间来往．若在一天开始时（结束时）她在家（办公室），而正在下雨，倘若有雨伞可拿，则她将拿一把雨伞去办公室（家）．若不在下雨，则从不拿雨伞．假定独立于过去的情形，在一天开始时（结束时）下雨的概率为 p．

(a) 定义一个有 $r+1$ 个状态的 Markov 链，它将帮助我们确定这个人被淋湿的时间比例．（注：若正在下雨而所有的雨伞都在她的另一个地点，则她将被淋湿．）

(b) 计算其极限概率．

(c) 这个人被淋湿的时间比例是多少？

4.17　考虑一个正常返的不可约的周期 Markov 链，且以 π_j 记在状态 $j(j \geqslant 0)$ 的时间的长程比例，证明 $\pi_j(j \geqslant 0)$ 满足 $\pi_j = \sum_i \pi_i P_{ij}, \sum_j \pi_j = 1$．

221

4.18　工作按速率为 λ 的 Poisson 过程来到一个加工中心．然而只有 N 个工作的等待空间，故而一个来到的工作遇到有 N 个工作在等待就不再进来．每天至多有一个工作得到加工，而加工此工作必须在每天的开始，于是若在每天开始有任何工作等待加工，则其中之一就在这天加工，而若在每天开始没有工作等待，则在这天就没有工作加工．以 X_n 记在第 n 天的开始在中心的工作个数．

(a) 求 Markov 链 $\{X_n, n \geqslant 0\}$ 的转移概率．

(b) 这个链遍历吗？请解释．

(c) 写出平稳概率的方程．

4.19　令 $\pi_j(j \geqslant 0)$ 是一个指定 Markov 链的平稳概率．

(a) 完成下述命题：$\pi_i P_{ij}$ 是使____________的一切转移的比例.

以 A 记状态的一个集合，而以 A^c 记余下的状态.

(b) 完成下述命题：$\sum_{j\in A^c}\sum_{i\in A}\pi_i P_{ij}$ 是使____________的一切转移的比例.

(c) 以 $N_n(A,A^c)$ 记前 n 次转移中从 A 中的一个状态转移到 A^c 中的一个状态的次数. 类似地，以 $N_n(A^c,A)$ 记前 n 次转移中从 A^c 中的一个状态转移到 A 中的一个状态的次数. 论证

$$|N_n(A,A^c)-N_n(A^c,A)|\leqslant 1.$$

(d) 证明并解释下述结果：

$$\sum_{j\in A^c}\sum_{i\in A}\pi_i P_{ij}=\sum_{j\in A^c}\sum_{i\in A}\pi_j P_{ji}.$$

4.20 考虑一个从 0 出发的常返 Markov 链. 以 m_i 记在回到 0 之前在状态 i 停留的时间单位的期望数. 利用 Wald 方程证明

$$m_j=\sum_i m_i P_{ij},\quad j>0,$$

$$m_0=1.$$

现在假定此链是正常返的，请给出第二个证明，并将 m_j 与平稳分布联系起来.

4.21 考虑状态为 0，1，2，…的 Markov 链，它的转移概率是

$$P_{i,i+1}=p_i=1-P_{i,i-1},$$

222

其中 $p_0=1$. 求使链正常返的这些 p_i 满足的充要条件，并在此种情形计算极限概率.

4.22 在赌徒破产问题中，计算在 i 开始直至赌徒到达 0 或 N 时赌博的局数.

4.23 在赌徒破产问题中，证明

$$P\{\text{他赢得下次赌局}\mid\text{当前资产是 } i\text{，他迟早达到 } N\}$$
$$=\begin{cases}p[1-(q/p)^{i+1}]/[1-(q/p)^i] & \text{若 } p\neq 1/2\\ (i+1)/2i & \text{若 } p=1/2\end{cases}$$

4.24 以 $T=\{1,\cdots,t\}$ 记 Markov 链的所有暂态集，且令 $\boldsymbol{Q}$ 如在 4.4 节中一样是从 T 中状态到 T 中状态的转移概率的矩阵. 对在 T 中的 i，j，以 $m_{ij}(n)$ 记在给定 Markov 链的开始状态为 i 时在前 n 次转移期间在状态 j 停留的时间总量. 令 $\boldsymbol{M}_n$ 是第 i 行第 j 列的元素为 $m_{ij}(n)$ 的矩阵.

(*a*) 证明 $\boldsymbol{M}_n=\boldsymbol{I}+\boldsymbol{Q}+\boldsymbol{Q}^2+\cdots+\boldsymbol{Q}^n$.

(*b*) 证明 $\boldsymbol{M}_n-\boldsymbol{I}+\boldsymbol{Q}^{n+1}=\boldsymbol{Q}[\boldsymbol{I}+\boldsymbol{Q}+\boldsymbol{Q}^2+\cdots+\boldsymbol{Q}^n]$.

(*c*) 证明 $\boldsymbol{M}_n=(\boldsymbol{I}-\boldsymbol{Q})^{-1}(\boldsymbol{I}-\boldsymbol{Q}^{n+1})$.

4.25 考虑 $N=6, p=0.7$ 时的赌徒破产问题. 从状态 3 开始，确定

(*a*) 访问状态 5 的期望次数.

(*b*) 访问状态 1 的期望次数.

(*c*) 在前 7 次转移期间访问状态 5 的期望次数.

(*d*) 迟早访问状态 1 的概率.

4.26 考虑状态为 0，1，…，n，转移概率为

$$P_{0,1}=1=P_{n,n-1},\quad P_{i,i+1}=p=1-P_{i,i-1},\quad 0<i<n.$$

的 Markov 链. 以 $\mu_{i,n}$ 记从状态 i 转移到状态 n 的平均时间.

(a) 对 $\mu_{i,n}$ 导出一组线性方程.

(b) 以 m_i 记从状态 i 转移到状态 $i+1$ 的平均时间. 对 $m_i(i=0,\cdots,n-1)$ 导出一组方程，并说明它们如何可递推地求解，首先对 $i=0$，然后 $i=1$，如此等等.

(c) $\mu_{i,n}$ 与 m_j 之间的联系是什么？

223

从状态 0 开始，当这个链回到 0 或到达状态 n 时，我们称一个巡弋结束．以 X_j 记第 $j(j \geqslant 1)$ 次巡弋（即始于在第 j 次回到 0 的巡弋）中转移的次数．

(d) 求 $E[X_j]$．

（提示：将它与赌徒破产问题的平均时间联系起来．）

(e) 以 N 记在状态 n 结束的首个巡弋，求 $E[N]$．

(f) 求 $\mu_{0,n}$．

(g) 求 $\mu_{i,n}$．

4.27 考虑质点沿标记为 0，1，…，m 的 $m+1$ 个顶点的集合移动．每一步或以概率 p 顺时针走一步，或以概率 $1-p$ 逆时针走一步．继续地移动直至所有顶点 1，…，m 都至少访问过一次．从顶点 0 开始，求顶点 $i(i=1,\cdots,m)$ 是最后访问的一个顶点的概率．

4.28 在习题 4.27 中，求在访问遍所有的顶点后回到开始位置的附加期望步数．

4.29 每天有 n 个可能元素中的一个被需求，第 i 个元素被需求的概率为 $P_i(i \geqslant 1)$，$\sum_{i=1}^{n} P_i = 1$．这些元素总安排为有序的表列，且修改如下：所选的元素移至表列的最前面，而其他元素的相对位置保持不变．定义任意时刻的状态为此时刻的表列．

(a) 论证上述是一个 Markov 链．

(b) 对任意状态 $i_1,\cdots,i_n$（它是 $1,\cdots,n$ 的一个排列），以 $\pi(i_1,\cdots,i_n)$ 记极限概率．论证

$$\pi(i_1,\cdots,i_n) = P_{i_1} \frac{P_{i_2}}{1-P_{i_1}} \cdots \frac{P_{i_{n-1}}}{1-P_{i_1}-\cdots-P_{i_{n-2}}}.$$

4.30 假设两个独立序列 $X_1,X_2,\cdots$ 和 $Y_1,Y_2,\cdots$ 都来自某个实验室，它们表示具有未知的成功概率 P_1 和 P_2 的 Bernoulli 试验．即 $P\{X_i=1\}=1-P\{X_i=0\}=P_1, P\{Y_i=1\}=1-P\{Y_i=0\}=P_2$，且所有的随机变量都是独立的．对于决定是 $P_1>P_2$ 还是 $P_2>P_1$，我们使用下述检验．选取一个正整数 M，而且停止在 N，N 是使得

224

$$X_1+\cdots+X_n-(Y_1+\cdots+Y_n)=M$$

或

$$X_1+\cdots+X_n-(Y_1+\cdots+Y_n)=-M$$

成立的首个 n．在第一种情形我们断定 $P_1>P_2$，而在第二种情形我们断定 $P_2>P_1$．证明当 $P_1 \geqslant P_2$ 时犯错误（即犯断定 $P_2>P_1$ 的错误）的概率为

$$P\{\text{错误}\}=\frac{1}{1+\lambda^M},$$

而观察的数对的期望数是

$$E[N]=\frac{M(\lambda^M-1)}{(P_1-P_2)(\lambda^M+1)},$$

其中

$$\lambda=\frac{P_1(1-P_2)}{P_2(1-P_1)}.$$

（提示：将它与赌徒破产问题相联系．）

4.31 一只蜘蛛在地点 1 和地点 2 之间捕猎一只苍蝇，蜘蛛从地点 1 出发，按转移矩阵为 $\begin{bmatrix} 0.7 & 0.3 \\ 0.3 & 0.7 \end{bmatrix}$ 的 Markov 链移动．并未觉察蜘蛛的苍蝇从地点 2 出发，按转移矩阵为 $\begin{bmatrix} 0.4 & 0.6 \\ 0.6 & 0.4 \end{bmatrix}$ 的 Markov 链移动．只要它们在同一地点相遇，蜘蛛就捕获苍蝇，而捕猎就结束．

证明，除非知道捕猎结束的地点，这个捕猎的进展都可以用一个具有三个状态的 Markov 链描述，

其中一个吸收状态表示捕猎结束，而其他两个状态蜘蛛和苍蝇在不同的地点．求此链的转移矩阵．

(a) 求在时刻 n 蜘蛛和苍蝇两者都在它们的初始地点的概率．

(b) 问捕猎的平均持续时间是多少？

4.32 考虑在整数点上的一个简单随机徘徊，在每一步质点以概率 p 向正方向移动一步，以概率 p 向负方向移动一步，且以概率 $q=1-2p$ ($0<p<1/2$) 在原地不动．假设在原点设置一个吸收壁，即 $P_{00}=1$，且在 N 设置一个反射壁，即 $P_{N,N-1}=1$，而质点由 n ($0<n<N$) 出发．证明质点被吸收的概率是 1，并求吸收所需的平均步数． [225]

4.33 给定分支过程 $\{X_n, n\geqslant 0\}$．

(a) 论证 X_n 或趋于 0，或趋于无穷大．

(b) 证明

$$\operatorname{Var}(X_n \mid X_0=1)=\begin{cases}\sigma^2\mu^{n-1}\dfrac{\mu^n-1}{\mu-1} & \text{若 } \mu\neq 1\\ n\sigma^2 & \text{若 } \mu=1\end{cases}$$

其中 μ 和 σ^2 是一个个体具有的子裔数的均值和方差．

4.34 在分支过程中，每个个体具有的子裔数是参数为 2 和 p 的二项分布．从单个个体开始，计算

(a) 灭绝概率．

(b) 群体在第三代中灭绝的概率．

假设代之以从单个个体开始，初始群体大小 Z_0 是一个均值为 λ 的 Poisson 随机变量．在此情形下对 $p>1/2$，证明灭绝概率为

$$\exp\{\lambda(1-2p)/p^2\}.$$

4.35 考虑一个分支过程，每个个体的子裔数具有均值为 λ ($\lambda>1$) 的 Poisson 分布．以 π_0 记从单个个体开始的群体迟早灭绝的概率．又令 a ($a<1$) 使

$$a\mathrm{e}^{-a}=\lambda\mathrm{e}^{-\lambda}.$$

(a) 证明 $a=\lambda\pi_0$．

(b) 证明：在取条件于迟早灭绝时，这个分支过程，与单个个体的子裔数是均值为 a 的 Poisson 随机变量的分支过程，遵循相同的概率规律． [226]

4.36 对 4.6.1 节的 Markov 链模型，即

$$P_{ij}=\frac{1}{i-1},\quad j=1,\cdots,i-1,\quad i>1,$$

假设初始状态是 $N\equiv\binom{n}{m}$，其中 $n>m$．证明当 n,m 和 $n-m$ 都很大时，从 N 到达 1 的步数近似地是均值为

$$m\left[c\ln\frac{c}{c-1}+\ln(c-1)\right]$$

的 Poisson 分布，其中 $c=n/m$．（提示：利用 Stirling 近似．）

4.37 对任意无穷序列 $x_1,x_2,\cdots$，每次当此序列改变大小的方向时我们就说一个新的连贯开始．就是说，若此序列的开始一段为 5，2，4，5，6，9，3，4，则有三个连贯，即 (5，2)，(4，5，6，9)，(3，4)．令 $X_1,X_2,\cdots$ 为独立的 (0，1) 均匀随机变量，且以 I_n 记第 n 个连贯的初始值．论证 $\{I_n,n\geqslant 1\}$ 是有连续状态空间的 Markov 链，其转移概率密度为

$$p(y\mid x)=\mathrm{e}^{1-x}+\mathrm{e}^{x}-\mathrm{e}^{|y-x|}-1.$$

4.38 在例 4.7 (B) 中，假设若 Markov 链在状态 i，而随机变量按分布 q_i 取值 j，则以概率 $a_j/(a_j+a_i)$ 将下一个状态取为 j，而在其他情形取为 i．证明这个链的极限分布是 $\pi_j=a_j/\sum_j a_j$．

4.39 对例 4.3 (D) 中的 Markov 链，求它的转移概率，并证明它是时间可逆的.

4.40 令 $\{X_n, n \geqslant 0\}$ 是具有平稳分布 $\pi_j (j \geqslant 0)$ 的 Markov 链. 假设 $X_0 = i$，并定义 $T = \text{Min}\{n: n > 0 \text{ 和 } X_n = i\}$. 令 $Y_j = X_{T-j} (j = 0, \cdots, T)$. 论证：$\{Y_j, j = 0, 1, \cdots, T\}$，与开始在状态 0 的直至它回到 0 的倒向 Markov 链（具有转移概率 $P_{ij}^* = \pi_j P_{ji} / \pi_i$）的状态有相同的分布.

227

4.41 一个质点沿在圆周上的 n 个地点（与 n 相邻的地点是 $n-1$ 和 1）之间移动. 每一步或以概率 p 沿顺时针方向移动一个位置，或以概率 $1-p$ 沿逆时针方向移动一个位置.

(a) 求倒向链的转移概率.

(b) 这个链是否时间可逆？

4.42 考虑状态为 0，1，…，n 的 Markov 链，其转移概率为

$$P_{0,1} = P_{n,n-1} = 1,$$

$$P_{i,i+1} = p_i = 1 - P_{i,i-1}, \quad i = 1, \cdots, n-1.$$

证明此 Markov 链属于在命题 4.7.1 中所考虑的类型，并求其平稳概率.

4.43 考虑在例 4.7 (D) 中介绍的表列模型，在移前一位的规则下，用时间可逆性证明元素 j 在元素 i 之前的极限概率（记其为 $P\{j \text{ 前于 } i\}$）使得在 $P_j > P_i$ 时有

$$P\{j \text{ 前于 } i\} = \frac{P_j}{P_j + P_i}.$$

4.44 考虑一个具有转移概率 P_{ij} 和极限概率 π_i 的时间可逆的 Markov 链，再考虑同一个链截断在状态 0，1，…，M. 即截断链的转移概率 $\overline{P}_{ij}$ 为

$$\overline{P}_{ij} = \begin{cases} P_{ij} + \sum_{k>M} P_{ik} & 0 \leqslant i \leqslant M, j = i \\ P_{ij} & 0 \leqslant i \neq j \leqslant M \\ 0 & \text{其他情形} \end{cases}$$

证明截断链也是时间可逆的，且其极限概率为

$$\overline{\pi}_i = \frac{\pi_i}{\sum_{i=0}^{M} \pi_i}.$$

4.45 证明：满足对一切 $i \neq j$ 有 $P_{ij} > 0$ 的有限个状态的遍历 Markov 链是时间可逆的，当且仅当，对一切 i, j, k 有

228

$$P_{ij} P_{jk} P_{ki} = P_{ik} P_{kj} P_{ji}.$$

4.46 以 $\{X_n, n \geqslant 1\}$ 记一个具有可数个状态的不可约 Markov 链. 现在考虑一个只接受 Markov 链在 0 和 N 之间的值的新随机过程 $\{Y_n, n \geqslant 0\}$. 即定义 Y_n 为 Markov 链在 0 和 N 之间的第 n 个值. 例如，若 $N = 3$ 且 $X_1 = 1, X_2 = 3, X_3 = 5, X_4 = 6, X_5 = 2$，则 $Y_1 = 1, Y_2 = 3, Y_3 = 2$.

(a) $\{Y_n, n \geqslant 0\}$ 是否为 Markov 链？简单解释之.

(b) 以 π_j 记 $\{X_n, n \geqslant 1\}$ 处在状态 j 的时间比例. 如果对一切 j 有 $\pi_j > 0$，$\{Y_n, n \geqslant 0\}$ 处在 0，1，…，N 中每个状态的时间比例是多少？

(c) 如果 $\{X_n\}$ 是零常返的，且以 $\pi_i(N) (i = 0, 1, \cdots, N)$ 记 $\{Y_n, n \geqslant 0\}$ 的长程比例. 证明对 $j \neq i$ 有

$$\pi_j(N) = \pi_i(N) E[\text{过程 } X \text{ 在回到 } i \text{ 之前处在 } j \text{ 的时间}].$$

(d) 用 (c) 论证，在对称随机徘徊中，在回到原点之前访问状态 i 的期望次数等于 1.

(e) 如果 $\{X_n, n \geqslant 0\}$ 是时间可逆的，证明 $\{Y_n, n \geqslant 0\}$ 也是时间可逆的.

4.47 开始时 M 个球分布在 m 个瓮中. 每一阶段不管从哪一个瓮中随机取出一个球，并随机地放进其他 $m-1$ 个瓮之一中. 考虑在任意时刻的状态为向量 $(n_1, \cdots, n_m)$ 的 Markov 链，其中 n_i 记在瓮 i 中球的个数. 对这个 Markov 链猜测其极限概率，且同时证明此 Markov 链是时间可逆的.

4.48 对遍历的半 Markov 过程：

(a) 计算过程从 i 到 j 的转移的速率.

(b) 证明

$$\sum_i P_{ij}/\mu_{ii} = 1/\mu_{jj}.$$

(c) 证明过程处在状态 i 且前往状态 j 的时间比例是 $P_{ij}\eta_{ij}/\mu_{ii}$，其中 $\eta_{ij} = \int_0^\infty \overline{F}_{ij}(t)\mathrm{d}t$.

(d) 证明：状态是 i 且在时间 x 内的下一个状态是 j 的时间比例是

$$\frac{P_{ij}\eta_{ij}}{\mu_{ii}}F_{i,j}^e(x),$$

其中 F_{ij}^e 是 F_{ij} 的平衡分布.

229

4.49 对一个遍历的半 Markov 过程，推导在 $t \to \infty$ 时，对给定的 $X(t) = i$，在时间 t 以后下一个访问的状态是 j 的极限条件概率.

4.50 一个出租车交替行驶在三个地点之间. 当它到达地点 1 时，它下一次等可能地驶向 2 或 3. 当它到达地点 2 时，它下一次以概率 1/3 驶向 1，而以概率 2/3 驶向 3. 从 3 它总是驶向 1. 在地点 i 和 j 之间的平均时间是 $t_{12} = 20, t_{13} = 30, t_{23} = 30(t_{ij} = t_{ji})$.

(a) 出租车最近停在地点 $i(i = 1,2,3)$ 的（极限）概率是多少？

(b) 出租车前往地点 2 的（极限）概率是多少？

(c) 出租车从 2 前往 3 的行程所占的时间比例是多少？注：在到达一个地点时出租车立刻离开.

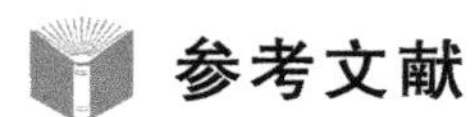

参考文献

文献 1，2，3，4，6，9，10，11 和 12 给出了 Markov 链的另一种处理. 文献 5 是分支过程的标准教材. 文献 7 和 8 有时间可逆性的出色处理.

1. N. Bhat，*Elements of Applied Stochastic Processes*，Wiley，New York，1984.
2. C. L. Chiang，*An Introduction to Stochastic Processes and Their Applications*，Krieger，1980.
3. E. Cinlar，*Introduction to Stochastic Processes*，Prentice-Hall，Englewood Cliffs，NJ，1975.
4. D. R. Cox and H. D. Miller，*The Theory of Stochastic Processes*，Methuen，London，1965.
5. T. Harris，*The Theory of Branching Processes*，Springer-Verlag，Berlin，1963.
6. S. Karlin and H. Taylor，*A First Course in Stochastic Processes*，2nd ed.，Academic Press，Orlando，FL，1975.
7. J. Keilson，*Markov Chain Models—Rarity and Exponentiality*，Springer-Verlag，Berlin，1979.
8. F. Kelly，*Reversibility and Stochastic Networks*，Wiley，Chichester，England，1979.
9. J. Kemeny，L. Snell，and A. Knapp，*Denumerable Markov Chains*，Van Nostrand，Princeton，NJ，1966.
10. S. Resnick，*Adventures in Stochastic Processes*，Brikhauser，Boston，MA，1992.
11. S. M. Ross，*Introduction to Probability Models*，5th ed.，Academic Press，Orlando，FL，1993.
12. H. C. Tijms，*Stochastic Models*，*An Algorithmic Approach*，Wiley，Chichester，England，1994.

230

第5章　连续时间的Markov链

5.1　引言

在这一章中，类似于离散时间的 Markov 链我们考虑连续时间的 Markov 链. 与离散时间情形一样，它们用 Markov 性来刻画，即在给定现在的状态时，将来独立于过去.

在 5.2 节中我们定义连续时间的 Markov 链，并将它与第 4 章的离散时间的 Markov 链相联系. 在 5.3 节中我们引进连续时间的 Markov 链的一个重要的类，称为生灭过程. 这种过程可用于给群体建立模型，它在任意时刻的大小只改变一个单位. 在 5.4 节中我们推导描述系统概率规律的两组微分方程，即向前和向后方程. 5.5 节是关于确定与连续时间的 Markov 链相联系的极限（或长程）概率的. 在 5.6 节中我们考虑时间可逆性论题. 此外，我们证明了一切生灭过程都是时间可逆的，而后对排队系统阐明这种观察的重要性. 将时间可逆性应用于随机群体模型也在这一节中介绍. 在 5.7 节中我们阐述即使当过程不是时间可逆时其倒向链的重要性，我们将它应用于研究排队网络模型，推导 Erlang 消失公式，分析共享处理器系统. 在 5.8 节中我们说明怎样将一个 Markov 链“均匀化”，这是一种在数值计算中有用的技巧.

5.2　连续时间的 Markov 链

考虑一个取值于非负整数集合中的连续时间的随机过程 $\{X(t),t\geqslant 0\}$. 与在第 4 章中

[231] 给出的离散时间的 Markov 链的定义类似，若对一切 $s,t\geqslant 0$ 和非负整数 $i,j,x(u),0\leqslant u\leqslant s$ 有

$$P\{X(t+s)=j\mid X(s)=i,X(u)=x(u),0\leqslant u<s\}=P\{X(t+s)=j\mid X(s)=i\}.$$

则我们称过程 $\{X(t),t\geqslant 0\}$ 是一个**连续时间的** Markov **链**. 换句话说，连续时间的 Markov 链是具有 Markov 性的随机过程，在给定看做现在的时刻 s 的状态和一切过去的状态下，在时刻 $t+s$ 的将来的状态只依赖于现在的状态，而与过去的情形独立. 若加上 $P\{X(t+s)=j\mid X(s)=i\}$ 独立于 s，则称连续时间的 Markov 链具有平稳性，或具有时齐的转移概率. 所有我们考虑的 Markov 链都假定是具有平稳转移概率的.

假设连续时间的 Markov 链在某个时刻，比如时刻 0，进入状态 i，且假设在下面的 s 个单位时间期间过程并不离开 i（即不发生转移）. 问过程在再后的 t 个单位时间期间离开 i 的概率是多少？要回答这个问题，须注意，因为过程在时刻 s 处于状态 i，由此由 Markov 性推出，在区间 $[s,s+t]$ 期间过程留在此状态的概率正是它停留在状态 i 至少 t 个单位时间的（无条件的）概率. 即，若我们以 τ_i 记过程在转移到一个不同的状态之前停留在状态 i 的时间总量，则对一切 $s,t\geqslant 0$ 有

$$P\{\tau_i>s+t\mid \tau_i>s\}=P\{\tau_i>t\}.$$

因此，随机变量 τ_i 是无记忆的，且必须遵从指数分布.

事实上，上面给了我们构造连续时间的 Markov 链的途径. 即它是一个随机过程，在

每次进入状态 i 时具有性质：

（i）在转移到一个不同的状态之前停留在状态 i 的时间总量遵从速率为 v_i 的指数分布；

（ii）在过程离开状态 i 时，它以某个概率 P_{ij} 进入状态 j，$\sum_{j\neq i}P_{ij}=1$.

一个使 $v_i=\infty$ 的状态 i 称为一个瞬时状态，因为当过程进入它时就即刻离开．鉴于这样的状态只在理论上可能，我们将通篇假定，对所有 i，$0\leqslant v_i<\infty$.（若 $v_i=0$，则状态 i 称为吸收的，因为进入它后就不再离开．）因此，对我们的目的，连续时间的 Markov 链是一个随机过程，它从状态移动到状态遵循一个（离散时间的）Markov 链，但是在行进到下一个状态之前，它停留在某个状态的时间总量是指数分布的．此外过程停留在状态 i 的时间和下一次访问的状态必须是相互独立的随机变量．因为若下一次访问的状态依赖于 τ_i，则过程已停留在状态 i 多长时间将与下一个状态的预测有关，而这就与 Markov 假设矛盾． 232

连续时间的 Markov 链，称为正则的，若在任意有限长时段内的转移次数以概率为 1 地是有限的．一个非正则的 Markov 链的例子是具有

$$P_{i,i+1}=1,\quad v_i=i^2$$

的 Markov 链．可证这个 Markov 链（它以一个均值为 $1/i^2$ 的指数时间停留在状态 i，且总是从 i 转移到 $i+1$）将在任意长度为 $t(t>0)$ 的时间区间以正概率做无穷次数的转移．然而今后我们假定所考虑的一切 Markov 链都是正则的（在本节的习题中会给出正则性的一些充分条件）．

对一切 $i\neq j$，我们定义 q_{ij} 为

$$q_{ij}=v_iP_{ij}.$$

因为 v_i 是过程离开 i 的速率，而 P_{ij} 是从 i 转移到 j 的概率，由此推出 q_{ij} 是当给定在状态 i 时过程转移到 j 的速率，而事实上我们将 q_{ij} 称为从 i 到 j 的转移速率．

让我们以 $P_{ij}(t)$ 记一个当前处在状态 i 的 Markov 链在附加时间 t 以后处在状态 j 的概率．即

$$P_{ij}(t)=P\{X(t+s)=j\mid X(s)=i\}.$$

5.3 生灭过程

具有状态 0，1，…的连续时间的 Markov 链，若只要 $|i-j|>1$ 就有 $q_{ij}=0$，则称为生灭过程．于是生灭过程是具有状态 0，1，…的这样的连续时间的 Markov 链，它从状态 i 只能转移到状态 $i-1$ 或状态 $i+1$．通常将这个过程的状态设想为一个群体的规模，且在状态增加 1 时，我们就说生了一个，而在状态减少 1 时，我们就说死了一个．令 λ_i 和 μ_i 为

$$\lambda_i=q_{i,i+1},$$

$$\mu_i=q_{i,i-1}.$$ 233

值 $\{\lambda_i,i\geqslant 0\}$ 和 $\{\mu_i,i\geqslant 1\}$ 分别称为生长率和死亡率．因为 $\sum_j q_{ij}=v_i$，可见

$$v_i = \lambda_i + \mu_i,$$

$$P_{i,i+1} = \frac{\lambda_i}{\lambda_i + \mu_i} = 1 - P_{i,i-1}.$$

因此，我们可将生灭过程想象为，假设每次有 i 个人在系统，而直至下一个出生的时间是速率为 λ_i 的指数随机变量，且独立于直至下一个死亡的时间（速率为 μ_i 的随机变量）.

例 5.3 (A) 两个生灭过程　(i) M/M/s 队列. 假设顾客按速率为 λ 的 Poisson 过程到达一个有 s 条服务线的服务站. 即在相继到达之间的时间是具有均值 $1/\lambda$ 的独立的指数随机变量. 到达的顾客在有服务线空闲时就立刻进入服务，而若没有空闲的服务线，则加入队列（即他排队等候）. 当一条服务线结束了一个顾客的服务，该顾客就离开系统，若还有顾客在等候，则在排队的下一个顾客进入服务. 相继的服务时间假定为具有均值 $1/\mu$ 的独立的指数随机变量. 若我们以 $X(t)$ 记在时刻 t 系统中的顾客数，则 $\{X(t), t \geqslant 0\}$ 是生灭过程，它具有

$$\mu_n = \begin{cases} n\mu & 1 \leqslant n \leqslant s \\ s\mu & n > s \end{cases}$$

$$\lambda_n = \lambda, \quad n \geqslant 0.$$

(ii) 具有移民的线性增长模型. 一个

$$\mu_n = n\mu, \quad n \geqslant 1,$$

$$\lambda_n = n\lambda + \theta, \quad n \geqslant 0,$$

的模型，称为具有移民的线性增长模型. 这种过程自然地出现在生物繁殖和群体增长的研究中. 在群体中每个个体假定以指数率 λ 出生，此外由诸如移民的外来源，群体有一个增加率 θ. 因此在系统中有 n 个人时的总出生率是 $n\lambda + \theta$. 群体中每个个体假定以指数率 μ 发生死亡，故而死亡率是 $\mu_n = n\mu$. ■

[234]

一个生灭过程称为纯生过程，如果对一切 n 有 $\mu_n = 0$. 纯生过程的最简单例子是 Poisson 过程，它有常数的出生率 $\lambda_n = \lambda (n \geqslant 0)$.

纯生过程的第二个例子来自这样的群体，其中每个成员独立地行动，且以指数率 λ 生育. 若我们假设没有一个会死亡，则若以 $X(t)$ 表示在时刻 t 群体的规模，则 $\{X(t), t \geqslant 0\}$ 是具有

$$\lambda_n = n\lambda, \quad n \geqslant 0$$

的纯生过程. 这个纯生过程称为 Yule 过程.

考虑在时刻 0 从单个个体开始的一个 Yule 过程，且以 $T_i (i \geqslant 1)$ 记第 $i-1$ 个出生与第 i 个出生之间的时间. 即 T_i 是群体规模从 i 增加到 $i+1$ 所需的时间. 从 Yule 过程的定义容易推出 $T_i (i \geqslant 1)$ 都是独立的，且 T_i 是具有速率 $i\lambda$ 的指数随机变量. 现在

$$P\{T_1 \leqslant t\} = 1 - e^{-\lambda t},$$

$$P\{T_1 + T_2 \leqslant t\} = \int_0^t P\{T_1 + T_2 \leqslant t \mid T_1 = x\} \lambda e^{-\lambda x} dx$$

$$= \int_0^t (1 - e^{-2\lambda(t-x)}) \lambda e^{-\lambda x} dx = (1 - e^{-\lambda t})^2,$$

$$P\{T_1+T_2+T_3\leqslant t\}=\int_0^t P\{T_1+T_2+T_3\leqslant t\mid T_1+T_2=x\}\mathrm{d}F_{T_1+T_2}(x)$$
$$=\int_0^t(1-\mathrm{e}^{-3\lambda(t-x)})2\lambda\mathrm{e}^{-\lambda x}(1-\mathrm{e}^{-\lambda x})\mathrm{d}x=(1-\mathrm{e}^{-\lambda t})^3,$$

且我们可一般地用归纳法证明

$$P\{T_1+\cdots+T_j\leqslant t\}=(1-\mathrm{e}^{-\lambda t})^j.$$

因此，由于 $P\{T_1+\cdots+T_j\leqslant t\}=P\{X(t)\geqslant j+1\mid X(0)=1\}$，对 Yule 过程我们可见

$$P_{1j}(t)=(1-\mathrm{e}^{-\lambda t})^{j-1}-(1-\mathrm{e}^{-\lambda t})^j=\mathrm{e}^{-\lambda t}(1-\mathrm{e}^{-\lambda t})^{j-1},\quad j\geqslant 1.$$

于是我们由上面可得，从单个个体开始的群体在时刻 t 的规模具有均值为 $\mathrm{e}^{\lambda t}$ 的几何分布. [235] 因此，若从 i 个个体开始的群体在时刻 t 的规模是 i 个独立同分布的几何随机变量的和，故而将是负二项分布. 即对 Yule 过程有

$$P_{ij}(t)=\binom{j-1}{i-1}\mathrm{e}^{-\lambda t i}(1-\mathrm{e}^{-\lambda t})^{j-i},\quad j\geqslant i\geqslant 1.$$

对从单个个体开始的 Yule 过程的另一个有趣的结果，考虑给定了群体在时刻 t 的规模时出生时间的条件分布. 由于第 i 次出生发生在时刻 $S_i\equiv T_1+\cdots+T_i$，让我们来计算给定 $X(t)=n+1$ 下 $S_1,\cdots,S_n$ 的条件联合分布. 将密度像概率一样处理，直观推导得到，对 $0\leqslant s_1\leqslant s_2\leqslant\cdots\leqslant s_n=t$ 有

$$P\{S_1=s_1,S_2=s_2,\cdots,S_n=s_n\mid X(t)=n+1\}$$
$$=\frac{P\{T_1=s_1,T_2=s_2-s_1,\cdots,T_n=s_n-s_{n-1},T_{n+1}>t-s_n\}}{P\{X(t)=n+1\}}$$
$$=\frac{\lambda\mathrm{e}^{-\lambda s_1}2\lambda\mathrm{e}^{-2\lambda(s_2-s_1)}\cdots n\lambda\mathrm{e}^{-n\lambda(s_n-s_{n-1})}\mathrm{e}^{-(n+1)\lambda(t-s_n)}}{P\{X(t)=n+1\}}$$
$$=C\mathrm{e}^{-\lambda(t-s_1)}\mathrm{e}^{-\lambda(t-s_2)}\cdots\mathrm{e}^{-\lambda(t-s_n)},$$

其中 C 是某个依赖于 $s_1,\cdots,s_n$ 的常数. 因此我们可见在给定 $X(t)=n+1$ 下 $S_1,\cdots,S_n$ 的条件密度为

$$f(s_1,\cdots,s_n\mid n+1)=n!\prod_{i=1}^n f(s_i),\quad 0\leqslant s_1\leqslant\cdots\leqslant s_n\leqslant t,\tag{5.3.1}$$

其中 f 是密度函数

$$f(x)=\begin{cases}\dfrac{\lambda\mathrm{e}^{-\lambda(t-x)}}{1-\mathrm{e}^{-\lambda t}} & 0\leqslant x\leqslant t\\ 0 & \text{其他情形}\end{cases}\tag{5.3.2}$$

但是因为（5.3.1）是来自密度为 f 的随机变量的一个样本的次序统计量的联合密度函数（参见第 2 章 2.3 节），于是我们证明了下述命题. [236]

命题 5.3.1 考虑一个 $X(0)=1$ 的 Yule 过程. 则在给定 $X(t)=n+1$ 下，出生时刻 $S_1,\cdots,S_n$ 与取自具有密度（5.3.2）的群体中的大小为 n 的样本的次序值有相同的分布. ◀

用对 Poisson 过程使用的对应结果相同的方式，命题 5.3.1 可用来建立关于 Yule 过程的结果.

例 5.3 (B) 考虑一个 $X(0)=1$ 的 Yule 过程. 让我们来计算在时刻 t 群体成员的年龄的期望和. 在时刻 t 年龄的和，记为 $A(t)$，可表示为

$$A(t)=a_0+t+\sum_{i=1}^{X(t)-1}(t-S_i),$$

其中 a_0 是初始个体在 $t=0$ 的年龄. 为计算 $E[A(t)]$，我们取条件于 $X(t)$ 得

$$E[A(t)\mid X(t)=n+1]=a_0+t+E\left[\sum_{i=1}^{n}(t-S_i)\mid X(t)=n+1\right]$$

$$=a_0+t+n\int_0^t(t-x)\frac{\lambda e^{-\lambda(t-x)}}{1-e^{-\lambda t}}dx$$

或

$$E[A(t)\mid X(t)]=a_0+t+(X(t)-1)\frac{1-e^{-\lambda t}-\lambda te^{-\lambda t}}{\lambda(1-e^{-\lambda t})}.$$

取期望且利用 $X(t)$ 具有均值 $e^{\lambda t}$ 这一事实，导致

$$E[A(t)]=a_0+t+\frac{e^{\lambda t}-1-\lambda t}{\lambda}=a_0+\frac{e^{\lambda t}-1}{\lambda}.$$

其他与 $A(t)$ 相关的问题，诸如母函数，可用同样方法计算.

上面 $E[A(t)]$ 的公式可用下述等式

237

$$A(t)=a_0+\int_0^t X(s)ds \tag{5.3.3}$$

来检验，我们将这个等式的证明留作练习.

取期望给出

$$E[A(t)]=a_0+E\left[\int_0^t X(s)ds\right]=a_0+\int_0^t E[X(s)]ds \quad (因为\ X(s)\geqslant 0)$$

$$=a_0+\int_0^t e^{\lambda s}ds=a_0+\frac{e^{\lambda t}-1}{\lambda}.$$ ■

下述例子提供了纯生过程的另一种阐述.

例 5.3 (C) 一个简单的流行病模型 考虑有 m 个成员的群体，它在时刻 0 包含一个“已感染”和 $m-1$ 个“易感染”的个体. 一个个体一旦已感染就永远保持此状态，而我们假设在任意时间区间 h 中任意给定已感染的人以概率 $\alpha h+o(h)$ 引起任意给定易感染的人变成已感染的人. 若我们以 $X(t)$ 记在时刻 t 群体中已感染的人数，则 $\{X(t),t\geqslant 0\}$ 是一个具有

$$\lambda_n=\begin{cases}(m-n)n\alpha & n=1,\cdots,m-1\\ 0 & 其他情形\end{cases}$$

的纯生过程. 上面的事实来自，在有 n 个已感染的个体时，则 $m-n$ 个易感染的人中的每个将以速率 $n\alpha$ 变成已感染的人.

若我们以 T 记直至整个群体都已感染的时间，则 T 可表示为

$$T=\sum_{i=1}^{m-1}T_i,$$

其中 T_i 是从有 i 个已感染的人到有 $i+1$ 个已感染的人的时间. 因为 T_i 是独立的分别具有

速率$\lambda_i = (m-i)i\alpha(i=1,\cdots,m-1)$的指数随机变量，我们可见

238

$$E[T]=\frac{1}{\alpha}\sum_{i=1}^{m-1}\frac{1}{i(m-i)},\quad \mathrm{Var}(T)=\frac{1}{\alpha^2}\sum_{i=1}^{m-1}\left(\frac{1}{i(m-1)}\right)^2.$$

对规模合理的群体，$E[T]$可以用如下近似：

$$E[T]=\frac{1}{m\alpha}\sum_{i=1}^{m-1}\left(\frac{1}{m-i}+\frac{1}{i}\right)\approx\frac{1}{m\alpha}\int_1^{m-1}\left(\frac{1}{m-t}+\frac{1}{t}\right)\mathrm{d}t=\frac{2\ln(m-1)}{m\alpha}.$$ ■

5.4 Kolmogorov 微分方程

回忆

$$P_{ij}(t)=P\{X(t+s)=j\mid X(s)=i\}$$

表示现在处于状态i的过程在一个时间t以后处在状态j的概率.

用 Markov 性我们来推导$P_{ij}(t)$的两组微分方程，它们有时可显式求解. 然而，在此之前我们需要下列引理.

引理 5.4.1 （i）$\lim\limits_{t\to0}\frac{1-P_{ii}(t)}{t}=v_i$.

（ii）$\lim\limits_{t\to0}\frac{P_{ij}(t)}{t}=q_{ij},\quad i\neq j.$ ◀

引理 5.4.2 对一切$s,t\geqslant0$有

$$P_{ij}(t+s)=\sum_{k=0}^{\infty}P_{ik}(t)P_{kj}(s).$$ ◀

239

引理 5.4.1 得自在时间段t中有两次或更多的转移的概率是$o(t)$这一事实（这必须证明）；而作为离散时间 Markov 链的 Chapman-Kolmogorov 方程的连续时间版本的引理 5.4.2，直接得自 Markov 性. 证明的细节留作练习.

从引理 5.4.2，我们得

$$P_{ij}(t+h)=\sum_k P_{ik}(h)P_{kj}(t),$$

或等价地

$$P_{ij}(t+h)-P_{ij}(t)=\sum_{k\neq i}P_{ik}(h)P_{kj}(t)-[1-P_{ii}(h)]P_{ij}(t).$$

除以h后令$h\to0$，用引理 5.4.1 导致

$$\lim_{h\to0}\frac{P_{ij}(t+h)-P_{ij}(t)}{h}=\lim_{h\to0}\sum_{k\neq i}\frac{P_{ik}(h)}{h}P_{kj}(t)-v_iP_{ij}(t).\tag{5.4.1}$$

假定我们可以交换（5.4.1）右边的极限与求和的次序，再次应用引理 5.4.1，我们得下述定理.

定理 5.4.3（Kolmogorov 向后方程组） 对一切i,j和$t\geqslant0$有

$$P'_{ij}(t)=\sum_{k\neq i}q_{ik}P_{kj}(t)-v_iP_{ij}(t).$$

证明 为了完成证明，我们必须证明（5.4.1）右边的极限与求和的交换次序是合理

的. 现在，对任意固定的 N 有

$$\liminf_{h\to 0}\sum_{k\neq i}\frac{P_{ik}(h)}{h}P_{kj}(t)\geqslant \liminf_{h\to 0}\sum_{\substack{k\neq i\\k<N}}\frac{P_{ik}(h)}{h}P_{kj}(t)=\sum_{\substack{k\neq i\\k<N}}q_{ik}P_{kj}(t).$$

因为上式对一切 N 成立，我们可见

240

$$\liminf_{h\to 0}\sum_{k\neq i}\frac{P_{ik}(h)}{h}P_{kj}(t)\geqslant \sum_{k\neq i}q_{ik}P_{kj}(t). \tag{5.4.2}$$

至于反方向的不等号，由于 $P_{kj}(t)\leqslant 1$，我们注意到对 $N>i$ 有

$$\begin{aligned}&\limsup_{h\to 0}\sum_{k\neq i}\frac{P_{ik}(h)}{h}P_{kj}(t)\\&\leqslant \limsup_{h\to 0}\Big[\sum_{\substack{k\neq i\\k<N}}\frac{P_{ik}(h)}{h}P_{kj}(t)+\sum_{k\geqslant N}\frac{P_{ik}(h)}{h}\Big]\\&=\limsup_{h\to 0}\Big[\sum_{\substack{k\neq i\\k<N}}\frac{P_{ik}(h)}{h}P_{kj}(t)+\frac{1-P_{ii}(h)}{h}-\sum_{\substack{k\neq i\\k<N}}\frac{P_{ik}(h)}{h}\Big]\\&=\sum_{\substack{k\neq i\\k<N}}q_{ik}P_{kj}(t)+v_i-\sum_{\substack{k\neq i\\k<N}}q_{ik},\end{aligned}$$

其中最后的等号来自引理 5.4.1. 由于上述不等式对一切 $N>i$ 正确，令 $N\to\infty$ 并用 $\sum_{k\neq i}q_{ik}=v_i$，我们得

$$\limsup_{h\to 0}\sum_{k\neq i}\frac{P_{ik}(h)}{h}P_{kj}(t)\leqslant \sum_{k\neq i}q_{ik}P_{kj}(t).$$

将上面事实与 (5.4.2) 联合起来就证明了

$$\lim_{h\to 0}\sum_{k\neq i}\frac{P_{ik}(h)}{h}P_{kj}(t)=\sum_{k\neq i}q_{ik}P_{kj}(t),$$

这就完成了定理 5.4.3 的证明. ◀

在定理 5.4.3 中给出的对 $P_{ij}(t)$ 的微分方程组称为 Kolmogorov 向后方程组. 它们之所以称为向后方程，是因为计算在时刻 $t+h$ 的状态的概率分布时，我们取条件于退后 t 时间的状态（自始至终地）. 即我们的计算始于

$$\begin{aligned}P_{ij}(t+h)&=\sum_k P\{X(t+h)=j\mid X(0)=i,X(h)=k\}P\{X(h)=k\mid X(0)=i\}\\&=\sum_k P_{kj}(t)P_{ik}(h).\end{aligned}$$

我们现在可由取条件于时刻 t 的状态来推导另一组方程，称为 Kolmogorov 向前方程组. 它导致

241

$$P_{ij}(t+h)=\sum_k P_{ik}(t)P_{kj}(h)$$

或

$$\begin{aligned}P_{ij}(t+h)-P_{ij}(t)&=\sum_k P_{ik}(t)P_{kj}(h)-P_{ij}(t)\\&=\sum_{k\neq j}P_{ik}(t)P_{kj}(h)-[1-P_{jj}(h)]P_{ij}(t).\end{aligned}$$

所以

$$\lim_{h\to 0}\frac{P_{ij}(t+h)-P_{ij}(t)}{h}=\lim_{h\to 0}\left\{\sum_{k\neq j}P_{ik}(t)\frac{P_{kj}(h)}{h}-\frac{1-P_{jj}(h)}{h}P_{ij}(t)\right\}.$$

假定我们可以交换极限与求和的次序，由引理 5.4.1 得到

$$P'_{ij}(t)=\sum_{k\neq j}q_{kj}P_{ik}(t)-v_jP_{ij}(t).$$

不幸的是，我们并不总能证明交换极限与求和的次序的合理性，故而上式并不是永远成立. 然而，它们在大多数模型中是成立的——包括一切生灭过程和一切有限个状态的模型. 于是我们有下面的定理

定理 5.4.4 (Kolmogorov 向前方程组) 在适当的正则条件下有

$$P'_{ij}(t)=\sum_{k\neq j}q_{kj}P_{ik}(t)-v_jP_{ij}(t).$$ ◀

例 5.4 (A) 两个状态的链 考虑一个有两个状态的连续时间 Markov 链，它在转移到状态 1 之前在状态 0 停留的时间是速率 λ 的指数随机变量，又在状态 1 停留速率为 μ 的指数随机时间后回到状态 0. 向前方程导致

242

$$P'_{00}(t)=\mu P_{01}(t)-\lambda P_{00}(t)=-(\lambda+\mu)P_{00}(t)+\mu,$$

其中最后的方程得自 $P_{01}(t)=1-P_{00}(t)$. 因此

$$\mathrm{e}^{(\lambda+\mu)t}[P'_{00}(t)+(\lambda+\mu)P_{00}(t)]=\mu\mathrm{e}^{(\lambda+\mu)t}$$

或

$$\frac{\mathrm{d}}{\mathrm{d}t}[\mathrm{e}^{(\lambda+\mu)t}P_{00}(t)]=\mu\mathrm{e}^{(\lambda+\mu)t}.$$

于是

$$\mathrm{e}^{(\lambda+\mu)t}P_{00}(t)=\frac{\mu}{\lambda+\mu}\mathrm{e}^{(\lambda+\mu)t}+c.$$

因为 $P_{00}(0)=1$，我们可见 $c=\lambda/(\lambda+\mu)$，故而

$$P_{00}(t)=\frac{\mu}{\lambda+\mu}+\frac{\lambda}{\lambda+\mu}\mathrm{e}^{-(\lambda+\mu)t}.$$

类似地（或由对称性）

$$P_{11}(t)=\frac{\lambda}{\lambda+\mu}+\frac{\mu}{\lambda+\mu}\mathrm{e}^{-(\lambda+\mu)t}.$$ ■

例 5.4 (B) 生灭过程的向前方程组是

$$P'_{i0}(t)=\mu_1P_{i1}(t)-\lambda_0P_{i0}(t),$$
$$P'_{ij}(t)=\lambda_{j-1}P_{i,j-1}(t)+\mu_{j+1}P_{i,j+1}(t)-(\lambda_j+\mu_j)P_{ij}(t),\quad j\neq 0.$$ ■

例 5.4 (C) 对纯生过程，向前方程组化为

$$P'_{ii}(t)=-\lambda_iP_{ii}(t),\tag{5.4.3}$$
$$P'_{ij}(t)=\lambda_{j-1}P_{i,j-1}(t)-\lambda_jP_{ij}(t),\quad j>i.$$

对（5.4.3）中前一个方程求积分，然后用 $P_{ii}(0)=1$，导致

$$P_{ii}(t)=\mathrm{e}^{-\lambda_it}.$$

243 上式当然正确，因为 $P_{ii}(t)$ 是直至从状态 i 转移出去的时间大于 t 的概率. 其他的量 $P_{ij}(t)(j>i)$ 可以从方程组 (5.4.3) 递推得到，对 $j>i$，我们由方程组 (5.4.3) 有

$$e^{\lambda_j t}\lambda_{j-1}P_{i,j-1}(t)=e^{\lambda_j t}[P'_{ij}(t)+\lambda_j P_{ij}(t)]=\frac{d}{dt}[e^{\lambda_j t}P_{ij}(t)].$$

求积分，利用 $P_{ij}(0)=0$，导致

$$P_{ij}(t)=\lambda_{j-1}e^{\lambda_j t}\int_0^t e^{\lambda_j s}P_{i,j-1}(s)ds, j>i.$$

在 Yule 过程 $\lambda_i=i\lambda$ 的特殊情形，我们可见上式验证了 5.3 节的结果，即

$$P_{ij}(t)=\binom{j-1}{i-1}e^{-\lambda ti}(1-e^{-\lambda t})^{j-i},\quad j\geqslant i\geqslant 1.$$ ■

在很多有趣的模型中，转移概率不能用 Kolmogorov 微分方程显式地解出. 然而，我们常常可以计算其他有趣的量，诸如由首先推导而后求解一个微分方程得到的平均值. 我们下一个例子就阐述这种技巧.

例 5.4 (D) 一个两性群体增长模型 考虑有男性与女性的群体，且假设群体中的每个女性独立地以指数速率 λ 生育，且每次出生（独立于一切其他情形）女性的概率为 p，而出生男性的概率为 $1-p$. 女性个体以速率 μ 死亡，而男性个体以速率 ν 死亡. 于是，若以 $X(t)$ 和 $Y(t)$ 分别记在时刻 t 群体中的女性和男性的人数，则 $\{(X(t),Y(t)),t\geqslant 0\}$ 是一个连续时间的 Markov 链，具有无穷小速率

$$q[(n,m),(n+1,m)]=n\lambda p,\quad q[(n,m),(n,m+1)]=n\lambda(1-p),$$
$$q[(n,m),(n-1,m)]=n\mu,\quad q[(n,m),(n,m-1)]=m\nu.$$

若 $X(0)=i$ 和 $Y(0)=j$，求 (a) $E[X(t)]$，(b) $E[Y(t)]$，(c) $\mathrm{Cov}(X(t),Y(t))$.

解 (a) 为求 $E[X(t)]$，注意 $\{X(t),t\geqslant 0\}$ 本身是一个连续时间的 Markov 链. 令 $M_X(t)=E[X(t)\mid X(0)=i]$，我们要推导 $M_X(t)$ 满足的一个微分方程. 作为开始，注意，244 给定 $X(t)$ 时有：

$$X(t+h)=\begin{cases}X(t)+1 & \text{以概率 } \lambda pX(t)h+o(h)\\ X(t)-1 & \text{以概率 } \mu X(t)h+o(h)\\ X(t) & \text{以概率 } 1-(\mu+\lambda p)X(t)h+o(h)\end{cases}\tag{5.4.4}$$

因此，取期望导致

$$E[X(t+h)\mid X(t)]=X(t)+(\lambda p-\mu)X(t)h+o(h),$$

而再取一次期望导致

$$M_X(t+h)=M_X(t)+(\lambda p-\mu)M_X(t)h+o(h)$$

或

$$\frac{M_X(t+h)-M_X(t)}{h}=(\lambda p-\mu)M_X(t)+\frac{o(h)}{h}.$$

令 $h\to 0$ 给出

$$M'_X(t)=(\lambda p-\mu)M_X(t)$$

或

$$M'_X(t)/M_X(t) = \lambda p - \mu,$$

求积分得到

$$\ln M_X(t) = (\lambda p - \mu)t + C$$

或

$$M_X(t) = K\mathrm{e}^{(\lambda p-\mu)t}.$$

由于 $M(0) = K = i$，我们得

$$E[X(t)] = M_X(t) = i\mathrm{e}^{(\lambda p-\mu)t}. \tag{5.4.5}$$

（b）因为 $Y(s), 0 \leqslant s < t$ 的知识对关于在时刻 t 群体中的女性人数提供了有用的信息，由此推出，在给定 $Y(u), 0 \leqslant u \leqslant t$ 时，$Y(t+s)$ 的分布确实并不只依赖于 $Y(t)$. 因此 $\{Y(t), t \geqslant 0\}$ 不是一个连续时间的 Markov 链，故而我们不能像对 $M_X(t)$ 那样地对 $M_Y(t) = E[Y(t) \mid Y(0) = j]$ 推导一个微分方程. 然而，我们可由取条件于 $X(t)$ 和 $Y(t)$ 两者计算 $M_Y(t+h)$ 的一个表达式. 事实上，取条件于 $X(t)$ 和 $Y(t)$，得 245

$$Y(t+h) = \begin{cases} Y(t)+1 & \text{以概率 } \lambda(1-p)X(t)h + o(h) \\ Y(t)-1 & \text{以概率 } \nu Y(t)h + o(h) \\ Y(t) & \text{以概率 } 1-[\lambda(1-p)X(t) - \nu Y(t)]h + o(h) \end{cases}$$

取期望给出

$$E[Y(t+h) \mid X(t), Y(t)] = Y(t) + [\lambda(1-p)X(t) - \nu Y(t)]h + o(h),$$

再取一次期望，导致

$$M_Y(t+h) = M_Y(t) + [\lambda(1-p)M_X(t) - \nu M_Y(t)]h + o(h).$$

减去 $M_Y(t)$ 后除以 h，且令 $h \to 0$，我们得

$$M'_Y(t) = \lambda(1-p)M_X(t) - \nu M_Y(t) = i\lambda(1-p)\mathrm{e}^{(\lambda p-\mu)t} - \nu M_Y(t).$$

两边加上 $\nu M_Y(t)$，然后乘以 $\mathrm{e}^{\nu t}$，给出

$$\mathrm{e}^{\nu t}[M'_Y(t) + \nu M_Y(t)] = i\lambda(1-p)\mathrm{e}^{(\lambda p+\nu-\mu)t},$$

或

$$\frac{\mathrm{d}}{\mathrm{d}t}\{\mathrm{e}^{\nu t}M_Y(t)\} = i\lambda(1-p)\mathrm{e}^{(\lambda p+\nu-\mu)t}.$$

求积分，给出

$$\mathrm{e}^{\nu t}M_Y(t) = \frac{i\lambda(1-p)}{\lambda p+\nu-\mu}\mathrm{e}^{(\lambda p+\nu-\mu)t} + C.$$

在 $t = 0$ 处取值，得

$$j = M_Y(0) = \frac{i\lambda(1-p)}{\lambda p+\nu-\mu} + C$$

故而 246

$$M_Y(t) = \frac{i\lambda(1-p)}{\lambda p+\nu-\mu}\mathrm{e}^{(\lambda p-\mu)t} + \left(j - \frac{i\lambda(1-p)}{\lambda p+\nu-\mu}\right)\mathrm{e}^{-\nu t}. \tag{5.4.6}$$

（c）在求 $\mathrm{Cov}(X(t), Y(t))$ 之前，我们先计算 $E[X^2(t)]$. 作为开始，注意到从式（5.4.4）我们有：

$$
\begin{aligned}
E[X^2(t+h) \mid X(t)] &= [X(t)+1]^2 \lambda p X(t)h + [X(t)-1]^2 \mu X(t)h \\
&\quad + X^2(t)[1-(\mu+\lambda p)X(t)h] + o(h) \\
&= X^2(t) + 2(\lambda p - \mu)hX^2(t) + (\lambda p + \mu)hX(t) + o(h).
\end{aligned}
$$

现在，令 $M_2(t) = E[X^2(t)]$，且对前面的结果取期望导致

$$M_2(t+h) - M_2(t) = 2(\lambda p - \mu)hM_2(t) + (\lambda p + \mu)hM_X(t) + o(h).$$

全都除以 h，且令 $h \to 0$ 取极限，利用方程（5.4.5）证明了

$$M'_2(t) = 2(\lambda p - \mu)M_2(t) + i(\lambda p + \mu)\mathrm{e}^{(\lambda p - \mu)t}.$$

因此

$$\mathrm{e}^{-2(\lambda p - \mu)t}\{M'_2(t) - 2(\lambda p - \mu)M_2(t)\} = i(\lambda p + \mu)\mathrm{e}^{(\mu - \lambda p)t}$$

或

$$\frac{\mathrm{d}}{\mathrm{d}t}\{\mathrm{e}^{-2(\lambda p - \mu)t}M_2(t)\} = i(\lambda p + \mu)\mathrm{e}^{(\mu - \lambda p)t},$$

或者，等价地，

$$\mathrm{e}^{-2(\lambda p - \mu)t}M_2(t) = \frac{i(\mu + \lambda p)}{\mu - \lambda p}\mathrm{e}^{(\mu - \lambda p)t} + C$$

或

$$M_2(t) = \frac{i(\mu + \lambda p)}{\mu - \lambda p}\mathrm{e}^{(\lambda p - \mu)t} + C\mathrm{e}^{2(\lambda p - \mu)t}.$$

因为 $M_2(0) = i^2$，我们得结果

247

$$M_2(t) = \frac{i(\mu + \lambda p)}{\mu - \lambda p}\mathrm{e}^{(\lambda p - \mu)t} + \left[i^2 - \frac{i(\mu + \lambda p)}{\mu - \lambda p}\right]\mathrm{e}^{2(\lambda p - \mu)t}. \tag{5.4.7}$$

现在，令 $M_{XY}(t) = E[X(t)Y(t)]$．由于在时间 h 有两次或更多次转移的概率是 $o(h)$．我们有

$$
X(t+h)Y(t+h) = \begin{cases}
(X(t)+1)Y(t) & \text{以概率 } \lambda p X(t)h + o(h) \\
X(t)(Y(t)+1) & \text{以概率 } \lambda(1-p)X(t)h + o(h) \\
(X(t)-1)Y(t) & \text{以概率 } \mu X(t)h + o(h) \\
X(t)(Y(t)-1) & \text{以概率 } \nu Y(t)h + o(h) \\
X(t)Y(t) & \text{以概率 } 1 - \text{上面所有的概率}
\end{cases}
$$

因此

$$
\begin{aligned}
&E[X(t+h)Y(t+h) \mid X(t), Y(t)] \\
&= X(t)Y(t) + hX(t)Y(t)[\lambda p - \mu - \nu] + X^2(t)\lambda(1-p)h + o(h).
\end{aligned}
$$

取期望给出

$$M_{XY}(t+h) = M_{XY}(t) + h(\lambda p - \mu - \nu)M_{XY}(t) + \lambda(1-p)hE[X^2(t)] + o(h),$$

它蕴含

$$M'_{XY}(t) = (\lambda p - \mu - \nu)M_{XY}(t) + \lambda(1-p)M_2(t)$$

或

$$
\begin{aligned}
&\frac{\mathrm{d}}{\mathrm{d}t}\{\mathrm{e}^{-(\lambda p - \mu - \nu)t}M_{XY}(t)\} = \lambda(1-p)\mathrm{e}^{-(\lambda p - \mu - \nu)t}M_2(t) \\
&= \lambda(1-p)\frac{i(\mu + \lambda p)}{\mu - \lambda p}\mathrm{e}^{\nu t} + \lambda(1-p)\left[i^2 - \frac{i(\mu + \lambda p)}{\mu - \lambda p}\right]\mathrm{e}^{(\lambda p - \mu + \nu)t}.
\end{aligned}
$$

现在，取积分可得

$$e^{-(\lambda p-\mu-\nu)t}M_{XY}(t)=\frac{i\lambda(1-p)(\mu+\lambda p)}{\nu(\mu-\lambda p)}e^{\nu t}+\frac{\lambda(1-p)}{\lambda p-\mu+\nu}\left[i^2-\frac{i(\mu+\lambda p)}{\mu-\lambda p}\right]e^{(\lambda p-\mu+\nu)t}+C$$

248

或

$$M_{XY}(t)=\frac{i\lambda(1-p)(\mu+\lambda p)}{\nu(\mu-\lambda p)}e^{(\lambda p-\mu)t}+\frac{\lambda(1-p)}{\lambda p-\mu+\nu}\left[i^2-\frac{i(\mu+\lambda p)}{\mu-\lambda p}\right]e^{2(\lambda p-\mu)t}+Ce^{(\lambda p-\mu-\nu)t}. \tag{5.4.8}$$

因此，从式 (5.4.5)、式 (5.4.6) 和式 (5.4.8)，经过一些代数简化后，我们得

$$\mathrm{Cov}[X(t),Y(t)]=\left[C-ij+\frac{i^2\lambda(1-p)}{\lambda p+\nu-\mu}\right]e^{(\lambda p-\mu-\nu)t}+\frac{i\lambda(1-p)(\mu+\lambda p)}{\nu(\mu-\lambda p)}e^{(\lambda p-\mu)t}-\frac{\lambda(1-p)}{\lambda p-\mu+\nu}\frac{i(\mu+\lambda p)}{\mu-\lambda p}e^{2(\lambda p-\mu)t}.$$

用 $\mathrm{Cov}(X(0),Y(0))=0$ 给出

$$C=ij-\frac{i^2\lambda(1-p)}{\lambda p+\nu-\mu}-\frac{i\lambda(1-p)(\mu+\lambda p)}{\nu(\mu-\lambda p)}+\frac{\lambda(1-p)}{\lambda p-\mu+\nu}\frac{i(\mu+\lambda p)}{\mu-\lambda p}.$$

再从方程 (5.4.5) 和方程 (5.4.7) 推出

$$\mathrm{Var}[X(t)]=\frac{i(\mu+\lambda p)}{\mu-\lambda p}e^{(\lambda p-\mu)t}-\frac{i(\mu+\lambda p)}{\mu-\lambda p}e^{2(\lambda p-\mu)t}.$$ ■

计算转移概率

若我们将 r_{ij} 定义为

$$r_{ij}=\begin{cases}q_{ij} & 若\ i\neq j\\ -\nu_i & 若\ i=j\end{cases}$$

则 Kolmogorov 向后方程组可写成

$$P'_{ij}(t)=\sum_k r_{ik}P_{kj}(t),$$

249

而向前方程组可写成

$$P'_{ij}(t)=\sum_k r_{kj}P_{ik}(t).$$

这些方程组具有一个特别简明的矩阵形式. 若我们定义矩阵 $\boldsymbol{R}$，$\boldsymbol{P}(t)$ 和 $\boldsymbol{P}'(t)$，它们第 i 行第 j 列的元素分别是 r_{ij}，$P_{ij}(t)$ 和 $P'_{ij}(t)$，则向后方程组可写成

$$\boldsymbol{P}'(t)=\boldsymbol{R}\boldsymbol{P}(t),$$

而向前方程组可写成

$$\boldsymbol{P}'(t)=\boldsymbol{P}(t)\boldsymbol{R}.$$

这就启示了其解为

$$\boldsymbol{P}(t)=e^{\boldsymbol{R}t}\equiv\sum_{t=0}^{\infty}(\boldsymbol{R}t)^i/i! \tag{5.4.9}$$

其中 $\boldsymbol{R}^0$ 是单位矩阵 $\boldsymbol{I}$，而事实上可证式（5.4.9）在所有的 ν_i 都有界时成立.

因为两个原因式（5.4.9）直接用于计算 $\boldsymbol{P}(t)$ 看来效率很低. 首先因为矩阵 $\boldsymbol{R}$ 既包含正值也包含负值（我们回忆其对角线以外的元素是 q_{ij}，而其第 i 个对角元是 $r_{ii}=-\nu_i$），在我们计算 $\boldsymbol{R}$ 的幂时存在计算机舍入误差问题. 其次，在无穷求和（5.4.9）中为达到一个优良的近似我们常常必须计算许多项.

然而通过利用等式

$$e^x=\lim_{n\to\infty}(1+x/n)^n$$

的矩阵等价关系

$$e^{\boldsymbol{R}t}=\lim_{n\to\infty}(\boldsymbol{I}+\boldsymbol{R}t/n)^n,$$

我们可用式（5.4.9）有效地近似 $\boldsymbol{P}(t)$. 由取 n 为 2 的乘幂，比如 $n=2^k$，我们可由 $\boldsymbol{M}=\boldsymbol{I}+\boldsymbol{R}t/n$ 的 n 次幂近似 $\boldsymbol{P}(t)$，这可由 k 次矩阵相乘完成. 此外，由于只有 $\boldsymbol{R}$ 的对角元素是负的，而 $\boldsymbol{I}$ 的对角元素都是 1，我们可以选取 n 充分大以保证 $\boldsymbol{M}$ 的一切元素都是非负的. 250

5.5 极限概率

因为一个连续时间的 Markov 链是半 Markov 过程，具有

$$F_{ij}(t)=1-e^{-\nu_i t},$$

从第 4 章 4.8 节的结果推出，若以 P_{ij} 为转移概率的离散时间 Markov 链是不可约的和正常返的，则极限概率 $P_j=\lim_{t\to\infty}P_{ij}$ 由

$$P_j=\frac{\pi_j/\nu_j}{\sum_i\pi_i/\nu_i}\tag{5.5.1}$$

给出，其中 π_j 是

$$\pi_j=\sum_i\pi_iP_{ij},\quad\sum_i\pi_i=1\tag{5.5.2}$$

的唯一的非负解. 我们从式（5.5.1）和式（5.5.2）可见 P_j 是

$$\nu_jP_j=\sum_i\nu_iP_iP_{ij},\quad\sum_iP_j=1$$

的唯一的非负解. 或等价地，利用 $q_{ij}=\nu_iP_{ij}$，有

$$\nu_jP_j=\sum_iP_iq_{ij},\quad\sum_iP_j=1.\tag{5.5.3}$$

注　（1）从第 4 章 4.8 节的结果推出，对半 Markov 过程，P_j 也等于过程处在状态 j 的时间的长程比例.

（2）若初值按极限概率 $\{P_j\}$ 选取，则得到的过程是平稳的，即对一切 t 有 251

$$\sum_iP_iP_{ij}(t)=P_j.$$

上述等式证明如下：

$$\sum_iP_{ij}(t)P_i=\sum_iP_{ij}(t)\lim_{s\to\infty}P_{ki}(s)=\lim_{s\to\infty}\sum_iP_{ij}(t)P_{ki}(s)=\lim_{s\to\infty}P_{kj}(t+s)=P_j.$$

容易证明上面的极限与求和的交换是可行的，我们将它留作一个练习.

(3) 得到方程（5.5.3）的另一个途径是通过向前方程

$$P'_{ij}(t) = \sum_{k \neq j} q_{kj} P_{ik}(t) - \nu_j P_{ij}(t).$$

若我们假定极限概率 $P_j = \lim_{t\to\infty} P_{ij}(t)$ 存在，则在 $t \to \infty$ 时 $P'_{ij}(t)$ 会必然地趋于 0.（为什么?）因此，假定我们可以在上式中将极限与求和交换，令 $t \to \infty$ 我们得到

$$0 = \sum_{k \neq j} P_k q_{kj} - \nu_j P_j.$$

值得注意的是，上式是下面的直观推理的更为正式的版本，这个直观推理是，取条件于 h 单位时间之前的状态，得到在 $t = \infty$ 处在状态 j 的概率 P_j 的一个方程：

$$P_j = \sum_i P_{ij}(h) P_i = \sum_{i \neq j} (q_{ij} h + o(h)) P_i + (1 - \nu_j h + o(h)) P_j$$

或

$$0 = \sum_{i \neq j} P_i q_{ij} - \nu_j P_j + \frac{o(h)}{h},$$

而结论得自令 $h \to 0$.

(4) 方程（5.5.3）有如下的一个非常清晰的解释：在任意区间 $(0,t)$，转移到状态 j 的次数必须与从 j 转移出来的次数相差不超过 1.（为什么?）因此，在长程中，转移到状态 j 发生的速率必须等于从 j 转移出来的速率. 现在，在过程处于状态 j 时它以速率 ν_j 离开，且因为 P_j 是它在状态 j 的时间比例，于是推出 252

$$\nu_j P_j = \text{过程离开状态 } j \text{ 的速率}.$$

类似地，在过程处于状态 i 时它以速率 q_{ij} 转向 j，且由于 P_i 是在状态 i 的时间比例，我们可见从 i 到 j 转移发生的速率等于 $q_{ij} P_i$. 因此，

$$\sum_i P_i q_{ij} = \text{过程进入状态 } j \text{ 的速率}.$$

于是，式（5.3.3）正是过程进入和离开 j 的速率相等的阐述. 因为它使这些速率平衡（即，相等），方程（5.3.3）有时称为*平衡方程组*.

(5) 当连续时间的 Markov 链是不可约的，且对一切 j 有 $P_j > 0$，我们称这个链是*遍历的*. □

现在让我们确定生灭过程的极限概率. 从方程（5.5.3），或等价地，使过程离开一个状态的速率与进入这个状态的速率相等，我们得到

状态	过程离开的速率		过程进入的速率
0	$\lambda_0 P_0$	=	$\mu_1 P_1$
$n, n > 0$	$(\lambda_n + \mu_n) P_n$	=	$\mu_{n+1} P_{n+1} + \lambda_{n-1} P_{n-1}$

改写这些方程为

$$\lambda_0 P_0 = \mu_1 P_1,$$

$$\lambda_n P_n = \mu_{n+1} P_{n+1} + (\lambda_{n-1} P_{n-1} - \mu_n P_n), \quad n \geqslant 1,$$

或等价地

$$\begin{aligned}
\lambda_0 P_0 &= \mu_1 P_1,\\
\lambda_1 P_1 &= \mu_2 P_2 + (\lambda_0 P_0 - \mu_1 P_1) = \mu_2 P_2,\\
\lambda_2 P_2 &= \mu_3 P_3 + (\lambda_1 P_1 - \mu_2 P_2) = \mu_3 P_3,\\
\lambda_n P_n &= \mu_{n+1} P_{n+1} + (\lambda_{n-1} P_{n-1} - \mu_n P_n) = \mu_{n+1} P_{n+1},
\end{aligned}$$

253

关于 P_0 求解，导致

$$\begin{aligned}
P_1 &= \frac{\lambda_0}{\mu_1} P_0,\\
P_2 &= \frac{\lambda_1}{\mu_2} P_1 = \frac{\lambda_1 \lambda_0}{\mu_2 \mu_1} P_0,\\
P_3 &= \frac{\lambda_2}{\mu_3} P_2 = \frac{\lambda_2 \lambda_1 \lambda_0}{\mu_3 \mu_2 \mu_1} P_0,\\
P_n &= \frac{\lambda_{n-1}}{\mu_n} P_{n-1} = \frac{\lambda_{n-1} \lambda_{n-2} \cdots \lambda_1 \lambda_0}{\mu_n \mu_{n-1} \cdots \mu_2 \mu_1} P_0.
\end{aligned}$$

用 $\sum_{n=0}^{\infty} P_n = 1$，我们得

$$1 = P_0 + P_0 \sum_{n=1}^{\infty} \frac{\lambda_{n-1} \cdots \lambda_1 \lambda_0}{\mu_n \cdots \mu_2 \mu_1}$$

或

$$P_0 = \left[1 + \sum_{n=1}^{\infty} \frac{\lambda_0 \lambda_1 \cdots \lambda_{n-1}}{\mu_1 \mu_2 \cdots \mu_n}\right]^{-1},$$

故而

$$P_n = \frac{\lambda_0 \lambda_1 \cdots \lambda_{n-1}}{\mu_1 \mu_2 \cdots \mu_n \left(1 + \sum_{n=1}^{\infty} \frac{\lambda_0 \lambda_1 \cdots \lambda_{n-1}}{\mu_1 \mu_2 \cdots \mu_n}\right)}, \quad n \geqslant 1. \tag{5.5.4}$$

上述方程也向我们显示什么条件对存在极限概率是必须的．即

$$\sum_{n=1}^{\infty} \frac{\lambda_0 \lambda_1 \cdots \lambda_{n-1}}{\mu_1 \mu_2 \cdots \mu_n} < \infty.$$

例 5.5 (A) **M/M/1 排队系统**　在 M/M/1 排队系统中，$\lambda_n = \lambda$，$\mu_n = \mu$，故而在 $\lambda/\mu < 1$ 时，由式（5.5.4）有

254

$$P_n = \frac{(\lambda/\mu)^n}{1 + \sum_{n=1}^{\infty} \left(\frac{\lambda}{\mu}\right)^n} = \left(\frac{\lambda}{\mu}\right)^n \left(1 - \frac{\lambda}{\mu}\right), \quad n \geqslant 0.$$

为了使极限概率存在，直观地 λ 必须小于 μ．顾客以速率 λ 到达，且以速率 μ 接受服务，故而若 $\lambda > \mu$．则他们到达的速率快于他们接受服务的速率，而队列的规模将趋于无穷．而 $\lambda = \mu$ 的情形的表现非常像第 4 章的 4.3 节的对称随机徘徊，它是零常返的故而没有极限概率．■

例 5.5 (B)　考虑一个包含 M 部机器与单个修理工的车间，假定一部机器在损坏前运行的时间总量是按速率 λ 指数分布的，而修理工修好任意一部损坏的机器需要的时间量是按速率 μ 指数分布的．每次在有 n 部机器损坏时，我们就称系统的状态是 n，则此系统可

由具有参数

$$\mu_n=\mu,\quad n\geqslant 1$$
$$\lambda_n=\begin{cases}(M-n)\lambda & n\leqslant M\\ 0 & n>M\end{cases}$$

的生灭过程建模. 由（5.5.4）我们得，有 n 部机器不在使用的极限概率 P_n 为

$$P_0=\frac{1}{1+\sum_{n=1}^{M}\left(\frac{\lambda}{\mu}\right)^n\frac{M!}{(M-n)!}}$$

$$P_n=\frac{\frac{M!}{(M-n)!}\left(\frac{\lambda}{\mu}\right)^n}{1+\sum_{n=1}^{M}\left(\frac{\lambda}{\mu}\right)^n\frac{M!}{(M-n)!}},\quad n=0,\cdots,M.$$

因此，不在使用的机器极限平均部数为

$$\sum_{n=0}^{M}nP_n=\frac{\sum_{n=0}^{M}n\frac{M!}{(M-n)!}\left(\frac{\lambda}{\mu}\right)^n}{1+\sum_{n=1}^{M}\left(\frac{\lambda}{\mu}\right)^n\frac{M!}{(M-n)!}}.$$

假设我们要知道指定的一部机器在工作的时间的长程比例. 为了确定它，我们计算它在工作的等价的极限概率. [255]

$$P\{机器在工作\}=\sum_{n=0}^{M}P\{机器在工作\mid n部机器不在工作\}P_n=\sum_{n=0}^{M}\frac{M-n}{M}P_n.$$ ■

考虑一个正常返的不可约连续时间的 Markov 链，假设我们感兴趣于直至时刻 t 为止访问某个状态（比如状态 0）的次数的分布. 因为访问状态 0 构成更新过程，由此从定理 3.3.5 推出，对很大的 t，访问次数近似于均值为 $t/E[T_{00}]$，方差为 $t\mathrm{Var}(T_{00})/E^3[T_{00}]$ 的正态分布，其中 T_{00} 记相继访问状态 0 之间的时间.

$E[T_{00}]$ 可由求解平稳概率，然后用等式

$$P_0=\frac{1/\nu_0}{E[T_{00}]}$$

得到. 为了计算 $E[T_{00}^2]$，假设在任意时刻 t，以速率等于从 t 直至下次进入状态 0 的时间赚取一个报酬. 于是，以每次进入 0 作为循环的开始，由更新过程的理论推出单位时间的长程平均报酬为

$$平均报酬=\frac{E[一个循环中赚取的报酬]}{E[一个循环的时间]}=\frac{E\left[\int_0^{T_{00}}x\mathrm{d}x\right]}{E[T_{00}]}=E[T_{00}^2]/(2E[T_{00}]).$$

但是 P_i 是链处在状态 i 的时间的比例，由此推出单位时间的报酬也可表为

$$平均报酬=\sum_i P_iE[T_{i0}],$$

其中 T_{i0} 是在给定当前链的状态 i 时，进入 0 的时间.

所以，令平均报酬的两个表达式相等就给出

256

$$E[T_{00}^2]=2E[T_{00}]\sum_i P_i E[T_{i0}].$$

通过将 T_{i0} 表示为离开状态 i 所需的时间加上它离开 i 后在进入状态 0 前的任意附加时间，我们得到量 $E[T_{i0}]$ 满足的下列线性方程组

$$E[T_{i0}]=1/\nu_i+\sum_{j\neq 0}P_{ij}E[T_{j0}],\quad i\geqslant 0.$$

5.6 时间可逆性

考虑一个遍历的连续时间 Markov 链，且假设它已经运行了无穷长的时间，即假设它在时刻 $-\infty$ 开始. 这样的过程是平稳的，而我们说它是处在稳态.（生成一个平稳的连续时间 Markov 链的另一种方法是，让这个链的初值按平稳概率选取.）让我们按时间的倒向考虑这个过程. 现在，因为正向过程是连续时间 Markov 链，由此推出在给定记为 $X(t)$ 的现在状态时，过去的状态 $X(t-s)$ 和将来的状态 $X(y),y>t$ 是独立的. 所以

$$P\{X(t-s)=j\mid X(t)=i,X(y),y>t\}=P\{X(t-s)=j\mid X(t)=i\}$$

故而我们可断定倒向过程也是连续时间的 Markov 链. 再者，又因为无论正向还是倒向，过程在一个状态停留的时间量是一样的，这就推出倒向链在一次访问状态 i 时在那里停留的时间与正向过程一样，是速率为 ν_i 的指数随机变量. 为了正式地验证它，假设此过程在时刻 t 处在状态 i. 则它在 i 的（倒向）时间超过 s 的概率如下：

$$\begin{aligned}&P\{\text{过程在}[t-s,t]\text{处于状态 } i\mid X(t)=i\}\\&=P\{\text{过程在}[t-s,t]\text{处于状态 } i\}/P\{X(t)=i\}\\&=\frac{P\{X(t-s)=i\}\mathrm{e}^{-\nu_i s}}{P\{X(t)=i\}}\\&=\mathrm{e}^{-\nu_i s},\end{aligned}$$

因为 $P\{X(t-s)=i\}=P\{X(t)=i\}=P_i$.

换句话说，按时间倒向进行，过程在一次访问 i 时停留的时间是按速率 ν_i 指数分布的. 再则，正如在 4.7 节中所示，倒向过程访问的状态的序列构成了一个离散时间的 Markov 链，其转移概率 P_{ij}^* 是由

257

$$P_{ij}^*=\frac{\pi_j P_{ji}}{\pi_i}$$

给出，其中 $\{\pi_j,j\geqslant 0\}$ 是具有转移概率 P_{ij} 的嵌入的离散时间的 Markov 链的平稳概率. 因此，我们可见倒向过程也是连续时间 Markov 链，它具有与正向时间过程从每个状态离开的相同速率，且具有一步转移概率 P_{ij}^*. 以

$$q_{ij}^*=\nu_i P_{ij}^*$$

记倒向链的无穷小速率. 用 P_{ij}^* 的上述公式，我们可见

$$q_{ij}^*=\frac{\nu_i\pi_j P_{ji}}{\pi_i}.$$

然而，回忆一下

$$P_k=\frac{\pi_k/\nu_k}{C},\quad \text{其中 } C=\sum_i \pi_i/\nu_i,$$

我们又可见

$$\frac{\pi_j}{\pi_i}=\frac{\nu_j P_j}{\nu_i P_i},$$

故而

$$q_{ij}^*=\frac{\nu_j P_j P_{ji}}{P_i}=\frac{P_j q_{ji}}{P_i}.$$

即

$$P_i q_{ij}^* = P_j q_{ji}. \tag{5.6.1}$$

方程（5.6.1）有一个非常清晰而直观的解释，然而为了理解它，我们必须首先论证 P_j 不但是原来链的平稳概率，而且也是倒向链的平稳概率. 这来自由于若 P_j 是当从时间正向看时 Markov 链处在状态 j 的时间比例，则它也是从时间倒向看时处在状态 j 的时间比例. 更正式地，通过证明对倒向链 $P_j(j\geqslant 0)$ 满足平衡方程组，我们来证明它们是倒向链的平稳概率. 它由对方程（5.6.1）中一切状态 i 求和来完成，这就得到 258

$$\sum_i P_i q_{ij}^* = P_j\sum_i q_{ji} = P_j\nu_j,$$

故而 $\{P_j\}$ 确实满足平衡方程组，从而是倒向链的平稳概率.

现在由于 q_{ij}^* 是当处在状态 i 的倒向链做一次转移到状态 j 的速率，而 P_i 是这个链在状态 i 的时间的比例，由此 $P_i q_{ij}^*$ 是倒向链从 i 做一次转移到 j 的速率. 类似地，$P_j q_{ji}$ 是正向链从 j 做一次转移到 i 的速率. 于是方程（5.6.1）说明，正向链从 j 做一次转移到 i 的速率等于倒向链从 i 做一次转移到 j 的速率. 然而这是很显然的，因为链每次从 j 到 i 按通常的方向（向前）做一次转移时，从时间倒向来看正是从 i 到 j 做一次转移.

平稳的连续时间 Markov 链，若倒向链服从像原过程一样的概率规律，则称为时间可逆的. 即若对一切 i,j 有

$$q_{ij}^* = q_{ij},$$

则它是时间可逆的，这等价于对一切 i,j 有

$$P_i q_{ij} = P_j q_{ji}.$$

由于 P_i 是处在状态 i 的时间比例，而由于处在状态 i 的过程以速率 q_{ij} 转移到 j，时间可逆性条件就是，过程直接地从状态 i 到状态 j 的速率等于它直接地从状态 j 到状态 j 的速率. 应该注意，这正是遍历的离散时间 Markov 链是时间可逆所需的条件（参见第 4 章 4.7 节）.

上述时间可逆性条件的一个应用导致下述有关生灭过程的命题.

命题 5.6.1 *在稳态的遍历生灭过程是时间可逆的.*

证明 为证明上述命题，我们必须证明，生灭过程从状态 i 到状态 $i+1$ 的速率等于从状态 $i+1$ 到状态 i 的速率. 现在在任意长的时间 t 内，从 i 到 $i+1$ 的转移次数与从 $i+1$ 到 i 的转移次数的差必须在 1 以内.（因为在从 i 到 $i+1$ 的两次转移之间过程必须回到 i，且只能经过 $i+1$ 回到 i，而相反方向也对.）因此由于在 $t\to\infty$ 时这样的转移次数趋于无穷，推出从状态 i 到状态 $i+1$ 的速率等于从状态 $i+1$ 到状态 i 的速率. 259 ◀

命题 5.6.1 可用于证明一个 M/M/s 排队系统的输出过程是 Poisson 过程这一重要的结

果. 我们将它叙述为一个推论.

推论 5.6.2 考虑一个 M/M/s 排队系统，其中顾客按速率为 λ 的 Poisson 过程到达，并由 s 条服务线之一服务，每条服务线具有速率为 μ 的指数分布的服务时间. 若 $\lambda < s\mu$，则在稳态情形顾客离开系统的输出过程是速率为 λ 的 Poisson 过程.

证明 以 $X(t)$ 记在时刻 t 系统中的顾客数. 由于一个 M/M/s 排队系统是生灭过程，由命题 5.6.1 推出 $\{X(t), t \geqslant 0\}$ 是时间可逆的. 现在让时间向前进行，$X(t)$ 增加 1 的时间点构成一个 Poisson 过程，因为这些正是顾客到达的时间点. 因此由时间可逆性，在我们让时间倒向进行时，这些 $X(t)$ 增加 1 的时间点也构成一个 Poisson 过程. 然而后面的那些点正是顾客离开的时间点.（参见图 5.6.1.）因此这些离开的时刻构成速率为 λ 的 Poisson 过程. ◀

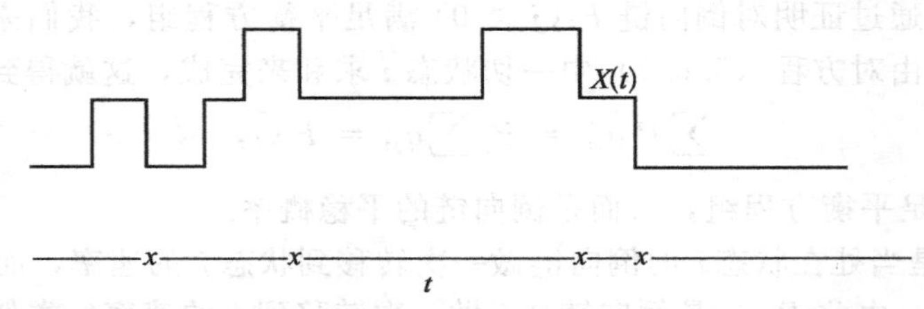

图 5.6.1 x 等于时间倒向进行时 $X(t)$ 增加的时刻；x 也等于时间正向进行时 $X(t)$ 减少的时刻

像离散时间情形一样，若一组概率 $\{x_j\}$ 满足时间可逆性方程，则平稳的 Markov 链是时间可逆的，且这些 x_j 是平稳概率. 为了验证它，假设这些 x_j 都是非负的且满足

$$\sum_j x_j = 1,$$

260

$$x_i q_{ij} = x_j q_{ji}, \quad 对一切\ i,j.$$

将第二组方程对 i 求和，给出

$$\sum_i x_i q_{ij} = x_j \sum_i q_{ji} = x_j \nu_j.$$

于是 $\{x_j\}$ 满足平衡方程组，故而它们是平稳概率，又因为 $x_i q_{ij} = x_j q_{ji}$，所以这个链是时间可逆的.

考虑一个状态空间为 S 的连续时间的 Markov 链. 若对一切 $i \in A, j \notin A$ 将 q_{ij} 改变为 0. 而一切其余的 q_{ij} 都不变，则我们称 Markov 链被截于 $A \subset S$. 于是对被截于 A 的链，转移出状态类 A 是不允许的. 一个有用的结果是时间可逆的链被截后保持时间可逆性.

命题 5.6.3 具有极限概率 $P_j, j \in S$ 的被截于 $A \subset S$ 且保持不可约的时间可逆的链也是时间可逆的，它具有极限概率

$$P_j^A = P_j \Big/ \sum_{j \in A} P_j, \quad j \in A. \tag{5.6.2}$$

证明 我们必须证明，对一切 $i \in A, j \in A$ 有

$$P_i^A q_{ij} = P_j^A q_{ji},$$

或等价地，对一切 $i \in A, j \in A$ 有

$$P_i q_{ij} = P_j q_{ji}.$$

而上式得自原链是时间可逆的假定. ◀

例 5.6 (A) 考虑一个 M/M/1 排队系统，其中来客看到系统中已有 N 个顾客便不进去而消失. 这种有限容量的 M/M/1 排队系统可认为是被截的 M/M/1，故而是时间可逆的，具有极限概率

$$P_j = \frac{(\lambda/\mu)^j}{\sum_{i=0}^{N}\left(\frac{\lambda}{\mu}\right)^i}, \quad 0 \leqslant j \leqslant N,$$

其中我们用了上面的例 5.5 (A). ■ 261

5.6.1 串联排队系统

M/M/s 排队系统的时间可逆性对排队论有另一个重要的应用. 例如，考虑一个有两条服务线的系统，其中顾客按速率为 λ 的 Poisson 过程到达服务线 1. 在完成了服务线 1 的服务后他们加入服务线 2 前的队列. 我们假设在两条服务线前都有无穷的等待空间. 顾客在每条服务线的服务时间如下：服务线 i 对每个顾客的服务是速率为 $\mu_i (i=1,2)$ 的指数时间. 这样的系统称为串联系统，或级联系统（图 5.6.2).

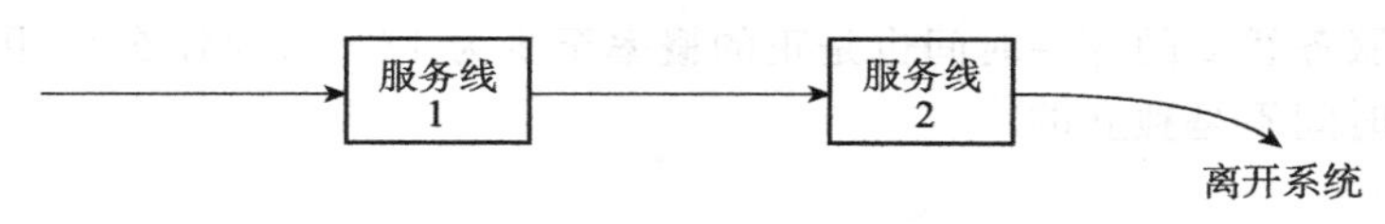

图 5.6.2 一个串联排队系统

因为服务线 1 的输出是 Poisson 过程，由此推出服务线 2 面对的也是一个 M/M/1 排队系统. 然而我们可以利用时间可逆性得到更多的结论. 我们需要下述引理.

引理 5.6.3 *在一个处于稳态的遍历 M/M/1 排队系统中：*

(i) 现在在系统中的顾客数与过去离开时刻的序列独立；

(ii) 顾客在系统中的等待时间（在队列中的等待加上服务时间）与早于他离开的离开过程独立.

证明 (i) 因为到达过程是 Poisson 过程，所以将来到达的序列与现在系统中的人数独立. 因此由时间可逆性，现在系统中的人数也必须与过去离开的序列独立（因为从时间倒向看离开就看成到达).

(ii) 考虑一个在时刻 T_1 到达，且在时刻 T_2 离开的顾客. 因为这系统是先来先服务且有 Poisson 到达，由此推出顾客的等待时间 $T_2 - T_1$ 与 T_1 以后的到达过程独立. 现在从时间倒向看，我们可见一个顾客在时刻 T_2 到达，且同一个顾客在时刻 T_1 离开. (为什么是同一个顾客?) 由此由时间可逆性，通过看倒向过程，可见 $T_2 - T_1$ 将与在 T_2（倒向的）以后的（倒向的）到达过程独立. 而这正是 T_2 前的离开过程. ◀ 262

定理 5.6.4 *对处在稳态的遍历的串联排队系统有：*

（i）现在在服务线1的顾客数与在服务线2的顾客数独立，且

$$P\{n\text{ 个在服务线 }1, m\text{ 个在服务线 }2\} = \left(\frac{\lambda}{\mu_1}\right)^n\left(1-\frac{\lambda}{\mu_1}\right)\left(\frac{\lambda}{\mu_2}\right)^m\left(1-\frac{\lambda}{\mu_2}\right);$$

（ii）顾客在服务线1的等待时间与在服务线2的等待时间独立.

证明　（i）由引理5.6.3的(i)部分我们有，在服务线1的顾客数与过去从服务线1离开的各个时刻独立．由这些过去离开的时刻构成服务线2的到达过程，就得到两个系统中的顾客数的独立性．联合概率的公式来自独立性和在例5.5（A）中给出的M/M/1排队系统的极限概率的公式.

（ii）由引理5.6.3的(ii)部分，我们可见，对一个指定的顾客，其在服务线1停留的时间与早于他离开服务线1的离开时间独立．但是这后面的过程，与在服务线2的服务时间联系起来，显然确定了这个顾客在服务线2的等待．因此得到结论. ◀

注　(1) 对定理5.6.4(i)中公式表示的联合概率公式，显然必须有 $\lambda/\mu_i < 1, i = 1,2$．这是串联排队系统为遍历的充要条件.

(2) 虽然对于一个指定的顾客，其在两条服务线的等待时间是独立的，但是看起来使人有些惊讶的是，在系统中顾客的等待时间并不是独立的．作为一个反例，假设 λ 相对于 $\mu_1 = \mu_2$ 非常小，于是几乎所有的顾客在系统中的两个服务线的等待时间为0．然而，给定一个顾客在系统中服务线1的等待时间为正时，他在系统中服务线2的等待时间也是正的概率至少为1/2.（为什么?）因此在系统中的等待时间不是独立的. □

5.6.2　随机群体模型

[263] 假设变异的个体按速率为 λ 的 Poisson 过程进入一个群体．在进入后每个变异个体成为一个家族的初始先祖．在群体中的一切个体都独立地行动，且以指数速率 ν 产生后代，以指数速率 μ 死亡，其中我们假定 $\nu < \mu$.

以 $N_j(t)$ 记在时刻 t 恰有 j 个成员的家族数，$j \geqslant 0$，而令

$$\underline{N}(t) = (N_1(t), N_2(t), \cdots).$$

那么 $\{\underline{N}(t), t \geqslant 0\}$ 是一个连续时间的 Markov 链.

对任意具有 $n_j > 0$ 的 $\underline{n} = (n_1, n_2, \cdots, n_j, \cdots)$，定义状态

$$B_j\underline{n} = (n_1, n_2, \cdots, n_{j-1}, n_j - 1, n_{j+1} + 1, \cdots), \quad j \geqslant 1,$$

$$D_j\underline{n} = (n_1, n_2, \cdots, n_{j-1} + 1, n_j - 1, n_{j+1}, \cdots), \quad j \geqslant 2,$$

并再定义

$$B_0\underline{n} = (n_1 + 1, n_2, \cdots),\ D_1\underline{n} = (n_1 - 1, n_2, \cdots).$$

于是，$B_j\underline{n}$ 和 $D_j\underline{n}$ 分别表示在规模为 $j\,(j \geqslant 1)$ 的家族中分别有一个出生或一个死亡时从 $\underline{n}$ 到的下一个状态，而 $B_0\underline{n}$ 表示有一个变异出现时的下一个状态.

若我们以 $q(\underline{n}, \underline{n}')$ 记这个 Markov 链的转移速率，则非零的转移速率仅是

$$q(\underline{n}, B_0\underline{n}) = \lambda,$$

$$q(\underline{n},B_j\underline{n}) = jn_j\nu, \quad j \geqslant 1,$$
$$q(\underline{n},D_j\underline{n}) = jn_j\mu, \quad j \geqslant 1.$$

为对此 Markov 链进行分析，值得注意的是，家族按 Poisson 过程进入群体，然后与其他家族的行为独立地以随机方式改变状态，其中若一个家族包含 j 个成员，则我们称它处在状态 j. 现在让我们假设群体在开始时是空的（即 $N(0)=\underline{0}$）且一个在时刻 t 到达的变异家族包含 j 个成员，则我们称之为 j 型变异的. 则从第 2 章的命题 2.3.2 的多于两个类的推广得到，$\{N_j(t), j\geqslant 1\}$ 都是独立的 Poisson 随机变量，分别具有均值

264

$$E[N_j(t)] = \lambda\int_0^t P_j(s)\mathrm{d}s, \tag{5.6.3}$$

其中 $P_j(s)$ 是源自时刻 s 的一个家族在时刻 t 包含 j 个个体的概率.

以 $P(\underline{n})$ 记极限概率，由 $N_j(t), j\geqslant 1$ 都是独立的 Poisson 随机变量这一事实推出，当 $N(0)=\underline{0}$ 时，极限概率将对某组数 $\alpha_1,\alpha_2,\cdots$ 有形式

$$P(\underline{n}) = \prod_{i=1}^{\infty}\mathrm{e}^{-\alpha_i}\frac{\alpha_i^{n_i}}{n_i!}. \tag{5.6.4}$$

现在我们要确定 α_i，且同时证明这个过程是时间可逆的. 对形如（5.6.4）的 $P(\underline{n})$ 有

$$P(\underline{n})q(\underline{n},B_0\underline{n}) = \lambda\prod_{i=1}^{\infty}\mathrm{e}^{-\alpha_i}\frac{\alpha_i^{n_i}}{n_i!},$$

$$P(B_0\underline{n})q(B_0\underline{n},\underline{n}) = (n_1+1)\mu\frac{\mathrm{e}^{-\alpha_1}\alpha_1^{n_1+1}}{(n_1+1)!}\prod_{i=2}^{\infty}\mathrm{e}^{-\alpha_i}\frac{\alpha_i^{n_i}}{n_i!}.$$

令 $P(\underline{n})q(\underline{n},B_0\underline{n})$ 与 $P(B_0\underline{n})q(B_0\underline{n},\underline{n})$ 相等，导致

$$\alpha_1 = \lambda/\mu. \tag{5.6.5}$$

类似地，对 $j\geqslant 1$，式（5.6.4）给出

$$P(\underline{n})q(\underline{n},B_j\underline{n}) \text{ 将等于 } P(B_j\underline{n})q(B_j\underline{n},\underline{n}) \quad （若 j\nu\alpha_j = (j+1)\mu\alpha_{j+1}）.$$

利用式（5.6.5），就导致

$$\alpha_j = \frac{\lambda}{j\nu}\left(\frac{\nu}{\mu}\right)^j.$$

因此，对以 $\alpha_j = \lambda(\nu/\mu)^j/j\nu$，由（5.6.4）给定的 $P(\underline{n})$，我们已证明了

$$P(\underline{n})q(\underline{n},B_j\underline{n}) = P(B_j(\underline{n}))q(B_j(\underline{n}),\underline{n}).$$

我们可由将 $\underline{n}$ 写成 $B_{j-1}(D_j(\underline{n}))$，然后利用上述结果，对状态 $\underline{n}$ 和 $D_j\underline{n}$ 证明类似的结果. 于是我们有下述定理.

265

定理 5.6.5 处在稳态的连续时间的 Markov 链 $\{N(t), t\geqslant 0\}$ 是时间可逆的，具有极限概率

$$P(\underline{n}) = \prod_{i=1}^{\infty}\mathrm{e}^{-\alpha_i}\frac{\alpha_i^{n_i}}{n_i!},$$

其中

$$\alpha_i = \frac{\lambda}{i\nu}\left(\frac{\nu}{\mu}\right)^i, \quad i\geqslant 1.$$

换句话说，包含 i 个个体的家族的极限个数是分别具有均值

$$\frac{\lambda}{i\nu}\left(\frac{\nu}{\mu}\right)^i, \quad i \geqslant 1$$

的独立 Poisson 随机变量. ◀

α_i 除了是规模为 i 的家族的极限平均个数外，还有一个有趣的解释. 从（5.6.3）我们可见

$$E[N_i(t)] = \lambda\int_0^t q(t-s)\mathrm{d}s = \lambda\int_0^t q(s)\mathrm{d}s,$$

其中 $q(s)$ 是一个家族在它形成后的 s 时间包含 i 个个体的概率. 因此

$$\lim_{t\to\infty} E[N_i(t)] = \lambda\int_0^\infty q(s)\mathrm{d}s. \tag{5.6.6}$$

然而，考虑任意一个家族，且令

$$I(s) = \begin{cases} 1 & \text{一个家族形成后的 } s \text{ 时间包含 } i \text{ 个个体} \\ 0 & \text{其他情形} \end{cases}$$

那么

266

$$\int_0^\infty q(s)\mathrm{d}s = \int_0^\infty E[I(s)]\mathrm{d}s = E\left[\int_0^\infty I(s)\mathrm{d}s\right] = E[\text{一个家族具有 } i \text{ 个成员的时间总量}].$$

因此，由（5.6.6）

$$\lim_{t\to\infty} E[N_i(t)] = \lambda E[\text{一个家族具有 } i \text{ 个成员的时间总量}],$$

而因为

$$E[N_i(t)] \to \alpha_i = \frac{\lambda}{i\nu}\left(\frac{\nu}{\mu}\right)^i,$$

我们可见

$$E[\text{一个家族具有 } i \text{ 个成员的时间总量}] = \frac{(\nu/\mu)^i}{i\nu}.$$

现在考虑处在稳态的群体模型，假设当前的状态为$\underline{n}^*$. 我们要确定一个指定的规模为 i 的家族是群体中的最古老（在最早形成的意义下）家族的概率. 看来我们可以利用过程的时间可逆性推出，它与指定的家族是当前存在的存活到最后的家族的概率相同. 然而. 不幸地，这个结论不能立刻得到，因为以我们的状态空间，由观察整个过程以确定指定的家族消亡的确切时间，这是不可能的. 于是我们需要一个具有更多信息的状态空间——一个使我们可能追踪一个指定家族的全程进展的状态空间.

由于技术原因，由被截的模型开始是最容易的，且不允许任何多于 M 个家族存在，其中 $M \geqslant \sum_i n_i^*$. 即只要群体中有 M 个家族，就不再有额外的变异. 注意由命题 5.6.3，以 $\underline{n}$ 为状态的被截的过程保持时间可逆性，且有极限概率

$$P(\underline{n}) = C\prod_{i=1}^\infty \mathrm{e}^{-\alpha_i}\frac{\alpha_i^{n_i}}{n_i!}, \quad \sum_{i=1} n_i \leqslant M,$$

其中 $\alpha_i = \lambda(\nu/\mu)^i/i\nu$.

为随时间进展追踪一个指定的家族，我们必须标记不同的家族. 让我们用 $1,2,\cdots,M$ 标记，且一致地认为，每当一个新的家族起源时（即出现一个变异），它的标号均匀地取自

此刻还未用过的标号之中．若我们以 s_i 记标记为 $i(i=1,\cdots,M)$ 的家族的个体数（$s_i=0$ 意即当前没有标号为 i 的家族），则我们可以考虑以 $\underline{s}=(s_1,\cdots,s_M),s_i\geqslant 0$ 为状态的过程．对指定的 $\underline{s}$，令 $\underline{n}(\underline{s})=(n_1(\underline{s}),\cdots,n_k(\underline{s}),\cdots)$，其中 $n_i(\underline{s})$ 与以前一样是规模为 i 的家族个数．即 267

$$n_i(\underline{s})=j \text{ 的个数：} s_j=i.$$

为了得到以 $\underline{s}$ 为状态的 Markov 链的平稳分布，我们注意，对 $\underline{n}=\underline{n}(\underline{s})$，

$$P(\underline{s})=P(\underline{n})P(\underline{s}\mid\underline{n})=P(\underline{s}\mid\underline{n})C\prod_{i=1}^{\infty}\mathrm{e}^{-\alpha_i}\frac{\alpha_i^{n_i}}{n_i!}.$$

由于一切标号都是随机地选取的，对一个指定的向量 $\underline{n}$，所有可能的

$$\frac{M!}{\left(M-\sum_1^{\infty}n_i\right)!\prod_{i=1}^{\infty}n_i!}$$

个与 $\underline{n}$ 相容的 $\underline{s}$ 向量直观地是等可能的（即，若 $M=3,n_1=n_2=1,n_i=0(i\geqslant 3)$，则有两个家族，一个规模为 1 且一个规模为 2，直观看起来 6 个可能的状态 $\underline{s}$，即 0，1，2 的一切排列，是等可能的）．因此直观地看来有

$$P(\underline{s})=\frac{\left(M-\sum_1^{\infty}n!\right)!\prod_{i=1}^{\infty}n_i!}{M!}C\prod_{i=1}^{\infty}\mathrm{e}^{-\alpha_i}\frac{\alpha_i^{n_i}}{n_i!},\tag{5.6.7}$$

其中 $n_i=n_i(\underline{s})$ 和 $\alpha_i=\lambda(\nu/\mu)^i/i\nu$．现在我们验证上面的公式，同时证明这个以 $\underline{s}$ 为状态的链是时间可逆的．

命题 5.6.6 *以 $\underline{s}=(s_1,\cdots,s_M)$ 为状态的链是时间可逆的，且具有式（5.6.7）给出的极限概率．*

证明 对一个向量 $\underline{s}=(s_1,\cdots,s_i,\cdots,s_M)$，令

$$B_i(\underline{s})=(s_1,\cdots,s_i+1,\cdots,s_M),$$

即若标号为 i 的家族出生了一个成员，则 $B_i(\underline{s})$ 是紧随 $\underline{s}$ 的状态．现在对 $s_i>0$ 有

$$\begin{aligned}q(\underline{s},B_i(\underline{s}))&=s_i\nu, &\quad s_i>0,\\ q(B_i(\underline{s}),\underline{s})&=(s_i+1)\mu, &\quad s_i>0.\end{aligned}$$

268

若也有

$$n(\underline{s})=(n_1,\cdots,n_{s_i},n_{s_i+1},\cdots),$$

则

$$n(B_i(\underline{s}))=(n_1,\cdots,n_{s_i}-1,n_{s_i+1}+1,\cdots).$$

因此对由式（5.6.7）指定的 $P(\underline{s})$ 和对 $s_i>0$，

$$P(\underline{s})q(\underline{s},B_i(\underline{s}))=P(B_i(\underline{s}))q(B_i(\underline{s}),\underline{s})\tag{5.6.8}$$

等价于

$$\frac{n_{s_i}\alpha_{s_i}}{n_{s_i}!n_{s_i+1}!}s_i\nu=\frac{(n_{s_i+1}+1)\alpha_{s_i+1}}{(n_{s_i}-1)!(n_{s_i+1}+1)!}(s_i+1)\mu$$

或

$$\alpha_{s_i} s_i \nu = \alpha_{s_i+1}(s_i+1)\mu$$

或因为 $\alpha_i = \lambda(\nu/\mu)^i / i\nu$

$$\lambda\left(\frac{\nu}{\mu}\right)^{s_i} = \lambda\left(\frac{\nu}{\mu}\right)^{s_i+1}\left(\frac{\mu}{\nu}\right),$$

它显见是正确的.

由于在状态是 $\underline{s}$ 时有 $M - \sum n_i(\underline{s})$ 个标号可供产生的变异来选，我们可见

$$q(\underline{s}, B_i(\underline{s})) = \frac{\lambda}{M - \sum n_i(\underline{s})} \qquad \text{若 } s_i = 0$$

$$q(B_i(\underline{s}), \underline{s}) = \mu \qquad \text{若 } s_i = 0$$

在这种情形容易证明方程 (5.6.8) 也成立，于是就完成了证明. ◀

推论 5.6.7 *若处在稳态时有 $n_i(i > 0)$ 个规模为 i 的家族，则一个指定的规模为 i 的家族是群体中最古老的家族的概率为 $i / \sum_j jn_j$.*

269 **证明** 考虑被截过程，它以 $\underline{s}$ 为状态，且假设其状态 $\underline{s}$ 使 $n_i(\underline{s}) = n_i$. 若一个指定的家族按时间倒向进行它是存在最长久的，则它是最古老的. 但是由时间可逆性，时间倒向的过程与时间向前的过程有相同的概率规律，因此这与此指定的家族是当前在群体中存在时间最长的家族有相同的概率. 但是每个个体的后裔有同样的概率活得最长久，而因为在群体中有 $\sum_j jn_j$ 个个体，其中 i 个属于此指定的家族，这就得到在被截情形的结果. 在一般情形的结果得自令 $M \to \infty$. ◀

注 我们选择了被截的过程来研究，因为这将容易猜测以 $\underline{s}$ 为状态的标号过程的极限概率. □

5.7 倒向链对排队论的应用

即使过程不是时间可逆的，倒向链仍然是十分有用的概念. 为明白这一点，我们从第 4 章的定理 4.7.2 的下述连续时间版本开始.

定理 5.7.1 *以 q_{ij} 记一个不可约的连续时间 Markov 链的转移速率. 若我们能找到一组数 $q_{ij}^*, i,j \geqslant 0, i \neq j$，和一组加起来为 1 的非负数 P_i 使*

$$P_i q_{ij} = P_j q_{ji}^*, \quad i \neq j,$$

$$\sum_{j \neq i} q_{ij} = \sum_{j \neq i} q_{ij}^*, \quad i \geqslant 0,$$

则 q_{ij}^* 是倒向链的转移速率，且 P_i 是（对两个链的）极限概率. ◀

定理 5.7.1 的证明留给读者作练习.

于是若我们对倒向链及极限概率能做猜测，则我们可用定理 5.7.1 证实这个猜测. 为

270 了阐述这个方法，考虑在排队网络中的下述模型，它在实质上推广了上节的串联排队模型.

5.7.1 排队网络

我们考虑有 k 条服务线的系统，其中顾客从外部到达系统后，独立地按速率为 r_i 的 Poisson 过程到达每个服务线 $i(i=1,\cdots,k)$，然后他们加入服务线 i 的队列直至轮到他们接受服务. 一旦顾客在服务线 i 完成服务，就以概率 P_{ij} 加入服务线 j 前面的队列，其中 $\sum_{j=1}^{k} P_{ij} \leqslant 1$，而 $1-\sum_{j=1}^{k} P_{ij}$ 表示顾客在服务线 i 完成服务后离开系统的概率.

若我们以 λ_j 记顾客去服务线 j 的总到达率，则 λ_j 可作为

$$\lambda_j = r_j + \sum_{i=1}^{k} \lambda_i P_{ij}, \quad j=1,\cdots,k \tag{5.7.1}$$

的解得到. 方程 (5.7.1) 得自，由于 r_j 是从系统外部至服务线 j 的到达率，且因为 λ_i 是顾客离开服务线 i 的速率（进入速率必须等于离开速率），$\lambda_i P_{ij}$ 是从服务线 i 来到服务线 j 的到达率.

这个模型可以用状态为 $(n_1,,n_2,\cdots,n_k)$ 的连续时间 Markov 链作分析，其中 n_i 记在服务线 i 的顾客数. 为了与串联排队系统一致，我们也许希望在每个服务线的顾客数是相互独立的随机变量. 就是说，将极限概率记为 $P(n_1,,n_2,\cdots,n_k)$，让我们由试图证明

$$P(n_1,n_2,\cdots,n_k) = P_1(n_1)P_2(n_2)\cdots P_k(n_k) \tag{5.7.2}$$

开始，其中 $P_i(n_i)$ 是有 n_i 个顾客在在服务线 i 的极限概率. 为了证明这些概率确实具有以上形式，并得到 $P_i(n_i), i=1,\cdots,k$，我们需要先离题，并思考倒向过程.

在倒向过程中，当顾客离开服务线 i 时，顾客将以某个有希望不依赖于过去的概率转向 j. 若此概率（令它记为$\overline{P}_{ij}$）确实不依赖过去，则它有什么价值呢？为了回答这个问题，首先注意因为去一个服务线的到达率必须等于离开此服务线的速率，由此推出向前和倒向两个过程到服务线 j 的到达率都是λ_j. 由于顾客在向前过程中从 j 到 i 的速率必须等于倒向过程中从 i 到 j 的速率，这就意味着

$$\lambda_j P_{ji} = \lambda_i \overline{P}_{ij}$$

或

$$\overline{P}_{ij} = \frac{\lambda_j P_{ji}}{\lambda_i}. \tag{5.7.3}$$

[271]

于是我们希望在倒向过程中，在一个顾客离开服务线 i 时，他去服务线 j 的概率是 $\overline{P}_{ij} = \lambda_j P_{ji}/\lambda_i$.

再则，倒向过程从系统的外部到达 i 对应于向前过程从 i 离开系统，故而以速率 $\lambda_i\left(1-\sum_j P_{ij}\right)$ 发生. 如果是 Poisson 过程，这就最清晰了，于是我们做如下猜测.

猜测 倒向随机过程是与原过程相同类型的排队网络. 它从系统外部到达服务线 i 的速率是 $\lambda_i\left(1-\sum_j P_{ij}\right)$，且离开 i 去 j 的概率 $\overline{P}_{ij}$ 由式 (5.7.3) 给出. i 的服务时间是速率为 μ_i 的指数随机变量. 此外极限分布是

$$P(n_1,n_2,\cdots,n_k) = P_1(n_1)P_2(n_2)\cdots P_k(n_k).$$

为了证明这个猜测且得到 $P_i(n_i)$，考虑从外部到达导致的首次转移. 即考虑状态 $\underline{n}=(n_1,\cdots,n_i,\cdots,n_k)$ 和 $\underline{n}'=(n_1,\cdots,n_i+1,\cdots,n_k)$. 现在

$$q_{n,n'}=r_i,$$

而若猜测正确就有

$$q^*_{n',n}=\mu_i\Big(1-\sum_j\overline{P}_{ij}\Big)=\mu_i\frac{\Big(\lambda_i-\sum\limits_j\lambda_jP_{ji}\Big)}{\lambda_i}=\frac{\mu_ir_i}{\lambda_i}\quad(\text{由}(5.7.1)),$$

$$P(\underline{n})=\prod_jP_j(n_j),\quad P(\underline{n}')=P_i(n_i+1)\prod_{j\neq i}P_j(n_j).$$

因此由定理 5.7.1 我们需要

[272]

$$r_i\prod_jP_j(n_j)=\frac{\mu_ir_i}{\lambda_i}P_i(n_i+1)\prod_{j\neq i}P_j(n_j)$$

或

$$P_i(n_i+1)=\frac{\lambda_i}{\mu_i}P_i(n_i).$$

即

$$P_i(n+1)=\frac{\lambda_i}{\mu_i}P_i(n)=\Big(\frac{\lambda_i}{\mu_i}\Big)^2P_i(n-1)\cdots=\Big(\frac{\lambda_i}{\mu_i}\Big)^{n+1}P_i(0),$$

而利用 $\sum\limits_{n=0}^{\infty}P_i(n)=1$ 导致

$$P_i(n)=\Big(\frac{\lambda_i}{\mu_i}\Big)^n\Big(1-\frac{\lambda_i}{\mu_i}\Big).\tag{5.7.4}$$

于是 λ_i/μ_i 必须小于 1，且为了使猜测正确，P_i 必须给定如上.

为了继续证明我们的猜测，考虑从服务线 j 离开去服务线 i 的那种转移. 即令 $\underline{n}=(n_1,\cdots,n_i,\cdots,n_j,\cdots,n_k)$ 和 $\underline{n}'=(n_1,\cdots,n_i+1,\cdots,n_j-1,\cdots,n_k)$，其中 $n_j>0$. 因为

$$q_{\underline{n},\underline{n}'}=\mu_jP_{ji},$$

而此猜测导致

$$q^*_{\underline{n}',\underline{n}}=\mu_i\overline{P}_{ij},$$

我们必需证明

$$P(\underline{n})\mu_jP_{ji}=P(\underline{n}')\mu_i\overline{P}_{ij},$$

或，利用式 (5.7.4)，证明

$$\lambda_jP_{ji}=\lambda_i\overline{P}_{ij},$$

而它正是 $\overline{P}_{ij}$ 的定义.

[273] 因为对定理 5.7.1 额外的验证得自同样的方式，我们就证明了下述定理.

定理 5.7.2 *假定对一切 i 有 $\lambda_i<\mu_i$. 且处于稳态，则在服务线 i 的顾客数是独立的，且极限概率为*

$$P(n_1,\cdots,n_k)=\prod_{i=1}^k\Big(\frac{\lambda_i}{\mu_i}\Big)^{n_i}\Big(1-\frac{\lambda_i}{\mu_i}\Big).$$ ◀

我们再从倒向链得到下述推论.

推论 5.7.3 顾客从服务线 $i(i=1,\cdots,k)$ 离开系统的过程，是相互独立的分别具有速率 $\lambda_i\left(1-\sum_j P_{ij}\right)$ 的 Poisson 过程.

证明 我们已经证明了，在倒向过程中，顾客按速率 $\lambda_i\left(1-\sum_j P_{ij}\right)(i\geqslant 1)$ 从系统的外部到达服务线 i. 因为在倒向过程中从系统的外部到达服务线 i 对应于在正向过程中从服务线 i 离开系统，结论由此得到. ◀

注 (1) 在定理 5.7.2 中具体表达的结论是相当不平凡的，它说明在服务线 i 的顾客数的分布与速率为 λ_i 和 μ_i 的一个 M/M/1 系统是一样的. 它的不平凡之处在于，在网络模型中在节点 i 的到达过程不必是 Poisson 过程. 因为若一个顾客可能不止一次地（一种称为反馈的情形）访问一条服务线，则到达过程将不是 Poisson 过程. 有一个容易的例子可以说明它，假设有一条服务线的服务速率相比于来自外部的到达率非常大. 再假设一个顾客在完成服务后以概率 $p=0.9$ 反馈地回到系统. 因此，在到达时刻，以很大的概率在短时间中有另一个到达（即反馈到达），而在任意的时间点，将只有很小的机会不久就出现一个到达（因为 λ 很小）. 因此到达过程并不具有独立增量，故而不是 Poisson 过程. [274]

(2) 此模型可以推广到允许每个服务站是多服务系统（即服务线 i 不像 M/M/1 一样运行，而更像 M/M/k_i 一样运行. 在每个站的极限顾客数也是独立的，且在每个服务线的顾客数具有像 Poisson 到达过程时一样的极限分布. □

5.7.2 Erlang 消失公式

考虑一个消失排队模型，其中顾客按速率为 λ 的 Poisson 过程到达一个有 k 条服务线的系统. 它是一个消失模型，其含义为任意到达的顾客若看见所有 k 条服务线都在忙，则并不进入系统，从而对系统而言是消失了. 服务线的服务时间都假定具有分布 G. 我们将假设 G 是一个具有密度 g 和失效率函数 $\lambda(t)$ 的连续分布函数. 即粗略地说，$\lambda(t)=g(t)/\overline{G}(t)$ 是已经使用了 t 个时间单位的设备即刻损坏的概率强度.

我们可以用在任意时刻顾客的有序服务年龄作为在该时刻的状态，以此分析上述系统. 即若有 n 个顾客在接受服务，最晚的顾客已在 x_1 个时间单位前到达，次晚的顾客已在 x_2 个时间单位前到达，等等，则状态是 $\underline{x}=(x_1,x_2,\cdots,x_n),x_1\leqslant x_2\leqslant\cdots\leqslant x_n$. 相继状态的过程将是 Markov 过程，其含义为，在给定现在和一切过去的状态时，将来状态的条件分布只依赖现在的状态. 即使过程不是一个连续时间的 Markov 链，我们已阐述的关于链的理论也可扩展到这种过程，故而我们要在此基础上分析这个过程.

我们试图用倒向过程得到极限概率密度 $p(x_1,x_2,\cdots,x_n)(1\leqslant n\leqslant k,x_1\leqslant x_2\leqslant\cdots\leqslant x_n)$ 和系统空无一人的极限概率 $P(\varnothing)$. 现在因为在服务的顾客的服务年龄自他到达起从 0 线性地增长到他离开时的服务时间，显然，若倒向地看，我们将追踪到他的剩余服务时间. 因为在系统中不会多于 k 个顾客，我们做如下的猜测.

猜测 倒向过程也是 k 条服务线的具有服务时间分布 G 的消失系统，其到达按速率为

λ 的 Poisson 过程发生．在任意时刻的状态表示现在正接受服务的顾客的有序剩余服务时间．

现在我们试图证明上述猜测且同时得到极限分布．对任意状态 $\underline{x}=(x_1,\cdots,x_i,\cdots,x_n)$，令 $e_i(\underline{x})=(x_1,\cdots,x_{i-1},x_{i+1},\cdots,x_n)$．现在，在原过程中当状态为 $\underline{x}$ 时，由于服务时间为 275 x_i 的那个人会瞬时结束服务，$\underline{x}$ 将以等于 $\lambda(x_i)$ 的概率密度瞬时转移到 $e_i(x)$．类似地，在倒向过程中，若状态是 $e_i(\underline{x})$，而一个服务时间为 x_i 的顾客瞬时到达，则 $e_i(x)$ 将瞬时转移到 $\underline{x}$．所以我们可见

在正向过程中：$\underline{x}\to e_i(\underline{x})$（以概率强度 $\lambda(x_i)$）；

在倒向过程中：$e_i(\underline{x})\to\underline{x}$（以（联合）概率强度 $\lambda g(x_i)$）．

因此，若 $p(\underline{x})$ 表示极限密度，则按定理 5.7.1 我们需要

$$p(\underline{x})\lambda(x_i)=p(e_i(\underline{x}))\lambda g(x_i),$$

或，由于 $\lambda(x_i)=g(x_i)/\overline{G}(x_i)$，有

$$p(\underline{x})=p(e_i(\underline{x}))\lambda\overline{G}(x_i).$$

取 $i=1$，将上式迭代导致

$$\begin{aligned}p(\underline{x})&=\lambda\overline{G}(x_1)p(e_1(\underline{x}))=\lambda\overline{G}(x_1)\lambda\overline{G}(x_2)p(e_1(e_1(\underline{x})))\\&\ \ \vdots\\&=\prod_{i=1}^{n}\lambda\overline{G}(x_i)P(\varnothing).\end{aligned}\tag{5.7.5}$$

对一切向量 $\underline{x}$ 积分，导致

$$\begin{aligned}P\{\text{在系统中有 } n \text{ 人}\}&=P(\varnothing)\lambda^n\underset{x_1\leqslant x_2\leqslant\cdots\leqslant x_n}{\iint\cdots\int}\prod_{i=1}^{n}\overline{G}(x_i)\mathrm{d}x_1\mathrm{d}x_2\cdots\mathrm{d}x_n\\&=P(\varnothing)\frac{\lambda^n}{n!}\underset{x_1,x_2,\cdots,x_n}{\iint\cdots\int}\prod_{i=1}^{n}\overline{G}(x_i)\mathrm{d}x_1\mathrm{d}x_2\cdots\mathrm{d}x_n\\&=P(\varnothing)\frac{(\lambda E[S])^n}{n!},\quad n=1,2,\cdots,k,\end{aligned}\tag{5.7.6}$$

其中 $E[S]=\int\overline{G}(x)\mathrm{d}x$ 是平均服务时间．再则，利用

276

$$P(\varnothing)+\sum_{n=1}^{k}P\{\text{在系统中有 } n \text{ 人}\}=1,$$

我们得到

$$P\{\text{在系统中有 } n \text{ 人}\}=\frac{(\lambda E[S])^n/n!}{\sum_{i=0}^{k}(\lambda E[S])^i/i!},\quad n=0,1,\cdots,k.\tag{5.7.7}$$

从式（5.7.5）我们有

$$p(\underline{x})=\frac{\lambda^n\prod_{i=1}^{n}\overline{G}(x_i)}{\sum_{i=0}^{k}\frac{(\lambda E[S])^i}{i!}},\tag{5.7.8}$$

而我们可见，给定在系统中有 n 人时，有序服务年龄的条件分布是

$$P\{\underline{x} \mid \text{在系统中有 } n \text{ 人}\} = \frac{p(\underline{x})}{P\{\text{在系统中有 } n \text{ 人}\}} = n!\prod_{i=1}^{n}\frac{\overline{G}(x_i)}{E[S]}.$$

因为 $\overline{G}(x)/E[S]$ 正是 G 的平衡分布 G_e 的密度，可见若猜测成立，则在系统中人数的极限分布只通过 G 的均值依赖 G，且由式（5.7.7）可知，给定在系统中有 n 人时，它们的（未排序的）服务年龄的条件分布是相互独立的，与 G 的平衡分布 G_e 有相同的分布.

为完成我们对猜测的证明，当 $n<k$ 时，我们必须考虑正向过程从 $\underline{x}$ 到 $(0,\underline{x})=(0,x_1,x_2,\cdots,x_n)$ 的转移. 现在

在正向过程中：以瞬时强度 λ 有 $\underline{x}\to(0,\underline{x})$；

在倒向过程中：以概率为 1 有 $(0,\underline{x})\to\underline{x}$.

因此，与定理 5.7.1 相联系，我们必须验证

$$p(\underline{x})\lambda = p(0,\underline{x}),$$

它得自式（5.7.8），因为 $\overline{G}(0)=1$.

所以，假定与定理 5.7.1 类似的结论成立，我们就证明了下述定理. 277

定理 5.7.4 在系统中的顾客数的极限分布是

$$P\{\text{在系统中有 } n \text{ 人}\} = \frac{(\lambda E[S])^n/n!}{\sum_{i=0}^{k}(\lambda E[S])^i/i!}\quad n=0,1,\cdots,k, \tag{5.7.9}$$

而且，给定在系统中有 n 人时，这 n 人在系统中的服务年龄（或剩余时间）是独立同分布的，其分布同 G 的平衡分布. ◀

所考虑的模型称为 Erlang 消失系统，而方程（5.7.9）称为 Erlang 消失公式.

用倒向过程，我们还有下述推论.

推论 5.7.5 在 Erlang 消失模型中的离开过程（包括完成服务的顾客和从系统消失的顾客）是速率为 λ 的 Poisson 过程.

证明 上述结论得自，因为在倒向过程中到达的所有（包括消失的）顾客构成一个 Poisson 过程. ◀

5.7.3 M/G/1 共享处理系统

假设顾客按速率为 λ 的 Poisson 过程到达. 每个顾客需要服务线处理有关的工作，其工作量是随机的，且按 G 分布. 服务线以单位时间一个单位工作量的速率处理，而且在当前系统中的所有顾客等分服务线的时间. 即当系统中有 n 个顾客时，每个顾客以单位时间处理 $1/n$ 单位工作量的速率接受服务.

以 $\lambda(t)=g(t)/\overline{G}(t)$ 记服务分布的失效率函数，且假定 $\lambda E[S]<1$，此处 $E[S]$ 是 G 的均值.

为了分析上面的模型，令任意时刻的状态为还在系统中的顾客已完成的工作量的有序向量. 即，若有 n 个顾客在系统中，而 $x_1,x_2,\cdots,x_n$ 是这 n 个人已完成的工作量，则状态是 $\underline{x}=(x_1,x_2,\cdots,x_n)$，$x_1\leqslant x_2\leqslant\cdots\leqslant x_n$. 以 $p(\underline{x})$ 和 $P(\varnothing)$ 记极限概率密度和系统为空的 278

极限概率. 关于倒向过程，我们做下述猜测.

猜测　倒向过程是相同类型的系统，顾客以 Poisson 速率 λ 到达，具有按 G 分布的工作负荷且其状态表示当前在系统中顾客的有序剩余工作负荷.

为了验证上述猜测且同时得到极限分布，在 $\underline{x}=(x_1,x_2,\cdots,x_n)$，$x_1\leqslant x_2\leqslant\cdots\leqslant x_n$ 时令 $e_i(\underline{x})=(x_1,\cdots,x_{i-1},x_{i+1},\cdots,x_n)$. 注意

在正向过程中：$\underline{x}\to e_i(\underline{x})$（以概率强度 $\lambda(x_i)/n$）；

在倒向过程中：$e_i(\underline{x})\to\underline{x}$（以（联合）概率强度 $\lambda g(x_i)$）.

以上可像前一节中一样得到，不同之处只是若在系统中有 n 个人，则已经完成 x_i 工作量的顾客将以概率强度 $\lambda(x_i)/n$ 立刻结束服务.

因此若 $p(x)$ 是极限密度，则按定理 5.7.1 我们需要

$$p(\underline{x})\frac{\lambda(x_i)}{n}=p(e_i(\underline{x}))\lambda g(x_i),$$

或等价地

$$\begin{aligned}p(\underline{x})&=n\overline{G}(x_i)p(e_i(x))\lambda\\&=n\overline{G}(x_i)(n-1)\overline{G}(x_j)p(e_j(e_i(\underline{x})))\lambda^2,\quad j\neq i\\&\vdots\\&=n!\lambda^nP(\varnothing)\prod_{i=1}^{n}\overline{G}(x_i).\end{aligned}\tag{5.7.10}$$

对一切向量 x 求积分，导致像（5.7.6）一样的

$$P\{\text{在系统中有 } n \text{ 人}\}=(\lambda E[S])^nP(\phi).$$

用

279

$$P(\varnothing)+\sum_{n=1}^{\infty}P\{\text{在系统中有 } n \text{ 人}\}=1,$$

给出

$$P\{\text{在系统中有 } n \text{ 人}\}=(\lambda E[S])^n(1-\lambda E[S]),\quad n\geqslant 0.$$

再则，当给定在系统中有 n 人时，由式（5.7.10），已经完成的工作量的有序条件分布是

$$P\{\underline{x}\mid\text{在系统中有 } n \text{ 人}\}=\frac{p(\underline{x})}{P\{\text{在系统中有 } n \text{ 人}\}}=n!\prod_{i=1}^{n}\frac{\overline{G}(x_i)}{E[S]}.$$

即，当给定在系统中有 n 人时，已经完成的不计次序工作量独立地都以 G 的平衡分布 G_e 为分布.

所有以上论述都基于假定猜测是成立的. 为了完成猜测有效性的证明，我们必须验证

$$p(\underline{x})\lambda=p(0,\underline{x})\frac{1}{n+1},$$

由于处在状态 $(\varepsilon,\underline{x})$ 的倒向过程将在时间 $(n+1)\varepsilon$ 后转移到状态 $\underline{x}$，以上是相关的方程. 因为上述事实很容易验证，我们就证明了下述定理.

定理 5.7.6　*对共享处理系统，在系统中的顾客数具有分布*

$$P\{\text{在系统中有 } n \text{ 人}\}=(\lambda E[S])^n(1-\lambda E[S]),\quad n\geqslant 0.$$

当给定在系统中有 n 人时，已经完成的不计次序（或剩余的）工作负荷是独立的，都

以 G 的平衡分布 G_e 为分布. 离开过程是速率为 λ 的 Poisson 过程. ◀

若我们以 L 记在系统中的平均顾客数，而以 W 记每个顾客在系统中的平均时间，则

$$L=\sum_{n=0}^{\infty} n(\lambda E[S])^n(1-\lambda E[S])=\frac{\lambda E[S]}{1-\lambda E[S]}.$$

280

我们可以从公式 $L=\lambda W$（参见第 3 章的 3.6.1 节）得到 W，故而

$$W=\frac{L}{\lambda}=\frac{E[S]}{1-\lambda E[S]}.$$

注 非常有趣的是，顾客在系统中的平均时间只通过 G 的均值依赖 G. 例如，考虑两个这样的系统，其中之一的工作负荷恒等于 1，而另一个的工作负荷是均值为 1 的指数分布的. 则由定理 5.7.6，在一个到达的顾客看来，在两个系统中的顾客数的分布是一样的. 然而，在第一个系统中由一个到达的顾客看到的那些剩余工作负荷都是 (0, 1) 均匀分布的（这是均值为 1 的确定性随机变量的平衡分布），而在第二个系统中剩余工作负荷都是均值为 1 的指数分布的. 因此，顾客在系统中的平均时间在两种情形一样是出人意外的. 当然，顾客在系统中的时间的分布，与这个分布的平均相反，依赖于整个分布 G，而不只依赖于其均值.

在此模型中的另一个有趣的计算是，在给定到达的顾客的工作负荷为 y 时，他在系统中的条件平均停留时间，为了计算这个量，固定 y，若顾客的工作负荷在 y 和 $y+\varepsilon$ 之间，则称该顾客是“特殊的”. 由 $L=\lambda W$，我们于是有

在系统中特殊顾客的平均数

=（特殊顾客到达的速率）×（一个特殊顾客在系统中的平均时间）.

为确定一个特殊顾客在系统中的平均时间，让我们先确定当前在系统中的任意顾客的总负荷的密度. 假设这个顾客已经接受了工作量 x. 则该顾客的工作负荷的条件密度是

$$f(w\mid \text{已接受 } x)=g(w)/\bar{G}(x), \quad x\leqslant w.$$

但是，由定理 5.7.6，系统中任意顾客已接受的工作量具有分布 G_e. 因此当前在系统中某个人工作负荷的密度是

$$f(w)=\int_0^w \frac{g(w)}{\bar{G}(x)}\mathrm{d}G_e(x)=\int_0^w \frac{g(w)}{E[S]}\mathrm{d}x \qquad \left(\text{因为 } \mathrm{d}G_e(x)=\frac{\bar{G}(x)}{E[S]}\mathrm{d}x\right)$$
$$=wg(w)/E[S].$$

因此在系统中特殊顾客的平均数是

281

$$E[\text{在系统中工作负荷在 } y \text{ 和 } y+\varepsilon \text{ 之间的人数}]$$
$$=Lf(y)\varepsilon+o(\varepsilon)=Lyg(y)\varepsilon/E[S]+o(\varepsilon).$$

此外，工作负荷在 y 和 $y+\varepsilon$ 之间的顾客的平均到达率是

$$\text{平均到达率}=\lambda g(y)\varepsilon+o(\varepsilon).$$

因此我们可见

$$E[\text{在系统中的时间}\mid\text{工作负荷在}(y,y+\varepsilon)\text{ 中}]=\frac{g(y)\varepsilon}{\lambda g(y)\varepsilon}\frac{Ly}{E[S]}+\frac{o(\varepsilon)}{\varepsilon}.$$

令 $\varepsilon\to 0$ 我们得到

$$E[\text{在系统中的时间}\mid\text{工作负荷是 }y]=\frac{y}{\lambda E[S]}L=\frac{y}{1-\lambda E[S]}.\tag{5.7.11}$$

于是，对于需要 y 单位工作量的一个顾客来说，其在系统中的平均时间依赖于服务分布也只通过分布的均值. 验证上述公式，注意

$$W=E[\text{在系统中的时间}]=\int E[\text{在系统中的时间}\mid\text{工作量是 }y]\mathrm{d}G(y)$$

$$=\frac{E[S]}{1-\lambda E[S]}\qquad(\text{由式(5.7.11)}).$$

这就完成了验证. □

5.8　一致化

考虑一个连续时间的 Markov 链，它在一切状态的平均时间都相同. 即对一切状态 i 有 $\nu_i=\nu$. 在这种情形，因为在每个状态每次访问的停留时间量是以速率 ν 指数地分布的，由此推出，若以 $N(t)$ 记直至时刻 t 为止的转移次数，则 $\{N(t),t\geqslant 0\}$ 是速率为 ν 的 Poisson 过程.

282

为了计算转移概率 $P_{ij}(t)$，我们可取条件于 $N(t)$ 如下：

$$\begin{aligned}P_{ij}(t)&=P\{X(t)=j\mid X(0)=i\}\\&=\sum_{n=0}^{\infty}P\{X(t)=j\mid X(0)=i,N(t)=n\}P\{N(t)=n\mid X(0)=i\}\\&=\sum_{n=0}^{\infty}P\{X(t)=j\mid X(0)=i,N(t)=n\}\mathrm{e}^{-\nu t}\frac{(\nu t)^n}{n!}.\end{aligned}$$

直至时刻 t 为止有 n 次转移这一事实给予我们有关停留在前 n 个访问的状态中每一个的时间量的一些信息，但是因为在每个状态的停留时间分布是相同的，它没有给予我们已访问哪些状态的信息. 因此

$$P\{X(t)=j\mid X(0)=i,N(t)=n\}=P_{ij}^n,$$

其中 P_{ij}^n 是从属于以 P_{ij} 为转移概率的离散 Markov 链的 n 步转移概率，故而在 $\nu_i\equiv\nu$ 时有

$$P_{ij}(t)=\sum_{n=0}^{\infty}P_{ij}^n\mathrm{e}^{-\nu t}\frac{(\nu t)^n}{n!}.\tag{5.8.1}$$

从计算的观点来看，上述方程十分有用，因为它使我们以部分和来近似 $P_{ij}(t)$，而后(用转移概率矩阵的矩阵乘积）计算有关的 n 步转移概率 P_{ij}^n .

然而方程（5.8.1）的应用似乎相当有限，因为它假设 $\nu_i\equiv\nu$，事实表明大多数 Markov 链可用允许状态转移到自己的虚拟转移的技巧纳入这种形式. 为了明白这是怎样做的，考虑任意 ν_i 是有界的 Markov 链，令 ν 是任意数使

$$\nu_i\leqslant\nu,\quad\text{对一切 }i.\tag{5.8.2}$$

现在，当过程在状态 i 时，实际以速率 ν_i 离开；但是这等价于，假设转移以速率 ν 发生，但是只有比例 ν_i/ν 是实际离开 i 的转移，而其余部分都是过程仍留在 i 的虚拟转移. 换句

话说，任意满足式（5.8.2）的 Markov 链可以想象为一个过程，它以速率为 ν 的指数时间总量停留在状态 i，然后以概率 P_{ij}^* 做一次转移到 j，其中

$$P_{ij}^* = \begin{cases} 1 - \dfrac{\nu_i}{\nu} & j = i \\ \dfrac{\nu_i}{\nu} P_{ij} & j \neq i \end{cases} \tag{5.8.3}$$

283

因此，由式（5.8.1）我们可算出转移概率为

$$P_{ij}(t) = \sum_{n=0}^{\infty} P_{ij}^{*n} \mathrm{e}^{-\nu t} \frac{(\nu t)^n}{n!},$$

其中 P_{ij}^{*n} 是对应于式（5.8.3）的 n 步转移概率. 这种用引入从一个状态到它自己的转移使每个状态发生转移的速率一致的技巧，称为一致化.

例 5.8 (A) 让我们重新考虑例 5.4（A）的两状态链，它有

$$P_{01} = P_{10} = 1,$$

$$\nu_0 = \lambda, \quad \nu_1 = \mu.$$

令 $\nu = \lambda + \mu$，上述的一致化版本是将它考虑为具有

$$P_{00} = \frac{\mu}{\lambda + \mu} = 1 - P_{01},$$

$$P_{10} = \frac{\mu}{\lambda + \mu} = 1 - P_{11},$$

$$\nu_i = \lambda + \mu, \quad i = 0, 1.$$

的一个连续时间的 Markov 链.

因为 $P_{00} = P_{10}$，由此推出无论当前的状态是什么，转移到状态 0 的概率都等于 $\mu/(\lambda + \mu)$. 由于类似的结果对状态 1 也正确，由此推出 n 步转移概率为

$$P_{i0}^n = \frac{\mu}{\lambda + \mu}, \quad n \geqslant 1, i = 0, 1.$$

因此

$$P_{00}(t) = \sum_{n=0}^{\infty} P_{00}^n \mathrm{e}^{-(\lambda+\mu)t} \frac{[(\lambda + \mu)t]^n}{n!} = \mathrm{e}^{-(\lambda+\mu)t} + [1 - \mathrm{e}^{-(\lambda+\mu)t}] \frac{\mu}{\lambda + \mu} = \frac{\mu}{\lambda + \mu} + \frac{\lambda}{\lambda + \mu} \mathrm{e}^{-(\lambda+\mu)t}.$$

类似地有

$$P_{11}(t) = \sum_{n=0}^{\infty} P_{11}^n \mathrm{e}^{-(\lambda+\mu)t} \frac{[(\lambda + \mu)t]^n}{n!} = \frac{\lambda}{\lambda + \mu} + \frac{\mu}{\lambda + \mu} \mathrm{e}^{-(\lambda+\mu)t}.$$ ■

284

另一个有趣的量是直至时刻 t 为止过程处在一个指定状态的全部时间. 即，若以 $X(t)$ 记在时刻 t 的状态（0 或 1），那么若我们令 $S_i(t)(i = 1, 0)$ 为

$$S_1(t) = \int_0^t X(s)\mathrm{d}s, \quad S_0(t) = \int_0^t (1 - X(s))\mathrm{d}s, \tag{5.8.4}$$

则 $S_i(t)$ 记直至 t 为止过程在状态 i 的时间. 随机过程 $\{S_i(t), t > 0\}$ 称为对状态 i 的占有时间过程.

现在让我们假设 $X(0) = 0$，并且确定 $S_0(t)$ 的分布. 它的均值由式（5.8.4）算得：

$$E[S_0(t) \mid X(0)=0]=\int_0^t E[1-X(s)]\mathrm{d}s=\int_0^t P_{00}(s)\mathrm{d}s=\frac{\mu}{\lambda+\mu}t+\frac{\lambda}{(\lambda+\mu)^2}[1-\mathrm{e}^{-(\lambda+\mu)t}].$$

我们并不试图计算 $S_0(t)$ 的方差（参见习题 5.36），而直接考虑其分布.

为了确定在给定 $X(0)=0$ 时 $S_0(t)$ 的条件分布，我们将用 $\{X(t),t\geqslant 0\}$ 的一致化表示，而由取条件于 $N(t)$ 开始，以得到对 $s<t$，

$$\begin{aligned}P\{S_0(t)\leqslant s\}&=\sum_{n=0}^{\infty}\mathrm{e}^{-(\lambda+\mu)t}\frac{((\lambda+\mu)t)^n}{n!}P\{S_0(t)\leqslant s \mid N(t)=n\}\\&=\sum_{n=1}^{\infty}\mathrm{e}^{-(\lambda+\mu)t}\frac{((\lambda+\mu)t)^n}{n!}P\{S_0(t)\leqslant s \mid N(t)=n\}.\end{aligned}$$

最后的等号得自，因为 $N(t)=0$ 蕴含 $S_0(t)=t$（因为 $X(0)=0$）. 现在，在给定 $N(t)=n$ 时，区间 $(0,t)$ 被分为 $n+1$ 个子区间 $(0,X_{(1)}),(X_{(1)},X_{(2)}),\cdots,(X_{(n-1)},X_{(n)}).(X_{(n)},t)$，其中 $X_{(1)}\leqslant X_{(2)}\leqslant\cdots\leqslant X_{(n)}$ 是直至 t 为止过程 $\{N(s)\}$ 的 n 个事件时刻. 在任意指定的子区间过程 $\{X(t)\}$ 将在相同状态. 它将在第一个子区间处于状态 0，且在以后的每个子区间独立地以概率 $\mu/(\lambda+\mu)$ 处于状态 0. 因此，在给定 $N(t)=n$ 时，过程等于 0 的子区间个数等于 1 加上二项随机变量 $B(n,\mu/(\lambda+\mu))$. 若其和为 k [即，若 $1+B(n,\mu/(\lambda+\mu))=k$]，则 $S_0(t)$ 将等于上述的 k 个子区间的长度的和. 然而，因为 $X_{(1)},\cdots,X_{(n)}$ 和一组 n 个独立的 $(0,t)$ 均匀随机变量的次序统计量有相同的分布，由此推出 $n+1$ 个子区间长度 $Y_1,Y_2\cdots,Y_{n+1}$ 的联合分布（其中 $Y_i=X_{(i)}-X_{(i-1)},i=1,\cdots,n+1$，且 $X_{(0)}=0,X_{(n+1)}=t$）是可交换的. 即 $P\{Y_i\leqslant y_i,i=1,\cdots,n+1\}$ 是向量 $(y_1,\cdots,y_{n+1})$ 的对称函数.（参见习题 5.37.）所以任意 k 个 Y_i，无论是和中的哪些，其和的分布都是相同的. 最后，因为

285

$$X_{(k)}=Y_1+\cdots+Y_k,$$

我们可见当 $k\leqslant n$ 时，这个和与一组 n 个独立的 $(0,t)$ 均匀随机变量中第 k 个最大的有相同的分布.（当 $k=n+1$ 时，这个和等于 t.）因此，对 $s<t$ 有

$$P\{X_{(k)}\leqslant s\}=\sum_{i=k}^{n}\binom{n}{i}\left(\frac{s}{t}\right)^i\left(1-\frac{s}{t}\right)^{n-i}.$$

综上所述，对 $s<t$ 有

$$\begin{aligned}&P\{S_0(t)\leqslant s \mid X(0)=0\}\\&=\sum_{n=1}^{\infty}\mathrm{e}^{-(\lambda+\mu)t}\frac{((\lambda+\mu)t)^n}{n!}\sum_{k=1}^{n}\binom{n}{k-1}\left(\frac{\mu}{\lambda+\mu}\right)^{k-1}\left(\frac{\lambda}{\lambda+\mu}\right)^{n-k+1}\\&\quad\times\sum_{i=k}^{n}\binom{n}{j}\left(\frac{s}{t}\right)^i\left(1-\frac{s}{t}\right)^{n-i}.\end{aligned}$$

而且

$$P\{S_0(t)=t \mid X(0)=0\}=\mathrm{e}^{-\lambda t}.$$

习　题

5.1　一个生物群体由雄性和雌性成员组成. 在一个小的群落中，任一指定的雄性成员与任一指定的雌性成员在任意长度为 h 的时间区间以概率 $\lambda h+o(h)$ 交配. 每次交配立刻等可能地产生一个雄性或雌性

子裔. 以 $N_1(t)$ 和 $N_2(t)$ 分别记群体中在时刻 t 雄性和雌性成员的个数. 导出连续时间的 Markov 链 $\{N_1(t), N_2(t)\}$ 的参数.

5.2 假设一个单细胞生物体可以处在两种状态——A 或 B 之一. 在状态 A 的一个个体以指数速率 α 转变为状态 B，在状态 B 的一个个体以指数速率 β 分裂为两个 A 型个体. 对这个生物群定义一个合适的连续时间 Markov 链，并确定此模型的参数.

286

5.3 证明对连续时间的 Markov 链，若已知 (a) 对一切 i 有 $\nu_i \leqslant M < \infty$，或 (b) 具有转移概率 P_{ij} 的离散时间的 Markov 链是不可约的和常返的，则 Markov 链是正则的.

5.4 对出生参数为 $\lambda_n(n \geqslant 0)$ 的纯生过程，计算这个群体的规模从 0 到 N 所需时间的均值、方差和矩母函数.

5.5 考虑一个 $X(0)=i$ 的 Yule 过程. 在给定 $X(t)=i+k$ 时，对在 $(0,t)$ 中出生的 k 个个体的出生时间的条件分布，你能说些什么？

5.6 验证在例 5.3 (B) 中给出的公式

$$A(t) = a_0 + \int_0^t X(s)\mathrm{d}s.$$

5.7 考虑从一个个体开始的 Yule 过程，并且假设在时刻 s 出生的个体以概率 $P(s)$ 是健康的. 计算在 $(0, t)$ 中出生的健康个体数的分布.

5.8 证明引理 5.4.1.

5.9 证明引理 5.4.2.

5.10 令 $P(t) = P_{00}(t)$.

(a) 求

$$\lim_{t \to 0} \frac{1-P(t)}{t}.$$

(b) 证明

$$P(t)P(s) \leqslant P(t+s) \leqslant 1 - P(s) + P(s)P(t).$$

(c) 证明

$$|P(t) - P(s)| \leqslant 1 - P(t-s), \quad s < t,$$

并断言 P 是连续的.

287

5.11 对 Yule 过程

(a) 验证

$$P_{ij}(t) = \binom{j-1}{i-1} \mathrm{e}^{-i\lambda t}(1-\mathrm{e}^{-\lambda t})^{j-i}$$

满足向前方程和向后方程.

(b) 假设 $X(0)=1$，且在任意时刻 T 过程停止并以一个移民出去的过程代替，其中移民离开以 Poisson 速率 μ 发生. 以 τ 记在 T 以后至群体消失所需的时间. 求 τ 的密度函数，并证明

$$E[\tau] = \mathrm{e}^{\lambda T}/\mu.$$

5.12 假设系统的状态可用转移率为 $\nu_0 = \lambda, \nu_1 = \mu$ 的两状态的连续时间的 Markov 链建模. 在系统的状态是 i 时，“事件”按速率为 $\alpha_i(i=0,1)$ 的 Poisson 过程发生. 以 $N(t)$ 记在 $(0,t)$ 中的事件数.

(a) 求 $\lim\limits_{t \to \infty} N(t)/t$.

(b) 若初始状态是 0，求 $E[N(t)]$.

5.13 考虑一个具有出生率 $\{\lambda_n\}$ 和死亡率 $\{\mu_n\}$ 的生灭过程. 从状态 i 开始，求前 k 个事件都是出生的概率.

5.14 考虑规模为 n 的群体，其中某些个体已经感染了一种病毒. 假设在一个长为 h 的区间中任意指定的

一对个体都独立地以概率 $\lambda h+o(h)$ 相互影响. 若在相互影响中恰有一个涉及的个体是受感染的,则另一个个体以概率 α 变为受感染. 若在时刻 0 只有一个个体受感染,求整个群体都受感染的期望时间.

5.15 考虑一个群体,其中每个个体独立地以指数速率 λ 出生且以指数速率 μ 死亡. 此外,新成员按速率为 θ 的 Poisson 过程进入此群体. 以 $X(t)$ 记群体在时刻 t 的规模.

(a) $\{X(t),t\geqslant 0\}$ 是什么类型的过程?

(b) 它的参数是什么?

(c) 求 $E[X(t)\mid X(0)=i]$.

288

5.16 在例 5.4 (D) 中,求在时刻 t 群体中雄性个数的方差.

5.17 令 A 是一个连续时间的 Markov 链的一个指定的状态集,以 $T_i(t)$ 记开始处于状态 i 的链在时间区间 $[0,t]$ 内在 A 中停留的时间. 令 $Y_1,\cdots,Y_n$ 是均值为 λ 的独立指数随机变量. 假设 Y_i 们都与 Markov 链独立,且令 $t_i(n)=E[T_i(Y_1+\cdots+Y_n)]$.

(a) 对 $t_i(1),i\geqslant 0$ 导出一组线性方程.

(b) 利用 $t_i(n-1)$ 和其他的 $t_j(n)$ 导出 $t_i(n)$ 的一组线性方程.

(c) 当 n 很大时,在 λ 是什么值时 $t_i(n)$ 是 $E[T_i(t)]$ 的一个优良的近似?

5.18 考虑一个 $X(0)=0$ 的连续时间的 Markov 链. 以 A 记不含 0 的一个状态集,令 $T=\mathrm{Min}\{t>0:X(t)\in A\}$. 假设 T 以概率为 1 地有限. 取 $q_i=\sum_{j\in A}q_{ij}$,且考虑随机变量 $H=\int_0^T q_{X(t)}\,\mathrm{d}t$,它称为随机风险.

(a) 求 H 的风险率函数,即求 $\lim_{h\to 0}P\{s<H<s+h\mid H>s\}/h$.

(提示:当 $\int_0^\tau q_{X(t)}\,\mathrm{d}t=s$ 时,取条件于链在时刻 τ 的状态.)

(b) H 的分布是什么?

5.19 考虑一个具有平稳概率 $\{P_i,i\geqslant 0\}$ 的连续时间的 Markov 链. 以 T 记该链首次已在状态 0 停留了连续的 t 个时间单位的时间. 求 $E[T\mid X(0)=0]$.

5.20 假定一个生物群体中的个体以指数速率 λ 出生,且以指数速率 μ 死亡. 此外由于移民,存在一个增加的指数速率 θ. 然而,在群体的规模为 N 或更大时,移民就不再允许.

(a) 将此建立为一个生灭模型.

(b) 若 $N=3,\theta=\lambda=1,\mu=2$,确定移民受限制的时间的比例.

5.21 有一个美发员的美发店至多有两个顾客的空间. 潜在顾客以每小时 3 人的 Poisson 速率到达,而服务时间是均值为 1/4 小时的独立指数随机变量.

(a) 店中顾客的平均数是多少?

(b) 进入店的潜在顾客的比例是多少?

289

(c) 若美发员的工作速度提高一倍,她多做了多少生意?

5.22 求 M/M/s 系统的极限分布,并且确定它们存在需要的条件.

5.23 若 $\{X(t),t\geqslant 0\}$ 和 $\{Y(t),t\geqslant 0\}$ 是独立的时间可逆的 Markov 链,证明过程 $\{(X(t),Y(t)),t\geqslant 0\}$ 也是时间可逆的 Markov 链.

5.24 考虑分别具有参数 λ_i,μ_i 的两个 M/M/1 排队系统,其中 $\lambda_i<\mu_i\,(i=1,2)$. 假设它们共享同一个有限容量 N 的等待室. (即每当等待室满员时,所有潜在到达者不管到哪一个队列都离开而消失.) 计算有 n 人在第一个队列 (当 $n>0$ 时,一人在服务,$n-1$ 人在等待室) 且有 m 人在第二个队列的极限概率. (提示:利用习题 5.23 的结果.)

5.25 对有限容量的平稳 M/M/1 排队系统的离开过程你能说些什么?

5.26 在 5.6.2 节中的随机群体模型中

(a) 在 $P(\underline{n})$ 由式 (5.6.4) 以 $\alpha_j = (\lambda/j\nu)(\nu/\mu)^j$ 给定时，证明

$$P(\underline{n})q(\underline{n},D_j\underline{n}) = P(D_j\underline{n})q(D_j\underline{n},\underline{n})$$

(b) 以 $D(t)$ 记在 $(0,t)$ 中消失的家族个数. 假定过程处在稳态，在时刻 $t=0$ 是 0，随机过程 $\{D(t),t\geqslant 0\}$ 是什么类型的过程？若群体在 $t=0$ 初始值是空时怎样？

5.27 完成在 5.7.1 节中排队网络的猜测的证明.

5.28 N 个顾客移动在 r 条服务线之间. 服务线 i 的服务时间是速率为 μ_i 的指数随机变量. 而在顾客离开服务线 i 时，他以概率 $1/(r-1)$ 加入服务线 $j(j\neq i)$ 的队列（如果队列有人，不然就进入服务）. 当在服务线 $i(i=1,\cdots,r)$ 有 n_i 个顾客时，令系统的状态为 $(n_1,\cdots,n_r)$. 证明对应的连续时间 Markov 链是时间可逆的，并求极限概率.

5.29 考虑一个具有参数 ν_i,P_{ij}，极限概率 $P_j(j\geqslant 0)$ 的时间可逆的连续时间 Markov 链. 选择某个状态（比如状态 0）且考虑使 0 成为吸收态的新的 Markov 链. 即重取 ν_0 等于 0. 假设现在对按速率为 λ 的 Poisson 过程选取的时间点，都以概率 P_{0j} 取初值 j 开始一个如上类型的 Markov 链（以 0 作为吸收态的）. 假定所有存在的链都是独立的. 以 $N_j(t)$ 记在时刻 t 处在状态 $j(j>0)$ 的链的个数. 290

(a) 论证：若没有初始链，则 $N_j(t),j>0$ 都是独立的 Poisson 随机变量.

(b) 在稳态情形论证向量过程 $\{(N_1(t),N_2(t),\cdots)\}$ 是时间可逆的，具有平稳概率

$$P(\underline{n}) = \prod_{j=1}^{\infty} \mathrm{e}^{-\alpha_j}\frac{\alpha_j^{n_j}}{n_j!},\quad 对\ \underline{n}=(n_1,n_2,\cdots),$$

其中 $\alpha_j = \lambda P_j/P_0\nu_0$.

5.30 考虑一个具有编号为 1，2，…的通道（服务线）的 M/M/∞ 排队系统. 在顾客到达时，他将选取空闲的最小编号的通道. 于是我们可考虑所有顾客都出现在通道 1. 那些发现通道 1 在忙而溢出的顾客变为到达通道 2. 那些发现通道 1 和通道 2 都在忙而溢出的顾客变为到达通道 3，等等

(a) 通道 1 在忙的时间比例是多少？

(b) 通过考虑对应的 M/M/2 消失系统，确定通道 2 在忙的时间比例.

(c) 对任意 c，写出通道 c 在忙的时间比例.

(d) 从通道 c 到通道 $c+1$ 的溢出率是多少？对应的溢出过程是否是 Poisson 过程？或是一个更新过程？解释为什么.

(e) 若服务分布不是指数分布，而是一般的分布，你对 (a) ～ (d) 的解答中哪些（如果有）需要改变？简单解释.

5.31 证明定理 5.7.1.

5.32 (a) 证明一个平稳的 Markov 链是时间可逆的当且仅当，对任意有限个状态的序列 $j_1,j_2,\cdots,j_n$，其转移速率满足

$$q(j_1,j_2)q(j_2,j_3)\cdots q(j_{n-1},j_n)q(j_n,j_1) = q(j_1,j_n)q(j_n,j_{n-1})\cdots q(j_3,j_2)q(j_2,j_1).$$ 291

(b) 论证 (a) 中的等式只须对不同的序列验证就已足够.

(c) 假设到达一个排队系统的顾客流形成速率为 ν 的 Poisson 过程，且有两条效率可能不同的服务线. 特别地，假设，对 $i=1,2$，顾客在服务线 i 的服务时间是按速率 μ_i 指数分布的，其中 $\mu_1+\mu_2>\nu$. 若到达的顾客发现两条服务线都空闲，他等可能地进入两条服务线之一. 对此模型定义一个合适的连续时间的 Markov 链，证明它是时间可逆的，并求其极限概率.

5.33 在一个排队系统中，在任意时刻的工作量定义为，此刻在系统中所有顾客的剩余服务时间的总和. 对处在稳态的 M/G/1 计算在系统中的工作量的均值和方差.

5.34 考虑一个处在稳态的具有转移速率 q_{ij} 的连续时间的 Markov 链. 以 $P_j(j\geqslant 0)$ 记其平稳概率. 假设

状态空间分成两个子集 B 和 $B^c = G$.

(a) 计算当过程已在 B 中时，过程处在状态 $i(i \in B)$ 的概率，即计算

$$P\{X(t) = i \mid X(t) \in B\}.$$

(b) 计算在刚进入 B 时，过程处在状态 $i(i \in B)$ 的概率，即计算

$$P\{X(t) = i \mid X(t) \in B, X(t^-) \in G\}.$$

(c) 对 $i \in B$，以 T_i 记当给定过程在状态 i 时直至它进入 G 为止的时间，且令 $\widetilde{F}_i(s) = E[\mathrm{e}^{-sT_i}]$. 论证

$$\widetilde{F}_i(s) = \frac{\nu_i}{\nu_i + s}\left[\sum_{j\in B}\widetilde{F}_j(s)P_{ij} + \sum_{j\in G}P_{ij}\right],$$

其中 $P_{ij} = q_{ij} / \sum_j q_{ij}$.

(d) 论证

$$\sum_{i\in G}\sum_{j\in B}P_i q_{ij} = \sum_{j\in B}\sum_{j\in G}P_i q_{ij}.$$

(e) 利用 (c) 和 (d) 证明

292

$$s\sum_{i\in B}P_i\widetilde{F}_i(s) = \sum_{i\in G}\sum_{j\in B}P_i q_{ij}(1 - \widetilde{F}_j(s)).$$

(f) 给定过程刚从 G 进入 B，以 T_v 记直至它离开 B 的时间. 用 (b) 推断

$$E[\mathrm{e}^{-sT_v}] = \frac{\sum_{i\in B}\sum_{j\in G}\widetilde{F}_i(s)P_j q_{ji}}{\sum_{j\in G}\sum_{k\in B}P_j q_{jk}}.$$

(g) 用 (e) 和 (f) 论证

$$\sum_{j\in B}P_j = \left[\sum_{i\in G}\sum_{j\in B}P_i q_{ij}\right]E[T_v].$$

(h) 给定过程在 B 中的一个状态，以 T_x 记直至它离开 B 的时间. 利用 (a)，(e)，(f) 和 (g) 证明

$$E[\mathrm{e}^{-sT_x}] = \frac{1 - E[\mathrm{e}^{-sT_v}]}{sE[T_v]}.$$

(i) 利用 (h) 和 Laplace 变换的唯一性断定

$$P\{T_x \leqslant t\} = \int_0^t \frac{P\{T_v > s\}\mathrm{d}s}{E[T_v]}$$

(j) 利用 (i) 证明

$$E[T_x] = \frac{E[T_v^2]}{2E[T_v]} \geqslant \frac{E[T_v]}{2}.$$

随机变量 T_v 称为在状态集 B 中的访问时间或逗留时间，它表示在一次访问期间停留在 B 中的时间. 随机变量 T_x 称为从 B 的离开时间，它表示给定过程目前在 B 中时保持在 B 中的时间. 上述问题的结果显示，T_v 和 T_x 的分布，与在稳态的更新过程的超出量或剩余寿命的分布和在相继的更新之间的时间分布，具有相同的结构关系.

5.35 考虑一个更新过程，其到达间隔分布 F 是两个指数分布的混合分布. 即 $\overline{F}(x) = p\mathrm{e}^{-\lambda_1 x} + q\mathrm{e}^{-\lambda_2 x}$，$q = 1 - p$. 计算更新函数 $E[N(t)]$.

提示：将每次更新想象为投掷一个出现正面的概率为 p 的一个硬币. 若正面出现，则下一个到达间隔是速率为 λ_1 的指数随机变量；而若反面出现，则下一个到达间隔是速率为 λ_2 的指数随机变量. 若在时刻 t 的指数速率是 λ_i，则令 $R(t) = i$.

293

(a) 确定 $P\{R(t) = i\}, i = 1,2$.

(b) 论证

$$E[N(t)]=\sum_{i=1}^{2}\lambda_i\int_0^t P\{R(s)=i\}\mathrm{d}s=E\left[\int_0^t \Lambda(s)\mathrm{d}s\right],$$

其中 $\Lambda(s)=\lambda_{R(s)}$.

5.36 考虑例 5.8 (A) 中的两个状态的 Markov 链，设 $X(0)=0$.

(a) 计算 $\mathrm{Cov}(X(s),X(y))$.

(b) 以 $S_0(t)$ 记直至时刻 t 为止状态 0 的占有时间. 利用 (a) 和式 (5.8.4) 计算 $\mathrm{Var}(S(t))$.

5.37 令 $Y_i=X_{(i)}-X_{(i-1)}(i=1,\cdots,n+1)$，其中 $X_{(0)}=0,X_{(n+1)}=t$，且 $X_{(1)}\leqslant X_{(2)}\leqslant\cdots\leqslant X_{(n)}$ 是一组 n 个独立的$(0,t)$ 均匀随机变量的次序随机变量. 论证 $P\{Y_i\leqslant y_i,i=1,\cdots,n+1\}$ 是 $y_1,\cdots,y_n$ 的对称函数.

参考文献

文献 1，2，3，7 和 8 提供了连续时间的 Markov 链应用的大量例子. 对时间可逆性更多的材料，读者可查阅文献 5，6 和 10. 关于排队网络更多的材料可在文献 6，9，10 和 11 中找到.

1. N. Bailey，*The Elements of Stochastic Processes with Application to the Natural Sciences*，Wiley，New York，1964.
2. D. J. Bartholomew，*Stochastic Models for Social Processes*，2nd ed.，Wiley，London，1973.
3. M. S. Bartlett，*An Introduction to Stochastic Processes*，3rd ed.，Cambridge University Press，Cambridge，Enaland，1978.
4. D. R. Cox and H. D. Miller，*The Theory of Stochastic Processes*，Chapman and Hall，London，1965.
5. J. Keilson，*Markov Chain Models—Rarity and Exponentiality*，Springer-Verlag，Berlin，1979.
6. F. Kelly，*Reversibility and Stochastic Networks*，Wiley，New York，1979.
7. Renshaw，*Modelling Biological Populations in Space and Time*，Cambridge University Press，Cambridge，England，1991.
8. H. C. Tijms，*Stochastic Models，An Algorithmic Approach*，Wiley，Chichester，England，1994.
9. N. Van Dijk，*Queueing Networks and Product Forms*，Wiley，New York，1993.
10. J. Walrand，*Introduction to Queueing Networks*，Prentice-Hall，Englewood Cliffs，NJ，1988.
11. P. Whittle，*Systems in Stochastic Equilibrium*，Wiley，Chichester，England，1986.

294

第6章　鞅

在本章中，我们考虑一类称为鞅的随机过程，它的定义得自将公平博弈正式化．因为我们将见到，这些过程不仅有其固有的趣味，而且也是分析各种随机过程的有力工具．

在 6.1 节中我们定义鞅，并介绍例子．在 6.2 节我们引入停时概念并证明常用的鞅停止定理．在 6.3 节中，我们推导并应用 Azuma 不等式，由它得到增量变化有界的鞅的尾概率的上界．在 6.4 节中，我们介绍重要的鞅收敛定理，而在其他应用中显示怎样用它来证明强大数定律．最后在 6.5 节中，我们推导了 Azuma 不等式的一个推广．

6.1　鞅

一个随机过程 $\{Z_n, n \geqslant 1\}$ 若对一切 n 有

$$E[|Z_n|] < \infty,$$

而且

$$E[Z_{n+1} \mid Z_1, Z_2, \cdots, Z_n] = Z_n, \tag{6.1.1}$$

则它称为鞅过程，简称为鞅．鞅是公平博弈的广义版本．因为若我们将 Z_n 解释为一个赌徒在第 n 次赌博后的财产，则式（6.1.1）说明无论前面可能发生了什么，他在 $n+1$ 次赌博后的期望财产等于 n 次赌博后的财产．

对式（6.1.1）取期望，给出

295

$$E[Z_{n+1}] = E[Z_n],$$

故而

$$E[Z_n] = E[Z_1], \quad 对所有\ n.$$

鞅的一些例子　（1）令 $X_1, X_2, \cdots$ 是均值为 0 的独立同分布随机变量，且令 $Z_n = \sum_{i=1}^{n} X_i$．则 $\{Z_n, n \geqslant 1\}$ 是一个鞅，因为

$$\begin{aligned} E[Z_{n+1} \mid Z_1, \cdots, Z_n] &= E[Z_n + X_{n+1} \mid Z_1, \cdots, Z_n] \\ &= E[Z_n \mid Z_1, \cdots, Z_n] + E[X_{n+1} \mid Z_1, \cdots, Z_n] \\ &= Z_n + E[X_{n+1}] = Z_n. \end{aligned}$$

（2）若 $X_1, X_2, \cdots$ 是 $E[X_i] = 1$ 的独立随机变量，则在 $Z_n = \prod_{i=1}^{n} X_i$ 时，$\{Z_n, n \geqslant 1\}$ 是一个鞅．这得自于

$$\begin{aligned} E[Z_{n+1} \mid Z_1, \cdots, Z_n] &= E[Z_n X_{n+1} \mid Z_1, \cdots, Z_n] \\ &= Z_n E[X_{n+1} \mid Z_1, \cdots, Z_n] \\ &= Z_n E[X_{n+1}] = Z_n. \end{aligned}$$

（3）考虑一个分支过程（参见第 4 章的 4.5 节），而以 X_n 记第 n 代的规模．若每个个体的子裔的平均数是 m，则在

$$Z_n = X_n / m^n.$$

时，$\{Z_n, n \geqslant 1\}$ 是一个鞅．我们将验证留作一个练习．

因为条件期望 $E[X \mid \boldsymbol{U}]$，除了所有概率的计算都对 $\boldsymbol{U}$ 的值取条件外，满足普通期望的一切性质，由此从等式 $E[X]=E[E[X \mid \boldsymbol{Y}]]$ 推出

$$E[X \mid \boldsymbol{U}]=E[E[X \mid \boldsymbol{Y},\boldsymbol{U}] \mid \boldsymbol{U}]. \qquad (6.1.2)$$

在考虑 Z_{n+1} 的条件期望时，不只给定 $Z_1,\cdots,Z_n$ 而且还给定其他随机向量 $\boldsymbol{Y}$，这样用来证明 $\{Z_n,\ n\geqslant 1\}$ 是一个鞅有时很方便. 若我们能证明

$$E[Z_{n+1} \mid Z_1,\cdots,Z_n,\boldsymbol{Y}]=Z_n,$$

296

则由此推出方程（6.1.1）满足. 之所以这样，是因为若上述方程成立，则

$$\begin{aligned}E[Z_{n+1} \mid Z_1,\cdots,Z_n] &= E[E[Z_{n+1} \mid Z_1,\cdots,Z_n,\boldsymbol{Y}] \mid Z_1,\cdots,Z_n] \\ &= E[Z_n \mid Z_1,\cdots,Z_n]=Z_n.\end{aligned}$$

鞅的更多例子 （4）令 $X,Y_1,Y_2,\cdots$ 是任意随机变量使 $E[|X|]<\infty$，且令

$$Z_n=E[X \mid Y_1,\cdots,Y_n].$$

由此推出 $\{Z_n,n\geqslant 1\}$ 是鞅. 为了证明它，我们要计算在不只给定 $Z_1,\cdots,Z_n$ 且还给定随机变量 $Y_1,\cdots,Y_n$ 的更多信息（则等价于取条件于 $Z_1,\cdots,Z_n$，$Y_1,\cdots,Y_n$）时，Z_{n+1} 的条件期望. 这就导致

$$\begin{aligned}E[Z_{n+1} \mid Y_1,\cdots,Y_n] &= E[E[X \mid Y_1,\cdots,Y_n,Y_{n+1}] \mid Y_1,\cdots,Y_n] \\ &= E[X \mid Y_1,\cdots,Y_n] \quad (\text{由}(6.1.2)) \\ &= Z_n,\end{aligned}$$

于是得到结论. 这种鞅称为 Doob 型鞅，它们有重要的应用. 例如，假设 X 是一个随机变量，其值需要预测，且假定按次序地积累了数据 $Y_1,Y_2,\cdots$. 那么，如 1.9 节所示，在给定数据 $Y_1,\cdots,Y_n$ 时，X 的使期望平方误差最小的预测正是 $E[X \mid Y_1,\cdots,Y_n]$，故而最佳预测序列构成一个 Doob 型鞅.

（5）我们下面的例子推广了有均值 0 的独立随机变量的部分和是鞅这一事实. 对任意随机变量 $X_1,X_2,\cdots$，随机变量 $X_i-E[X_i \mid X_1,\cdots,X_{i-1}](i\geqslant 1)$ 具有均值 0. 它们甚至不必是独立的，其部分和仍构成一个鞅. 即若

$$Z_n=\sum_{i=1}^{n}\{X_i-E[X_i \mid X_1,\cdots,X_{i-1}]\},$$

则在对一切 n 都有 $E[|Z_n|]<\infty$ 时，$\{Z_n,n\geqslant 1\}$ 是鞅，且均值为 0. 为了验证它，注意

$$Z_{n+1}=Z_n+X_{n+1}-E[X_{n+1} \mid X_1,\cdots,X_n].$$

297

取条件于比 $Z_1,\cdots,Z_n$ 有更多信息的 $X_1,\cdots,X_n$（因为所有的 $Z_1,\cdots,Z_n$ 都是 $X_1,\cdots,X_n$ 的函数）导致

$$E[Z_{n+1} \mid X_1,\cdots,X_n]=Z_n+E[X_{n+1} \mid X_1,\cdots,X_n]-E[X_{n+1} \mid X_1,\cdots,X_n]=Z_n,$$

于是证明了 $\{Z_n,n\geqslant 1\}$ 是一个鞅.

6.2 停时

定义 可能取无穷大的正整数值随机变量 N 称为对过程 $\{Z_n,n\geqslant 1\}$ 的**随机时刻**，如果事件 $\{N=n\}$ 由随机变量 $Z_1,\cdots,Z_n$ 确定. 即知道了 $Z_1,\cdots,Z_n$ 就知道是否有 $N=n$. 若 $P\{N<\infty\}=1$，则这个随机时间 N 称为一个**停时**.

令 N 是对过程 $\{Z_n, n \geqslant 1\}$ 的一个随机时刻，且令

$$\bar{Z}_n = \begin{cases} Z_n & 若\ n \leqslant N \\ Z_N & 若\ n > N \end{cases}$$

$\{\bar{Z}_n, n \geqslant 1\}$ 称为停止过程.

命题 6.2.1 若 N 是对鞅 $\{Z_n, n \geqslant 1\}$ 的一个随机时刻，则停止过程 $\{\bar{Z}_n, n \geqslant 1\}$ 也是一个鞅.

证明 令

$$I_n = \begin{cases} 1 & 若\ N \geqslant n \\ 0 & 若\ N < n \end{cases}$$

即若我们在观察 $Z_1, \cdots, Z_{n-1}$ 后还没有停止，则 $I_n = 1$. 我们断言

298

$$\bar{Z}_n = \bar{Z}_{n-1} + I_n(Z_n - Z_{n-1}). \tag{6.2.1}$$

为了验证式 (6.2.1)，我们考虑两种情形：

(i) $N \geqslant n$：在此情形，$\bar{Z}_n = Z_n, \bar{Z}_{n-1} = Z_{n-1}$，且 $I_n = 1$，从而得到式 (6.2.1).

(ii) $N < n$：在此情形，$\bar{Z}_{n-1} = \bar{Z}_n = Z_N, I_n = 0$，从而得到式 (6.2.1).

现在

$$\begin{aligned} E[\bar{Z}_n \mid Z_1, \cdots, Z_{n-1}] &= E[\bar{Z}_{n-1} + I_n(Z_n - Z_{n-1}) \mid Z_1, \cdots, Z_{n-1}] \\ &= \bar{Z}_{n-1} + I_n E[Z_n - Z_{n-1} \mid Z_1, \cdots, Z_{n-1}] = \bar{Z}_{n-1}, \end{aligned} \tag{6.2.2}$$

其中第二个等式来自，因为 $\bar{Z}_{n-1}$ 和 I_n 两者都由 $Z_1, \cdots, Z_{n-1}$ 确定，而最后一个等式是因为 $\{Z_n\}$ 是鞅.

我们必须证明 $E[\bar{Z}_n \mid \bar{Z}_1, \cdots, \bar{Z}_{n-1}] = \bar{Z}_{n-1}$. 然而，式 (6.2.1) 蕴含这个结论，因为若我们知道 $Z_1, \cdots, Z_{n-1}$ 的值，则我们也知道 $\bar{Z}_1, \cdots, \bar{Z}_{n-1}$ 的值.

由于停止过程也是一个鞅，又因为 $\bar{Z}_1 = Z_1$，我们对一切 n 有

$$E[\bar{Z}_n] = E[Z_1]. \tag{6.2.3}$$

现在让我们假设随机时刻 N 是停时，即 $P\{N < \infty\} = 1$. 由于

$$\bar{Z}_n = \begin{cases} Z_n & 若\ n \leqslant N \\ Z_N & 若\ n > N \end{cases}$$

由此推出当 n 充分大时 $\bar{Z}_n$ 等于 Z_N. 因此当 $n \to \infty$ 时以概率为 1 地有

$$\bar{Z}_n \to Z_N.$$

当 $n \to \infty$ 时

$$E[\bar{Z}_n] \to E[Z_N] \tag{6.2.4}$$

也是正确的. 由于对一切 n 有 $E[\bar{Z}_n] = E[Z_1]$，式 (6.2.4) 说明

$$E[Z_N] = E[Z_1].$$

299

看来在一些正则条件下，式 (6.2.4) 事实上是正确的. 我们不加证明地叙述下述定理. ◀

定理 6.2.2 (鞅停止定理) 如果下列条件之一：

(i) $\bar{Z}_n$ 一致有界，或

(ii) N 是有界的，或

(iii) $E[N] < \infty$，且存在 $M < \infty$ 使

$$E[|Z_{n+1}-Z_n||Z_1,\cdots,Z_n]<M$$

成立，那么

$$E[Z_N]=E[Z_1]. \quad ◀$$

定理 6.2.2 说明，在公平博弈中若赌徒使用停时决定何时离开，则他预期的最终财富等于他预期的初始财富．于是在期望值意义下，倘若定理 6.2.2 的充分条件之一满足，则没有可能存在永远胜利的赌博系统．鞅停止定理提供了 Wald 方程（定理 3.3.2）的另一个证明．

推论 6.2.3 (Wald 方程) 若 $X_i(i\geqslant 1)$ 独立同分布（iid），使 $E[|X|]<\infty$，而若 N 是一个对 $X_1,X_2,\cdots$ 的停时，使 $E[N]<\infty$，则

$$E\left[\sum_{i=1}^{N}X_i\right]=E[N]E[X].$$

证明 令 $\mu=E[X]$．由于

$$Z_n=\sum_{i=1}^{n}(X_i-\mu)$$

是鞅，若定理 6.2.2 可用，则由此推出

$$E[Z_N]=E(Z_1)=0.$$

300

但是

$$E[Z_N]=E\left[\sum_{i=1}^{N}(X_i-\mu)\right]=E\left[\sum_{i=1}^{N}X_i-N\mu\right]=E\left[\sum_{i=1}^{N}X_i\right]-E[N]\mu.$$

为了证明定理 6.2.2 可用，我们验证条件（iii）．现在 $Z_{n+1}-Z_n=X_{n+1}-\mu$，故而

$$\begin{aligned}E[|Z_{n+1}-Z_n||Z_1,\cdots,Z_n]&=E[|X_{n+1}-\mu||Z_1,\cdots,Z_n]\\&=E[|X_{n+1}-\mu|]\\&\leqslant E[|X|]+|\mu|.\end{aligned} \quad ◀$$

在例 3.5（A）中，我们证明了怎样用 Blackwell 定理计算直至一个指定的模式出现的期望时间．下一个例子介绍了求解这个问题的鞅方法．

例 6.2 (A) 计算直至指定模式出现的平均时间 假设独立同分布的离散随机变量列逐个地被观察，每天一个．问直至某个指定的序列出现所必须的平均观察数是多少？更特殊地，假设每次的结果分别以概率 1/2，1/3 和 1/6 取 0，1 或 2，而我们需要直至模式 0，2，0 出现的期望时间．例如，若出现的结果序列是 2，1，2，0，2，1，0，1，0，0，2，0，则所要求的数是 12．

为计算 $E[N]$，设想有一系列赌徒，每人开始以 1 个单位赌资在一个公平的赌场中参赌．第 i 个赌徒在第 i 天的开始参赌，他以 1 个单位赌这天的值是 0．若他赢了（于是他有 2 个单位），他就以 2 个单位赌下一个结果是 2，而若他赢了（于是他有 12 个单位），然后所有这 12 个单位都用来赌下一个结果是 0．因此每个赌徒，若失掉 3 次赌局中的任意一次则将输 1 个单位，而若他在所有这 3 次赌局都成功，他将赢 23 个单位．在每天的开始，另一个赌徒开始参赌．若我们以 X_n 记在第 n 天后赌场的总赢利．则由于所有的赌局都是公平

的，就推出 $\{X_n, n \geqslant 1\}$ 是均值为0的鞅. 以 N 记直至0 2 0出现的时间. 现在，在第 N 天结束时，赌徒 $1, \cdots, N-3$ 中的每一个输了1个单位，而第 $N-2$ 个赌徒赢了23个单位，第 $N-1$ 个赌徒输了1个单位，而第 N 个赌徒赢了1个单位（因为第 N 天的结果是0）. 因此

301

$$X_N = N - 3 - 23 + 1 - 1 = N - 26,$$

而由于 $E[X_N] = 0$（容易验证定理6.2.2的条件(iii)），我们可见

$$E[N] = 26.$$

用上面同样的方法，我们可以计算直至结果的任意一个指定的模式出现的期望时间. 例如在投掷硬币中，直至HHTTHH出现的平均时间是 $p^{-4}q^{-2} + p^{-2} + p^{-1}$，其中 $p = P\{H\} = 1 - q$. ■

例6.2 (B)　考虑一个人从位置0出发，每次以概率 p 向右移动一个位置，或以概率 $1-p$ 向左移动一个位置 假设相继的运动是独立的. 若 $p > 1/2$，求直至此人到达位置 $i(i > 0)$ 的平均步数.

解　令 X_j 等于1或−1依赖于第 j 步是向右还是向左. 若 N 是他到达 i 的步数，则

$$\sum_{j=1}^{N} X_j = i.$$

因此，由于 $E[X_j] = 2p - 1$，我们从Wald方程得到

$$E[N](2p - 1) = i$$

或

$$E[N] = \frac{i}{2p - 1}.$$ ■

例6.2 (C)　玩家 X，Y 和 Z 在下述博弈中比赛. 每一步在他们中随机选取两人，并要求第一人给另一人一个硬币. 所有可能的选取都是等概率的，且相继的选取独立于过去的选取. 连续进行直至玩家中有一人没有剩下硬币为止. 此时该玩家离开，而其他两人继续进行直至其中一人得到所有的硬币为止. 若玩家在初始时分别有 x，y 和 z 个硬币，求直至其中一人拥有所有的 $s \equiv x + y + z$ 个硬币时的期望博弈次数.

302

解　假设其中一人拥有所有的 s 个硬币时博弈并不停止，而让最后两个竞赛人继续进行，以允许有负的财富追踪他们的输赢. 以 X_n, Y_n 和 Z_n 分别记在 n 局后 X，Y 和 Z 有的钱的总数. 于是，例如，$X_n = 0, Y_n = -4, Z_n = s + 4$ 就说明 X 第一个破产，而在第 n 局后 Y 已比开始时的所有多输了4个硬币. 若我们以 T 记 X_n, Y_n 和 Z_n 中首次有两个的值是0的时刻，则问题就是求 $E[T]$.

为求 $E[T]$，我们要证明

$$M_n = X_n Y_n + X_n Z_n + Y_n Z_n + n$$

是鞅. 然后由鞅停止定理（容易证明条件(iii)满足）推出

$$E[M_T] = E[M_0] = xy + xz + yz.$$

但是，由于 X_T, Y_T 和 Z_T 中有两个为0，由此推出

$$M_T = T,$$

故而

$$E[T] = xy + xz + yz.$$

为证明 $\{M_n, n \geqslant\}$ 是鞅，考虑

$$E[M_{n+1} \mid X_i, Y_i, Z_i, i = 0, 1, \cdots, n],$$

并且考虑两种情形.

情形 1：$X_n Y_n Z_n > 0$

在此情形在 n 局后 X，Y 和 Z 都在继续竞赛. 因此

$$\begin{aligned} &E[X_{n+1}Y_{n+1} \mid X_n = x, Y_n = y] \\ &= [(x+1)y + (x+1)(y-1) + x(y+1) \\ &\quad + x(y-1) + (x-1)y + (x-1)(y+1)]/6 \\ &= xy - 1/3. \end{aligned}$$

因为 $X_{n+1}Z_{n+1}$ 和 $Y_{n+1}Z_{n+1}$ 的条件期望是类似的，在此情形我们可见

$$E[M_{n+1} \mid X_i, Y_i, Z_i, i = 0, 1, \cdots, n] = M_n.$$

303

情形 2：在第 n 局玩家之一已出局，比如 X 已出局. 在此情形 $X_{n+1} = X_n = 0$，且

$$E[Y_{n+1}Z_{n+1} \mid Y_n = y, Z_n = z] = [(y+1)(z-1) + (y-1)(z+1)]/2 = yz - 1.$$

因此，在此情形我们也得到

$$E[M_{n+1} \mid X_i, Y_i, Z_i, i = 0, 1, \cdots, n] = M_n.$$

所以 $\{M_n, n \geqslant 1\}$ 是鞅，且

$$E[T] = xy + xz + yz. \qquad ■$$

例 6.2 (D) 在例 1.5 (C) 中我们用数学归纳法证明了在匹配问题中，n 个人都得到自己的帽子的期望轮数等于 n. 我们现在介绍得到这个结论的鞅论推理. 以 R 记直至所有人都匹配的轮数. 对 $i = 1, \cdots, R$，以 X_i 记在第 i 轮的匹配数，且对 $i > R$ 定义 X_i 等于 1.

我们使用零均值鞅 $\{Z_k, k \geqslant 1\}$，其中

$$Z_k = \sum_{i=1}^{k}(X_i - E[X_i \mid X_1, \cdots, X_{i-1}]) = \sum_{i=1}^{k}(X_i - 1),$$

这里最后的等式来自，由于当任意个数人从他们自己的帽子中随机地选取时期望匹配数是 1. 因为 R 是这个鞅的停时（它是使 $\sum_{i=1}^{k} X_i = n$ 的最小的 k），用鞅停止定理我们得

$$0 = E[Z_R] = E\Big[\sum_{i=1}^{R}(X_i - 1)\Big] = E\Big[\sum_{i=1}^{R} X_i\Big] - E[R] = n - E[R],$$

这里最后的等式用了 $\sum_{i=1}^{R} X_i = n$. ■

304

6.3 鞅的 Azuma 不等式

令 $Z_i, i \geqslant 1$ 是一个鞅列. 在这些随机变量变化不太快的情形，Azuma 不等式能使我们得到它们的概率的有用的上界. 在叙述它之前，我们需要几个引理.

引理 6.3.1 *若 X 使 $E[X] = 0$ 和 $P\{-\alpha \leqslant X \leqslant \beta\} = 1$. 则对任意凸函数 f 有*

$$E[f(X)] \leqslant \frac{\beta}{\alpha+\beta} f(-\alpha) + \frac{\alpha}{\alpha+\beta} f(\beta).$$

证明　因为 f 是凸的，由此推出在区域 $-\alpha \leqslant x \leqslant \beta$ 中它不会在连接点 $(-\alpha, f(-\alpha))$ 和点 $(\beta, f(\beta))$ 的线段上面.（参见图 6.3.1.）因为此线段的公式是

$$y = \frac{\beta}{\alpha+\beta} f(-\alpha) + \frac{\alpha}{\alpha+\beta} f(\beta) + \frac{1}{\alpha+\beta}[f(\beta) - f(-\alpha)]x,$$

由 $-\alpha \leqslant X \leqslant \beta$，它推出

$$f(X) \leqslant \frac{\beta}{\alpha+\beta} f(-\alpha) + \frac{\alpha}{\alpha+\beta} f(\beta) + \frac{1}{\alpha+\beta}[f(\beta) - f(-\alpha)]X.$$

取期望就得到结论.　◀

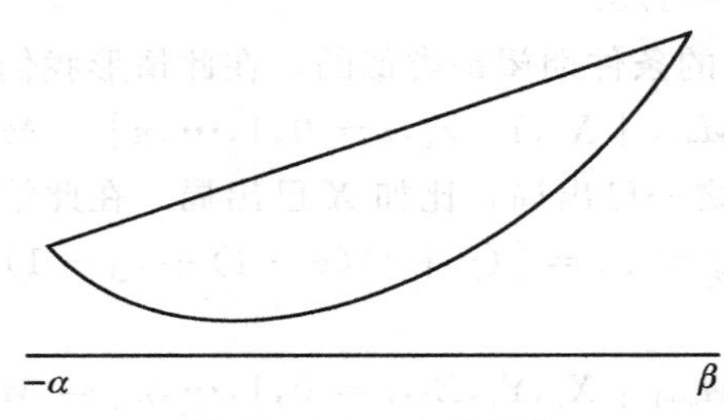

305

图 6.3.1　一个凸函数

引理 6.3.2　对 $0 \leqslant \theta \leqslant 1$ 有

$$\theta e^{(1-\theta)x} + (1-\theta) e^{-\theta x} \leqslant e^{x^2/8}.$$

证明　令 $\theta = (1+\alpha)/2$ 和 $x = 2\beta$，我们必须证明对 $-1 \leqslant \alpha \leqslant 1$ 有

$$(1+\alpha) e^{\beta(1-\alpha)} + (1-\alpha) e^{-\beta(1+\alpha)} \leqslant 2 e^{\beta^2/2},$$

或，等价地

$$e^{\beta} + e^{-\beta} + \alpha(e^{\beta} - e^{-\beta}) \leqslant 2\exp\{\alpha\beta + \beta^2/2\}.$$

现在，上述不等式当 $\alpha = -1$ 或 $+1$ 时和当 β 很大时（比如说 $|\beta| \geqslant 100$ 时）正确. 于是，假若引理 6.3.2 不真，则函数

$$f(\alpha, \beta) = e^{\beta} + e^{-\beta} + \alpha(e^{\beta} - e^{-\beta}) - 2\exp\{\alpha\beta + \beta^2/2\},$$

会在区域 $R = \{(\alpha, \beta): |\alpha| \leqslant 1, |\beta| \leqslant 100\}$ 的内部有一个严格正的最大值. 取 f 的偏微商等于 0，给出

$$e^{\beta} - e^{-\beta} + \alpha(e^{\beta} + e^{-\beta}) = 2(\alpha+\beta)\exp\{\alpha\beta + \beta^2/2\},$$

$$e^{\beta} - e^{-\beta} = 2\beta\exp\{\alpha\beta + \beta^2/2\}.$$

假定有一个解使 $\beta \neq 0$，经相除后，蕴含

$$1 + \alpha\frac{e^{\beta} + e^{-\beta}}{e^{\beta} - e^{-\beta}} = 1 + \frac{\alpha}{\beta}.$$

因为可以证明没有 $\alpha = 0$ 和 $\beta \neq 0$ 的解（参见习题 6.14），我们可见

$$\beta(e^{\beta} + e^{-\beta}) = e^{\beta} - e^{-\beta},$$

或者展开成 Taylor 级数，

$$\sum_{i=0}^{\infty}\beta^{2i+1}/(2i)! = \sum_{i=0}^{\infty}\beta^{2i+1}/(2i+1)!,$$

在 $\beta \neq 0$ 时这显然不可能. 因此，若引理不真，我们可断言 $f(\alpha,\beta)$ 的严格正的最大值仅当 $\beta = 0$ 时出现，然而 $f(\alpha,0) = 0$，故而引理得证. ◀ 306

定理 6.3.3 Azuma 不等式

令 $Z_n, n \geqslant 1$ 是一个均值为 $\mu = E[Z_n]$ 的鞅. 令 $Z_0 = \mu$ 且假设对非负参数 $\alpha_i, \beta_i (i \geqslant 1)$ 有

$$-\alpha_i \leqslant Z_i - Z_{i-1} \leqslant \beta_i.$$

那么，对任意 $n \geqslant 0, a > 0$ 有

(i) $P\{Z_n - \mu \geqslant a\} \leqslant \exp\left\{-2a^2 \Big/ \sum_{i=1}^{n}(\alpha_i + \beta_i)^2\right\}$.

(ii) $P\{Z_n - \mu \leqslant -a\} \leqslant \exp\left\{-2a^2 \Big/ \sum_{i=1}^{n}(\alpha_i + \beta_i)^2\right\}$.

证明 首先假设 $\mu = 0$. 现在对任意 $c > 0$ 有

$$\begin{aligned} P\{Z_n \geqslant a\} &= P\{\exp\{cZ_n\} \geqslant \mathrm{e}^{ca}\} \\ &\leqslant E[\exp\{cZ_n\}]\mathrm{e}^{-ca} \quad (\text{由 Markov 不等式}). \end{aligned} \tag{6.3.1}$$

为了得到 $E[\exp\{cZ_n\}]$ 的上界，令 $W_n = \exp\{cZ_n\}$. 注意 $W_0 = 1$，以及对 $n > 0$ 有

$$W_n = \exp\{cZ_{n-1}\}\exp\{c(Z_n - Z_{n-1})\}.$$

所以

$$\begin{aligned} E[W_n \mid Z_{n-1}] &= \exp\{cZ_{n-1}\}E[\exp\{c(Z_n - Z_{n-1})\} \mid Z_{n-1}] \\ &\leqslant W_{n-1}[\beta_n \exp\{-c\alpha_n\} + \alpha_n \exp\{c\beta_n\}]/(\alpha_n + \beta_n), \end{aligned}$$

其中的不等式来自引理 6.3.1，因为

(i) $f(x) = \mathrm{e}^{cx}$ 是凸函数，

(ii) $-\alpha_n \leqslant Z_n - Z_{n-1} \leqslant \beta_n$，且

(iii) $E[Z_n - Z_{n-1} \mid Z_{n-1}] = E[Z_n \mid Z_{n-1}] - E[Z_{n-1} \mid Z_{n-1}] = 0$.

取期望给出

$$E[W_n] \leqslant E[W_{n-1}](\beta_n \exp\{-c\alpha_n\} + \alpha_n \exp\{c\beta_n\})/(\alpha_n + \beta_n).$$

连续使用此不等式，由于 $E[W_0] = 1$ 得

$$E[W_n] \leqslant \prod_{i=1}^{n}\{(\beta_i \exp\{-c\alpha_i\} + \alpha_i \exp\{c\beta_i\})/(\alpha_i + \beta_i)\}.$$

307

于是由式 (6.3.1)，对任意 $c > 0$，得

$$\begin{aligned} P\{Z_n \geqslant a\} &\leqslant \mathrm{e}^{-ca}\prod_{i=1}^{n}\{(\beta_i \exp\{-c\alpha_i\} + \alpha_i \exp\{c\beta_i\})/(\alpha_i + \beta_i)\} \\ &\leqslant \mathrm{e}^{-ca}\prod_{i=1}^{n}\exp\{c^2(\alpha_i + \beta_i)^2/8\}, \end{aligned} \tag{6.3.2}$$

其中前一个不等式来自在引理 6.3.2 中取 $\theta = \alpha_i/(\alpha_i + \beta_i)$ 和 $x = c(\alpha_i + \beta_i)$. 因此对任意 $c > 0$，

$$P\{Z_n \geqslant a\} \leqslant \exp\left\{-ca + c^2\sum_{i=1}^{n}(\alpha_i + \beta_i)^2/8\right\}.$$

令 $c = 4a\Big/\sum_{i=1}^{n}(\alpha_i+\beta_i)^2$（这是使 $-ca + c^2\sum_{i=1}^{n}(\alpha_i+\beta_i)^2/8$ 最小的值）给出

$$P\{Z_n \geqslant a\} \leqslant \exp\left\{-2a^2\Big/\sum_{i=1}^{n}(\alpha_i+\beta_i)^2\right\}.$$

Azuma 不等式的(i)和(ii)部分现在得自，将上式首先应用到零均值的鞅 $\{Z_n-\mu\}$，再次应用到零均值的鞅 $\{\mu - Z_n\}$． ◀

注　从计算的观点，我们应使用不等式（6.3.2）而不是最后的 Azuma 不等式．例如，以 $c = 4a/\sum_{i=1}^{n}(\alpha_i+\beta_i)^2$ 计算（6.3.2）的右边将给出比 Azuma 不等式更精确的界． □

例 6.3 (A)　令 $X_1,\cdots,X_n$ 是随机变量，使 $E[X_i]=0$ 和 $E[X_i \mid X_1,\cdots,X_{i-1}]=0, i\geqslant 1$．那么，由 6.1 节的例 5，我们可见 $\sum_{i=1}^{j}X_i, j=1,\cdots,n$ 是一个零均值的鞅．因此，若对一切 i 有 $-\alpha_i \leqslant X_i \leqslant \beta_i$，则我们由 Azuma 不等式得到，对 $a>0$ 有

308

$$P\left\{\sum_{i=1}^{n}X_i \geqslant a\right\} \leqslant \exp\left\{-2a^2\Big/\sum_{i=1}^{n}(\alpha_i+\beta_i)^2\right\},$$

$$P\left\{\sum_{i=1}^{n}X_i \leqslant -a\right\} \leqslant \exp\left\{-2a^2\Big/\sum_{i=1}^{n}(\alpha_i+\beta_i)^2\right\}.$$ ■

Azuma 不等式常常和 Doob 型鞅结合起来使用．

例 6.3 (B)　假设 n 个球放进 m 个瓮中，方式为独立地每个球等可能地放进任意一个瓮中．我们将用 Azuma 不等式得到空的瓮个数 X 的尾概率的界．作为开始，令事件 A 的示性变量为 $I\{A\}$，我们有

$$X = \sum_{i=1}^{m} I\{\text{瓮 } i \text{ 为空}\},$$

故而

$$E[X] = mP\{\text{瓮 } i \text{ 为空}\} = m(1-1/m)^n \equiv \mu.$$

现在以 X_j 记第 j 个球所在的瓮，$j=1,\cdots,n$，而定义 Doob 型鞅为 $Z_0=E[X]$ 和对 $i>0$，$Z_i = E[X \mid X_1,\cdots,X_i]$．我们现在将连同事实 $X=Z_n$ 用 Azuma 不等式得到我们的结果．为了确定 $|Z_i - Z_{i-1}|$ 的一个界，首先注意到 $|Z_1 - Z_0| = 0$．现在，对 $i\geqslant 2$，以 D 记在集合 $X_1,\cdots,X_{i-1}$ 中不同的值的个数，即 D 是前 $i-1$ 个球被分配后，至少含有一个球的瓮数．那么，由于目前都是空的 $m-D$ 个瓮的每一个将以概率 $(1-1/m)^{n-i+1}$ 结束其空的状态，我们有

$$E[X \mid X_1,\cdots,X_{i-1}] = (m-D)(1-1/m)^{n-i+1}.$$

另一方面，

$$E[X \mid X_1,\cdots,X_i] = \begin{cases}(m-D)(1-1/m)^{n-i} & \text{若 } X_i \in (X_1,\cdots,X_{i-1})\\ (m-D-1)(1-1/m)^{n-i} & \text{若 } X_i \notin (X_1,\cdots,X_{i-1})\end{cases}$$

因此，$Z_i - Z_{i-1}(i\geqslant 2)$ 的两个可能的值是

$$\frac{m-D}{m}(1-1/m)^{n-i} \quad 和 \quad \frac{-D}{m}(1-1/m)^{n-i}.$$

309

由于 $1 \leqslant D \leqslant \min(i-1, m)$，我们于是得

$$-\alpha_i \leqslant Z_i - Z_{i-1} \leqslant \beta_i,$$

其中

$$\alpha_i = \min\left(\frac{i-1}{m}, 1\right)(1-1/m)^{n-i}, \quad \beta_i = (1-1/m)^{n-i+1}.$$

从 Azuma 不等式，对 $a>0$，我们得

$$P\{X-\mu \geqslant a\} \leqslant \exp\left\{-2a^2 \Big/ \sum_{i=2}^{n}(\alpha_i+\beta_i)^2\right\},$$

$$P\{X-\mu \leqslant -a\} \leqslant \exp\left\{-2a^2 \Big/ \sum_{i=2}^{n}(\alpha_i+\beta_i)^2\right\},$$

其中

$$\sum_{i=2}^{n}(\alpha_i+\beta_i)^2 = \sum_{i=2}^{m}(m+i-2)^2(1-1/m)^{2(n-i)}/m^2 + \sum_{i=m+1}^{n}(1-1/m)^2(2-1/m)^2. \quad ■$$

Azuma 不等式常用于满足 $|Z_i - Z_{i-1}| \leqslant 1$ 的 Doob 型鞅. 下面的推论给出了一个 Doob 型鞅满足这个条件的充分条件.

推论 6.3.4 令 h 是一个函数，使若向量 $\boldsymbol{x}=(x_1,\cdots,x_n)$ 和 $\boldsymbol{y}=(y_1,\cdots,y_n)$ 至多有一个坐标不同（即，对某个 k，对一切 $i \neq k$ 有 $x_i = y_i$），则 $|h(\boldsymbol{x})-h(\boldsymbol{y})| \leqslant 1$. 于是对 $a>0$ 和 $\boldsymbol{X}=(X_1,\cdots,X_n)$ 我们有

(i) $P\{h(\boldsymbol{X})-E[h(\boldsymbol{X})] \geqslant a\} \leqslant \mathrm{e}^{-a^2/2n}$;

(ii) $P\{h(\boldsymbol{X})-E[h(\boldsymbol{X})] \leqslant -a\} \leqslant \mathrm{e}^{-a^2/2n}$.

310

证明 考虑鞅 $Z_i = E[h(\boldsymbol{X}) \mid X_1,\cdots,X_{i-1}], i=1,\cdots,n$. 现在

$$\begin{aligned} & |E[h(\boldsymbol{X}) \mid X_1=x_1,\cdots,X_i=x_i]-E[h(\boldsymbol{X}) \mid X_1=x_1,\cdots,X_{i-1}=x_{i-1}]| \\ =& |E[h(x_1,\cdots,x_i,X_{i+1},\cdots,X_n)]-E[h(x_1,\cdots,x_{i-1},X_i,\cdots,X_n)]| \\ =& |E[h(x_1,\cdots,x_i,X_{i+1},\cdots,X_n)-h(x_1,\cdots,x_{i-1},X_i,\cdots,X_n)]| \leqslant 1. \end{aligned}$$

因此，$|Z_i - Z_{i-1}| \leqslant 1$，故而结论得自满足 $\alpha_i=\beta_i=1$ 的 Azuma 不等式. ◀

例 6.3 (C) 假设要将 n 个球放进 m 个瓮中，每个球独立地以概率 $p_j (j=1,\cdots,m)$ 放进瓮 j 中. 以 Y_k 记恰有 $k(0 \leqslant k < n)$ 个球的瓮数，利用上述推论来得到它的尾概率的一个上界.

解 作为开始，注意

$$E[Y_k] = E\left[\sum_{i=1}^{m} I\{瓮\ i\ 中恰有\ k\ 个球\}\right] = \sum_{i=1}^{m}\binom{n}{k}p_i^k(1-p_i)^{n-k}.$$

现在以 X_i 记球 i 所在的瓮，$i=1,\cdots,n$. 再以 $h_k(x_1,x_2,\cdots,x_n)$ 记在 $X_i=x_i (i=1,\cdots,n)$ 时恰有 k 个球的瓮数，且注意 $Y_k = h_k(X_1,\cdots,X_n)$.

首先假设 $k=0$. 在此情形易见，若 $\boldsymbol{x}$ 和 $\boldsymbol{y}$ 至多有一个坐标不同则 $|h_0(\boldsymbol{x})-h_0(\boldsymbol{y})| \leqslant$

1.（即，假设 n 个 x 球和 n 个 y 球都放进 m 个瓮中，使得除了一个 i 以外，第 i 个 x 球和第 i 个 y 球都放在同一个瓮中．那么 x 球的空瓮数和 y 球的空瓮数显然至多相差 1.）所以，我们由推论 6.3.4 可见

$$P\left\{Y_0 - \sum_{i=1}^{m}(1-p_i)^n \geqslant a\right\} \leqslant \exp\{-a^2/2n\},$$

$$P\left\{Y_0 - \sum_{i=1}^{m}(1-p_i)^n \leqslant -a\right\} \leqslant \exp\{-a^2/2n\}.$$

现在，假设 $0<k<n$．在此情形若 $\boldsymbol{x}$ 和 $\boldsymbol{y}$ 至多有一个坐标不同，则 $|h_k(\boldsymbol{x})-h_k(\boldsymbol{y})|\leqslant$ 1 不一定正确，因为若这个坐标没有被包含，一个不同的值可能导致有 k 个球的瓮的两个向量，比原本应该有的，一个多出 1，而另一个少了 1．但是由此我们可见，若 $\boldsymbol{x}$ 和 $\boldsymbol{y}$ 至多有一个坐标不同，则

$$|h_k(\boldsymbol{x})-h_k(\boldsymbol{y})| \leqslant 2.$$

因此，$h_k^*(\boldsymbol{x})=h_k(\boldsymbol{x})/2$ 满足推论 6.3.4 的条件，故而我们可断言，对 $0<k<n, a>0$ 有

$$P\left\{Y_k - \sum_{i=1}^{m}\binom{n}{k}p_i^k(1-p_i)^{n-k} \geqslant 2a\right\} \leqslant \exp\{-a^2/2n\},$$

$$P\left\{Y_k - \sum_{i=1}^{m}\binom{n}{k}p_i^k(1-p_i)^{n-k} \leqslant -2a\right\} \leqslant \exp\{-a^2/2n\}.$$ ■

例 6.3 (D)　考虑用一组 n 个部件去进行某些试验．若部件 i 在运行，则令 X_i 等于 1，而在其他情形，则令它等于 0，并假设 X_i 是独立的，具有 $E[X_i]=p_i$．假设为了进行试验 $j(j=1,\cdots,m)$，所有在集合 A_j 中的部件必须都在运行．若任意特定的部件至多在三个试验中必需，证明对 $a>0$ 有

$$P\left\{X - \sum_{j=1}^{m}\prod_{i\in A_j}p_i \geqslant 3a\right\} \leqslant \exp\{-a^2/2n\},$$

$$P\left\{X - \sum_{j=1}^{m}\prod_{i\in A_j}p_i \leqslant -3a\right\} \leqslant \exp\{-a^2/2n\},$$

其中 X 是能进行的试验数．

解　因为

$$X = \sum_{j=1}^{m} I\{\text{试验 } j \text{ 能进行}\},$$

我们可见

$$E[X] = \sum_{j=1}^{m}\prod_{i\in A_j}p_i.$$

若我们令 $h(\boldsymbol{X})$ 等于能进行的试验数，则 h 本身并不满足推论 6.3.4 的条件，因为改变 X_i 中的一个的值可能改变 h 的多至 3 个值．然而，$h(\boldsymbol{X})/3$ 却满足推论的条件，故而我们得到

$$P\{X/3 - E[X]/3 \geqslant a\} \leqslant \exp\{-a^2/2n\},$$

$$P\{X/3 - E[X]/3 \leqslant -a\} \leqslant \exp\{-a^2/2n\}.$$ ■

6.4 下鞅，上鞅，鞅收敛定理

对一切 n 满足 $E[|Z_n|]<\infty$ 的一个随机过程 $\{Z_n,n\geqslant 1\}$，若有

$$E[Z_{n+1}\mid Z_1,\cdots,Z_n]\geqslant Z_n, \tag{6.4.1}$$

则称为下鞅；若有

$$E[Z_{n+1}\mid Z_1,\cdots,Z_n]\leqslant Z_n, \tag{6.4.2}$$

则称为上鞅. 因此，一个下鞅体现为超公平的概念，而上鞅体现为欠公平的博弈

从式（6.4.1）我们可见，对一个下鞅有

$$E[Z_{n+1}]\geqslant E[Z_n],$$

而对上鞅不等号取反向. 定理 6.2.2（鞅的停止定理）的结论对下鞅和上鞅保持成立. 即可以建立下述结果，其证明留作一个练习.

定理 6.4.1 若 N 对 $\{Z_n,n\geqslant 1\}$ 是一个停时，使定理 6.2.2 中充分条件的任意一个满足，则

$$\text{对下鞅有}\quad E[Z_N]\geqslant E[Z_1],$$
$$\text{对上鞅有}\quad E[Z_N]\leqslant E[Z_1]. \quad ◀$$

鞅的最重要的结果是鞅收敛定理. 在介绍它之前，我们需要一些准备知识. [313]

引理 6.4.2 若 $\{Z_n,n\geqslant 1\}$ 是下鞅且若 N 是一个停时使 $P\{N\leqslant n\}=1$，则

$$E[Z_1]\leqslant E[Z_N]\leqslant E[Z_n].$$

证明 因为 N 是有界的，由定理 6.4.1 推出，$E[Z_N]\geqslant E[Z_1]$. 现在

$$\begin{aligned}E[Z_n\mid Z_1,\cdots,Z_N,N=k]&=E[Z_n\mid Z_1,\cdots,Z_k,N=k]\\&=E[Z_n\mid Z_1,\cdots\cdots,Z_k]\qquad(\text{为什么?})\\&\geqslant Z_k=Z_N.\end{aligned}$$

因此结论得自对上式取期望. ◀

引理 6.4.3 若 $\{Z_n,n\geqslant 1\}$ 是下鞅，且 f 是凸函数，则 $\{f(Z_n),n\geqslant 1\}$ 是下鞅.

证明 由 Jessen 不等式，

$$E[f(Z_{n+1})\mid Z_1,\cdots,Z_n]\geqslant f(E[Z_{n+1}\mid Z_1,\cdots,Z_n])=f(Z_n). \quad ◀$$

定理 6.4.4（下鞅的 Kolmogorov 不等式） 若 $\{Z_n,n\geqslant 1\}$ 是非负的下鞅，则

$$P\{\max(Z_1,\cdots,Z_n)>a\}\leqslant\frac{E[Z_n]}{a},\quad \text{对 } a>0.$$

证明 令 N 是在 $i\leqslant n$ 中使 $Z_i>a$ 的最小的那个 i，而当对一切 $i=1,\cdots,n$ 都有 $Z_i\leqslant a$ 时定义 N 等于 n. 注意 $\max(Z_1,\cdots,Z_n)>a$ 等价于 $Z_N>a$. 所以

$$\begin{aligned}P\{\max(Z_1,\cdots,Z_n)>a\}=P\{Z_N>a\}&\leqslant\frac{E[Z_N]}{a}\qquad(\text{由 Markov 不等式})\\&\leqslant\frac{E[Z_n]}{a}.\end{aligned}$$

其中最后一个不等式来自引理 6.4.2，因为 $N\leqslant n$. ◀ [314]

推论 6.4.5 若 $\{Z_n, n \geqslant 1\}$ 是鞅，则对 $a>0$ 有

(i) $P\{\max(|Z_1|,\cdots,|Z_n|)>a\} \leqslant E[|Z_n|]/a$；

(ii) $P\{\max(|Z_1|,\cdots,|Z_n|)>a\} \leqslant E[Z_n^2]/a^2$.

证明 (i)和(ii)部分得自引理6.4.3和Kolmogorov不等式，因为函数 $f(x)=|x|$ 和 $f(x)=x^2$ 两者都是凸函数. ◀

我们现在已经准备好了鞅收敛定理.

定理 6.4.6 (鞅收敛定理) 若 $\{Z_n, n \geqslant 1\}$ 是鞅，使对某个 $M<\infty$，对一切 n 有

$$E[|Z_n|] \leqslant M,$$

则以概率为1地存在有限的极限 $\lim\limits_{n\to\infty} Z_n$.

证明 我们将在更强的假定，即 $E[Z_n^2]$ 有界的假定下证明定理（更强是因为 $E[|Z_n|] \leqslant (E[Z_n^2])^{1/2}$）. 因为 $f(x)=x^2$ 是凸的，由引理6.4.3推出 $\{Z_n^2, n \geqslant 1\}$ 是一个下鞅，因此 $E[Z_n^2]$ 不减. 因为 $E[Z_n^2]$ 是有界的，推出它在 $n\to\infty$ 时收敛. 令 $\mu<\infty$ 为

$$\mu = \lim_{n\to\infty} E[Z_n^2].$$

我们将由证明 $\{Z_n, n \geqslant 1\}$ 以概率为1地是一个Cauchy序列来证明 $\lim\limits_{n\to\infty} Z_n$ 存在且有限. 即证明

$$\text{当 } m,k\to\infty \text{ 时}, |Z_{m+k}-Z_m| \to 0.$$

现在

$$\begin{aligned} &P\{|Z_{m+k}-Z_m|>\varepsilon, \text{对某些 } k \leqslant n \text{ 成立}\} \\ &\leqslant E[(Z_{m+k}-Z_m)^2]/\varepsilon^2 \quad (\text{由 Kolmogorov 不等式}) \\ &= E[Z_{m+n}^2 - 2Z_m Z_{m+n} + Z_m^2]/\varepsilon^2. \end{aligned} \tag{6.4.3}$$

但是

315

$$E[Z_m Z_{m+n}] = E[E[Z_m Z_{m+n} \mid Z_m]] = E[Z_m E[Z_{m+n} \mid Z_m]] = E[Z_m^2],$$

因此，从(6.4.3)得到

$$P\{|Z_{m+k}-Z_m|>\varepsilon, \text{对某些 } k \leqslant n \text{ 成立}\} \leqslant \frac{E[Z_{m+n}^2]-E[Z_m^2]}{\varepsilon^2}.$$

令 $n\to\infty$，回忆 μ 的定义，导致

$$P\{|Z_{m+k}-Z_m|>\varepsilon, \text{对某些 } k\} \leqslant \frac{\mu-E[Z_m^2]}{\varepsilon^2}.$$

故而在 $m\to\infty$ 时

$$P\{|Z_{m+k}-Z_m|>\varepsilon, \text{对某些 } k\} \to 0.$$

于是，以概率为1地，Z_n 是一个Cauchy序列，因而 $\lim\limits_{n\to\infty} Z_n$ 存在且有限. ◀

推论 6.4.7 若 $\{Z_n, n \geqslant 1\}$ 是一个非负的鞅，则以概率为1地，$\lim\limits_{n\to\infty} Z_n$ 存在且有限.

证明 因为 Z_n 非负，

$$E[|Z_n|] = E[Z_n] = E[Z_1].$$ ◀

例 6.4 (A) 分支过程 若 X_n 是个体的子裔平均数为 m 的一个分支过程的第 n 代子裔

的群体规模，则 $Z_n = X_n/m^n$ 是一个非负鞅．因此由推论 6.4.7 在 $n \to \infty$ 时它收敛．由此我们断言，或者 $X_n \to 0$，或者以一个指数速率趋于无限． ■

例 6.4 (B)一个博弈的结果 考虑一个参赌公平博弈的赌徒，即若 Z_n 是赌徒在第 n 局后的财富，则 $\{Z_n, n \geqslant 1\}$ 是一个鞅．现在假设不能欠钱，故而赌徒的财富不允许是负的，而且每一局至少赢或输 1 个单位．以

$$N = \min\{n: Z_n = Z_{n+1}\}$$

记直至迫使他出局时已赌的局数．（因为 $Z_n - Z_{n+1} = 0$，在第 $n+1$ 局他没有参赌．）因为 $\{Z_n\}$ 是一个非负鞅，我们由鞅收敛定理可见 316

$$\lim_{n\to\infty} Z_n \text{ 以概率为 1 地存在且有限．} \tag{6.4.4}$$

但是，对 $n < N$，$|Z_{n+1} - Z_n| \geqslant 1$，故而（6.4.4）蕴含

$$\text{以概率为 1 地 } N < \infty,$$

即赌徒以概率为 1 地迟早将破产． ■

我们现在要用鞅收敛定理证明强大数定律．

定理 6.4.8 令 $X_1, X_2, \cdots$ 是具有有限均值 μ 的独立同分布的随机变量，且令 $S_n = \sum_{i=1}^n X_i$．那么

$$P\left\{\lim_{n\to\infty} S_n/n = \mu\right\} = 1.$$

证明 我们将在矩母函数 $\Psi(t) = E[\mathrm{e}^{tX}]$ 存在的假定下证明定理．

对给定的 $\varepsilon > 0$，令 $g(t)$ 定义为

$$g(t) = \mathrm{e}^{t(\mu+\varepsilon)}/\Psi(t).$$

由于

$$g(0) = 1,$$
$$g'(0) = \left.\frac{\Psi(t)(\mu+\varepsilon)\mathrm{e}^{t(\mu+\varepsilon)} - \Psi'(t)\mathrm{e}^{t(\mu+\varepsilon)}}{\Psi^2(t)}\right|_{t=0} = \varepsilon > 0,$$

存在一个 $t_0 > 0$ 使 $g(t_0) > 1$．我们现在证明 S_n/n 只能有限多次像 $\mu+\varepsilon$ 一样大．因为，注意

$$\frac{S_n}{n} \geqslant \mu + \varepsilon \Rightarrow \frac{\mathrm{e}^{t_0 S_n}}{\Psi^n(t_0)} \geqslant \left(\frac{\mathrm{e}^{t_0(\mu+\varepsilon)}}{\Psi(t_0)}\right)^n = (g(t_0))^n \tag{6.4.5}$$

然而，作为具有均值 1 的独立随机变量的乘积，$\mathrm{e}^{t_0 S_n}/\Psi^n(t_0)$（第 i 个是 $\mathrm{e}^{t_0 X_i}/\Psi(t_0)$）是一个鞅．由于它也是非负的，收敛定理说明以概率为 1 地 317

$$\lim_{n\to\infty} \mathrm{e}^{t_0 S_n}/\Psi^n(t_0) \quad \text{存在且有限．}$$

因此，由于 $g(t_0) > 1$，由（6.4.5）推出

$$P\{S_n/n > \mu + \varepsilon, \text{对无穷多个 } n \text{ 成立}\} = 0.$$

类似地，由定义函数 $f(t) = \mathrm{e}^{t(\mu-\varepsilon)}/\Psi(t_0)$，且注意到由于 $f(0) = 1, f'(0) = -\varepsilon$，存在一个 $t_0 < 0$ 使 $f(t_0) > 1$，我们可以用同样的方式证明

$$P\{S_n/n \leqslant \mu - \varepsilon, \text{对无穷多个 } n \text{ 成立}\} = 0.$$

因此

$$P\{\mu-\varepsilon\leqslant S_n/n\leqslant\mu+\varepsilon,\text{除了有限多个 } n \text{ 以外}\}=1,$$

或，因为上式对一切 $\varepsilon>0$ 正确，我们有

$$P\left\{\lim_{n\to\infty}S_n/n=\mu\right\}=1.$$ ◀

我们用刻画 Doob 鞅的特征来结束本节．作为开始我们需要一个定义．

定义　随机变量序列 $X_n,n\geqslant1$，若对每个 $\varepsilon>0$ 存在一个 y_ε，使对一切 n 有

$$\int_{|x|>y_\varepsilon}|x|\,\mathrm{d}F_n(x)<\varepsilon,$$

这里 F_n 是 X_n 的分布函数，则称为**一致可积的**．

318　**引理 6.4.9**　若 $X_n,n\geqslant1$ 一致可积，则存在 $M<\infty$，使对一切 n 有 $E[|X_n|]<M$．

证明　令 y_1 如一致可积的定义中所示．那么

$$E[|X_n|]=\int_{|x|\leqslant y_1}|x|\,\mathrm{d}F_n(x)+\int_{|x|>y_1}|x|\,\mathrm{d}F_n(x)\leqslant y_1+1.$$ ◀

于是，从鞅收敛定理用上述推出，任何一致可积鞅具有有限极限．现在令 $Z_n=E[X\mid Y_1,\cdots,Y_n],n\geqslant1$，它是一个 Doob 鞅．因为可以证明 Doob 鞅总是一致可积的，于是推出 $\lim\limits_{n\to\infty}E[X\mid Y_1,\cdots,Y_n]$ 存在．正如所预料的，此极限值等于在给定 Y_i 整个序列时 X 的条件期望．即

$$\lim_{n\to\infty}E[X\mid Y_1,\cdots,Y_n]=E[X\mid Y_1,Y_2,\cdots].$$

不仅 Doob 型鞅是一致可积的，而且每一个一致可积的鞅都可以表示为 Doob 型鞅．因为假设 $\{Z_n,n\geqslant1\}$ 是一个一致可积鞅．那么，由鞅收敛定理，它有一个极限，比如 $\lim\limits_{n\to\infty}Z_n=Z$．现在，考虑 Doob 型鞅 $\{E[Z\mid Z_1,\cdots,Z_k],k\geqslant1\}$ 且注意到

$$E[Z\mid Z_1,\cdots,Z_k]=E[\lim_{n\to\infty}Z_n\mid Z_1,\cdots,Z_k]=\lim_{n\to\infty}E[Z_n\mid Z_1,\cdots,Z_k]=Z_k,$$

其中期望和极限的交换可以由一致可积的假定证明其可行性．于是，我们可见任意一致可积的鞅可以表示为 Doob 型鞅．

注　在鞅收敛定理的条件下，若我们令 $Z=\lim\limits_{n\to\infty}Z_n$，则可以证明 $E[|Z|]<\infty$．□

6.5　一个推广的 Azuma 不等式

当一切 Z_i-Z_{i-1} 有相同的上界时，上鞅停止定理可用以推广 Azuma 不等式．我们从下述命题开始，独立来看该命题也很有趣．319

命题 6.5.1　令 $\{Z_n,n\geqslant1\}$ 是一个鞅，且对一切 $n\geqslant1$ 及 $Z_0=0$ 有

$$-\alpha\leqslant Z_n-Z_{n-1}\leqslant\beta,$$

则对任意正值 a 和 b 有

$$P\{Z_n\geqslant a+bn,\text{对某些 } n\}\leqslant\exp\{-8ab/(\alpha+\beta)^2\}.$$

证明 对 $n \geqslant 0$，令

$$W_n = \exp\{c(Z_n - a - bn)\},$$

并注意对 $n \geqslant 1$ 有

$$W_n = W_{n-1} e^{-cb} \exp\{c(Z_n - Z_{n-1})\}.$$

利用上述，加上 $W_1, \cdots, W_{n-1}$ 的信息等价于 $Z_1, \cdots, Z_{n-1}$ 的信息这一事实，我们得

$$\begin{aligned} E[W_n \mid W_1, \cdots, W_{n-1}] &= W_{n-1} e^{-cb} E[\exp\{c(Z_n - Z_{n-1})\} \mid Z_1, \cdots, Z_{n-1}] \\ &\leqslant W_{n-1} e^{-cb} [\beta e^{-c\alpha} + \alpha e^{c\beta}]/(\alpha+\beta) \\ &\leqslant W_{n-1} e^{-cb} e^{c^2(\alpha+\beta)^2/8}, \end{aligned}$$

其中第一个不等式得自引理 6.3.1，而第二个不等式得自在引理 6.3.2 中取 $\theta = \alpha/(\alpha+\beta)$，$x = c(\alpha+\beta)$．因此，固定 c 的值为 $c = 8b/(\alpha+\beta)^2$ 就导致

$$E[W_n \mid W_1, \cdots, W_{n-1}] \leqslant W_{n-1},$$

故而 $\{W_n, n \geqslant 0\}$ 是一个上鞅．对一个固定的正整数 k，定义有界停时 N 为

$$N = \min\{n: Z_n \geqslant a + bn \text{ 或 } n = k\}.$$

现在

$$\begin{aligned} P\{Z_N \geqslant a + bN\} = P\{W_N \geqslant 1\} &\leqslant E[W_N] \qquad (\text{由 Markov 不等式}) \\ &\leqslant E[W_0] \end{aligned}$$

其中最后的等式得自上鞅停止定理．但是上述事实等价于

$$P\{Z_n \geqslant a + bn, \text{对某些 } n \leqslant k\} \leqslant \exp\{-8ab/(\alpha+\beta)^2\},$$

令 $k \to \infty$ 就给出结果． ◀ [320]

定理 6.5.2（推广的 Azuma 不等式） 令 $\{Z_n, n \geqslant 1\}$ 是一个鞅，且对一切 $n \geqslant 1$ 及 $Z_0 = 0$ 有

$$-\alpha \leqslant Z_n - Z_{n-1} \leqslant \beta,$$

则对任意正常数 c 和正整数 m 有：

(i) $P\{Z_n \geqslant nc, \text{对某个 } n \geqslant m\} \leqslant \exp\{-2mc^2/(\alpha+\beta)^2\}$，

(ii) $P\{Z_n \leqslant -nc, \text{对某个 } n \geqslant m\} \leqslant \exp\{-2mc^2/(\alpha+\beta)^2\}$．

证明 作为开始，注意若有 n 使 $n \geqslant m$ 且 $Z_n \geqslant nc$，则对此 n 有 $Z_n \geqslant nc \geqslant mc/2 + nc/2$．因此，

$$\begin{aligned} P\{Z_n \geqslant nc, \text{对某个 } n \geqslant m\} &\leqslant P\{Z_n \geqslant mc/2 + (c/2)n, \text{对某个 } n\} \\ &\leqslant \exp\{-8(mc/2)(c/2)/(\alpha+\beta)^2\}, \end{aligned}$$

其中最后的不等式来自命题 6.5.1．

部分(ii)来自部分(i)中考虑鞅 $-Z_n, n \geqslant 0$． ◀

注 注意 Azuma 不等式说明，Z_m/m 至少是 c 的概率满足

$$P\{Z_m/m \geqslant c\} = P\{Z_m \geqslant mc\} \leqslant \exp\{-2mc^2/(\alpha+\beta)^2\},$$

而推广的 Azuma 不等式，对任意 $n \geqslant m$，Z_n/n 至少是 c 的更大的概率给出了相同的上界． □

例 6.5 (A) 对每次出现正面概率为 p 的硬币，以 S_n 记独立地投掷该硬币的前 n 次中

出现正面的次数，让我们考虑在某个指定的投掷次数后正面的比例曾偏离 p 大于 ε 的概率. 即考虑

$$P\{|S_n/n-p|>\varepsilon, \text{对某个 } n\geqslant m\}.$$

现在，若第 i 次投掷出现正面，我们令 X_i 等于 1，而在其他情形令 X_i 等于 0，则

$$Z_n \equiv S_n - np = \sum_{i=1}^{n}(X_i - p)$$

是一个以 0 为均值的鞅. 因为

$$-p \leqslant Z_n - Z_{n-1} \leqslant 1-p,$$

由此推出 $\{Z_n, n\geqslant 0\}$ 是零均值的鞅并且以 $\alpha = p, \beta = 1-p$ 满足定理 6.5.2 的条件. 因此

321

$$P\{Z_n \geqslant n\varepsilon, \text{对某个 } n\geqslant m\} \leqslant \exp\{-2m\varepsilon^2\},$$

或等价地

$$P\{S_n/n-p\geqslant\varepsilon, \text{对某个 } n\geqslant m\} \leqslant \exp\{-2m\varepsilon^2\}.$$

类似地

$$P\{S_n/n-p\leqslant-\varepsilon, \text{对某个 } n\geqslant m\} \leqslant \exp\{-2m\varepsilon^2\},$$

故而

$$P\{|S_n/n-p|\geqslant\varepsilon, \text{对某个 } n\geqslant m\} \leqslant 2\exp\{-2m\varepsilon^2\}.$$

例如，在 99 次投掷后正面的比例曾偏离 p 大于 0.1 的概率满足

$$P\{|S_n/n-p|\geqslant 0.1, \text{对某个 } n\geqslant 100\} \leqslant 2e^{-2} \approx 0.270\,7.$$

■

习 题

6.1 若 $\{Z_n, n\geqslant 1\}$ 是鞅，证明对 $1\leqslant k<n$ 有

$$E[Z_n \mid Z_1,\cdots,Z_k] = Z_k.$$

6.2 对鞅 $\{Z_n, n\geqslant 1\}$，令 $X_i = Z_i - Z_{i-1}(i\geqslant 1)$，其中 $Z_0=0$. 证明

$$\mathrm{Var}(Z_n) = \sum_{i=1}^{n}\mathrm{Var}(X_i).$$

6.3 当 X_n 是单个个体具有平均子裔数 m 的分支过程的第 n 代的规模时，验证 X_n/m^n 是鞅.

6.4 考虑一个 Markov 链，每次转移，它或者以概率 p 向右一步，或者以概率 $1-p$ 向左一步. 论证 $(q/p)^{S_n}(n\geqslant 1)$ 是鞅.

6.5 考虑具有 $p_{NN}=1$ 的 Markov 链 $\{X_n, n\geqslant 0\}$. 以 $P(i)$ 记在给定该链从状态 i 开始时它迟早进入状态 N 的概率. 证明 $\{P(X_n), n\geqslant 0\}$ 是鞅.

6.6 以 $X(n)$ 记一个分支过程第 n 代的规模，而以 π_0 记由一个个体开始的这种过程迟早消失的概率. 证明 $\{\pi_0^{X_n}, n\geqslant 0\}$ 是鞅.

322

6.7 令 $X_1,\cdots$ 是均值为 0 和方差为 σ^2 的独立同分布的随机变量序列. 再令 $S_n = \sum_{i=1}^{n} X_i$. 证明当 $Z_n = S_n^2 - n\sigma^2$ 时 $\{Z_n, n\geqslant 1\}$ 是一个鞅.

6.8 若 $\{X_n, n\geqslant 0\}$ 和 $\{Y_n, n\geqslant 0\}$ 是相互独立的鞅. 问 $\{Z_n, n\geqslant 0\}$ 是否是鞅，其中

(a) $Z_n = X_n + Y_n$?

(b) $Z_n = X_nY_n$?

这些结果在没有独立假定时是否正确？对每种情形或介绍一个证明，或给出有关反例.

6.9 一个过程 $\{Z_n, n \geqslant 1\}$ 若对一切 n 有 $E|Z_n| < \infty$ 且

$$E[Z_n \mid Z_{n+1}, Z_{n+2}, \cdots] = Z_{n+1}.$$

则称为**倒向鞅**，或者**逆向鞅**．证明：若 $X_i(i \geqslant 1)$ 是具有有限方差的独立同分布的随机变量，则 $Z_n = (X_1 + \cdots + X_n)/n(n \geqslant 1)$ 是倒向鞅．

6.10 连续投掷一个以概率 p 出现正面的硬币．利用鞅论推理计算直至下述序列出现时的期望投掷数

(a) HHTTHHT

(b) HTHTHTH

6.11 考虑在每次参赌时以等可能地赢 1 个单位或输 1 个单位的一个赌徒．假定该赌徒在当他或者赢 A，或者输 B 时离开博弈，$A > 0, B > 0$．用一个合适的鞅证明期望赌资数是 AB．

6.12 在例 6.2 (C) 中求直至其中一个玩家出局时的期望步数．

6.13 令 $Z_n = \prod_{i=1}^{n} X_i$，其中 $X_i(i \geqslant 1)$ 是独立的随机变量，具有

$$P\{X_i = 2\} = P\{X_i = 0\} = 1/2.$$

令 $N = \text{Min}\{n : Z_n = 0\}$．问鞅停止定理是否可用？如果是，你能得到什么结论？如果否，说明为什么？

323

6.14 当 $\beta \neq 0$ 时证明方程

$$e^{\beta} - e^{-\beta} = 2\beta e^{\beta^2/2}$$

无解．

（提示：展开为幂级数．）

6.15 以 X 记在 n 次独立投掷一枚均匀硬币时的正面次数．证明

(a) $P\{X - n/2 \geqslant a\} \leqslant \exp\{-2a^2/n\}$.

(b) $P\{X - n/2 \leqslant -a\} \leqslant \exp\{-2a^2/n\}$.

6.16 以 X 记在 n 次独立的 Bernoulli 试验中成功的次数，其中第 i 次试验以概率 p_i 得到成功．证明

$$P\left\{\left|X - \sum_{i=1}^{n} p_i\right| \geqslant a\right\} \leqslant 2\exp\{-2a^2/n\}.$$

6.17 假设 100 个球随机地分配到 20 个瓮中．以 X 记至少含有 5 个球的瓮数．对 $P\{X \geqslant 15\}$ 导出一个上界．

6.18 以 p 记在随机选取的 88 个人中至少有 3 个人的生日相同的概率．利用 Azuma 不等式得 p 的一个上界．（可以证明 $p \approx 0.50$.）

6.19 对二进制 n—位向量 $\boldsymbol{x}$ 和 $\boldsymbol{y}$（含义是这些向量的每个坐标是 0 或 1)，定义它们之间的距离为

$$\rho(\boldsymbol{x}, \boldsymbol{y}) = \sum_{i=1}^{n} |x_i - y_i|.$$

（这称为 Hamming 距离.） 令 A 是有限个这样向量的集合，且令 $X_1, \cdots, X_n$ 是等可能地取 0 或 1 的独立随机变量．记

$$D = \min_{\boldsymbol{y} \in A} \rho(\boldsymbol{X}, \boldsymbol{y})$$

且令 $\mu = E[D]$．当 $b > \mu$ 时，利用 μ 求 $P\{D \geqslant b\}$ 的一个上界．

6.20 令 $\boldsymbol{X}_1, \cdots, \boldsymbol{X}_n$ 都是在以原点为中心的半径为 1 的圆周内均匀分布的随机向量．以 $T = T(\boldsymbol{X}_1, \cdots, \boldsymbol{X}_n)$ 记连接这 n 个点的最短路径的长度．论证

324

$$p\{|T - E[T]| \geqslant a\} \leqslant 2\exp\{-a^2/(32n)\}.$$

6.21 一群 $2n$ 个人，有 n 个男性和 n 个女性，独立地分配进 m 个房间．每个女性以概率 p_j 选取第 j 个房间，而每个男性以概率 q_j 选取第 j $(j = 1, \cdots, m)$ 个房间．以 X 记为恰有一男一女的房间数．

(a) 求 $\mu = E[X]$.

(b) 对 $b > 0$ 求 $P\{|X-\mu| > b\}$ 的上界.

6.22 令 $\{X_n, n \geqslant 0\}$ 是一个 Markov 过程，其中 X_0 在 $(0,1)$ 上均匀分布，在取条件于 X_n 时

$$X_{n+1} = \begin{cases} \alpha X_n + 1 - \alpha & \text{以概率 } X_n \\ \alpha X_n & \text{以概率 } 1 - X_n \end{cases}$$

其中 $0 < \alpha < 1$. 讨论 $X_n (n \geqslant 1)$ 的极限性质.

6.23 瓮中在开始有一个白球和一个黑球. 每一步从中抽取一个球且将它和一个与它同色的球放回瓮中. 以 Z_n 记在第 n 次取放后瓮中白球的比例.

(a) 证明 $\{Z_n, n \geqslant 1\}$ 是鞅.

(b) 证明在瓮中白球曾经大于 3/4 的比例至多是 2/3.

6.24 考虑独立地投掷硬币的序列，而令 $P\{$正面$\}$ 是每次投掷出正面的概率. 令 A 为假设 $P\{$正面$\} = a$，而 B 为假设 $P\{$正面$\} = b$，$0<a$，$b<1$. 以 X_i 记第 i 次投掷的结果，并令

$$Z_n = \frac{P\{X_1, \cdots, X_n \mid A\}}{P\{X_1, \cdots, X_n \mid B\}}.$$

证明若 B 正确，则

(a) Z_n 是一个鞅，而且

(b) $\lim\limits_{n\to\infty} Z_n$ 以概率为 1 地存在.

325

(c) 若 $b \neq a$，$\lim\limits_{n\to\infty} Z_n$ 是什么？

6.25 令 $Z_n (n \geqslant 1)$ 是随机变量列，使 $Z_1 \equiv 1$，且在给定 $Z_1, \cdots, Z_{n-1}$ 时，Z_n 是均值为 $Z_{n-1} (n > 1)$ 的 Poisson 随机变量. 对很大的 n，我们能对 Z_n 说些什么？

6.26 令 $X_1, X_2, \cdots$ 是独立的，并使

$$P\{X_i = -1\} = 1 - 1/2^i,$$
$$P\{X_i = 2^i - 1\} = 1/2^i, \quad i \geqslant 1.$$

利用此序列构造一个零均值的鞅 Z_n，使得以概率为 1 地有 $\lim\limits_{n\to\infty} Z_n = -\infty$.（提示：利用 Borel—Cantelli 引理.）

一个连续时间过程 $\{X(t), t \geqslant 0\}$ 若对一切 t 有 $E[|X_n|] < \infty$，且对一切 $s < t$ 有

$$E[X(t) \mid X(u), 0 \leqslant u \leqslant s] = X(s).$$

则称为鞅.

6.27 令 $\{X(t), t \geqslant 0\}$ 是一个连续时间 Markov 链，具有无穷小转移速率 $q_{ij}, i \neq j$. 给出 q_{ij} 的条件，使 $\{X(t), t \geqslant 0\}$ 是一个连续时间鞅.

在下述假定条件下完成习题 6.28～6.30：(a) 鞅停止定理的连续时间版本成立，(b) 需要的任何正则条件都满足.

6.28 令 $\{N(t), t \geqslant 0\}$ 是具有强度函数 $\lambda(t), t \geqslant 0$ 的一个非时齐的 Poisson 过程. 以 T 记第 n 个事件发生的时刻. 证明

$$n = E\left[\int_0^T \lambda(t)\,\mathrm{d}t\right].$$

6.29 令 $\{X(t), t \geqslant 0\}$ 是一个连续时间 Markov 链，它将在有限期望时间进入一个吸收态 N. 假设 $X(0) = 0$，而以 m_i 记该链在状态 i 的期望时间. 对 $j \neq 0, j \neq N$ 证明

(a) $E[$此链离开 j 的次数$] = v_j m_j$，其中 $1/v_j$ 是该链在一次访问期间在 j 逗留的平均时间.

(b) $E[$此链进入 j 的次数$] = \sum\limits_{i \neq j} m_i q_{ij}$.

(c) 论证

$$v_j m_j = \sum_{i \neq j} m_i q_{ij}, \quad j \neq 0,$$
$$v_0 m_0 = 1 + \sum_{i \neq 0} m_i q_{i0}.$$

326

6.30 令 $\{X(t), t \geqslant 0\}$ 是一个具有 Poisson 速率 λ 和分量分布为 F 的复合 Poisson 过程. 定义一个与此过程相联系的连续时间的鞅.

参考文献

鞅是由 Doob 发展起来的，至今他的教材（文献 2）依然是标准的参考文献. 文献 6 和 7 给出了鞅在比本书稍为先进水平的基础上的极好综述. 例 6.2（A）取自文献 3，而例 6.2（C）取自文献 5. 我们相信，我们介绍的 Azuma 不等式比以前出现在文献中的版本更为一般. 鉴于在增量上的通常假定是对称条件 $|X_i - X_{i-1}| \leqslant \alpha_i$，我们允许非对称的界. 在 6.5 节中介绍的推广的 Azuma 不等式的处理方式取自文献 4. Azuma 不等式的更多的材料可在文献 1 中找到.

1. N. Alon, J. Spencer, and P. Erdos, *The Probabilistic Method*, John Wiley, New York, 1992.
2. J. Doob, *Stochastic Processes*, John Wiley, New York, 1953.
3. S. Y. R. Li, "A Martingale Approach to the Study of the Occurrence of Pattern in Repeated Experiments," *Annals of Probability*, 8, No. 6 (1980), pp. 1171-1175.
4. S. M. Ross, "Generalizing Blackwell's Extension of the Azuma Inequality," *Probability in the Engineering and Informational Science*, 9, No. 3 (1995), pp. 493-496.
5. D. Stirzaker, "Tower Problems and Martingales," *The Mathematical Scientist*, 19, No. 1 (1994), pp. 52-59.
6. P. Whittle, *Probability via Expectation*, 3rd ed., Springer-Verlang, Berlin, 1992.
7. D. Williams, *Probability with Martingales*, Cambrideg University Press, Cambrideg, England, 1991.

327

第7章 随机徘徊

令 $X_1, X_2, \cdots$ 独立同分布，$E[|X_i|] < \infty$. 再令 $S_0 = 0, S_n = \sum_{i=1}^{n} X_i, n \geqslant 1$. 过程 $\{S_n, n \geqslant 0\}$ 称为随机徘徊过程.

随机徘徊对各种现象的建模十分有用. 例如，在以前我们曾遇到过的简单随机徘徊，$P\{X_i = 1\} = p = 1 - P\{X_i = -1\}$，其中 S_n 可解释为每局赢1个单位或输1个单位的赌徒在第 n 局后的收益. 我们也可用随机徘徊给更一般情形的博弈建模，例如很多人相信在股票市场上的一个指定公司相继的价格可用随机徘徊建模. 我们会看到，随机徘徊在排队系统分析和破产系统中也很有用.

在7.1节中，我们将介绍一个对偶原则，它对得到有关随机徘徊的各种概率十分有用. 在这一节中的一个例子是处理G/G/1排队系统，在分析它时，我们转向考虑一个平均步长为负的随机徘徊曾超出一个指定常数的概率.

然而，在处理这种概率之前，我们在7.2节中先离题讨论可交换性，这是证明对偶原则成立的一个条件. 我们介绍De Finetti定理，它提供了可交换的Bernoulli随机变量的无穷序列的一个特征刻划. 在7.3节中，我们回到随机徘徊，且说明怎样有效地利用鞅. 例如，我们怎样利用鞅来近似一个有负漂移的随机徘徊曾超过一个固定正值的概率. 在7.4节中我们将上一节的结果应用于G/G/1排队系统和某些破产问题.

随机徘徊也被认为是更新过程的推广. 因为若限制 X_i 为非负随机变量，则 S_n 可解释为更新过程的第 n 个事件的时刻. 在7.5节中，在 X_i 不必是非负时，我们介绍Blackwell定理的一个推广，且介绍基于更新理论的结果的一个证明.

328

7.1 随机徘徊中的对偶性

以

$$S_n = \sum_{1}^{n} X_i, \qquad n \geqslant 1$$

记一个随机徘徊. 在计算有关 $\{S_n, n \geqslant 1\}$ 的概率时，存在一个对偶原则，它虽然简单，却十分有用.

对偶原则

$(X_1, X_2, \cdots, X_n)$ 与 $(X_n, X_{n-1}, \cdots, X_1)$ 有相同的联合分布. 由于 $X_i, i \geqslant 1$ 是独立同分布的，故而对偶原则的成立是直接的. 我们将在一系列命题中阐述其应用.

命题7.1.1说明，若 $E(X) > 0$，则在有限的期望步数内随机徘徊将变为正的.

命题 7.1.1 假设 $X_1, X_2, \cdots$ 是独立同分布的随机变量，$E(X) > 0$. 若

$$N = \min\{n: X_1 + \cdots + X_n > 0\},$$

则

$$E[N] < \infty.$$

证明

$$E[N] = \sum_{n=0}^{\infty} P\{N > n\} = \sum_{n=0}^{\infty} P\{X_1 \leqslant 0, X_1 + X_2 \leqslant 0, \cdots, X_1 + \cdots + X_n \leqslant 0\}$$
$$= \sum_{n=0}^{\infty} P\{X_n \leqslant 0, X_n + X_{n-1} \leqslant 0, \cdots, X_n + \cdots + X_1 \leqslant 0\},$$

329

其中最后的等式得自对偶性. 所以

$$E[N] = \sum_{n=0}^{\infty} P\{S_n \leqslant S_{n-1}, S_n \leqslant S_{n-2}, \cdots, S_n \leqslant 0\}. \qquad (7.1.1)$$

现在，若 $S_n \leqslant S_{n-1}, S_n \leqslant S_{n-2}, \cdots, S_n \leqslant 0$，则我们称一个更新发生在时刻 n，即一个更新发生在随机徘徊每次达到其最低值时.（稍加思考会使我们相信在相继更新之间的时间是独立同分布的.）因此，由式（7.1.1），

$$E[N] = \sum_{n=0}^{\infty} P\{\text{在时刻 } n \text{ 有更新发生}\} = 1 + E[\text{发生的更新次数}].$$

现在，由于 $E(X) > 0$，由强大数定律推出 $S_n \to \infty$，故而发生的更新次数将是有限的（以概率为 1 地）. 但是发生的更新次数，或者以概率 1 地为无限（如果相继更新之间的时间为有限的概率 $F(\infty)$ 等于 1），或者具有有限均值的几何分布（如果 $F(\infty) < 1$）. 因此推出

$$E[\text{发生的更新次数}] < \infty,$$

故而

$$E[N] < \infty. \qquad ◀$$

我们下一个命题论及随机徘徊取新值的期望速率. 我们定义称为 $(S_0, S_1, \cdots, S_n)$ 的变程的 R_n 如下.

定义 R_n 是 $(S_0, S_1, \cdots, S_n)$ 中不同的值的个数.

330

命题 7.1.2 $\lim\limits_{n\to\infty} \dfrac{E[R_n]}{n} = P\{\text{随机徘徊不再回到 } 0\}$.

证明 令

$$I_k = \begin{cases} 1 & \text{若 } S_k \neq S_{k-1}, S_k \neq S_{k-2}, \cdots, S_k \neq S_0 \\ 0 & \text{其他情形} \end{cases}$$

则

$$R_n = 1 + \sum_{k=1}^{n} I_k,$$

故而

$$E[R_n] = 1 + \sum_{k=1}^{n} P\{I_k = 1\}$$

$$= 1 + \sum_{k=1}^{n} P\{S_k \neq S_{k-1}, S_k \neq S_{k-2}, \cdots, S_k \neq 0\}$$

$$= 1 + \sum_{k=1}^{n} P\{X_k \neq 0, X_k + X_{k-1} \neq 0, \cdots, X_k + X_{k-1} + \cdots + X_1 \neq 0\}$$

$$= 1 + \sum_{k=1}^{n} P\{X_1 \neq 0, X_1 + X_2 \neq 0, \cdots, X_1 + \cdots + X_k \neq 0\},$$

其中最后的等式来自对偶性. 因此

$$E[R_n] = 1 + \sum_{k=1}^{n} P\{S_1 \neq 0, S_2 \neq 0, \cdots, S_k \neq 0\} = \sum_{k=0}^{n} P\{T > k\}, \qquad (7.1.2)$$

而 T 是首次回到 0 的时刻. 现在, 在 $k \to \infty$ 时

$$P\{T > k\} \to P\{T = \infty\} = P\{\text{不再回到 } 0\},$$

故而, 由 (7.1.2) 可见

$$E[R_n]/n \to P\{\text{不再回到 } 0\}.$$

◀

例 7.1 (A) 简单随机徘徊　在简单随机徘徊中 $P\{X_i = 1\} = p = 1 - P\{X_i = -1\}$. 现在当 $p = 1/2$ 时 (对称简单随机徘徊), 随机徘徊是常返的, 于是, 在 $p = 1/2$ 时

331

$$P\{\text{不再回到 } 0\} = 0.$$

因此, 在 $p = 1/2$ 时

$$E[R_n/n] \to 0.$$

在 $p > 1/2$ 时, 令 $\alpha = P\{\text{回到 } 0 \mid X_1 = 1\}$. 因为 $P\{\text{回到 } 0 \mid X_1 = -1\} = 1$ (为什么?), 我们有

$$P\{\text{回到 } 0\} = \alpha p + 1 - p.$$

再取条件于 X_2 得

$$\alpha = \alpha^2 p + 1 - p,$$

或等价地

$$(\alpha - 1)(\alpha p - 1 + p) = 0.$$

由于暂态性 $\alpha < 1$, 我们可见

$$\alpha = (1 - p)/p,$$

故而在 $p > 1/2$ 时

$$E[R_n/n] \to 2p - 1,$$

类似地, 在 $p \leqslant 1/2$ 时

$$E[R_n/n] \to 2(1 - p) - 1.$$

■

我们下一个对偶性的应用论及对称随机徘徊.

命题 7.1.3　*在对称简单随机徘徊中, 对任意 $k \neq 0$, 在回到原点之前访问 k 的期望次数是 1.*

证明　对 $k > 0$, 以 Y 记在首次回到原点之前访问 k 的次数. 则 Y 可表示为

$$Y = \sum_{n=1}^{\infty} I_n,$$

其中

$$I_n = \begin{cases} 1 & \text{若在时刻 } n \text{ 访问 } k\text{，且在 } n \text{ 前没有回到原点} \\ 0 & \text{其他情形} \end{cases}$$

332

或等价地

$$I_n = \begin{cases} 1 & \text{若 } S_n > 0, S_{n-1} > 0, S_{n-2} > 0, \cdots, S_1 > 0, S_n = k \\ 0 & \text{其他情形} \end{cases}$$

于是

$$\begin{aligned} E[Y] &= \sum_{n=1}^{\infty} P\{S_n > 0, S_{n-1} > 0, \cdots, S_1 > 0, S_n = k\} \\ &= \sum_{n=1}^{\infty} P\{X_n + \cdots + X_1 > 0, X_{n-1} + \cdots + X_1 > 0, \cdots, X_1 > 0, X_n + \cdots + X_1 = k\} \\ &= \sum_{n=1}^{\infty} P\{X_1 + \cdots + X_n > 0, X_2 + \cdots + X_n > 0, \cdots X_n > 0, X_1 + \cdots + X_n = k\}, \end{aligned}$$

其中最后的等式得自对偶性. 因此

$$\begin{aligned} E[Y] &= \sum_{n=1}^{\infty} P\{S_n > 0, S_n > S_1, \cdots, S_n > S_{n-1}, S_n = k\} \\ &= \sum_{n=1}^{\infty} P\{\text{对称随机徘徊在时刻 } n \text{ 首次击中 } k\} \\ &= P\{\text{对称随机徘徊曾击中 } k\} \\ &= 1 \qquad (\text{由常返性}), \end{aligned}$$

这就完成了证明.[⊖] ◀

对偶性的最后一个应用是对 G/G/1 排队模型. 这是一个单服务线模型，它假定顾客按具有任意的到达间隔分布 F 的更新过程到达，而服务分布是 G. 令到达间隔时间为 X_1, $X_2, \cdots$，再令服务时间为 $Y_1, Y_2, \cdots$，而以 D_n 记第 n 个顾客在队列中的延迟（或等待）时间. 由于顾客 n 停留在系统中的时间为 $D_n + Y_n$，而顾客 $n+1$ 在顾客 n 之后的 X_{n+1} 时间到达，由此推出（参见图 7.1.1）

$$D_{n+1} = \begin{cases} D_n + Y_n - X_{n+1} & \text{若 } D_n + Y_n \geqslant X_{n+1} \\ 0 & \text{若 } D_n + Y_n < X_{n+1} \end{cases}$$

或等价地，令 $U_n = Y_n - X_{n+1} (n \geqslant 1)$，有

$$D_{n+1} = \max\{0, D_n + U_n\}, \qquad n \geqslant 0. \tag{7.1.3}$$

333

将关系（7.1.3）做迭代，导致

$$\begin{aligned} D_{n+1} &= \max\{0, D_n + U_n\} \\ &= \max\{0, U_n + \max\{0, D_{n-1} + U_{n-1}\}\} \\ &= \max\{0, U_n, U_n + U_{n-1} + D_{n-1}\} \\ &= \max\{0, U_n, U_n + U_{n-1} + \max\{0, U_{n-2} + D_{n-2}\}\} \end{aligned}$$

⊖ 读者应该将此证明与在第 4 章习题 4.46 所概述的证明做比较.

$$= \max\{0, U_n, U_n + U_{n-1}, U_n + U_{n-1} + U_{n-2} + D_{n-2}\}$$
$$\vdots$$
$$= \max\{0, U_n, U_n + U_{n-1}, \cdots, U_n + U_{n-1} + \cdots + U_1\},$$

其中最后一步用了 $D_1 = 0$．因此，对 $c > 0$ 有

$$P\{D_{n+1} \geqslant c\} = P\{\max(0, U_n, U_n + U_{n-1}, \cdots, U_n + \cdots + U_1) \geqslant c\}$$
$$= P\{\max(0, U_1, U_1 + U_2, \cdots, U_1 + \cdots + U_n) \geqslant c\},$$

其中最后的等式得自对偶性．因此我们已证明了下述命题．

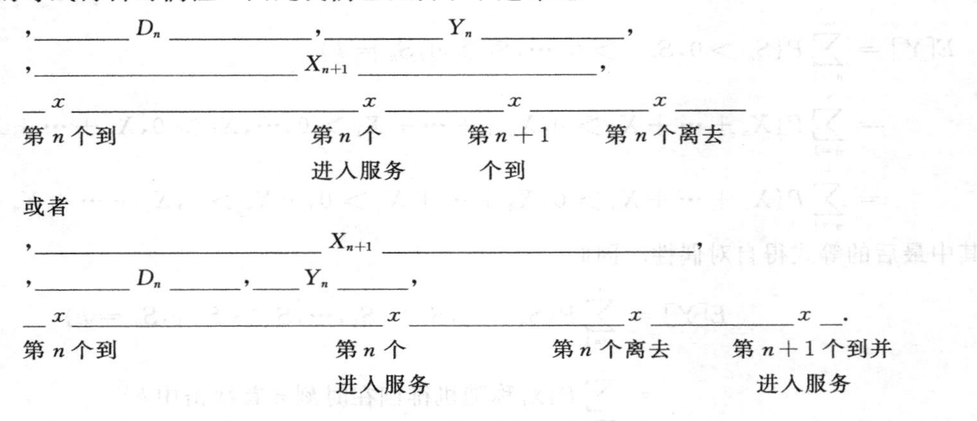

图 7.1.1　$D_{n+1} = \max\{D_n + Y_n - X_{n+1}, 0\}$

命题7.1.4　*若 D_n 是具有到达间隔时间 $X_i, i \geqslant 1$ 和服务时间 $Y_i, i \geqslant 1$ 的 $G/G/1$ 系统中第 n 个顾客的等待时间，则*

[334]

$$P\{D_{n+1} \geqslant c\} = P\{\text{随机徘徊 } S_j, j \geqslant 1, \text{在时刻 } n \text{ 前穿过 } c\}, \tag{7.1.4}$$

其中

$$S_j = \sum_{i=1}^{j} (Y_i - X_{i+1}).$$ ◀

我们从命题 7.1.4 也注意到 $P\{D_{n+1} \geqslant c\}$ 对 n 不减．令

$$P\{D_\infty \geqslant c\} = \lim_{n\to\infty} P\{D_n \geqslant c\},$$

我们由式 (7.1.4) 得

$$P\{D_\infty \geqslant c\} = P\{\text{随机徘徊 } S_j, j \geqslant 1, \text{迟早穿过 } c\}. \tag{7.1.5}$$

若 $E[U] = E[Y] - E[X]$ 是正的，则由强大数定律，随机徘徊将趋于无穷，故而

若 $E[Y] > E[X]$，则对一切 c 有 $P\{D_\infty \geqslant c\} = 1$．

在 $E[Y] = E[X]$ 时，上式也正确．于是只当 $E[Y] < E[X]$ 时极限等待时间分布存在．为了计算在这种情形中的 $P\{D_\infty \geqslant c\}$，我们需要计算平均变化为负的随机徘徊迟早超过一个常数的概率．然而在论及这个问题之前，我们先介绍解释一个称为 Spitzer 等式的结果，它将使我们在某些特殊情形能显式地计算 $E[D_n]$．

Spitzer 等式涉及随机徘徊直至指定时刻的最大值的期望．令 $M_n = \mathrm{Max}(0, S_1, \cdots, S_n)$，$n \geqslant 1$．

命题 7.1.5（Spitzer 等式） $E[M_n]=\sum_{k=1}^{n}\frac{1}{k}E[S_k^+]$.

证明 对任意事件 A，若 A 发生则令 $I(A)$ 等于 1，而在其他情形令它等于 0. 我们利用表示

$$M_n=I(S_n>0)M_n+I(S_n\leqslant 0)M_n,$$

现在

$$I(S_n>0)M_n=I(S_n>0)\max_{1\leqslant i\leqslant n}S_i=I(S_n>0)(X_1+\max(0,X_2,\cdots,X_2+\cdots+X_n)),$$ 335

因此

$$E[I(S_n>0)M_n]=E[I(S_n>0)X_1]+E[I(S_n>0)\max(0,X_2,\cdots,X_2+\cdots+X_n)].\tag{7.1.6}$$

但是由于 $X_1,X_2,\cdots,X_n$ 与 $X_n,X_1,X_2,\cdots,X_{n-1}$ 有相同的联合分布，我们可见

$$E[I(S_n>0)\max(0,X_2,\cdots,X_2+\cdots+X_n)]=E[I(S_n>0)M_{n-1}].\tag{7.1.7}$$

再则，由于 X_i 与 S_n 对一切 i 有相同的联合分布，我们得到，

$$E[S_nI(S_n>0)]=E\left[\sum_{i=1}^{n}X_iI(S_n>0)\right]=nE[X_1I(S_n>0)],$$

它蕴含

$$E[X_1I(S_n>0)]=\frac{1}{n}E[S_nI(S_n>0)]=\frac{1}{n}E[S_n^+].\tag{7.1.8}$$

于是，由（7.1.6），（7.1.7）和（7.1.8）我们有

$$E[I(S_n>0)M_n]=E[I(S_n>0)M_{n-1}]+\frac{1}{n}E[S_n^+].$$

此外，因为 $S_n\leqslant 0$ 蕴含 $M_n=M_{n-1}$，由此推出

$$I(S_n\leqslant 0)M_n=I(S_n\leqslant 0)M_{n-1},$$

将它与上面合起来导致

$$E[M_n]=E[I(S_n>0)M_{n-1}]+\frac{1}{n}E[S_n^+]+E[I(S_n\leqslant 0)M_{n-1}]=E[M_{n-1}]+\frac{1}{n}E[S_n^+].$$

再用前面的方程，而这时用 $n-1$ 替代 n，就给出

$$E[M_n]=\frac{1}{n}E[S_n^+]+\frac{1}{n-1}E[S_{n-1}^+]+E[M_{n-2}],$$

基于这种推理的连续重复，我们得

$$E[M_n]=\sum_{k=2}^{n}\frac{1}{k}E[S_k^+]+E[M_1],$$

因为 $M_1=S_1^+$，这就证明了结果. 336

因为 $M_n=\max(0,S_1,\cdots,S_n)$，由命题 7.1.4 推出

$$P\{D_{n+1}\geqslant c\}=P\{M_n\geqslant c\},$$

根据从 0 到 ∞ 求积分，它蕴含

$$E[D_{n+1}]=E[M_n],$$

因此，由 Spitzer 等式，我们可见

$$E[D_{n+1}]=\sum_{k=1}^{n}\frac{1}{k}E[S_k^+].$$

利用上述事实，在某些特殊情形可得 $E[D_{n+1}]$ 的一个显式公式.

例 7.1 (B)　考虑一个单服务线排队模型，其中到达按间隔分布为 $G(s,\lambda)$ 的更新过程发生，而服务时间分布为 $G(r,\mu)$，其中 $G(a,b)$ 是参数为 a 和 b（具有均值 a/b）的 Gamma 分布. 在 s 和 r 至少一个是整数时，我们要用 Spitzer 等式计算对 $E[D_{n+1}]$ 的一个公式.

作为开始，假设 r 是整数. 为了计算

$$E[S_k^+]=E\left[\left(\sum_{i=1}^{k}Y_i-\sum_{i=1}^{k}X_{i+1}\right)^+\right],$$

首先，取条件于 $\sum_{i=1}^{k}X_{i+1}$. 然后，用 $\sum_{i=1}^{k}Y_i$ 与 kr 个独立同分布的速率为 μ 的指数随机变量的和有相同的分布这一事实，由取条件于速率为 μ 的 Poisson 过程直至时刻 $\sum_{i=1}^{k}X_{i+1}$ 发生的事件数，得到

$$E\left[\left(\sum_{i=1}^{k}Y_i-\sum_{i=1}^{k}X_{i+1}\right)^+\middle|\sum_{i=1}^{k}X_{i+1}=t\right]=\sum_{i=0}^{kr-1}\mathrm{e}^{-\mu t}\frac{(\mu t)^i}{i!}\frac{kr-i}{\mu}.$$

因此，令

$$W_k=\sum_{i=1}^{k}X_{i+1},$$

我们就有

337

$$E[S_k^+]=\sum_{i=0}^{kr-1}\frac{kr-i}{i!\mu}E[\mathrm{e}^{\mu W_k}(\mu W_k)^i].$$

由于 W_k 是具有参数 ks 和 λ 的 Gamma 随机变量，通过简单的计算可得

$$E[\mathrm{e}^{-\mu W_k}(\mu W_k)^i]=\frac{(ks+i-1)!\lambda^{ks}\mu^i}{(ks-1)!(\lambda+\mu)^{ks+i}},$$

其中，对非整数的 a，$a!=\int_0^\infty \mathrm{e}^{-x}x^a\mathrm{d}x$.

因此，在 r 是整数时我们有

$$E[D_{n+1}]=\sum_{k=1}^{n}\frac{1}{k}\sum_{i=0}^{kr-1}\frac{kr-i}{\mu}\binom{ks+i-1}{i}\left(\frac{\lambda}{\lambda+\mu}\right)^{ks}\left(\frac{\mu}{\lambda+\mu}\right)^i,$$

其中 $\binom{a+b}{a}=(a+b)!/(a!b!)$.

在 s 是整数时，我们用等式 $S_k^+=S_k+(-S_k)^+$ 得

$$E[S_k^+]=k(E[Y]-E[X])+E\left[\left(\sum_{i=1}^{k}X_{i+1}-\sum_{i=1}^{k}Y_i\right)^+\right].$$

现在我们可用前面的分析得下述等式，

$$E[D_{n+1}]=n(r/\mu-s/\lambda)+\sum_{k=1}^{n}\frac{1}{k}\sum_{i=0}^{ks-1}\frac{ks-i}{\lambda}\binom{kr+i-1}{i}\left(\frac{\mu}{\lambda+\mu}\right)^{kr}\left(\frac{\lambda}{\lambda+\mu}\right)^i.\quad\blacksquare$$

7.2 有关可交换随机变量的一些注释

为了得对偶关系，随机变量 $X_1,\cdots,X_n$ 是独立同分布的假定并不必要. 较弱的一般的条件是随机变量为可交换的，此处我们说 $X_1,\cdots,X_n$ 是可交换的，若对 $(1,2,\cdots,n)$ 的一切排列 $(i_1,\cdots,i_n)$，$X_{i_1},\cdots,X_{i_n}$ 都有相同的联合发布.

例 7.2 (A) 假设从一个最初有 n 个球（其中 k 个白球）的瓮中不放回地随机选取. 若我们令

$$X_i = \begin{cases} 1 & \text{若第 } i \text{ 次取得白球} \\ 0 & \text{其他情形} \end{cases}$$

则 $X_1,\cdots,X_n$ 是可交换的，而不是独立的. ■ 338

作为可交换性的应用的一个说明，假设 X_1 和 X_2 是可交换的，而 $f(x)$ 和 $g(x)$ 都是增函数. 则对一切 x_1，x_2 有

$$(f(x_1)-f(x_2))(g(x_1)-g(x_2)) \geqslant 0,$$

它蕴含

$$E[(f(X_1)-f(X_2))(g(X_1)-g(X_2)] \geqslant 0.$$

但是因为可交换性蕴含

$$E[f(X_1)g(X_1)] = E[f(X_2)g(X_2)], E[f(X_1)g(X_2)] = E[f(X_2)g(X_1)],$$

在展开上述不等式后，我们可见

$$E[f(X_1)g(X_1)] \geqslant E[f(X_1)g(X_2)].$$

用于 X_1 和 X_2 是独立的情形，我们有下述命题.

命题 7.2.1 *若 f 和 g 都是增函数，则*

$$E[f(X)g(X)] \geqslant E[f(X)]E[g(X)].$$ ◀

我们称无穷随机变量序列 $X_1,X_2,\cdots$ 为可交换的，如果每个有限子列 $X_1,\cdots,X_n$ 都是可交换的.

例 7.2 (B) 以 Λ 记具有分布 G 的随机变量，假设在取条件于事件 $\Lambda=\lambda$ 时，X_1，$X_2,\cdots$ 是独立同分布的，且具有分布 F_λ，即

$$P\{X_1 \leqslant x_1,\cdots,X_n \leqslant x_n \mid \Lambda=\lambda\} = \prod_{i=1}^{n} F_\lambda(x_i).$$

随机变量 $X_1,X_2,\cdots$ 是可交换的，因为

$$P\{X_1 \leqslant x_1,\cdots,X_n \leqslant x_n\} = \int \prod_{i=1}^{n} F_\lambda(x_i)\,\mathrm{d}G(\lambda),$$

它关于 $(x_1,\cdots,x_n)$ 对称. 然而它们并不独立. ■ 339

有一个称为 De Finetti 定理的著名结果，它说明，每个无穷可交换随机变量序列都有像例 7.2 (B) 指定的形式. 我们要在 X_i 们都是 0－1（即 Bernoulli）随机变量时介绍一个证明.

定理 7.2.2 (De Finetti 定理)　对每个只取值0或1的可交换无穷随机变量列 X_1, $X_2, \cdots$, 存在一个在 $[0,1]$ 上的概率分布 G, 使对一切 $0 \leqslant k \leqslant n$ 有

$$P\{X_1 = X_2 = \cdots = X_k = 1, X_{k+1} = \cdots = X_n = 0\} = \int_0^1 \lambda^k (1-\lambda)^{n-k} \mathrm{d}G(\lambda). \tag{7.2.1}$$

证明　令 $m \geqslant n$. 我们先由取条件于

$$S_m = \sum_{i=1}^m X_i$$

计算上述概率开始. 这导致

$$\begin{aligned}
&P\{X_1 = \cdots = X_k = 1, X_{k+1} = \cdots = X_n = 0\} \\
&= \sum_{j=0}^m P\{X_1 = \cdots = X_k = 1, X_{k+1} = \cdots = X_n = 0 \mid S_m = j\} P\{S_m = j\} \qquad (7.2.2) \\
&= \sum_j \frac{j(j-1)\cdots(j-k+1)(m-j)(m-j-1)\cdots(m-j-(n-k)+1)}{m(m-1)\cdots(m-n+1)} P\{S_m = j\}.
\end{aligned}$$

最后的方程得自, 由于在给定 $S_n = j$ 时, 由可交换性, $X_1, \cdots, X_m$ 的每个大小为 j 的子集都等可能是包含所有的1的那个.

若我们令 $Y_m = S_m/m$, 则式 (7.2.2) 可写为

$$\begin{aligned}
&P\{X_1 = \cdots = X_k = 1, X_{k+1} = \cdots = X_n = 0\} \qquad (7.2.3) \\
&= E\left[\frac{(mY_m)(mY_m-1)\cdots(mY_m-k+1)[m(1-Y_m)][m(1-Y_m)-1]\cdots[m(1-Y_m)-n+k+1]}{m(m-1)\cdots(m-n+1)}\right].
\end{aligned}$$

对很大的 m, 上式粗略地等于 $E[Y_m^k(1-Y_m)^{n-k}]$, 而定理应该得自让 $m \to \infty$. 事实上可由一个称为 Helly 定理的结果证明, 对于某个收敛到 ∞ 的子列 m', $Y_{m'}$ 将收敛到某个分布 G, 且式 (7.2.3) 将收敛到

340

$$E[Y_\infty^k(1-Y_\infty)^{n-k}] = \int_0^1 y^k(1-y)^{n-k} \mathrm{d}G(y).$$ ◀

注　De Finetti 定理对有限的可交换随机变量序列不成立. 例如, 若在例 7.2 (A) 中取 $n=2, k=1$, 则 $P\{X_1 = 1, X_2 = 0\} = P\{X_1 = 0, X_2 = 1\} = 1/2$, 它不能表成式 (7.2.1) 的形式. □

7.3　利用鞅来分析随机徘徊

以

$$S_n = \sum_{i=1}^n X_i, \qquad n \geqslant 1$$

记一个随机徘徊. 我们的第一个结果是证明, 若 X_i 是有限整数值随机变量, 且 $E[X] = 0$, 则 S_n 是常返的.

定理 7.3.1　如果对某个 $M < \infty$, X_i 只能在 $0, \pm 1, \cdots, \pm M$ 中取一个值. 那么 $\{S_n, n \geqslant 0\}$ 是常返的 Markov 链当且仅当 $E[X] = 0$.

证明 显然当 $E[X]\neq 0$ 时，随机徘徊是暂态的，因为它或者趋于 $+\infty$（若 $E[X]>0$），或者趋于 $-\infty$（若 $E[X]<0$）. 所以假设 $E[X]=0$，且注意，这蕴含 $\{S_n,n\geqslant 1\}$ 是鞅.

以 A 记从 $-M$ 到 -1 的状态的集合，即 $A=\{-M,-(M-1),\cdots,-1\}$. 假设过程开始处在状态 $i(i\geqslant 0)$. 对 $j>i$，将状态集 $\{j,j+1,\cdots,j+M\}$ 记 A_j，而将过程首次进入 A 或 A_j 的时刻记为 N. 由定理 6.2.2 得

$$E[S_N]=E[S_0]=i,$$

故而

$$\begin{aligned}i&=E[S_N\mid S_N\in A]P\{S_N\in A\}+E[S_N\mid S_N\in A_j]P\{S_N\in A_j\}\\&\geqslant -MP\{S_N\in A\}+j(1-P\{S_N\in A\})\end{aligned}$$

或

$$P\{S_N\in A\}\geqslant\frac{j-i}{j+M}.$$

因此，

$$P\{\text{过程曾进入 }A)\geqslant P\{S_N\in A\}\geqslant\frac{j-i}{j+M},$$

341

而让 $j\to\infty$，我们可见

$$P\{\text{过程曾进入 }A\mid\text{开始在 }i\}=1,\quad i\geqslant 0.$$

现在令 $B=\{1,2,\cdots,M\}$. 由类似的推理我们可证对 $i\leqslant 0$ 有

$$P\{\text{过程曾进入 }B\mid\text{开始在 }i\}=1,\quad i\leqslant 0.$$

所以，对一切 i 有

$$P\{\text{过程曾进入 }A\cup B\mid\text{开始在 }i\}=1.$$

易见上式蕴含状态的有限集 $A\cup B$ 将被访问无穷多次. 然而，若过程是暂态的，则任意有限个状态的集合只能被访问有限次. 因此，过程是常返的. ◀

我们再次以

$$S_n=\sum_{i=1}^{n}X_i,\quad n\geqslant 1$$

记一个随机徘徊，且假设 $\mu=E[X]\neq 0$. 对给定的 $A,B>0$，我们试图计算 P_A，它是 S_n 在到达小于或等于 $-B$ 的值之前到达至少为 A 的值的概率. 作为开始，令 $\theta\neq 0$ 使

$$E[\mathrm{e}^{\theta X}]=1.$$

我们假设这样的 θ 是存在的（而通常是唯一的）. 由于

$$Z_n\equiv\mathrm{e}^{\theta S_n}$$

是独立的均值为 1 的随机变量的乘积，就推出 $\{Z_n\}$ 是均值为 1 的鞅. 由

$$N=\min\{n:S_n\geqslant A\text{ 或 }S_n\leqslant -B\}$$

定义停时 N. 因为可证定理 6.2.2 的条件 (iii) 满足，我们有

$$E[\mathrm{e}^{\theta S_N}]=1.$$

所以

$$1=E[\mathrm{e}^{\theta S_N}\mid S_N\geqslant A]P_A+E[\mathrm{e}^{\theta S_N}\mid S_N\leqslant -B](1-P_A).\tag{7.3.1}$$

342

我们可用式(7.3.1)如下得到 P_A 的一个近似值. 若我们忽略超出部分(或者越过 A 或 $-B$ 的部分),我们有下述近似:

$$E[e^{\theta S_N} \mid S_N \geqslant A] \approx e^{\theta A}, E[e^{\theta S_N} \mid S_N \leqslant -B] \approx e^{-\theta B}.$$

因此,从式(7.3.1)得

$$1 \approx e^{\theta A} P_A + e^{-\theta B}(1 - P_A)$$

或

$$P_A \approx \frac{1 - e^{-\theta B}}{e^{\theta A} - e^{-\theta B}}. \tag{7.3.2}$$

我们也可用 Wald 方程并忽略超出部分来近似 $E[N]$. 即

$$E[S_N] = E[S_N \mid S_N \geqslant A]P_A + E[S_N \mid S_N \leqslant -B](1 - P_A).$$

用逼近

$$E[S_N \mid S_N \geqslant A] \approx A, E[S_N \mid S_N \leqslant -B] \approx -B,$$

我们有

$$E[S_N] \approx AP_A - B(1 - P_A),$$

而因为

$$E[S_N] = E[N]E[X],$$

我们可见

$$E[N] \approx \frac{AP_A - B(1 - P_A)}{E[X]}.$$

利用对 P_A 的近似式(7.3.2),我们得

$$E[N] \approx \frac{A(1 - e^{-\theta B}) - B(e^{\theta A} - 1)}{(e^{\theta A} - e^{-\theta B})E[X]}. \tag{7.3.3}$$ ◀

例 7.3(A) 赌徒破产问题 假设

343

$$X_i = \begin{cases} 1 & \text{以概率 } p \\ -1 & \text{以概率 } q = 1 - p \end{cases}$$

我们将 $E[(q/p)^X] = 1$ 的证明留作练习,于是 $e^{\theta} = q/p$. 若我们假定 A 和 B 都是整数,就没有超出部分,故而近似式(7.3.2)和(7.3.3)都是准确的. 所以

$$P_A = \frac{1 - (q/p)^{-B}}{(q/p)^A - (q/p)^{-B}} = \frac{(q/p)^B - 1}{(q/p)^{A+B} - 1},$$

$$E[N] = \frac{A(1 - (q/p)^{-B}) - B((q/p)^A - 1)}{((q/p)^A - (q/p)^{-B})(2p - 1)}.$$ ■

现在假设 $E[X] < 0$,我们感兴趣于随机徘徊迟早越过 A 的概率.[⊖] 我们试图用已得的结果,然后令 $B \to \infty$ 来计算它. 方程(7.3.1)说明了

$$\begin{aligned} 1 = {} & E[e^{\theta S_N} \mid S_N \geqslant A]P\{\text{在越过} -B \text{ 前越过 } A\} \\ & + E[e^{\theta S_N} \mid S_N \leqslant -B]P\{\text{在越过 } A \text{ 前越过} -B\}. \end{aligned} \tag{7.3.4}$$

而 $\theta \neq 0$ 曾定义得使 $E[e^{\theta X}] = 1$. 由于 $E[X] < 0$,可证 $\theta > 0$(参见习题 7.9). 因此由

⊖ 越过 A,意即击中 A 或者超出 A.

式（7.3.4），我们有

$$1 \geqslant e^{\theta A} P\{\text{在越过}-B\text{前越过}A\},$$

而令 $B \to \infty$，我们得

$$P\{\text{迟早越过}A\} \leqslant e^{-\theta A}.$$

7.4　应用于 G/G/1 排队系统与破产问题

7.4.1　G/G/1 排队系统

对 G/G/1 排队系统，由式（7.1.5），顾客在排队系统中的等待时间的极限分布为

$$P\{D_\infty \geqslant A\} = P\{S_n \geqslant A, \text{对某个} n\}, \tag{7.4.1}$$

这里

344

$$S_n = \sum_{i=1}^{n} U_i, \quad U_i = Y_i - X_{i+1},$$

而其中 Y_i 是第 i 个顾客的服务时间，X_{i+1} 是第 i 个与第 $i+1$ 个到达之间的间隔时间.

因此，当 $E[U] = E[Y] - E[X] < 0$ 时，令 $\theta > 0$ 使

$$E[e^{\theta U}] = E[e^{\theta(Y-X)}] = 1,$$

从式（7.3.5）我们有

$$P\{D_\infty \geqslant A\} \leqslant e^{-\theta A}. \tag{7.4.2}$$

有一种情形我们可得 D_∞ 的精确分布，这正是当服务分布是指数分布时的情形.

所以我们假设服务分布是速率为 μ 的指数分布. 回忆一下，N 定义为 S_n 越过 A 或 $-B$ 所需的时间，我们在方程（7.3.4）中曾证明了

$$\begin{aligned} 1 = &E[e^{\theta S_N} \mid S_N \geqslant A] P\{\text{在越过}-B\text{前越过}A\} \\ &+ E[e^{\theta S_N} \mid S_N \leqslant -B] P\{\text{在越过}A\text{前越过}-B\}. \end{aligned} \tag{7.4.3}$$

现在，$S_n = \sum_{i=1}^{n}(Y_i - X_{i+1})$. 让我们考虑在给定 $S_N \geqslant A$ 时 S_N 的条件分布. 即

$$\text{在给定} S_N \geqslant A \text{时}, \sum_{i=1}^{N}(Y_i - X_{i+1}) \tag{7.4.4}$$

的条件分布. 取条件于 N 的值（比如 $N=n$）和 $X_{n+1} + \sum_{i=1}^{n-1}(Y_i - X_{i+1})$ 的值（比如它等于 c），注意由式（7.4.4）给出的条件分布，正是在给定 $Y_n - c \geqslant A$ 时，$Y_n - c$ 的条件分布. 但是由指数分布的无记忆性推出，给定 $Y \geqslant c + A$ 时 Y 的条件分布正是 $c + A$ 加上一个参数为 μ 的指数随机变量的分布. 因此，给定 $Y_n - c \geqslant A$ 时 $Y_n - c$ 的条件分布正是 A 加上一个参数为 μ 的指数随机变量的分布. 由于这对一切 n 和 c 正确，我们可见

345

$$E[e^{\theta S_N} \mid S_N \geqslant A] = E[e^{\theta(A+Y)}] = e^{\theta A} \int e^{\theta y} \mu e^{-\mu y} dy = \frac{\mu}{\mu - \theta} e^{\theta A}.$$

因此，由式（7.4.3）有

$$1 = \frac{\mu}{\mu-\theta} e^{\theta A} P\{S_n \text{在越过}-B\text{前越过}A\} + E[e^{\theta S_n} \mid S_N \leqslant -B] P\{S_n \text{在越过}A\text{前越过}-B\}.$$

因为$\theta > 0$，令$B \to \infty$，我们得到

$$1 = \frac{\mu}{\mu - \theta} e^{\theta A} P\{S_n \text{ 迟早越过 } A\},$$

于是由式（7.4.1）有

$$P\{D_\infty \geqslant A\} = \frac{\mu - \theta}{\mu} e^{-\theta A}, \quad A > 0.$$

综合起来，我们就证明了以下定理.

定理 7.4.1 对具有 iid 服务时间 $Y_i (i \geqslant 1)$ 和 iid 到达间隔时间 $X_1, X_2, \cdots$ 的 G/G/1 排队系统，当 $E[Y] < E[X]$ 时，有

$$P\{D_\infty \geqslant A\} \leqslant e^{-\theta A},$$

其中 $\theta > 0$ 使

$$E[e^{\theta Y}] E[e^{-\theta X}] = 1.$$

此外，若 Y 具有参数为 μ 的指数分布，则

$$P\{D_\infty \geqslant A\} = \frac{\mu - \theta}{\mu} e^{-\theta A}, \quad A > 0,$$

$$P\{D_\infty = 0\} = \frac{\theta}{\mu},$$

在这种情形，其中 θ 使

346

$$E[e^{-\theta X}] = \frac{\mu - \theta}{\mu}.$$ ◀

7.4.2 破产问题

假设对某个保险公司的理赔按到达间隔时间 $X_1, X_2, \cdots$ 的更新过程出现. 又假设相继的理赔额是 iid 的，且发生理赔与更新过程独立. 以 Y_i 记第 i 次理赔额. 于是若以 $N(t)$ 记直至时刻 t 为止的理赔次数，则直至时刻 t 为止保险公司的总理赔额是 $\sum_{i=1}^{N(t)} Y_i$. 另一方面，假设保险公司以每单位时间常数速率 c 的金额收取保费，$c > 0$. 我们的兴趣在于确定具有初始资金 A 的保险公司迟早破产的概率. 即我们想求

$$p = P\left\{\sum_{i=1}^{N(t)} Y_i > ct + A, \text{对某个 } t \geqslant 0\right\}.$$

现在若 $E[Y] \geqslant cE[X]$，显然公司以概率为 1 地迟早破产.（为什么是这样？）所以我们假定

$$E[Y] < cE[X].$$

若公司破产，则这种破产的事件也很显然将发生在出现理赔时（因为当理赔发生时保险公司的财产减少）. 现在，在第 n 次理赔发生后公司的财产是

$$A + c\sum_{i=1}^{n} X_i - \sum_{i=1}^{n} Y_i.$$

于是我们想要的概率，将它记为 $p(A)$，是

$$p(A)=P\{A+c\sum_{i=1}^{n}X_i-\sum_{i=1}^{n}Y_i<0,\text{对某个 }n\},$$

或等价地

$$p(A)=P\{S_n>A,\text{对某个 }n\},$$

其中

$$S_n=\sum_{i=1}^{n}(Y_i-cY_i)$$

347

是一个随机徘徊. 由式 (7.4.1), 我们可见

$$P(A)=P\{D_\infty>A\},\tag{7.4.5}$$

其中 D_∞ 是在具有到达间隔时间 cX_i 和服务时间 Y_i 的 G/G/1 排队系统中的极限等待时间. 于是由定理 7.4.1 我们有如下定理.

定理 7.4.2

(i) 保险公司迟早破产的概率, 将它记为 $p(A)$, 满足

$$P(A)\leqslant e^{-\theta A},$$

其中 θ 使

$$E[\exp\{\theta(Y_i-cX_i)\}]=1.$$

(ii) 若理赔额是参数为 μ 的指数随机变量, 则

$$P(A)=\frac{\mu-\theta}{\mu}e^{-\theta A},$$

其中 θ 使

$$E[e^{-\theta_c X}]=\frac{\mu-\theta}{\mu}.$$

(iii) 若理赔的到达过程是速率为 λ 的 Poisson 过程, 则

$$P(0)=\lambda E[Y]/c.$$

证明 (i) 和 (ii) 部分直接得自定理 7.4.1. 在 (iii) 部分中, cX 是参数为 λ/c 的指数随机变量, 于是由式 (7.4.5), $p(0)$ 等于一个 M/G/1 排队系统中顾客的极限等待时间是正的概率. 但是这正是在 M/G/1 中到达的顾客发现系统非空的概率. 因为这是具有 Poisson 到达的系统, 所以到达的顾客看到的极限分布等于系统在时刻 t 状态的极限分布. (之所以这样是因为, 由 Poisson 到达假定, 在给定一个顾客在时刻 t 到达时, 系统在时刻 t 状态的极限分布等于在时刻 t 状态的无条件分布.) 因此到达的顾客看到系统非空的 (极限) 概率等于系统非空的极限概率, 而这正像我们已用众多不同方法所示, 它等于到达率乘以平均服务时间 (参见第 4 章例 4.3 (A)). ◀

348

7.5 直线上的 Blackwell 定理

以 $\{S_n,n\geqslant1\}$ 记一个随机徘徊, 它有 $0<\mu=E[X]<\infty$. 以 $U(t)$ 记使 $S_n\leqslant t$ 的 n 的个数. 即

$$U(t) = \sum_{n=1}^{\infty} I_n ,\quad \text{其中 } I_n = \begin{cases} 1 & \text{若 } S_n \leqslant t \\ 0 & \text{其他情形} \end{cases}$$

若 X_i 都是非负的，则 $U(t)$ 正是直至时刻 t 为止的更新次数 $N(t)$.

令 $u(t) = E[U(t)]$. 在本节中 我们要证明 Blackwell 定理的一个类似结果.

Blackwell 定理 若 $\mu > 0$ ，且 X_i 都不是格点的，则对 $a > 0$ ，当 $t \to \infty$ 时 $u(t+a) - u(t) \to a/\mu$. ◀

在介绍上述定理的证明之前，引进上升或下降阶梯变量的概念很有用. 若

$$S_n > \max(S_0, S_1, \cdots, S_{n-1}) \text{，其中 } S_0 \equiv 0 \text{，}$$

则我们说阶梯高度为 S_n 的上升阶梯变量发生在时刻 n. 即每当随机徘徊达到新高时，一个上升阶梯变量产生. 例如，开始的一个发生在随机徘徊首次变为正值时. 若高度为 S_n 的阶梯变量发生在时刻 n，则下一个阶梯变量在首个使

$$S_{n+j} > S_n$$

的时刻 $n+j$ 产生，或等价地，在首个使

$$X_{n+1} + \cdots + X_{n+j} > 0$$

的时刻 $n+j$ 产生. 由于 X_i 都是独立同分布的，于是推出随机徘徊在两个相继的阶梯变量之间的变化彼此都是概率意义上的复制. 即，若以 N_i 记在第 $i-1$ 个和第 i 个阶梯变量间的时间，则随机向量 $(N_i, S_{N_i} - S_{N_{i-1}})$ ，$i \geqslant 1$ 都是独立同分布的（其中 $S_{N_0} \equiv 0$）. [349]

类似地我们可定义下降阶梯变量的概念为发生在每当随机徘徊达到新低时. 以 p(对应地,p_*) 记迟早产生一个上升（或下降）阶梯变量的概率. 即

$$p = P\{S_n > 0, \text{对某个 } n\} \text{，}$$

$$p_* = P\{S_n < 0, \text{对某个 } n\} \text{.}$$

现在，在每个上升（对应地，下降）阶梯变量处将也有相同的迟早产生另一个上升（对应地，下降）阶梯变量的概率 p(对应地,p_*). 因此恰有 $n(n \geqslant 0)$ 个这样的上升（对应地，下降）阶梯变量的概率为 $p^n(1-p)$(对应地,$p_*^n(1-p_*)$). 所以，上升（对应地，下降）阶梯变量的个数为有限且有有限均值，当且仅当，p(对应地,p_*) 小于 1. 由于 $E[X] > 0$ ，由强大数定律推出以概率为 1 地，在 $n \to \infty$ 时，$S_n \to \infty$ ；故而以概率为 1 地有无穷多个上升阶梯变量，但是只有有限多个下降阶梯变量. 于是 $p = 1$ 而 $p_* < 1$.

现在我们已做好了证明 Blackwell 定理的准备，证明分成几部分. 首先我们论证，在 $t \to \infty$ 时 $u(t+a) - u(t)$ 趋向一个极限. 然后证明此极限值等于一个常数乘以 a；而最后我们要证明推广的基本更新定理，使我们识别此常数为 $1/\mu$.

Blackwell 定理的证明 相继的上升阶梯高度组成一个更新过程. 以 $Y(t)$ 记此过程在时刻 t 的剩余寿命. 即 $t + Y(t)$ 是随机徘徊超过 t 的首个值. 现在易见在给定 $Y(t)$ 的值时，比如 $Y(t) = y$ 时，$U(t+a) - U(t)$ 的条件分布不依赖 t. 即若我们知道随机徘徊的首个超过 t 的点出现在与 t 距离 y 处，则在给定首个正值是 y 时，在 $(t, t+a)$ 中的点数与在 $(0, a)$ 中的点数具有相同的分布. 因此，对某个函数 g 有

$$E[U(t+a) - U(t) \mid Y(t)] = g(Y(t)),$$

所以，取期望得

$$u(t+a)-u(t)=E[g(Y(t))].$$

现在，$Y(t)$ 作为非格点的更新过程在时刻 t 的剩余寿命，收敛到一个极限分布（就是平衡到达间隔分布）. 因此 $E[g(Y(t))]$ 收敛到 $E[g(Y(\infty))]$，其中 $Y(\infty)$ 具有 $Y(t)$ 的极限分布. 因此我们已证明了

$$\lim_{t\to\infty}[u(t+a)-u(t)]$$

350

的存在性. 现在令

$$h(a)=\lim_{t\to\infty}[u(t+a)-u(t)].$$

于是

$$\begin{aligned}h(a+b)&=\lim_{t\to\infty}[u(t+a+b)-u(t+b)+u(t+b)-u(t)]\\&=\lim_{t\to\infty}[u(t+b+a)-u(t+b)]+\lim_{t\to\infty}[u(t+b)-u(t)]\\&=h(a)+h(b),\end{aligned}$$

它蕴含对某个常数 c 有

$$h(a)=\lim_{t\to\infty}[u(t+a)-u(t)]=ca. \tag{7.5.1}$$

为了识别 c 的值，以 N_t 记使 $S_n>t$ 的首个 n. 若 X_i 都有界时，比如上界为 M，则

$$t<\sum_{t=1}^{N_t}X_i\leqslant t+M,$$

取期望，且利用 Wald 方程（由与在命题 7.1.1 中用的类似理由有 $E[N_t]<\infty$）导致

$$t<E[N_t]\mu\leqslant t+M,$$

故而在 $t\to\infty$ 时

$$\frac{E[N_t]}{t}\to\frac{1}{\mu}. \tag{7.5.2}$$

若 X_i 不是有界时，则我们可用截尾论证（正如在基本更新定理的证明中所用的那样）建立式（7.5.2）. 现在 $U(t)$ 可表示为

$$U(t)=N_t-1+N_t^*, \tag{7.5.3}$$

其中 N_t^* 是 S_n 在过 t 以后落入 $(-\infty,t]$ 的次数. 由于随机变量 N_t^* 不大于在时刻 N_t 后随机徘徊小于 S_{N_t} 的点的个数，由此推出

$$E[N_t^*]\leqslant E[\text{使 } S_n<0 \text{ 的 } n \text{ 的个数}]. \tag{7.5.4}$$

351

现在我们论证上述方程的右方是有限的，故而由式（7.5.2）和式（7.5.3），在 $t\to\infty$ 时有

$$\frac{u(t)}{t}\to\frac{1}{\mu}. \tag{7.5.5}$$

式（7.5.4）的右方是有限的，其论证进行如下：我们从命题 7.1.1 注意，在 N 是首个使 $S_n>0$ 的 n 值时，有 $E[N]<\infty$. 在时刻 N 存在一个正的概率 $1-p^*$ 使随机徘徊的将来的值永不低于 S_N. 若将来的一个值确实低于 S_N，则仍用类似于在命题 7.1.1 中用过的论证，得到直至随机徘徊再次变成正的期望附加时间是有限的. 此时也存在一个正的概率 $1-p^*$ 使随机徘徊的将来的值永不低于当前的正值，如此等等. 我们可用此作为一个证

明的基础，说明

$$E[\text{使 } S_n < 0 \text{ 的 } n \text{ 的个数}] \leqslant \frac{E[N \mid X_1 < 0]}{1-p^*} < \infty.$$

于是我们证明了式（7.5.5）

我们求助于式（7.5.1）和式（7.5.5）完成我们的证明．从式（7.5.1），在 $i \to \infty$ 时，我们有

350

$$u(i+1) - u(i) \to c\,,$$

它蕴含，在 $n \to \infty$ 时，

$$\sum_{i=1}^{n} \frac{u(i+1)-u(i)}{n} \to c,$$

或，等价地，

$$\frac{u(n+1)-u(1)}{n} \to c,$$

由式（7.5.5），它蕴含 $c = 1/\mu$，这就完成了证明．◀

注　给出的证明有一处缺少严格性．即，即使 $Y(t)$ 的分布收敛到 $Y(\infty)$ 的分布，也并不必然地随之有 $E[g(Y(t))]$ 收敛到 $E[g(Y(\infty))]$，我们应该直接地证明此收敛性．□

习　题

7.1　考虑水流进或流出一个水库的如下模型．假设在第 n 天有 Y_n 单位的水量从外部水源（诸如降雨和河流）流进水库．在每天结束时按下述规则从水库放水：若水库中水量大于 a，则放掉水量 a．若水库中水量小于或等于 a，则水库中的水量全都放掉．水库的容量是 C，且一旦达到容量，则任何进入水库的额外的水都假定全部消失．于是，例如，若在第 n 天的开始时水量为 x，则在这天结束时（在放水前）的水量是 $\min(x+Y_n, C)$．以 S_n 记在第 n 天结束在放水后的水库水量．假定 $Y_n, n \geqslant 1$ 是独立同分布的，证明 $\{S_n, n \geqslant 1\}$ 是在 0 和 $C-a$ 具有反射壁的随机徘徊．

352

7.2　令 $X_1, \cdots, X_n$ 等可能地是 $(1,2,\cdots,n)$ 的 $n!$ 个排列中的任意一个．论证

$$P\left\{\sum_{j=1}^{n} jX_j \leqslant a\right\} = P\left\{\sum_{j=1}^{n} jX_j \geqslant n(n+1)^2/2 - a\right\}.$$

7.3　对简单随机徘徊，计算它访问状态 k 的期望次数．

7.4　令 $X_1, X_2, \cdots, X_n$ 是可交换的．计算 $E[X_1 \mid X_{(1)}, X_{(2)}, \cdots, X_{(n)}]$，其中 $X_{(1)} \leqslant X_{(2)} \leqslant \cdots \leqslant X_{(n)}$ 是这些 X_i 按序的排列．

7.5　若 $X_1, X_2, \cdots$ 是可交换随机变量的无穷列，有 $E[X_1^2] < \infty$，证明 $\mathrm{Cov}(X_1, X_2) \geqslant 0$．（提示：考虑 $\mathrm{Var}(\sum_{i=1}^{n} X_i)$．）当可交换随机变量的集合为有限时，给出一个反例．

7.6　随机地洗一副普通的牌，每次翻开一张．在所有牌都翻开前，有时你必须说“下一张”，若下一张是黑桃则你赢，而若不是则你输．对任意策略，证明在你说“下一张”的任意时刻你赢的条件概率等于最后一张牌是黑桃的概率．由此断言对一切策略赢的概率是 1/4．

7.7　论证：对 X_i 只取 $0, \pm 1, \cdots, \pm M$，且 $E[X_i] = 0$ 的随机徘徊是零常返的．

353

7.8　令 $S_n (n \geqslant 0)$ 表示一个随机徘徊，它满足 $\mu = E[S_{n+1} - S_n] \neq 0$．对 $A > 0, B > 0$，令

$$N = \min\{n: S_n \geqslant A \text{ 或 } S_n \leqslant -B\}.$$

证明 $E[N] < \infty$.（提示：论证存在 k 使 $P\{S_k > A + B\} > 0$. 然后证明 $E[N] \leqslant kE[G]$，其中 G 是适当定义的几何随机变量.）

7.9 利用 Jensen 不等式（它阐述

$$E[f(X)] \geqslant f(E[X]),$$

其中 f 是凸函数）证明若 $\theta \neq 0, E[X] < 0$，且 $E[e^{\theta X}] = 1$，则 $\theta > 0$.

7.10 在 7.4 节的保险破产问题中，解释为什么若 $E[Y] \geqslant cE[X]$，则公司以概率为 1 地迟早破产.

7.11 在 7.4 节的破产问题中，以 F 记理赔的到达间隔分布，而以 G 记理赔额的分布. 证明以 A 单位资产开始的公司迟早破产的概率 $p(A)$ 满足

$$p(A) = \int_0^\infty \int_0^{A+ct} p(A + ct - x)\mathrm{d}G(x)\mathrm{d}F(t) + \int_0^\infty \overline{G}(A + ct)\mathrm{d}F(t).$$

7.12 对具有 $\mu = E[X] > 0$ 的随机徘徊，论证在 $t \to \infty$ 时，以概率为 1 地有

$$\frac{u(t)}{t} \to \frac{1}{\mu},$$

其中 $u(t)$ 等于使 $0 \leqslant S_n \leqslant t$ 的 n 的个数.

7.13 令 $S_n = \sum_{i=1}^n X_i$ 是随机徘徊，而以 $\lambda_i, i > 0$ 记阶梯高度等于 i 的概率，即 $\lambda_i = P\{S_n \text{ 的首个正值是 } i\}$.

(a) 证明若

$$P\{X_i = j\} = \begin{cases} q, & j = -1 \\ \alpha_j, & j \geqslant 1, \end{cases} \quad q + \sum_{j=1}^\infty \alpha_j = 1,$$

则 λ_i 满足

$$\lambda_i = \alpha_i + q(\lambda_{i+1} + \lambda_1\lambda_i), \quad i > 0.$$

354

(b) 若 $P\{X_i = j\} = 1/5, j = -2, -1, 0, 1, 2$，证明

$$\lambda_1 = \frac{1 + \sqrt{5}}{3 + \sqrt{5}}, \quad \lambda_2 = \frac{2}{3 + \sqrt{5}}.$$

7.14 以 $S_n, n \geqslant 0$ 记一个随机徘徊，其中 X_i 具有分布 F. 以 $G(t,s)$ 记 S_n 首个超过 t 的值小于或等于 $t + s$ 的概率. 即

$$G(t,s) = P\{\text{首次超过 } t \text{ 的和} \leqslant t + s\}.$$

证明

$$G(t,s) = F(t+s) - F(t) + \int_{-\infty}^t G(t-y, s)\mathrm{d}F(y).$$

参考文献

文献 5 是随机徘徊的标准教材. 可在文献 1，2 和 4 中找到对此论题的有用章节. 文献 3 可用来查阅可交换随机变量和某些特殊的随机徘徊的更多的结果. 我们对 Spitzer 等式的证明采自文献 1.

1. S. Asmussen，*Applied Probability and Queues*，Wiley，New York，1985.

2. D. R. Cox and H. D. Miller，*Theory of Stochastic Processes*，Methuen，London，1965.

3. B. Definetti，*Thery of Probability*，Vols. I and Ⅱ，Wiley，New York，1970.

4. W. Feller，*An Introduction to Probability Theroy and its Applications*，Wiley，New York，1966.

5. F. Spitzer，*Principles of Random Walks*，Van Nostrand，Princeton NJ，1964.

355

第 8 章　Brown 运动与其他 Markov 过程

8.1　引言与准备知识

我们从对称随机徘徊开始，在每个时间单位它等可能地向左或向右走一步．现在假设在越来越小的时间区间走越来越小的一步以加速这个进程．若我们以正确的方式趋向极限，则我们得到的就是 Brown 运动．

更确切地，假设每个 Δt 时间单位我们以相等的概率向左或向右走大小为 Δx 的一步．若我们以 $X(t)$ 记在时刻 t 的位置，则

$$X(t) = \Delta x(X_1 + \cdots + X_{[t/\Delta t]}), \tag{8.1.1}$$

其中

$$X_i = \begin{cases} +1 & \text{若 } \Delta x \text{ 长的第 } i \text{ 步向左} \\ -1 & \text{若它向右} \end{cases}$$

且其中 X_i 假定是独立的，具有

$$P\{X_i = 1\} = P\{X_i = -1\} = \frac{1}{2}.$$

由于 $E[X_i] = 0, \mathrm{Var}(X_i) = E[X_i^2] = 1$，我们由式 (8.1.1) 可见

356

$$E[X(t)] = 0, \quad \mathrm{Var}(X(t)) = (\Delta x)^2 \left[\frac{t}{\Delta t}\right]. \tag{8.1.2}$$

我们现在将令 Δx 和 Δt 趋于 0．然而，我们必须用一种方式使最终的极限过程非平凡(例如，若我们让 $\Delta x = \Delta t$，再令 $\Delta t \to 0$，则由上面我们可见 $E[X(t)]$ 和 $\mathrm{Var}(X(t))$ 两者都将趋于 0，于是 $X(t)$ 将以概率为 1 地等于 0)．若对某个正的常数 c，我们令 $\Delta x = c\sqrt{\Delta t}$，则由式 (8.1.2) 我们可见在 $\Delta t \to 0$ 时有

$$E[X(t)] = 0, \quad \mathrm{Var}(X(t)) \to c^2 t.$$

现在我们列出得自取 $\Delta x = c\sqrt{\Delta t}$ 再令 $\Delta t \to 0$ 的极限过程 $X(t)$ 的一些直观性质．由式 (8.1.1) 和中心极限定理我们可见：

(i) $X(t)$ 是均值为 0 和方差为 $c^2 t$ 的正态随机变量．

此外，因为随机徘徊在不相交的时间区间上的值的变化是独立的，我们有

(ii) $\{X(t), t \geqslant 0\}$ 有独立增量．

最后，因为随机徘徊在任意时间区间中的位置变化的分布只依赖区间的长度，它将显现为：

(iii) $\{X(t), t \geqslant 0\}$ 有平稳增量．

我们现在已为下述定义做好了准备．

定义　随机过程 $\{X(t), t \geqslant 0\}$ 若满足

(i) $X(0) = 0$；

(ii) $\{X(t), t \geqslant 0\}$ 有平稳的独立增量；

(iii) 对任意 $t > 0$，$X(t)$ 服从均值为 0 和方差为 $c^2 t$ 的正态分布．

则称为**Brown运动过程**.

Brown 运动过程有时称为 Wiener 过程，它是应用概率论中最有用的随机过程之一. 它源自在物理中作为 Brown 运动现象的一种描述. 这种现象，以发现它的英国植物学家 Robert Brown 命名，是完全浸没在液体或气体中的微粒所展示的运动. 自从它的发现，这个过程已经应用于诸如统计中的拟合度检验、分析股票市场的价格水平和量子力学这样的领域.

357

对 Brown 运动的现象的首个解释由 Einstein 在 1905 年给出. 他说明了 Brown 运动可用假定浸没的粒子被周围介质的分子连续碰撞来解释. 然而，以上描述 Brown 运动的随机过程的简洁的定义是由 Wiener 在 1918 年的一系列文章中给出的.

当 $c=1$ 时. 这个过程常称为标准 Brown 运动. 因为任何 Brown 运动都能通过 $X(t)/c$ 转化为标准 Brown 运动，我们自始至终假设 $c=1$.

将 Brown 运动解释为随机徘徊的极限，式 (8.1.1) 表明 $X(t)$ 应是 t 的连续函数. 事实的确是这样，可证以概率为 1 地 $X(t)$ 正是 t 的连续函数. 这个事实相当深刻，我们并不企图给出证明. 再则，我们顺便应注意，尽管 $X(t)$ 的样本路径总是连续的，但它们绝不是通常的函数. 因为正如我们从它的极限随机徘徊解释所预料的，$X(t)$ 总是非常有尖角的，故而绝不光滑，而事实上可证（虽然这很深）以概率为 1 地 $X(t)$ 无处可微.

独立增量假定蕴含了在时间点 s 和 $s+t$ 之间的位置的变化，即 $X(s+t)-X(s)$ ，与过程在时刻 t 以前的一切值独立. 因此

$$\begin{aligned}&P\{X(t+s)\leqslant a \mid X(s)=x,X(u),0\leqslant u\leqslant s\}\\ &=P\{X(t+s)-X(s)\leqslant a-x \mid X(s)=x,X(u),0\leqslant u<s\}\\ &=P\{X(t+s)-X(s)\leqslant a-x\}\\ &=P\{X(t+s)\leqslant a \mid X(s)=x\},\end{aligned}$$

它说明了在给定当前的状态 $X(s)$ 和过去的状态 $X(u),0<u<s$ 时，将来的状态 $X(s+t)$ 的条件分布只依赖当前的状态. 满足这个条件的过程称为 Markov 过程.

由于 $X(t)$ 是均值为 0 和方差为 t 的正态随机变量，它的密度函数为

$$f_t(x)=\frac{1}{\sqrt{2\pi t}}\mathrm{e}^{-x^2/2t}.$$

由平稳独立增量假定易推出，$(X(t_1),\cdots,X(t_n))$ 的联合密度为

$$f(x_1,x_2,\cdots,x_n)=f_{t_1}(x_1)f_{t_2-t_1}(x_2-x_1)\cdots f_{t_n-t_{n-1}}(x_n-x_{n-1}). \tag{8.1.3}$$

358

利用 (8.1.3)，我们在原则上可计算任意需求的概率. 例如假设我们需求在给定 $X(t)=B$ 时，$X(s)$ 的条件密度，其中 $s<t$. 条件密度是

$$f_{s|t}(x \mid B)=\frac{f_s(x)f_{t-s}(B-x)}{f_t(B)}=K_1\exp\left\{\frac{-x^2}{2s}-\frac{(B-x)^2}{2(t-s)}\right\}=K_2\exp\left\{-\frac{t(x-Bs/t)^2}{2s(t-s)}\right\}.$$

因此，对 $s<t$ ，在给定 $X(t)=B$ 时，$X(s)$ 的条件密度是正态分布，其均值和方差为

$$E[X(s) \mid X(t)=B]=Bs/t, \tag{8.1.4a}$$

$$\mathrm{Var}(X(s) \mid X(t)=B)=s(t-s)/t. \tag{8.1.4b}$$

有趣的是，在给定 $X(t)=B$ 时，$X(s)(s<t)$ 的条件方差并不依赖于 B！即，若我们令 $s/t=\alpha(0<\alpha<1)$，则在给定 $X(t)$ 时，$X(s)$ 的条件密度是均值为 $\alpha X(t)$ 和方差为 $\alpha(1-\alpha)t$ 的正态分布.

从式 (8.1.3) 也推出 $(X(t_1),\cdots,X(t_n))$ 的联合分布是多元正态分布，于是 Brown 运动过程是一个 Gauss 过程，此处我们已用了下述定义.

定义　若对一切 $t_1,\cdots,t_n$，$(X(t_1),\cdots,X(t_n))$ 具有多元正态分布，则称随机过程 $\{X(t),t\geqslant 0\}$ 为 Gauss 过程.

由于多元正态分布由边缘分布的均值和协方差的值完全确定，由此推出 Brown 运动过程也可定义为具有 $E[X(t)]=0$ 和对 $s\leqslant t$ 有

$$
\begin{aligned}
\mathrm{Cov}(X(s),X(t)) &= \mathrm{Cov}(X(s),X(s)+X(t)-X(s)) \\
&= \mathrm{Cov}(X(s),X(s))+\mathrm{Cov}(X(s),X(t)-X(s))=s
\end{aligned}
$$

359　的 Gauss 过程，其中最后的等式得自独立增量性和 $\mathrm{Var}(X(s))=s$.

令 $\{X(t),t\geqslant 0\}$ 是一个 Brown 运动过程，而考虑在取条件于 $X(1)=0$ 时过程在 0 和 1 之间的值. 即考虑条件随机过程 $\{X(t),0\leqslant t\leqslant 1\mid X(1)=0\}$. 由与用于建立式 (8.1.4) 相同的推理，我们可说明这个称为 Brown 桥（因为它在 0 和 1 被固定）的过程是 Gauss 过程. 让我们计算它的协方差函数. 因为由式 (8.1.4)，对 $s<1$ 有

$$
E[X(s)\mid X(1)=0]=0,
$$

对 $s\leqslant t\leqslant 1$ 我们有

$$
\begin{aligned}
\mathrm{Cov}[(X(s),X(t))\mid X(1)=0] &= E[X(s)X(t)\mid X(1)=0] \\
&= E[E[X(s)X(t)\mid X(t),X(1)=0]\mid X(1)=0] \\
&= E[X(t)E[X(s)\mid X(t)]\mid X(1)=0] \\
&= E\Big[X(t)\,\frac{s}{t}X(t)\mid X(1)=0\Big] \qquad (\text{由}(8.1.4\text{a})) \\
&= \frac{s}{t}E[X^2(t)\mid X(1)=0] \\
&= \frac{s}{t}t(1-t) \qquad (\text{由}(8.1.4\text{b}) \\
&= s(1-t).
\end{aligned}
$$

于是 Brown 桥可定义为具有均值 0 和协方差函数 $s(1-t),s\leqslant t$ 的 Gauss 过程. 这就引向得到这种过程的另一途径.

命题 8.1.1　若 $\{X(t),t\geqslant 0\}$ 是 Brown 运动，则 $\{Z(t),t\geqslant 0\}$ 是 Brown 桥过程，其中 $Z(t)=X(t)-tX(1)$.

证明　$\{Z(t),t\geqslant 0\}$ 是 Gauss 过程是直接的，所有我们需要验证的是 $E[Z(t)]=0$ 和当 $s\leqslant t$ 时 $\mathrm{Cov}(Z(s),Z(t))=s(1-t)$. 前一个是直接的，而后一个得自

$$
\begin{aligned}
&\mathrm{Cov}(Z(s),Z(t)) = \mathrm{Cov}(X(s)-sX(1),X(t)-tX(1)) \\
&= \mathrm{Cov}(X(s),X(t))-t\mathrm{Cov}(X(s),X(1))-s\mathrm{Cov}(X(1),X(t))+st\mathrm{Cov}(X(1),X(1)) \\
&= s-st-st+st=s(1-t),
\end{aligned}
$$

这就完成了证明. ◀ 360

Brown 桥在研究经验分布函数中起了关键的作用. 为了明白这点，令 $X_1, X_2, \cdots$ 是独立的（0，1）均匀随机变量，且定义 $N_n(s)(0 < s < 1)$ 为它们前 n 个值中小于或等于 s 的个数. 即

$$N_n(s) = \sum_{i=1}^{n} I_i(s),$$

其中

$$I_i(s) = \begin{cases} 1 & \text{若 } X_i \leqslant s \\ 0 & \text{其他情形} \end{cases}$$

随机函数 $F_n(s) = N_n(s)/n(0 < s < 1)$ 称为经验分布函数. 让我们考虑当 $n \to \infty$ 时其极限性质.

由于 $N_n(s)$ 是参数为 n 和 s 的二项随机变量，从强大数定律推出，对固定的 s，在 $n \to \infty$ 时以概率为 1 地有

$$F_n(s) \to s.$$

事实上，可证（称为 Glivenko-Cantelli 定理）此收敛对 s 是一致的. 即在 $n \to \infty$ 时以概率为 1 地有

$$\sup_{0<s<1} | F_n(s) - s | \to 0.$$

由中心极限定理还推出，对固定的 s，$\sqrt{n}(F_n(s) - s)$ 具有均值为 0 和方差为 $s(1-s)$ 的渐近正态分布. 即

$$P\{\alpha_n(s) < x\} \to \frac{1}{\sqrt{2\pi s(1-s)}} \int_{-\infty}^{x} \exp\left\{\frac{-y^2}{2s(1-s)}\right\} \mathrm{d}s,$$

其中

$$\alpha_n(s) = \sqrt{n}(F_n(s) - s).$$

我们考虑在 $n \to \infty$ 时随机过程$\{\alpha_n(s), 0 \leqslant s \leqslant 1\}$的极限性质. 作为开始，注意，对 $s < t$，在给定 $N_n(s)$ 时，$N_n(t) - N_n(s)$ 的分布正是参数为 $n - N_n(s)$ 和 $(t-s)/(1-s)$ 的二项分布. 因此，看来使用中心极限定理，$\alpha_n(s)$ 和 $\alpha_n(t)$ 的渐近联合分布应该是二元正态分布. 事实上，类似的推理合理地预测极限过程（若存在一个极限）是 Gauss 过程. 为了明白这一点，我们必须计算 $E[\alpha_n(s)]$ 和 $\mathrm{Cov}(\alpha_n(s), \alpha_n(t))$. 现在 361

$$E[\alpha_n(s)] = 0,$$

且对 $0 \leqslant s < t \leqslant 1$ 有

$$\begin{aligned} \mathrm{Cov}(\alpha_n(s), \alpha_n(t)) &= n\mathrm{Cov}(F_n(s), F_n(t)) \\ &= \frac{1}{n}\mathrm{Cov}(N_n(s), N_n(t)) \\ &= \frac{E[E[N_n(s)N_n(t) \mid N_n(s)]] - n^2 st}{n} \\ &= \frac{E\left[N_n(s)\left(N_n(s) + (n - N_n(s))\,\dfrac{t-s}{1-s}\right)\right] - n^2 st}{n} \\ &= s(1-t), \end{aligned}$$

其中最后的等式经过简化得自利用 $N_n(s)$ 是参数为 n 和 s 的二项分布.

因此，看来合理地认为（且事实上可严格证明）极限随机过程是具有均值函数等于 0 和协方差函数由 $s(1-t), 0 \leqslant s < t \leqslant 1$ 给出的 Gauss 过程. 但是这正是 Brown 桥过程.

尽管上述分析是在 X_i 具有（0，1）均匀分布假定下完成的，但是其适用范围可以放宽，只须注意在分布函数 F 连续时，随机变量 $F(X_i)$ 都是在（0，1）上均匀分布的. 例如，假设我们对任意的连续函数 F 需要考虑

$$\sqrt{n}\sup_x \mid F_n(x) - F(x) \mid$$

的极限分布，其中 $F_n(x)$ 是具有分布 F 的独立随机变量 X_i 的前 n 个的值小于或等于 x 的比例. 从上面推出，若我们令

$$\begin{aligned}\alpha_n(s) &= \sqrt{n}[(X_i, i=1,\cdots,n; F(X_i) \leqslant s \text{ 的个数}) - s] \\ &= \sqrt{n}[(X_i, i=1,\cdots,n; X_i \leqslant F^{-1}(s) \text{ 的个数}) - s] \\ &= \sqrt{n}[F_n(F^{-1}(s)) - s] = \sqrt{n}[F_n(y_s) - F(y_s)],\end{aligned}$$

362

其中 $y_s = F^{-1}(s)$，则 $\{\alpha_n(s), 0 \leqslant s \leqslant 1\}$ 收敛到 Brown 桥过程. 因此 $\sqrt{n}\sup_x(F_n(x) - F(x))$ 的极限分布正是 Brown 桥的上确界（由连续性，即最大值）的分布. 于是

$$\lim_{n\to\infty} P\left\{\sqrt{n}\sup_x \mid F_n(x) - F(x) \mid < a\right\} = P\left\{\max_{0\leqslant t\leqslant 1} \mid Z(t) \mid < a\right\},$$

其中 $\{Z(t), t \geqslant 0\}$ 是 Brown 桥过程.

8.2　击中时刻，最大随机变量，反正弦律

让我们以 T_a 记 Brown 运动过程首次击中 a 的时刻. 当 $a > 0$ 时我们要通过考虑 $P\{X(t) \geqslant a\}$ 并取条件于是否有 $T_a \leqslant t$，来计算 $P\{T_a \leqslant t\}$. 这就给出

$$\begin{aligned}P\{X(t) \geqslant a\} = &P\{X(t) \geqslant a \mid T_a \leqslant t\}P\{T_a \leqslant t\} \\ &+ P\{X(t) \geqslant a \mid T_a > t\}P\{T_a > t\}.\end{aligned} \tag{8.2.1}$$

现在若 $T_a \leqslant t$，则过程在 $[0,t]$ 中某个点击中 a，由有对称性，在时刻 t 它等可能地在 a 上方或在 a 下方. 这就是

$$P\{X(t) \geqslant a \mid T_a \leqslant t\} = \frac{1}{2}.$$

由于式（8.2.1）右方第二项显然等于 0（因为由连续性在击中 a 之前过程的值不可能大于 a），我们可见

$$P\{T_a \leqslant t\} = 2P\{X(t) \geqslant a\} = \frac{2}{\sqrt{2\pi t}}\int_a^\infty \mathrm{e}^{-x^2/2t}\mathrm{d}x = \frac{2}{\sqrt{2\pi}}\int_{a/\sqrt{t}}^\infty \mathrm{e}^{-y^2/2}\mathrm{d}y, \quad a > 0. \tag{8.2.2}$$

因此，我们可见

363

$$P\{T_a < \infty\} = \lim_{t\to\infty} P\{T_a \leqslant t\} = \frac{2}{\sqrt{2\pi}}\int_0^\infty \mathrm{e}^{-y^2/2}\mathrm{d}y = 1.$$

此外，利用式（8.2.2），我们得

$$E[T_a] = \int_0^\infty P\{T_a > t\}\mathrm{d}t = \int_0^\infty \left(1 - \frac{2}{\sqrt{2\pi}}\int_{a/\sqrt{t}}^\infty \mathrm{e}^{-y^2/2}\mathrm{d}y\right)\mathrm{d}t$$

$$= \frac{2}{\sqrt{2\pi}}\int_0^\infty\int_0^{a/\sqrt{t}} \mathrm{e}^{-y^2/2}\mathrm{d}y\mathrm{d}t = \frac{2}{\sqrt{2\pi}}\int_0^\infty\int_0^{a^2/y^2}\mathrm{d}t\mathrm{e}^{-y^2/2}\mathrm{d}y$$

$$= \frac{2a^2}{\sqrt{2\pi}}\int_0^\infty \frac{1}{y^2}\mathrm{e}^{-y^2/2}\mathrm{d}y \geqslant \frac{2a^2\mathrm{e}^{-1/2}}{\sqrt{2\pi}}\int_0^1 \frac{1}{y^2}\mathrm{d}y = \infty.$$

于是推出 T_a（虽然以概率为 1 地有限）有无穷的期望．即以概率为 1 地 Brown 运动过程迟早会击中 a，但其平均时间是无穷．（这符合直观吗？想想对称随机徘徊．）

对 $a < 0$，由对称性，T_a 的分布与 T_{-a} 的分布相同．因此，由式（8.2.2）我们得到

$$P\{T_a \leqslant t\} = \frac{2}{\sqrt{2\pi}}\int_{|a|/\sqrt{t}}^\infty \mathrm{e}^{-y^2/2}\mathrm{d}y.$$

另一个有趣的随机变量是过程在 $[0,t]$ 中达到的最大值．它的分布可如下得到．对 $a > 0$，

$$P\{\max_{0\leqslant s\leqslant t} X(s) \geqslant a\} = P\{T_a \leqslant t\} \qquad (\text{由对称性})$$

$$= 2P\{X(t) \geqslant a\} = \frac{2}{\sqrt{2\pi}}\int_{a/\sqrt{t}}^\infty \mathrm{e}^{-y^2/2}\mathrm{d}y.$$

以 $0(t_1,t_2)$ 记 Brown 运动过程在区间 (t_1,t_2) 中至少有一次取 0 这一事件．为了计算 $P\{0(t_1,t_2)\}$，我们取条件于 $X(t_1)$ 如下： 364

$$P\{0(t_1,t_2)\} = \frac{2}{\sqrt{2\pi t_1}}\int_{-\infty}^\infty P\{0(t_1,t_2) \mid X(t_1) = x\}\mathrm{e}^{-x^2/2t_1}\mathrm{d}x.$$

利用 Brown 运动关于原点的对称性和路径的连续性给出

$$P\{0(t_1,t_2) \mid X(t_1) = x\} = P\{T_{|x|} \leqslant t_2 - t_1\}.$$

因此，用式（8.2.2）我们得

$$P\{0(t_1,t_2)\} = \frac{1}{\pi\sqrt{t_1(t_2-t_1)}}\int_0^\infty\int_x^\infty \mathrm{e}^{-y^2/2(t_2-t_1)}\mathrm{d}y\mathrm{e}^{-x^2/2t_1}\mathrm{d}x.$$

上述积分可由显式算出，它导致

$$P\{0(t_1,t_2)\} = 1 - \frac{2}{\pi}\arcsin\sqrt{t_1/t_2}.$$

因此，我们已经证明了下述命题．

命题 8.2.1 对 $0 < x < 1$，

$$P\{\text{Brown 运动在 } (xt,t) \text{ 无零点}\} = \frac{2}{\pi}\arcsin\sqrt{x}.$$ ◀

注 我们对命题 8.2.1 并不惊奇．因为我们从第 3 章中 3.7 节末的注知道，对对称随机徘徊有

$$P\{\text{在 } (nx,n) \text{ 无零点}\} \approx \frac{2}{\pi}\arcsin\sqrt{x},$$

在 $n \to \infty$ 时，近似就变为精确地相等．由于 Brown 运动是在跳跃来得越来越快（且

[365] 大小越来越小）时，对称随机徘徊的极限情形，直观上看来，对 Brown 运动上述近似应成立等式．命题 8.2.1 正验证了它．

第 3 章中 3.7 节其他的反正弦律（即对称随机徘徊取正值的时间比例，在取极限时遵守反正弦律）也可证对 Brown 运动精确地成立．即可证下述命题．□

命题 8.2.2　对 Brown 运动，以 $A(t)$ 记给出在 $[0,t]$ 中取正值的时间总量．则对 $0<x<1$ 有

$$P\{A(t)/t \leqslant x\} = \frac{2}{\pi}\arcsin\sqrt{x}.$$ ◀

8.3　Brown 运动的变种

在本节中，我们考虑 Brown 运动的四个变种．第一个变种假设 Brown 运动在到达某个给定的值后被吸收．第二个变种假设 Brown 运动不允许取负值．第三个变种处理几何 Brown 运动，而第四个变种是积分型的 Brown 运动．

8.3.1　在一点吸收的 Brown 运动

令 $\{X(t)\}$ 是 Brown 运动，回忆 T_x 是首次击中 $x(x>0)$ 的时刻．定义 $Z(t)$ 为

$$Z(t) = \begin{cases} X(t) & 若\ t < T_x \\ x & 若\ t \geqslant T_x \end{cases}$$

则 $\{Z(t), t\geqslant 0\}$ 是这样的变种，在 Brown 运动击中 x 时，就永远保持在那里．

随机变量 $Z(t)$ 有一个具有离散部分和连续部分的分布．它的离散部分是

[366]

$$P\{Z(t)=x\} = p\{T_x \leqslant t\} = \frac{2}{\sqrt{2\pi t}}\int_x^\infty \mathrm{e}^{-y^2/2t}\mathrm{d}y \quad （由式(8.2.2)）.$$

而它的连续部分，对 $y<x$ 有

$$\begin{aligned} P\{Z(t)\leqslant y\} &= P\left\{X(t)\leqslant y, \max_{0\leqslant s\leqslant t} X(s) < x\right\} \\ &= P\{X(t)\leqslant y\} - P\left\{X(t)\leqslant y, \max_{0\leqslant s\leqslant t} X(s) > x\right\}. \end{aligned} \tag{8.3.1}$$

我们计算右方第二项如下：

$$\begin{aligned} &P\left\{X(t)\leqslant y, \max_{0\leqslant s\leqslant t} X(s) > x\right\} \\ &= P\left\{X(t)\leqslant y \,\middle|\, \max_{0\leqslant s\leqslant t} X(s) > x\right\} P\left\{\max_{0\leqslant s\leqslant t} X(s) > x\right\}. \end{aligned} \tag{8.3.2}$$

现在，事件 $\max\limits_{0\leqslant s\leqslant t} X(s) > x$ 等价于事件 $T_x<t$；而若 Brown 运动在时刻 T_x 击中 x，其中 $T_x<t$，则为了它在时刻 t 低于 y，它必须在附加时间 $t-T_x$ 中至少减少 $x-y$．由对称性这正和增加这样的量有相同的可能．因此，

$$P\left\{X(t)\leqslant y \,\middle|\, \max_{0\leqslant s\leqslant t} X(s) > x\right\} = P\left\{X(t)\geqslant 2x-y \,\middle|\, \max_{0\leqslant s\leqslant t} X(s) > x\right\}. \tag{8.3.3}$$

由式 (8.3.2) 和式 (8.3.3)，我们有

$$P\left\{X(t) \leqslant y, \max_{0 \leqslant s \leqslant t} X(s) > x\right\} = P\left\{X(t) \geqslant 2x - y, \max_{0 \leqslant s \leqslant t} X(s) > x\right\}$$
$$= P\{X(t) \geqslant 2x - y\} \quad (\text{因为 } y < x),$$

而由式 (8.3.1)

$$\begin{aligned} P\{Z(t) \leqslant y\} &= P\{X(t) \leqslant y\} - P\{X(t) \geqslant 2x - y\} \\ &= P\{X(t) \leqslant y\} - P\{X(t) \leqslant y - 2x\} \quad (\text{由正态分布的对称性}) \\ &= \frac{1}{\sqrt{2\pi t}} \int_{y-2x}^{y} e^{-u^2/2t} du. \end{aligned}$$

367

8.3.2 在原点反射的 Brown 运动

若 $\{X(t), t \geqslant 0\}$ 是 Brown 运动，则过程 $\{Z(t), t \geqslant 0\}$ 称为在原点反射的 Brown 运动，其中

$$Z(t) = |X(t)|, \quad t \geqslant 0.$$

易得 $Z(t)$ 的分布. 对 $y > 0$，

$$P\{Z(t) \leqslant y\} = P\{X(t) \leqslant y\} - P\{X(t) \leqslant -y\} = 2P\{X(t) \leqslant y\} - 1 = \frac{2}{\sqrt{2\pi t}} \int_{-\infty}^{y} e^{-x^2/2t} dx - 1,$$

其中第二个等式来自因为 $X(t)$ 是均值为 0 的正态变量.

$Z(t)$ 的均值和方差易算得为

$$E[Z(t)] = \sqrt{2t/\pi}, \quad \operatorname{Var}(Z(t)) = \left(1 - \frac{2}{\pi}\right)t. \tag{8.3.4}$$

8.3.3 几何 Brown 运动

若 $\{X(t), t \geqslant 0\}$ 是 Brown 运动，则由

$$Y(t) = e^{X(t)}$$

定义的过程 $\{Y(t), t \geqslant 0\}$ 称为几何 Brown 运动.

因为 $X(t)$ 是均值为 0 和方差为 t 的正态变量，它的矩母函数为

$$E[e^{sX(t)}] = e^{ts^2/2},$$

故而

$$E[Y(t)] = E[e^{X(t)}] = e^{t/2},$$
$$\operatorname{Var}(Y(t)) = E[Y^2(t)] - (E[Y(t)])^2 = E[e^{2X(t)}] - e^t = e^{2t} - e^t.$$

在建模中，当我们认为百分比变化（而不是绝对变化）是独立同分布时，几何 Brown 运动是很有用的. 例如，假设 $Y(n)$ 是某种商品在时刻 n 的价格. 于是可合理地假设 $Y(n)/Y(n-1)$（相对于 $Y(n) - Y(n-1)$）是独立同分布的. 令

368

$$X_n = Y(n)/Y(n-1),$$

然后，取 $Y(0) = 1$，得

$$Y(n) = X_1 X_2 \cdots X_n,$$

故而

$$\ln Y(n) = \sum_{i=1}^{n} \ln X_i,$$

由于 X_i 是独立同分布的，经过适当的正则化，$\ln Y(n)$ 近似地是 Brown 运动，故而 $\{Y(n)\}$ 近似地是几何 Brown 运动.

例 8.3 (A) 股票期权的价值 假设某人，在将来的时刻 T，对一个单位的股票有以一个固定的价格 K 的购买期权. 假设股票的现值是 y，其价格变化遵循几何 Brown 运动，让我们计算拥有这个期权的期望价值. 因为只当在时刻 T 的股票价格是 K 或更高时，此期权将被执行，它的期望价值是

368

$$E[\max(Y(T)-K,0)] = \int_0^\infty P\{Y(T)-K>a\}\mathrm{d}a$$

$$= \int_0^\infty P\{y\mathrm{e}^{X(T)}-K>a\}\mathrm{d}a = \int_0^\infty P\left\{X(T)>\ln\frac{K+a}{y}\right\}\mathrm{d}a$$

$$= \frac{1}{\sqrt{2\pi T}}\int_0^\infty\int_{\ln[(K+a)/y]}^\infty \mathrm{e}^{-x^2/2T}\mathrm{d}x\mathrm{d}a.$$ ■

8.3.4 积分 Brown 运动

若 $\{X(t),t\geqslant 0\}$ 是 Brown 运动，则由

$$Z(t)=\int_0^t X(s)\mathrm{d}s \tag{8.3.5}$$

定义的过程 $\{Z(t),t\geqslant 0\}$ 称为*积分 Brown 运动*. 作为实际中发生这样的过程的一个说明，假设我们有兴趣于给一种商品按时间的价格建模. 以 $Z(t)$ 记它在时刻 t 的价格，则与其假定 $\{Z(t)\}$ 是 Brown 运动（或几何 Brown 运动），不如假定 $Z(t)$ 的变化率遵循一个 Brown 运动. 例如，我们可以假设商品价格的变化率是当前的通货膨胀率，它被设想像 Brown 运动一样地变化. 因此，

369

$$\frac{\mathrm{d}}{\mathrm{d}t}Z(t)=X(t)$$

或

$$Z(t)=Z(0)+\int_0^t X(s)\mathrm{d}s.$$

由 Brown 运动是 Gauss 过程这个事实推出 $\{Z(t),t\geqslant 0\}$ 也是 Gauss 过程. 为了证明这点，首先回忆，若 $W_1,\cdots,W_n$ 可表示为

$$W_i=\sum_{j=1}^m a_{ij}U_j,\qquad i=1,\cdots,n,$$

则称为具有联合正态分布，其中 $U_j,j=1,\cdots,m$ 是独立的正态随机变量. 由此推出 $W_1,\cdots,W_n$ 的部分和的任意集合都是联合正态的. 于是 $Z(t_1),\cdots,Z(t_n)$ 是联合正态的事实可由将式（8.3.5）中的积分写为近似和的极限来证明.

由于 $\{Z(t),t\geqslant 0\}$ 是 Gauss 过程，推出它的分布由其均值和协方差函数所描述. 现在我们计算：

$$E[Z(t)]=E\left[\int_0^t X(s)\mathrm{d}s\right]=\int_0^t E[X(s)]\mathrm{d}s=0.$$

对 $s\leqslant t$ 有

$$\begin{aligned}\mathrm{Cov}[Z(s),Z(t)] &= E[Z(s)Z(t)] = E\left[\int_0^s X(y)\mathrm{d}y\int_0^t X(u)\mathrm{d}u\right] = E\left[\int_0^s\int_0^t X(y)X(u)\mathrm{d}y\mathrm{d}u\right]\\ &= \int_0^s\int_0^t E[X(y)X(u)]\mathrm{d}y\mathrm{d}u = \int_0^s\int_0^t \min(y,u)\mathrm{d}y\mathrm{d}u \qquad (8.3.6)\\ &= \int_0^s\left(\int_0^u y\mathrm{d}y + \int_u^t u\,\mathrm{d}y\right)\mathrm{d}u = s^2\left(\frac{t}{2}-\frac{s}{6}\right).\end{aligned}$$

370

由式(8.3.5)所定义的过程 $\{Z(t),t\geqslant 0\}$ 不是 Markov 过程.(为什么不是?)然而 $\{(Z(t),X(t)),t\geqslant 0\}$ 是 Markov 过程.(为什么?)我们可计算 $Z(t),X(t)$ 的联合分布,为此首先注意,由如前相同的推理可知,它们是联合正态的. 为计算其协方差,我们用式(8.3.6)如下:

$$\begin{aligned}\mathrm{Cov}(Z(t),Z(t)-Z(t-h)) &= \mathrm{Cov}(Z(t),Z(t)) - \mathrm{Cov}(Z(t),Z(t-h))\\ &= \frac{t^3}{3}-(t-h)^2\left[\frac{t}{2}-\frac{t-h}{6}\right] = t^2h/2+o(h).\end{aligned}$$

然而

$$\begin{aligned}\mathrm{Cov}(Z(t),Z(t)-Z(t-h)) &= \mathrm{Cov}\left(Z(t),\int_{t-h}^t X(s)\mathrm{d}s\right)\\ &= \mathrm{Cov}(Z(t),hX(t)+o(h)) = h\mathrm{Cov}(Z(t),X(t))+o(h),\end{aligned}$$

故而

$$\mathrm{Cov}(Z(t),X(t)) = t^2/2.$$

因此,$Z(t),X(t)$ 具有二元正态分布,均值和协方差为

$$E[Z(t)] = E[X(t)] = 0,\mathrm{Cov}(X(t),Z(t)) = t^2/2.$$

若我们假设变化的百分率遵循 Brown 运动过程,则可得积分 Brown 运动的另一种形式. 即,若以 $W(t)$ 记在时刻 t 的价格,则

$$\frac{\mathrm{d}}{\mathrm{d}t}W(t) = X(t)W(t)$$

或

$$W(t) = W(0)\exp\left\{\int_0^t X(s)\mathrm{d}s\right\},$$

其中 $\{X(t)\}$ 是 Brown 运动. 取 $W(0)=1$,我们可见

$$W(t) = \mathrm{e}^{Z(t)}.$$

371

由于 $Z(t)$ 是均值为 0 和方差为 $t^2(t/2-t/6)=t^3/3$,我们可见

$$E[W(t)] = \exp\{t^6/6\}.$$

8.4 漂移 Brown 运动

若

(i) $X(0)=0$;

(ii) $\{X(t),t\geqslant 0\}$ 有平稳增量和独立增量;

(iii) $X(t)$ 遵循均值为 μt 和方差为 t 的正态分布;

则我们称 $\{X(t), t \geqslant 0\}$ 是具有漂移系数 μ 的 Brown 运动. 我们也可将它定义为 $X(t) = B(t) + \mu t$ ，其中 $B(t)$ 是标准 Brown 运动.

于是具有漂移的 Brown 运动是一个以速率 μ 漂移离去的过程. 像 Brown 运动一样，它也可定义为随机徘徊的极限. 为了明白这一点，假设过程每隔 Δt 时间单位或以概率 p 向右走一步或以概率 $1-p$ 向左走一步，其长度为 Δx . 若我们令

$$X_i = \begin{cases} 1 & \text{若第 } i \text{ 步向右} \\ -1 & \text{其他情形} \end{cases}$$

则它在时刻 t 的位置 $X(t)$ 是

$$X(t) = \Delta x(X_1 + \cdots + X_{[t/\Delta t]}).$$

现在

$$E[X(t)] = \Delta x[t/\Delta t](2p-1), \quad \operatorname{Var}(X(t)) = (\Delta x)^2[t/\Delta t][1-(2p-1)^2].$$

于是，若我们令 $\Delta x = \sqrt{\Delta t}, p = \frac{1}{2}(1+\mu\sqrt{\Delta t})$ ，且令 $\Delta t \to 0$ ，则

$$E[X(t)] \to \mu t, \quad \operatorname{Var}(X(t)) \to t,$$

而 $\{X(t)\}$ 事实上收敛到具有漂移系数 μ 的 Brown 运动.

对此过程现在我们来计算几个有趣的量. 我们以过程在击中 $-B$ 前先击中 A 的概率开始，$A, B > 0$. 以 $P(x)$ 记取条件于当前处在 x $(-B < x < A)$ 时上述事件的概率. 即

372

$$P(x) = P\{X(t) \text{ 在 } -B \text{ 前击中 } A \mid X(0) = x\}.$$

我们由取条件于过程在时刻 0 和时刻 h 之间的变化 $Y = X(h) - X(0)$ 得到一个微分方程. 这导致

$$P(x) = E[P(x+Y)] + o(h),$$

其中上式的 $o(h)$ 指直至时刻 h 过程已经击中 A 或 $-B$ 两个壁之一的概率. 假定 $P(y)$ 在 x 处可以 Taylor 展开，正式计算可得

$$P(x) = E[P(x) + P'(x)Y + P''(x)Y^2/2 + \cdots] + o(h).$$

由于 Y 是均值为 μh 和方差为 h 的正态随机变量，而微分阶数大于 2 的一切项的均值的和是 $o(h)$ ，我们得

$$P(x) = P(x) + P'(x)\mu h + P''(x)\frac{\mu^2 h^2 + h}{2} + o(h), \tag{8.4.1}$$

由式 (8.4.1)，我们有

$$P'(x)\mu + \frac{P''(x)}{2} = \frac{o(h)}{h},$$

令 $h \to 0$ 得

$$P'(x)\mu + \frac{P''(x)}{2} = 0.$$

将上式积分我们得

$$2\mu P(x) + P'(x) = c_1,$$

或等价地

$$\mathrm{e}^{2\mu x}(2\mu P(x) + P'(x)) = c_1 \mathrm{e}^{2\mu x}$$

或

$$\frac{\mathrm{d}}{\mathrm{d}x}(\mathrm{e}^{2\mu x}P(x)) = c_1\mathrm{e}^{2\mu x},$$

或，经积分

$$\mathrm{e}^{2\mu x}P(x) = C_1\mathrm{e}^{2\mu x} + C_2.$$

于是

$$P(x) = C_1 + C_2\mathrm{e}^{-2\mu x}.$$

373

利用边界条件 $P(A) = 1, P(-B) = 0$，我们可解出 C_1 和 C_2 得

$$C_1 = \frac{\mathrm{e}^{2\mu B}}{\mathrm{e}^{2\mu B} - \mathrm{e}^{-2\mu A}}, \quad C_2 = \frac{-1}{\mathrm{e}^{2\mu B} - \mathrm{e}^{-2\mu A}},$$

于是

$$P(x) = \frac{\mathrm{e}^{2\mu B} - \mathrm{e}^{-2\mu x}}{\mathrm{e}^{2\mu B} - \mathrm{e}^{-2\mu A}}. \tag{8.4.2}$$

因而从 0 开始在 $-B$ 前到达 A 的概率是

$$P\{\text{过程在下降 } B \text{ 之前上升 } A\} = \frac{\mathrm{e}^{2\mu B} - 1}{\mathrm{e}^{2\mu B} - \mathrm{e}^{-2\mu A}}. \tag{8.4.3}$$

注 (1) 方程 (8.4.3) 也可由用极限随机徘徊推理得到. 因为由赌徒破产问题（参见第 4 章的例 4.4 (A)），当每次赌博分别以概率 p 和 $1-p$ 上升或下降 Δx 个单位时，推出过程在降到 B 前升至 A 的概率是

$$P\{\text{下降 } B \text{ 之前上升 } A\} = \frac{1 - \left(\frac{1-p}{p}\right)^{B/\Delta x}}{1 - \left(\frac{1-p}{p}\right)^{(A+B)/\Delta x}}. \tag{8.4.4}$$

在 $p = (1/2)(1 + \mu\Delta x)$ 时，我们有

$$\lim_{\Delta x \to 0}\left(\frac{1-p}{p}\right)^{1/\Delta x} = \lim_{\Delta x \to 0}\left(\frac{1-\mu\Delta x}{1+\mu\Delta x}\right)^{1/\Delta x} = \frac{\mathrm{e}^{-\mu}}{\mathrm{e}^{\mu}}.$$

因此，由令 $\Delta x \to \infty$，从式 (8.4.4) 我们可见

$$P\{\text{下降 } B \text{ 之前上升 } A\} = \frac{1 - \mathrm{e}^{-2\mu B}}{1 - \mathrm{e}^{-2\mu(A+B)}},$$

它与式 (8.4.3) 一致.

374

(2) 若 $\mu < 0$ 我们令 B 趋于无穷，由式 (8.4.3) 可见，

$$P\{\text{下降 } B \text{ 之前上升 } A\} = \mathrm{e}^{2\mu A}. \tag{8.4.5}$$

于是在此情形，过程漂移至负无穷，且其最大值是一个速率为 -2μ 的指数随机变量. □

例 8.4 (A) 执行一个股票期权 假设我们在某个将来的时刻，对一个单位的股票有以一个固定的价格 A 购买与股票当时的市场价格独立的期权. 股票当时的市场价格取为 0，且我们假设它按具有负的漂移系数 $-d$ 的 Brown 运动变化，其中 $d > 0$. 若期权迟早要执行，问题是我们应何时执行此期权?

让我们考虑当市场价格是 x 时执行此期权的策略. 在此策略下我们的期望所得为

$$P(x)(x-A),$$

其中 $P(x)$ 是过程迟早达到 x 的概率. 由式 (8.4.5) 我们可见

$$P(x)=\mathrm{e}^{-2dx},\quad x>0,$$

x 的最佳值使 $(x-A)\mathrm{e}^{-2dx}$ 取最大，且易见此值是

$$x=A+1/(2d).$$

■

对 Brown 运动，由在方程 (8.4.3) 中令 $\mu\to 0$，我们得到

$$P\{\text{ Brown 运动下降 } B \text{ 之前上升 } A\ \}=\frac{B}{A+B}. \tag{8.4.6}$$

例 8.4 (B) 西洋双陆棋中的最佳加倍策略　考虑两个人为一注赌金而玩的某个机会游戏，它迟早在其中一个玩家宣布为胜时结束. 最初指定其中一人为"有加倍权的玩家"，它的意思是他在任何时刻有将赌注加倍的选择权，若在任意时刻他实施选择权时，则另一人可以，或者支付有加倍权的玩家目前的赌注而退出，或者同意对原来赌注的两倍继续玩. 若另一个玩家决定继续玩，则他就变成"有加倍权的玩家". 换句话说，每当有加倍权的玩家实施选择权后，选择权就转给另一个玩家. 常玩的具有加倍选择权的流行游戏是西洋双陆棋.

375

我们假设此游戏由观察从值 1/2 出发的 Brown 运动组成. 若它在击中 0 前击中 1，则玩家 I 获胜，若相反的事件发生，则玩家 II 获胜. 由式 (8.4.6) 推出，若当前的值是 x，则若游戏继续进行到结束，玩家 I 将以概率 x 获胜. 每个玩家的目标都是使期望回报最大化，且我们假设每个玩家在博弈论意义下最佳地玩游戏（例如，这意味着一个玩家可以宣布他的策略，而另一个玩家即使知道此信息也不能玩得更好).

直观上显然最佳策略应该为下述类型的. ■

最佳策略

假设玩家 I（对应地，玩家 II）已选择加倍，则玩家 I（对应地，玩家 II）应在时刻 t 加倍当且仅当，$X(t)\geqslant p^*$ ($X(t)\leqslant 1-p^*$). 玩家 II 的（对应地，玩家 I 的）最佳策略是在 t 接受加倍当且仅当，$X(t)\leqslant p^{**}$ ($X(t)\geqslant 1-p^{**}$). 余下的只是计算 p^* 和 p^{**}.

引理 1

$$p^*\leqslant p^{**}.$$

证明　对任意 $p>p^{**}$，若 $X(t)=p$ 且在玩家 I 叫加倍时，玩家 II 退出. 因此在 $X(t)=p$ 时玩家 I 由加倍可保证他目前赌注的期望收益，而玩家 II 总可保证玩家 I 绝不收到更多（若玩家 I 加倍就退出)，由此推出玩家 I 叫加倍准是最佳的. 因此 $p^*\leqslant p^{**}$

引理 2

$$p^*=p^{**}.$$

证明　假设 $p^*<p^{**}$，我们由证明玩家 I 有一个比 p^* 更好的策略以得到一个矛盾. 特别地，比在 p^* 时加倍，玩家 I 更好的做法是宁愿等待 $X(t)$ 击中 0 或 p^{**}. 若它先击中 p^{**}，则他可加倍，且由于玩家 II 将接受加倍，玩家 I 将处在恰如他在 p^* 加倍的同样位置. 另一方面，若它在 p^{**} 前击中 0，则在新策略下他只输掉原来的赌注，而在 p^* 策略下，他将输掉两倍的赌注.

于是由引理 1 和引理 2，存在唯一的临界值 p^*，使得若玩家 I 有选择权，而他的最佳策略是在 t 加倍当且仅当，$X(t)\geqslant p^*$．类似地，玩家 II 的最佳策略是在 t 接受加倍当且仅当，$X(t)\leqslant p^*$．由连续性推出，在状态是 p^* 时，两个玩家对他们的选择都不在乎．我们要利用这一点来计算 p^*．

令赌注是一个单位．现在若玩家 I 在 p^* 时加倍，玩家 II 并不在乎退出或接受加倍．因此，由于在前一种情形玩家 I 赢一个单位，我们有 [376]

$$1=E[\text{若玩家 II 在 } p^* \text{ 接受加倍,玩家 I 的所得}].$$

现在若玩家 II 在 p^* 时接受加倍，则玩家 II 有下一个加倍权，在 $X(t)$ 击中 $1-p^*$ 时他实施加倍权．若它永不击中 $1-p^*$（即，它先击中 1），则玩家 II 将输掉 2 个单位．因此，由于根据式 (8.4.6)，从 p^* 开始在 1 前击中 $1-p^*$ 的概率是 $(1-p^*)/p^*$，我们有

$$1=E[\text{玩家 I 的所得}\mid\text{击中 }1-p^*]\,\frac{1-p^*}{p^*}+2\,\frac{2p^*-1}{p^*}.$$

现在若它击中 $1-p^*$，则玩家 II 将赌注加倍到 4 个单位且玩家 I 将不在乎是否接受．因此，因为玩家 I 如果退出就会输掉 2 个单位，我们有

$$E[\text{玩家 I 的所得}\mid\text{击中 }1-p^*]=-2,$$

故而

$$1=-2\,\frac{1-p^*}{p^*}+2\,\frac{2p^*-1}{p^*}\quad\text{或}\quad p^*=\frac{4}{5}.$$ ◀

例 8.4 (C) 控制生产过程 在本例中我们考虑一个随时间变坏的生产过程．特别地，我们假设生产过程按具有漂移系数 $\mu(\mu>0)$ 的 Wiener 过程变化其状态．在过程的状态为 B 时，假定过程发生故障，且必须支付费用 R 使过程回到状态 0．另一方面，在过程到达故障点 B 之前，我们可以试图修复这个过程．若状态是 x，且作修复这个过程的一次尝试，则这个尝试以概率 α_x 成功．而以概率 $1-\alpha_x$ 失败．若尝试成功，则过程回到状态 0，而若尝试不成功，则我们假定过程转为 B（即它发生故障）．一次修复尝试的费用为 C.

我们试图确定使单位时间的长程平均费用最小的策略，而为此我们会限于注意当状态是 $x(0<x<B)$ 时试图修复的策略．对这些策略而言，显然回到状态 0 构成一个更新过程，于是由第 3 章定理 3.6.1 得到平均费用正是 [377]

$$\frac{E[\text{一个循环的费用}]}{E[\text{一个循环的长度}]}=\frac{C+R(1-\alpha_x)}{E[\text{到达 }x\text{ 的时间}]}.\tag{8.4.7}$$

以 $f(x)$ 记使过程到达 x 所需的期望时间．我们要通过对在时间 h 中的变化 $Y=X(h)-X(0)$ 取条件以导出对 $f(x)$ 的一个微分方程．这导致

$$f(x)=h+E[f(x-Y)]+o(h),$$

其中 $o(h)$ 项表示过程直至时刻 h 为止已击中 x 的概率．展开为 Taylor 级数给出

$$\begin{aligned}f(x)&=h+E\left[f(x)-Yf'(x)+\frac{Y^2}{2}f''(x)+\cdots\right]+o(h)\\&=h+f(x)-\mu hf'(x)+\frac{h}{2}f''(x)+o(h),\end{aligned}$$

或等价地

$$1=\mu f'(x)-\frac{f''(x)}{2}+\frac{o(h)}{h},$$

令 $h\to 0$ 得

$$1=\mu f'(x)-f''(x)/2. \tag{8.4.8}$$

我们不直接求解微分方程，而是注意

$$\begin{aligned}f(x+y)&=E[\text{从 0 到 } x+y \text{ 的时间}]\\&=E[\text{到 } x \text{ 的时间}]+E[\text{从 } x \text{ 到 } x+y \text{ 的时间}]\\&=f(x)+f(y).\end{aligned}$$

因此，$f(x)$ 具有形式 $f(x)=cx$，而由式 (8.4.8) 我们可见 $c=1/\mu$. 所以

$$f(x)=x/\mu.$$

因此，由式 (8.4.7)，在状态是 $x(0<x<B)$ 时尝试修复策略的长程平均费用为

378

$$\frac{\mu[C+R(1-\alpha_x)]}{x},$$

而不尝试修复策略的长程平均费用为

$$R\mu/B.$$

对一个给定的函数 α_x，我们可用计算确定使长程平均费用最小的策略. ■

以 T_x 记在 $\mu>0$ 时，具有漂移系数 μ 的 Brown 运动击中 x 的时间. 我们要计算它的矩母函数 $E[e^{-\theta T_x}]$, $\theta>0$，对 $x>0$，其计算与在例 8.4 (C) 中计算 $E[T_x]$ 差不多. 注意到

$$\begin{aligned}E[\exp\{-\theta T_{x+y}\}]&=E[\exp\{-\theta(T_x+T_{x+y}-T_x)\}]\\&=E[\exp\{-\theta T_x\}]E[\exp\{-\theta(T_{x+y}-T_x)\}]\\&=E[\exp\{-\theta T_x\}]E[\exp\{-\theta T_y\}],\end{aligned} \tag{8.4.9}$$

其中最后的等式得自平稳性，而中间的等式得自独立增量性. 但是式 (8.4.9) 蕴含对某个$c>0$，有 $E[e^{-\theta T_x}]=e^{-cx}$ 为确定 c，令

$$f(x)=E[e^{-\theta T_x}].$$

我们要由取条件于 $Y=X(h)-X(0)$ 得到一个 f 满足的微分方程. 这导致

$$f(x)=E[\exp\{-\theta(h+T_{x-Y})\}]+o(h)=e^{-\theta h}E[f(x-Y)]+o(h),$$

其中 $o(h)$ 项得自，直至时刻 h 为止过程已击中 x 的可能性. 展开上式为对 x 的 Taylor 级数，导致

$$\begin{aligned}f(x)&=e^{-\theta h}E\left[f(x)-Yf'(x)+\frac{Y^2}{2!}f''(x)+\cdots\right]+o(h)\\&=e^{-\theta h}E\left[f(x)-\mu hf'(x)+\frac{h}{2}f''(x)\right]+o(h).\end{aligned}$$

现在用 $e^{-\theta h}=1-\theta h+o(h)$ 给出

379

$$f(x)=f(x)(1-\theta h)-\mu hf'(x)+\frac{h}{2}f''(x)+o(h).$$

除以 h，且令 $h\to 0$，导致

$$\theta f(x)=-\mu hf'(x)+\frac{1}{2}f''(x),$$

再用 $f(x) = e^{-cx}$ 得

$$\theta e^{-cx} = \mu c e^{-cx} + \frac{c^2}{2} e^{-cx}$$

或

$$c^2 + 2\mu c - 2\theta = 0.$$

因此我们可见，

$$c = -\mu + \sqrt{\mu^2 + 2\theta} \quad 或者 \quad c = -\mu - \sqrt{\mu^2 + 2\theta}, \tag{8.4.10}$$

而因为 $c > 0$，我们可见在 $\mu \geqslant 0$ 时

$$c = \sqrt{\mu^2 + 2\theta} - \mu.$$

于是我们有下述命题.

命题 8.4.1 *以 T_x 记具有漂移系数 μ 的 Brown 运动击中 x 的时间. 则对 $\theta > 0, x > 0$，*

$$E[e^{-\theta T_x}] = e^{-x(\sqrt{\mu^2+2\theta}-\mu)} \quad (若 \mu \geqslant 0). \tag{8.4.11}$$ ◀

380

我们由研究最大随机变量的极限平均值来结束本节. 特别地我们有下述命题.

命题 8.4.2 *若 $\{X(t), t \geqslant 0\}$ 是具有漂移系数 $\mu(\mu \geqslant 0)$ 的 Brown 运动，则以概率为 1 地*

$$\lim_{t \to \infty} \frac{\max\limits_{0 \leqslant s \leqslant t} X(s)}{t} = \mu.$$

证明 令 $T_0 = 0$，而对 $n > 0$ 以 T_n 记过程击中 n 的时刻. 由平稳性和独立增量性假定，推出 $T_n - T_{n-1}, n \geqslant 1$ 是独立同分布的. 因此，我们可将 T_n 想象为在一个更新过程中事件发生的时刻. 令 $N(t)$ 是直至时刻 t 为止的更新次数，我们有

$$N(t) \leqslant \max_{0 \leqslant s \leqslant t} X(s) \leqslant N(t) + 1. \tag{8.4.12}$$

现在，由例 8.4（C）的结果，我们有 $ET_1 = 1/\mu$，因而命题结论得自式（8.4.12）和著名的更新过程的结论 $N(t)/t \to 1/ET_1$. ◀

用鞅来分析 Brown 运动

具有漂移的 Brown 运动也可用鞅来分析. 有三个重要的鞅与标准 Brown 运动有关.

命题 8.4.3 *令 $\{B(t), t \geqslant 0\}$ 是标准 Brown 运动. 如果有*

(a) $Y(t) = B(t)$，

(b) $Y(t) = B^2(t) - t$，

(c) $Y(t) = \exp\{cB(t) - c^2 t/2\}$，

则 $\{Y(t), t \geqslant 0\}$ 是鞅，其中 c 是一个任意常数. 在（a）和（b）中的鞅具有均值 0，而（c）中的鞅具有均值 1.

证明 在所有的情形我们将 $B(t)$ 写成 $B(s) + [B(t) - B(s)]$ 且用独立增量性得

(a)

$$\begin{aligned} &E[B(t) \mid B(u), 0 \leqslant u \leqslant s] \\ &= E[B(s) \mid B(u), 0 \leqslant u \leqslant s] + E[B(t) - B(s) \mid B(u), 0 \leqslant u \leqslant s] \end{aligned}$$

$$= B(s) + E[B(t) - B(s)] = B(s),$$

381 其中第二个等式用了 Brown 运动的独立增量性质.

(b)

$$E[B^2(t) \mid B(u), 0 \leqslant u \leqslant s] = E[\{B(s) + B(t) - B(s)\}^2 \mid B(u), 0 \leqslant u \leqslant s]$$
$$= B^2(s) + 2B(s)E[B(t) - B(s) \mid B(u), 0 \leqslant u \leqslant s] + E[\{B(t) - B(s)\}^2 \mid B(u), 0 \leqslant u \leqslant s]$$
$$= B^2(s) + 2B(s)E[B(t) - B(s)] + E[\{B(t) - B(s)\}^2] = B^2(s) + E[B^2(t-s)]$$
$$= B^2(s) + t - s,$$

它验证了 $B^2(t) - t$ 是鞅.

我们将验证 $\exp\{cB(t) - c^2t/2\}(t \geqslant 0)$ 是鞅留作一个习题. ◀

现在，令 $X(t) = B(t) + \mu t$ ，于是 $\{X(t), t \geqslant 0\}$ 为具有漂移 μ 的 Brown 运动. 对正数 A 和 B ，定义停时 T 为

$$T = \min\{t: X(t) = A \text{ 或 } X(t) = -B\}.$$

我们要用在命题 8.4.3(C) 中的鞅，即 $Y(t) = \exp\{cB(t) - c^2t/2\}$ ，来求 $P_A \equiv P\{X(T) = A\}$. 因为这个鞅具有均值 1，所以从停止定理推出

$$E[\exp\{cB(T) - c^2T/2\}] = 1,$$

或，因为 $B(T) = X(T) - \mu T$ ，得到

$$E[\exp\{cX(T) - c\mu T - c^2T/2\}] = 1.$$

令 $c = -2\mu$ ，给出

$$E[\exp\{-2\mu X(T)\}] = 1.$$

但是，$X(T)$ 是 A 或 $-B$ ，因此我们得到

$$e^{-2\mu A}P_A + e^{2\mu B}(1 - P_A) = 1,$$

故而

$$P_A = \frac{e^{2\mu B} - 1}{e^{2\mu B} - e^{-2\mu A}},$$

382 这就验证了方程 (8.4.3) 的结论.

若我们现在用 $\{B(t), t \geqslant 0\}$ 是零均值鞅这一事实，则有停止定理

$$0 = E[B(T)] = E[X(T) - \mu T] = E[X(T)] - \mu E[T] = AP_A - B(1 - P_A) - \mu E[T].$$

用前面对 P_A 的公式给出

$$E[T] = \frac{Ae^{2\mu B} + Be^{-2\mu A} - A - B}{\mu[e^{2\mu B} - e^{-2\mu A}]}.$$

8.5　向后与向前扩散方程

推导微分方程是分析 Markov 过程的有力技巧. 对得到微分方程有两个通用的技巧：向后和向前技巧. 例如假设我们想要随机变量 $X(t)$ 的密度. 向后方法取条件于 $X(h)$ 的值，即在时刻 h 反向观察过程. 向前方法则取条件于 $X(t-h)$.

作为示例，我们考虑具有漂移系数 μ 的 Brown 运动过程，且以 $p(x,t;y)$ 记在给定 $X(0) = y$ 时 $X(t)$ 的密度函数，即

$$p(x,t;y)=\lim_{\Delta x\to 0}P\{x<X(t)<x+\Delta x \mid X(0)=y\}/\Delta x.$$

向后方法是取条件于 $X(h)$. 将 $p(x,t;y)$ 当做实际上的一个概率形式地推导，我们有

$$P(x,t;y)=E[P\{X(t)=x \mid X(0)=y,X(h)\}].$$

现在

$$P\{X(t)=x \mid X(0)=y,X(h)=x_h\}=P\{X(t-h)=x \mid X(0)=x_h\},$$

故而

$$P(x,t;y)=E[p(x,t-h;X(h))],$$

其中的期望是对均值为 $\mu h+y$ 和方差为 h 的正态随机变量 $X(h)$ 取的. 假定可将上式右方展开为 $(x,t;y)$ 的 Taylor 级数，我们得 [383]

$$\begin{aligned}p(x,t;y)&=E\Big[p(x,t;y)-h\frac{\partial}{\partial t}p(x,t;y)+(X(h)-y)\frac{\partial}{\partial y}p(x,t;y)\\&\quad+\frac{h^2}{2}\frac{\partial^2}{\partial t^2}p(x,t;y)+\frac{(X(h)-y)^2}{2}\frac{\partial^2}{\partial y^2}p(x,t;y)+\cdots\Big]\\&=p(x,t;y)-h\frac{\partial}{\partial t}p(x,t;y)+\mu h\frac{\partial}{\partial y}p(x,t;y)+\frac{h}{2}\frac{\partial^2}{\partial y^2}p(x,t;y)+o(h).\end{aligned}$$

除以 h 后，令 h 趋于 0，给出

$$\frac{1}{2}\frac{\partial^2}{\partial y^2}p(x,t;y)+\mu\frac{\partial}{\partial y}p(x,t;y)=\frac{\partial}{\partial t}p(x,t;y). \tag{8.5.1}$$

方程 (8.5.1) 称为向后扩散方程.

向前方程得自取条件于 $X(t-h)$. 现在

$$P\{X(t)=x \mid X(0)=y,X(t-h)=a\}=P\{X(h)=x \mid X(0)=a\}=P\{W=x-a\},$$

其中 W 是一个均值为 μh 和方差为 h 的正态随机变量. 令它的密度是 f_W，于是我们有

$$\begin{aligned}p(x,t;y)&=\int f_W(x-a)p(a,t-h;y)\mathrm{d}a\\&=\int\Big[p(x,t;y)+(a-x)\frac{\partial}{\partial x}p(x,t;y)-h\frac{\partial}{\partial t}p(x,t;y)\\&\quad+\frac{(a-x)^2}{2}\frac{\partial^2}{\partial x^2}p(x,t;y)+\cdots\Big]f_W(x-a)\mathrm{d}a\\&=p(x,t;y)-\mu h\frac{\partial}{\partial x}p(x,t;y)-h\frac{\partial}{\partial t}p(x,t;y)+\frac{h}{2}\frac{\partial^2}{\partial x^2}p(x,t;y)+o(h).\end{aligned}$$

[384]

除以 h 后，令 h 趋于 0，导致

$$\frac{1}{2}\frac{\partial^2}{\partial x^2}p(x,t;y)=\mu\frac{\partial}{\partial x}p(x,t;y)+\frac{\partial}{\partial t}p(x,t;y).$$

方程 (8.5.2) 称为向前扩散方程.

8.6 应用 Kolmogorov 方程得到极限分布

最初用来得到 Poisson 过程之 $N(t)$ 的分布的向前微分方程方法，在众多的模型中对得到极限分布十分有用. 这种方法导出一个微分方程，其做法是：用系统在时刻 t 的状态的概率分布，计算在时刻 $t+h$ 的状态分布，而后令 $t\to\infty$. 我们现在阐述它在一些模型中的

用处，其中第一个例子在前面用其他方法研究过.

8.6.1 半 Markov 过程

半 Markov 过程是这样的一个过程，当它进入状态 i 时，在做状态转移前在该状态停留一个具有分布 H_i 和均值 μ 的随机时间. 若停留在状态 i 的时间是 x，则将以概率 $P_{ij}(x)(i,j \geqslant 0)$ 转移到状态 j. 我们假定一切分布 H_i 都是连续的，且定义风险率函数 $\lambda_i(t)$ 为

$$\lambda_i(t) = h_i(t)/\overline{H}_i(t),$$

其中 h_i 是 H_i 的密度. 于是，在给定过程已在状态 i 停留 t 个单位时，它在后面的 $\mathrm{d}t$ 个时间单位中做转移的条件概率是 $\lambda_i(t)\mathrm{d}t + o(\mathrm{d}t)$.

对当前状态 i 和过程自从进入状态 i 后已停留的时间 x，只要令在任意时刻的“状态”为 (i,x)，我们就可以像 Markov 过程一样分析这个半 Markov 过程. 令

$$p_t(i,x) = \lim_{h\to 0}\frac{P\{\text{时刻 } t \text{ 的状态是 } i\text{，且自进入后的停留时间在 } x-h \text{ 和 } x \text{ 之间}\}}{h}.$$

即 $p_t(i,x)$ 是在时刻 t 处在状态 (i,x) 的概率密度.

对 $x>0$ 我们有

385

$$p_{t+h}(i,x+h) = p_t(i,x)(1-\lambda_i(x)h) + o(h), \tag{8.6.1}$$

因为若要在时刻 $t+h$ 处在状态 $(i,x+h)$ 就必须在时刻 t 已经处在状态 (i,x) 且在以后的 h 个时间单位内没有转移. 假定极限密度 $p(i,x) = \lim_{t\to\infty} p_t(i,x)$ 存在，从 (8.6.1)，由令 $t\to\infty$ 得到

$$\frac{p(i,x+h)-p(i,x)}{h} = -\lambda_i(x)p(i,x) + \frac{o(h)}{h}.$$

再令 $h\to 0$，我们有

$$\frac{\mathrm{d}}{\mathrm{d}x}p(i,x) = -\lambda_i(x)p(i,x).$$

除以 $p(i,x)$，并求积分，导致

$$\ln\left(\frac{p(i,x)}{p(i,0)}\right) = -\int_0^x \lambda_i(y)\mathrm{d}y$$

或

$$p(i,x) = p(i,0)\exp\left(-\int_0^x \lambda_i(y)\mathrm{d}y\right).$$

而由等式（参见第 1 章 1.6 节）

$$\overline{H}_i(x) = \exp\left(-\int_0^x \lambda_i(y)\mathrm{d}y\right)$$

可得

$$p(i,x) = p(i,0)\overline{H}_i(x). \tag{8.6.2}$$

此外，由于过程将立刻以概率强度 $\lambda_j(x)P_{ji}(x)$ 从状态 (j,x) 转移到状态 $(i,0)$，我们还有

$$\begin{aligned} p(i,0) &= \sum_j \int_x p(j,x)\lambda_j(x)P_{ji}(x)\mathrm{d}x \\ &= \sum_j p(j,0)\int_x \overline{H}_j(x)\lambda_j(x)P_{ji}(x)\mathrm{d}x \qquad \text{（由式 (8.6.2)）} \end{aligned}$$

$$= \sum_j p(j,0)\int_x h_j(x)P_{ji}(x)\mathrm{d}x.$$

386

现在 $\int_x h_j(x)P_{ji}(x)\mathrm{d}x$ 正是在过程进入状态 j 时下一个进入状态的是 i 的概率. 因此，将此概率记为 P_{ji}，我们有

$$P(i,0) = \sum_j p(j,0)P_{ji}.$$

若我们现在假设具有转移概率 P_{ji} 的相继状态的 Markov 链是遍历的，且具有极限概率 π_i，$i \geqslant 0$，则因为 $p(i,0)(i \geqslant 0)$ 满足平稳方程，由此推出对某个 c

$$p(i,0) = c\pi_i, \qquad 对一切 i. \tag{8.6.3}$$

由式 (8.6.2)，并对 x 求积分，我们得

$$\begin{aligned} P\{ 状态为 i\} &= \int p(i,x)\mathrm{d}x \qquad (8.6.4) \\ &= p(i,0)\mu_i \qquad (由式 (8.6.2)) \\ &= c\pi_i\mu_i \qquad (由式 (8.6.3)). \end{aligned}$$

由于 $\sum_i P\{ 状态为 i\} = 1$，我们可见

$$c = \frac{1}{\sum_i \pi_i\mu_i},$$

故而，由式 (8.6.2) 和式 (8.6.3) 得

$$p(i,x) = \frac{\pi_i\mu_i}{\sum_i \pi_i\mu_i}\frac{\overline{H}_i(x)}{\mu_i}. \tag{8.6.5}$$

由式 (8.6.4)，我们注意

$$P\{ 状态为 i\} = \frac{\pi_i\mu_i}{\sum_i \pi_i\mu_i}, \tag{8.6.6}$$

且由式 (8.6.5)

$$P\{在此状态的时间 \leqslant y \mid 状态为 i\} = \int_0^y \frac{\overline{H}_i(y)}{\mu_i}\mathrm{d}y.$$

于是处在状态 i 的极限概率正如式 (8.6.6) 所给出的，且与第 4 章的结果一致；并且，在给定状态为 i 时，已在此状态的时间具有 H_i 的平衡分布.

387

8.6.2 M/G/1 队列

考虑 M/G/1 队列，其中顾客按 Poisson 速率 λ 到达，且只有一条服务线，其服务分布为 G,而假设 G 是连续的，具有风险率函数 $\lambda(x)$. 对于这种模型，只要令任意时刻的状态为 (n,x)，就可用 Markov 过程来分析，其中 n 记此刻在系统中的人数，而 x 是正在接受服务的人已服务的时间总量.

以 $p_t(n,x)$ 记在时刻 t 的状态的密度，在 $n \geqslant 1$ 时，我们有

$$P_{t+h}(n,x+h) = p_t(n,x)(1-\lambda(x)h)(1-\lambda h) + p_t(n-1,x)\lambda h + o(h). \tag{8.6.7}$$

上述得自，因为：如果 (a) 在时刻 t 的状态是 (n,x)，且在以后的 h 个时间单位内没有顾客

到达，也没有顾客完成服务，或者（b），在时刻 t 的状态是 $(n-1,x)$，且在以后的 h 个时间单位内只有1位顾客到达，但是没有顾客离开，则在时刻 $t+h$ 的状态将是 $(n,\ x+h)$.

假定极限密度 $p(n,x)=\lim_{t\to\infty}p_t(n,x)$ 存在，我们由式（8.6.7）得到

$$\frac{p(n,x+h)-p(n,x)}{h}=-(\lambda+\lambda(x))p(n,x)+\lambda p(n-1,x)+\frac{o(h)}{h},$$

令 $h\to 0$

$$\frac{\mathrm{d}}{\mathrm{d}x}p(n,x)=-(\lambda+\lambda(x))p(n,x)+\lambda p(n-1,x),\quad n\geqslant 1. \tag{8.6.8}$$

现在让我们定义母函数为

$$G(s,x)=\sum_{n=1}^{\infty}s^n p(n,x).$$

求导数得

$$\begin{aligned}\frac{\partial}{\partial x}G(s,x)&=\sum_{n=1}^{\infty}s^n\frac{\mathrm{d}}{\mathrm{d}x}p(n,x)\\&=\sum_{n=1}^{\infty}s^n[(-\lambda-\lambda(x))p(n,x)+\lambda p(n-1,x)]\qquad(\text{由式}(8.6.8))\\&=(\lambda s-\lambda-\lambda(x))G(s,x).\end{aligned}$$

两边除以 $G(s,x)$，再求积分，导致

388

$$\ln\left(\frac{G(s,x)}{G(s,0)}\right)=(\lambda s-\lambda)x-\int_0^x\lambda(y)\mathrm{d}y$$

或

$$G(s,x)=G(s,0)\mathrm{e}^{-\lambda(1-s)x}\overline{G}(x), \tag{8.6.9}$$

在上式中用了等式

$$\overline{G}(x)=\exp\left\{-\int_0^x\lambda(y)\mathrm{d}y\right\}.$$

为了得到 $G(s,0)$，注意对 $p(n,0)(n>0)$ 的方程是

$$p(n,0)=\begin{cases}\int p(n+1,x)\lambda(x)\mathrm{d}x & n>1\\ \int p(n+1,x)\lambda(x)\mathrm{d}x+p(0)\lambda & n=1\end{cases}$$

其中

$$P(0)=P\{\text{系统为空}\}.$$

于是

$$\sum_{n=1}^{\infty}s^{n+1}p(n,0)=\int\sum_{n=1}^{\infty}s^{n+1}p(n+1,x)\lambda(x)\mathrm{d}x+s^2\lambda P(0)$$

或

$$\begin{aligned}sG(s,0)&=\int(G(s,x)-sp(1,x))\lambda(x)\mathrm{d}x+s^2\lambda P(0)\\&=G(s,0)\int\mathrm{e}^{-\lambda(1-s)x}g(x)\mathrm{d}x-s\int p(1,x)\lambda(x)\mathrm{d}x+s^2\lambda P(0),\end{aligned} \tag{8.6.10}$$

其中最后的等式是方程（8.6.9）的结果. 为了计算式（8.6.10）右边的第二项，我们推导 $P(0)$ 的一个方程如下：

$$P\{\text{系统在 } t+h \text{ 空}\} = P\{\text{系统在 } t \text{ 空}\}(1-\lambda h) + \int \lambda(x) h p_t(1,x)\mathrm{d}x + o(h).$$

令 $t \to \infty$，然后再令 $h \to 0$，导致

$$\lambda P(0) = \int \lambda(x) p(1,x)\mathrm{d}x. \tag{8.6.11}$$

将它代回式（8.6.10），我们得

$$sG(s,0) = G(s,0)\tilde{G}(\lambda(1-s)) - s\lambda(1-s)P(0)$$

389

或

$$G(s,0) = \frac{s\lambda(1-s)P(0)}{\tilde{G}(\lambda(1-s)) - s} \tag{8.6.12}$$

其中 $\tilde{G}(s) = \int \mathrm{e}^{-sx}\mathrm{d}G(x)$ 是服务分布的 Laplace 变换.

为了得到在系统中的人数的边缘概率母函数，对式（8.6.9）求积分如下：

$$\sum_{n=1}^{\infty} s^n P\{\text{系统中有 } n \text{ 人}\} = \int_0^{\infty} G(s,x)\mathrm{d}x = G(s,0)\int_0^{\infty} \mathrm{e}^{-\lambda(1-s)x}\overline{G}(x)\mathrm{d}x$$

$$= G(s,0)\int_0^{\infty} \mathrm{e}^{-\lambda(1-s)x}\int_x^{\infty}\mathrm{d}G(y)\mathrm{d}x = G(s,0)\int_0^{\infty}\int_0^{y}\mathrm{e}^{-\lambda(1-s)x}\mathrm{d}x\mathrm{d}G(y)$$

$$= \frac{G(s,0)}{\lambda(1-s)}\int_0^{\infty}(1-\mathrm{e}^{-\lambda(1-s)y})\mathrm{d}G(y) = \frac{G(s,0)(1-\tilde{G}(\lambda(1-s)))}{\lambda(1-s)}.$$

因此，由式（8.6.12）

$$\sum_{n=1}^{\infty} s^n P\{\text{系统中有 } n \text{ 人}\} = P(0) + \frac{sP(0)(1-\tilde{G}(\lambda(1-s)))}{\tilde{G}(\lambda(1-s)) - s}$$

$$= \frac{P(0)(1-s)\tilde{G}(\lambda(1-s))}{\tilde{G}(\lambda(1-s)) - s}.$$

为了得到 $P(0)$ 的值，在上式中令 s 趋于 1. 这导致

$$1 = \sum_{n=1}^{\infty} P\{\text{系统中有 } n \text{ 人}\} = P(0)\lim_{s\to 1}\frac{(1-s)\tilde{G}(\lambda(1-s))}{\tilde{G}(\lambda(1-s)) - s}$$

$$= P(0)\frac{\lim_{s\to 1}\frac{\mathrm{d}}{\mathrm{d}s}(1-s)}{\lim_{s\to 1}\frac{\mathrm{d}}{\mathrm{d}s}[\tilde{G}(\lambda(1-s)) - s]} \quad (\text{由 L'Hopital 法则，因为 } \tilde{G}(0)=1)$$

$$= \frac{P(0)}{1-\lambda E[S]}$$

390

或

$$P_0 = 1 - \lambda E[S],$$

其中 $E[S]=\int x\mathrm{d}G(x)$ 是平均服务时间.

注　(1) 我们也可试图从 $n=1$ 开始，而后用式 (8.6.8) 递推地得到函数 $p(n,x)$. 例如，当 $n=1$ 时，式 (8.6.8) 右边的第二项消失了，故而结果是

$$\frac{\mathrm{d}}{\mathrm{d}x}p(1,x)=-(\lambda+\lambda(x))p(1,x).$$

求解此方程导致

$$p(1,x)=p(1,0)\mathrm{e}^{-\lambda x}\overline{G}(x). \tag{8.6.13}$$

于是

$$\int\lambda(x)p(1,x)\mathrm{d}x=p(1,0)\int\mathrm{e}^{-\lambda x}g(x)\mathrm{d}x,$$

而用式 (8.6.11)，我们得

$$\lambda P(0)=p(1,0)\widetilde{G}(\lambda).$$

由于 $P(0)=1-\lambda E[S]$，我们可见

$$p(1,0)=\frac{\lambda(1-\lambda E[S])}{\widetilde{G}(\lambda)}.$$

最后，用式 (8.6.13)，我们有

$$p(1,x)=\frac{\lambda\mathrm{e}^{-\lambda x}(1-\lambda E[S])\overline{G}(x)}{\widetilde{G}(\lambda)}. \tag{8.6.14}$$

现在这个公式可代入式 (8.6.8)，而至少在理论上可求解 $p(2,x)$ 的微分方程. 然后我们可试图用 $p(2,x)$ 去求解 $p(3,x)$，以此类推.

[391]

(2) 由式 (8.6.14) 推出，在给定只有一个顾客在系统中时，正接受服务的顾客已接受服务的时间的条件密度 $p(y\mid 1)$ 为

$$p(y\mid 1)=\frac{\mathrm{e}^{-\lambda y}\overline{G}(y)}{\int\mathrm{e}^{-\lambda y}\overline{G}(y)\mathrm{d}y}.$$

在 $G(y)=1-\mathrm{e}^{-\mu y}$ 的特殊情形我们有

$$p(y\mid 1)=(\lambda+\mu)\mathrm{e}^{-(\lambda+\mu)y}.$$

因此，条件分布是参数为 $\lambda+\mu$ 的指数分布，而不是平衡分布（当然平衡分布是参数为 μ 的指数分布).

(3) 当然，上面的分析对极限分布的存在需要 $\lambda E[S]<1$. □

一般地，若我们感兴趣于计算 Markov 过程 $\{X(t)\}$ 的极限概率分布，则合适的方法是使用向前方程. 另一方面，若我们感兴趣于首次通过时间的分布，则通常向后方程是最有价值的. 也就是说，在这样的问题中我们取条件于在最初的 h 个时间单位发生的事件.

8.6.3　保险理论中的一个破产问题

假定直至时刻 t 为止保险公司接到的理赔数 $N(t)$ 是速率为 λ 的 Poisson 过程. 再假设

相继理赔要求的金额的数量是独立的，具有相同的分布 G. 若我们假定保险公司以常数速率 1 收取保险金，则在时刻 t 的现金平衡可表示为

$$\text{时刻 } t \text{ 的现金平衡} = x + t - \sum_{i=1}^{N(t)} Y_i,$$

其中 x 是公司的初始资金，而 $Y_i, i \geqslant 1$ 是相继的理赔. 我们关心的是，公司总保持偿付能力的概率（它作为初始资金 x 的函数）. 即我们希望确定

$$R(x) = P\{x + t - \sum_{i=1}^{N(t)} Y_i > 0, \text{对一切 } t\}.$$

为了得到 $R(x)$ 的一个微分方程，我们将使用向后方法，并取条件于在最初的 h 个时间单位内发生的事件. 若没有理赔发生，则公司的财产是 $x+h$；而当只有一个理赔发生时，它是 $x+h-Y$. 因此 392

$$R(x) = R(x+h)(1-\lambda h) + E[R(x+h-Y)]\lambda h + o(h),$$

故而

$$\frac{R(x+h)-R(x)}{h} = \lambda R(x+h) - \lambda E[R(x+h-Y)] + \frac{o(h)}{h}.$$

令 $h \to 0$ 导致

$$R'(x) = \lambda R(x) - \lambda E[R(x-Y)]$$

或

$$R'(x) = \lambda R(x) - \lambda \int_0^x R(x-y)\mathrm{d}G(y).$$

有时可由此微分方程求解得到 R.

8.7 Markov 散粒噪声过程

假设震动按速率为 λ 的 Poisson 过程发生. 与第 i 次震动相系一个随机变量 $X_i(i \geqslant 1)$，它表示震动的“值”. 假定这些值是可加的，而我们还假设它们以一个决定性的指数速率对时间递减. 即我们用记号

$N(t)$，直至时刻 t 的震动数，
X_i，第 i 次震动的值，
S_i，第 i 次震动的时间，

则直至时刻 t 的总震动值 $X(t)$ 为

$$X(t) = \sum_{i=1}^{N(t)} X_i \mathrm{e}^{-\alpha(t-S_i)},$$

其中 α 是一个常数，它决定递减的指数速率.

在假定 $X_i(i \geqslant 1)$ 是独立同分布的，且 $\{X_i, i \geqslant 1\}$ 与 Poisson 过程 $\{N(t), t \geqslant 0\}$ 独立时，我们将 $\{X(t), t \geqslant 0\}$ 称为一个*散粒噪声过程*.

散粒噪声过程具有 Markov 性，即在给定当前的状态时，将来的状态条件地独立于过去.

先由取条件于 $N(t)$，再用第 2 章的定理 2.3.1（它说明在给定 $N(t)=n$ 时到达时刻 393

的无顺序集合是独立的 $(0,t)$ 均匀随机变量），我们可计算 $X(t)$ 的矩母函数. 这给出

$$E[\exp\{sX(t)\} \mid N(t)=n]=E\left[\exp\left\{s\sum_{i=0}^{n}X_i e^{-\alpha(t-U_i)}\right\}\right],$$

其中 $U_1,\cdots,U_n$ 是独立的 $(0,t)$ 均匀随机变量. 继续地使用此等式，且用独立性，给出

$$\begin{aligned}E[\exp\{sX(t)\} \mid N(t)=n]&=(E[\exp\{sX_i e^{-\alpha(t-U_i)}\}])^n\\&=\left[\int_0^t \phi(se^{-\alpha y})dy/t\right]^n \equiv \beta^n,\end{aligned}$$

其中 $\phi(u)=E[e^{uX}]$ 是 X 的矩母函数. 因此

$$E[\exp\{sX(t)\}]=\sum_{n=0}^{\infty}\beta^n e^{-\lambda t}\frac{(\lambda t)^n}{n!}=e^{-\lambda t}e^{\lambda t\beta}=\exp\left\{\lambda\int_0^t[\phi(se^{-\alpha y})-1]dy\right\}. \tag{8.7.1}$$

X 的矩可得自对上式求微商，作为练习，请读者自己验证

$$E[X(t)]=\lambda E[X](1-e^{-\alpha t})/\alpha,\quad \mathrm{Var}[X(t)]=\lambda E[X^2](1-e^{-2\alpha t})/2\alpha. \tag{8.7.2}$$

为了得到 $\mathrm{Cov}(X(t),X(t+s))$，我们用表示

$$X(t+s)=e^{-\alpha s}X(t)+\overline{X}(s),$$

其中 $\overline{X}(s)$ 具有与 $X(s)$ 相同的分布，且独立于 $X(t)$. 即 $\overline{X}(s)$ 是发生在 $(t,t+s)$ 中的事件在时刻 $t+s$ 的贡献. 因此

$$\mathrm{Cov}(X(t),X(t+s))=e^{-\alpha s}\mathrm{Var}(X(t))=e^{-\alpha s}\lambda E[X^2](1-e^{-2\alpha t})/2\alpha.$$

$X(t)$ 的极限分布可得自在式 (8.7.1) 中令 $t\to\infty$. 它给出

[394]

$$\lim_{t\to\infty}E[\exp\{sX(t)\}]=\exp\left\{\lambda\int_0^{\infty}[\phi(se^{-\alpha y})-1]dy\right\}.$$

现在让我们考虑 X_i 是速率为 θ 的指数随机变量的特殊情形. 因此

$$\phi(u)=\frac{\theta}{\theta-u},$$

故而，在此情形有

$$\begin{aligned}\lim_{t\to\infty}E[\exp\{sX(t)\}]&=\exp\left\{\lambda\int_0^{\infty}\left(\frac{\theta}{\theta-se^{-\alpha y}}-1\right)dy\right\}\\&=\exp\left\{\frac{\lambda}{\alpha}\int_0^s\frac{dx}{\theta-x}\right\}=\left(\frac{\theta}{\theta-s}\right)^{\lambda/\alpha}.\end{aligned}$$

但是 $(\theta/(\theta-s))^{\lambda/\alpha}$ 是参数为 λ/α 和 θ 的 gamma 随机变量的矩母函数. 因此，当 X_i 是速率为 θ 的指数随机变量时，$X(t)$ 的极限密度是

$$f(y)=\frac{\theta e^{-\theta y}(\theta y)^{\lambda/\alpha-1}}{\Gamma(\lambda/\alpha)},\quad 0<y<\infty. \tag{8.7.3}$$

在本节余下的部分，我们假设 X_i 就是速率为 θ 的指数随机变量，而过程处在稳态. 为了以后的需要，我们可以，或想象 $X(0)$ 按式 (8.7.3) 的分布选取，或（甚至更好）过程源自 $t=-\infty$.

假设 $X(t)=y$. 一个有趣的计算是确定自最后一次增长以来的时间的分布，即自 t 前最后一个 Poisson 事件以来的时间的分布. 记此随机变量为 $A(t)$，我们有

$$P\{A(t)>s \mid X(t)=y\}=\lim_{h\to\infty}P\{A(t)>s \mid y<X(t)<y+h\}$$

$$=\lim_{h\to\infty}\frac{P\{y\mathrm{e}^{\alpha s}<X(t-s)<(y+h)\mathrm{e}^{\alpha s},(t-s,t)\text{ 中没有事件}\}}{P\{y<X(t)<y+h\}} \tag{8.7.4}$$

$$=\lim_{h\to\infty}\frac{f(y\mathrm{e}^{\alpha s})\mathrm{e}^{\alpha s}h\,\mathrm{e}^{-\lambda s}+o(h)}{f(y)h+o(h)}=\exp\{-\theta y(\mathrm{e}^{\alpha s}-1)\}.$$

应该注意我们已用了过程在稳态的假定以断言 $X(t)$ 和 $X(t-s)$ 的分布都由式（8.7.3）给出. 由式（8.7.4）我们可见，在给定 $X(t)=y$ 时 $A(t)$ 的条件风险率函数，记之为 $\lambda(s\mid y)$，为 [395]

$$\lambda(s\mid y)=\frac{\frac{\mathrm{d}}{\mathrm{d}s}P\{A(t)\leqslant s\mid X(t)=y\}}{P\{A(t)>s\mid X(t)=y\}}=\theta\alpha y\mathrm{e}^{\alpha s}$$

由此我们可见，在给定 $X(t)=y$ 时，在时刻 t 开始到最后的事件的倒向时间的风险率具有速率 $\theta\alpha y$（即 $\lambda(0\mid y)=\theta\alpha y$），且在我们以倒向时间进行直至一个事件发生为止的风险率是指数地增加的. 应注意，这与从时刻 t 直至下一个事件的时间的情形有显著不同（后者当然独立于 $X(t)$，且有均值为 λ 的指数分布).

8.8 平稳过程

若对一切 $n,s,t_1,\cdots,t_n$，随机向量（$X(t_1),\cdots,X(t_n)$）和（$X(t_1+s),\cdots,X(t_n+s)$）有相同的联合分布，则称随机过程 $\{X(t),t\geqslant 0\}$ 为**平稳过程**. 换句话说，若选取任意固定点为原点，产生的过程具有相同的概率分布，则过程是平稳的. 一些平稳过程的例子是：

（i）遍历的连续时间的 Markov 链 $\{X(t),t\geqslant 0\}$，在

$$P\{X(0)=j\}=P_j,\quad j\geqslant 0$$

时（其中 $\{P_j,j\geqslant 0\}$）是平稳分布.

（ii）$\{X(t),t\geqslant 0\}$，在 $X(t)$ 是一个平衡更新过程在时刻 t 的年龄时.

（iii）$\{X(t),t\geqslant 0\}$，在 $X(t)=N(t+L)-N(t)(t\geqslant 0)$，其中 $L>0$ 是一个固定常数，而 $\{N(t),t\geqslant 0\}$ 是一个速率为 λ 的 Poisson 过程.

上述过程的前两个是平稳过程来自相同的原因：它们都是初值按状态的极限概率分布选取的 Markov 过程（于是可将它们想象为已运转了无穷时间的遍历的 Markov 过程）. 第三个例子，$X(t)$ 表示 Poisson 过程发生在 t 和 $t+L$ 之间的事件数，它是平稳过程得自 Poissn 过程的平稳增量和独立增量的假定.

过程为平稳的要求相当严格，故而若 $\{X(t),t\geqslant 0\}$ 有 $E[X(t)]=c$ 且 $\mathrm{Cov}(X(t),X(t+s))$ 不依赖于 t，则我们定义过程 $\{X(t),t\geqslant 0\}$ 为**二阶平稳过程**，或**协方差平稳过程**. 即若对一切 t，$X(t)$ 的前两个矩相同，且 $X(s)$ 和 $X(t)$ 间的协方差只依赖 $|t-s|$. 则称过程是二阶平稳的（有时在文献中可见的另一个名称是**弱平稳的**）. 对二阶平稳过程，令 [396]

$$R(s)=\mathrm{Cov}(x(t),X(s+t)).$$

因为 Gauss 过程的有限维分布（是多元正态分布）由它们的均值和协方差确定，由此推出二阶平稳的 Gauss 过程是平稳过程. 然而有很多二阶平稳过程并不是平稳过程.

例 8.8 (A) 一个自回归过程 令 $Z_0, Z_1, Z_2, \cdots$ 为不相关的随机变量，具有 $E[Z_n] = 0 (n \geqslant 0)$ 和

$$\mathrm{Var}(Z_n) = \begin{cases} \sigma^2/(1-\lambda^2) & n=0 \\ \sigma^2 & n \geqslant 1 \end{cases}$$

其中 $\lambda^2 < 1$. 定义

$$X_0 = Z_0, \tag{8.8.1}$$

$$X_n = \lambda X_{n-1} + Z_n, \quad n \geqslant 1. \tag{8.8.2}$$

过程 $\{X_n, n \geqslant 0\}$ 称为一阶自回归过程. 它说明过程在时刻 n 的状态（X_n）是时刻 $n-1$ 的状态的一个常数倍加上一个随机误差项（Z_n）.

将式 (8.8.2) 迭代，导致

$$\begin{aligned} X_n &= \lambda(\lambda X_{n-2} + Z_{n-1}) + Z_n \\ &= \lambda^2 X_{n-2} + \lambda Z_{n-1} + Z_n \\ &\ \ \vdots \\ &= \sum_{i=0}^{n} \lambda^{n-i} Z_i, \end{aligned}$$

故而

$$\begin{aligned} \mathrm{Cov}(X_n, X_{n+m}) &= \mathrm{Cov}\Big(\sum_{i=0}^{n} \lambda^{n-i} Z_i, \sum_{i=0}^{n+m} \lambda^{n+m-i} Z_i\Big) \\ &= \sum_{i=0}^{n} \lambda^{n-i} \lambda^{n+m-i} \mathrm{Cov}(Z_i, Z_i) \\ &= \sigma^2 \lambda^{2n+m} \Big(\frac{1}{1-\lambda^2} + \sum_{i=1}^{n} \lambda^{-2i}\Big) = \frac{\sigma^2 \lambda^m}{1-\lambda^2}, \end{aligned}$$

397 其中最后用了当 $i \neq j$ 时 Z_i 与 Z_j 不相关的事实. 因为 $E[X_n] = 0$，我们可见 $\{X_n, n \geqslant 0\}$ 是弱平稳的（在离散时间的定义显然类似于在连续时间情形给出的定义）. ■

例 8.8 (B) 一个滑动平均过程 令 $W_0, W_1, W_2, \cdots$ 为不相关的随机变量，具有 $E[W_n] = \mu (n \geqslant 0)$ 和 $\mathrm{Var}(W_n) = \sigma^2 (n \geqslant 0)$，且对正整数 k 定义

$$X_n = \frac{W_n + W_{n-1} + \cdots + W_{n-k}}{k+1}, \quad n \geqslant k.$$

过程 $\{X_n, n \geqslant k\}$，在每个时刻保持追踪最近 $k+1$ 个 W 们的算术平均值，称为滑动平均过程. 根据 $\{W_n, n \geqslant 0\}$ 不相关的事实，可得

$$\mathrm{Cov}(X_n, X_{n+m}) = \begin{cases} \dfrac{(k+1-m)\sigma^2}{(k+1)^2} & \text{若 } 0 \leqslant m \leqslant k \\ 0 & \text{若 } m > k \end{cases}$$

因此 $\{X_n, n \geqslant k\}$ 是二阶平稳过程. ■

令 $\{X_n, n \geqslant 1\}$ 是 $E[X_n] = \mu$ 的二阶平稳过程. 一个重要的问题是，在什么时候有（如果有）$\overline{X}_n \equiv \sum_{i=1}^{n} X_i / n$ 收敛到 μ. 下述命题说明 $E[(\overline{X}_n - \mu)^2] \to 0$ 当且仅当，

$\sum_{i=1}^{n} R(i)/n \to 0$．即，$\overline{X_n}$ 与 μ 之间的差的平方期望趋于 0，又当且仅当，$R(i)$ 的极限平均值是 0.

命题 8.8.1 令 $\{X_n, n \geqslant 1\}$ 是具有均值 μ 和协方差函数 $R(i) = \mathrm{Cov}(X_n, X_{n+i})$ 的二阶平稳过程，再令 $\overline{X}_n \equiv \sum_{i=1}^{n} X_i/n$．那么

$$\lim_{n\to\infty} E[(\overline{X}_n - \mu)^2] = 0$$

当且仅当

$$\lim_{n\to\infty} \sum_{t=1}^{n} \frac{R(i)}{n} = 0.$$

证明 令 $Y_i = X_i - \mu$ 和 $\overline{Y}_n = \sum_{i=1}^{n} Y_i/n$，且假设 $\sum_{i=1}^{n} R(i)/n \to 0$．我们要证明这蕴含 $E[\overline{Y}_n{}^2] \to 0$．现在

398

$$E[\overline{Y}_n^2] = \frac{1}{n^2} E\Big[\sum_{i=1}^{n} Y_i^2 + 2 \sum_{i<j\leqslant n}\sum Y_i Y_j\Big] = \frac{R(0)}{n} + \frac{2\sum_{i<j\leqslant n}\sum R(j-i)}{n^2}.$$

我们将当 $\sum_{i=1}^{n} R(i)/n \to 0$ 时上式右方趋于 0 留给读者去验证.

对另一个方向的证明：假设 $E[\overline{Y}_n{}^2] \to 0$，则

$$\Big(\sum_{i=0}^{n-1} \frac{R(i)}{n}\Big)^2 = \Big[\frac{1}{n}\sum_{i=1}^{n} \mathrm{Cov}(Y_1, Y_i)\Big]^2 = [\mathrm{Cov}(Y_1, \overline{Y}_n)]^2 = [E(Y_1\overline{Y}_n)]^2 \leqslant E[Y_1^2]E[\overline{Y}_n^2],$$

它说明了当 $n \to \infty$ 时 $\sum_{i=0}^{n-1} R(i)/n \to 0$．读者应注意上面使用了 Cauchy-Schwarz 不等式，它说明对随机变量 X 和 Y 有 $(E[XY])^2 \leqslant E[X^2]E[Y^2]$（参见习题 8.28). ◀

习 题

在习题 8.1～8.3 中，以 $\{X(t), t \geqslant 0\}$ 记 Brown 运动过程.

8.1 令 $Y(t) = tX(1/t)$．

(a) $Y(t)$ 的分布是什么？

(b) 计算 $\mathrm{Cov}(Y(s), Y(t))$．

(c) 论证 $\{Y(t), t \geqslant 0\}$ 也是 Brown 运动.

(d) 令

$$T = \inf\{t > 0:\ X(t) = 0\}.$$

利用 (c) 证明

$$P\{T = 0\} = 1.$$

8.2 对 $a > 0$，令 $W(t) = X(a^2 t)/a$．验证 $W(t)$ 也是 Brown 运动.

8.3 给定 $X(t_1) = A, X(t_2) = B$，其中 $t_1 < s < t_2$ 计算 $X(s)$ 的条件分布.

8.4 以 $\{Z(t), t \geqslant 0\}$ 记 Brown 桥过程．证明若

$$X(t) = (t+1)Z(t/(t+1)),$$

则 $\{X(t), t \geqslant 0\}$ 是 Brown 运动过程.

399

8.5 随机过程 $\{X(t), t \geqslant 0\}$，若对一切 $n, a, t_1, \cdots, t_n$，随机向量 $X(t_1), \cdots, X(t_n)$ 和 $X(t_1 + a), \cdots, X(t_n + a)$

有相同的联合分布，则称为平稳过程.

(a) 证明 Gauss 过程是平稳的必要且充分条件是 $\mathrm{Cov}(X(s),X(t))$ 只依赖 $t-s\,(s\leqslant t)$，且 $E[X(t)]=c$.

(b) 令 $\{X(t),t\geqslant 0\}$ 是 Brown 运动，且定义

$$V(t)=\mathrm{e}^{-\alpha t/2}X(\alpha\mathrm{e}^{\alpha t}).$$

证明 $\{V(t),t\geqslant 0\}$ 是平稳的 Gauss 过程. 它称为 Ornstein-Uhlenbeck 过程.

8.6 以 $\{X(t),t\geqslant 0\}$ 记一个允许取负的生灭过程，它具有常数的生长率和死亡率 $\lambda_n\equiv\lambda,\mu_n\equiv\mu(n=0,\pm1,\pm2,\cdots)$. 将 μ 和 c 定义为 λ 的函数，使在 $\lambda\to\infty$ 时 $\{cX(t),t\geqslant u\}$ 趋向 Brown 运动.

在习题 8.7～8.12 中，以 $\{X(t),t\geqslant 0\}$ 记 Brown 运动.

8.7 求下列情形的分布：

(a) $|X(t)|$. (b) $\left|\min\limits_{0\leqslant s\leqslant t}X(s)\right|$. (c) $\max\limits_{0\leqslant s\leqslant t}X(s)-X(t)$.

8.8 假设 $X(1)=B$. 以命题 8.1.1 的方式描述在给定 $X(1)=B$ 时的 $\{X(t),0\leqslant t\leqslant 1\}$.

8.9 令 $M(t)=\max\limits_{0\leqslant s\leqslant t}X(s)$，证明

$$P\{M(t)>a\mid M(t)=X(t)\}=\mathrm{e}^{-a^2/2t},\quad a>0.$$

8.10 计算直至 Brown 运动击中 x 为止的时间 T_x 的密度函数.

8.11 以 T_1 记 $X(t)$ 小于 t 的最大零点，而以 T_2 记 $X(t)$ 大于 t 的最小零点. 证明

(a) $P\{T_2<s\}=(2/\pi)\arccos\sqrt{t/s},s>t$.

(b) $P\{T_1<s,T_2>y\}=(2/\pi)\arcsin\sqrt{s/y},s<t<y$.

400 **8.12** 验证在式 (8.3.4) 中给出的 $|X(t)|$ 的均值和方差的公式.

8.13 对具有漂移系数 μ 的 Brown 运动. 证明对 $x>0$ 有

$$P\left\{\max_{0\leqslant s\leqslant h}|X(s)|>x\right\}=o(h).$$

8.14 以 T_x 记直至 Brown 运动击中 x 为止的时间. 计算

$$P\{T_1<T_{-1}<T_2\}.$$

8.15 对具有漂移系数 μ 的 Brown 运动. 令

$$f(x)=E[\text{击中 } A \text{ 或 } -B \text{ 的时刻}\mid X_0=x],$$

其中 $A>0,B>0,-B<x<A$.

(a) 导出 $f(x)$ 的微分方程.

(b) 求解该方程.

(c) 用极限随机徘徊推理（参见第 4 章的习题 4.22）验证在 (b) 中的解.

8.16 以 T_a 记具有漂移系数 μ 的 Brown 运动过程击中 a 的时刻.

(a) 导出 $f(a,t)\equiv P\{T_a\leqslant t\}$ 满足的微分方程.

(b) 对 $\mu>0$，令 $g(x)=\mathrm{Var}(T_x)$，对 $g(x)(x>0)$ 导出一个微分方程.

(c) 在 (b) 中的 $g(x),g(y)$ 和 $g(x+y)$ 有什么关系？

(d) 求解 $g(x)$.

(e) 通过对式 (8.4.11) 求微商验证你的解.

8.17 在例 8.4 (B) 中，假设 $X_0=x$，且玩家 I 有加倍选择权. 计算在此情形 I 的期望收益.

8.18 令 $\{X(t),t\geqslant 0\}$ 是具有漂移系数 $\mu(\mu<0)$ 的 Brown 运动，它不允许变为负值.

求 $X(t)$ 的极限分布.

8.19 考虑具有反射壁 $-B$ 和 A 的 Brown 运动，$A>0,B>0$. 以 $p_t(x)$ 记 $X(t)$ 的密度函数.

(a) 导出 $p_t(x)$ 满足的微分方程.

(b) 求得 $p(x) = \lim_{t \to \infty} p_t(x)$.

8.20 证明：对于具有漂移系数 μ 的 Brown 运动，以概率为 1 地，在 $t \to \infty$ 时有

$$\frac{X(t)}{t} \to \mu .$$

401

8.21 验证若 $\{B(t), t \geqslant 0\}$ 是标准 Brown 运动，则当 $Y(t) = \exp(cB(t) - c^2 t/2)$ 时，$\{Y(t), t \geqslant 0\}$ 是均值为 1 的鞅.

8.22 用鞅推理求习题 8.16 中的 $\mathrm{Var}(T_a)$，

8.23 证明

$$p(x,t;y) \equiv \frac{1}{\sqrt{2\pi t}} e^{-(x-y-\mu t)^2/2t}$$

满足向后和向前微分方程（8.5.1）和（8.5.2).

8.24 验证方程（8.7.2).

8.25 当 $\{N(t)\}$ 是 Poisson 过程时验证 $\{X(t) = N(t+L) - N(t), t \geqslant 0\}$ 是平稳的.

8.26 令 U 是 $(-\pi, \pi)$ 上的均匀随机变量，且令 $X_n = \cos(nU)$. 利用三角等式

$$\cos x \cos y = \frac{1}{2}[\cos(x+y) + \cos(x-y)],$$

验证 $\{X_n, n \geqslant 1\}$ 是二阶平稳过程.

8.27 证明

$$\sum_{i=1}^{n} \frac{R(i)}{n} \to 0 \text{ 蕴含 } \quad \sum_{i<j<n} \sum \frac{R(j-i)}{n^2} \to 0,$$

因此完成对命题 8.8.1 的证明.

8.28 证明 Cauchy-Schwarz 不等式

$$(E[XY])^2 \leqslant E[X^2]E[Y^2].$$

（提示：从不等式 $2 \mid xy \mid \leqslant x^2 + y^2$ 开始，然后用 $X/\sqrt{E[X^2]}$ 代入 x，用 $Y/\sqrt{E[Y^2]}$ 代入 y.）

8.29 对均值为 μ 且有 $\sum_{i=0}^{n-1} \frac{R(i)}{n} \to 0$ 的二阶平稳过程，证明对任意 $\varepsilon > 0$，当 $n \to \infty$ 时有

$$\sum_{i=0}^{n-1} P\{|\overline{X}_n - \mu| > \varepsilon\} \to 0 .$$

402

参考文献

对经验分布函数收敛到 Brown 桥过程的严格证明有兴趣的（且数学水平高的）读者应参阅文献 1. 文献 3 和文献 5 提供了 Brown 运动完整而透彻的处理. 在它们的众多计算中，前者强调微分方程，而后者强调鞅. 对平稳过程的更多的材料，读者应参阅文献 2 和文献 4.

1. P. Billingsley, *Convergence of Probability Measures*, Wiley, New York, 1968.
2. G. Box and G. Jenkins, *Times Series Analysis—Forecasting and Control*, Holden-Day, San Francisco, 1970
3. D. R. Cox and H. D. Miller, *Theory of Stochastic Processes*, Methuen, London, 1965.
4. H. Cramer and M. Leadbeter, *Stationary and Related Stochastic Processes*, Wiley, New York, 1966.
5. S. Karlin and H. Taylor, *A First Course in Stochastic Processes*, 2nd ed., Academic Press, New York, 1975.

403

第 9 章 随机序关系

在本章中我们引进随机变量之间的随机序关系. 在 9.1 节中，我们考虑一个随机变量随机地大于另一个随机变量的概念，还介绍了应用于具有单调风险率函数的随机变量. 在 9.2 节中我们继续研究随机大于这一概念，其中我们引进耦合方法并阐述其应用. 特别地，在 9.2.1 节中，我们用耦合建立生灭过程的一些随机单调性质，而在 9.2.2 节中，证明有限状态的遍历 Markov 链的 n 步转移概率以指数速率收敛到它们的极限概率.

在 9.3 节中我们考虑随机变量之间的失效率序，它强于随机大于序. 我们说明怎样利用这个思想对某些计数过程去做比较，事实上我们用它去证明，在到达间隔分布为连续时更新理论的 Blackwell 定理. 也将介绍具有递减失效率到达间隔分布的更新过程的一些单调性质. 在 9.4 节中我们考虑似然比序.

在 9.5 节中，我们考虑一个随机变量比另一个随机变量有更多变动性这一概念；而在 9.6 节中，我们将它用于比较：(i) 排队系统 (9.6.1 节)，(ii) 更新过程与 Poisson 过程 (9.6.2 节)，(iii) 分支过程. 在 9.7 节中，我们考虑相伴随机变量.

9.1 随机大于

若对一切 a 有

404

$$P\{X>a\}\geqslant P\{Y>a\}, \tag{9.1.1}$$

则我们说随机变量 X 随机大于随机变量 Y，记为 $X\geqslant_{\mathrm{st}}Y$.

若 X 和 Y 分别有分布 F 和 G，则 (9.1.1) 等价于对一切 a 有

$$\overline{F}(a)\geqslant\overline{G}(a).$$

引理 9.1.1 若 $X\geqslant_{\mathrm{st}}Y$，则 $E[X]\geqslant E[Y]$.

证明 首先假定 X 和 Y 都是非负的随机变量. 于是

$$E[X]=\int_0^\infty P\{X>a\}\mathrm{d}a\geqslant\int_0^\infty P\{Y>a\}\mathrm{d}a=E[Y].$$

一般地，我们可将任意随机变量 Z 写为两个非负的随机变量的差如下：

$$Z=Z^+-Z^-,$$

其中

$$Z^+=\begin{cases}Z & 若\ Z\geqslant 0\\ 0 & 若\ Z<0\end{cases}\qquad Z^-=\begin{cases}0 & 若\ Z\geqslant 0\\ -Z & 若\ Z<0\end{cases}$$

现在我们（留作练习）证明

$$X\underset{\mathrm{st}}{\geqslant}Y\Rightarrow X^+\underset{\mathrm{st}}{\geqslant}Y^+,\quad X^-\underset{\mathrm{st}}{\leqslant}Y^-.$$

因此

$$E[X]=E[X^+]-E[X^-]\geqslant E[Y^+]-E[Y^-]=E[Y].$$ ◀

下一个命题给出了随机大于的另一个定义.

命题 9.1.2 $X \geqslant_{st} Y \Leftrightarrow E[f(X)] \geqslant E[f(Y)]$ 对一切递增函数 f.

证明 首先假定 $X \geqslant_{st} Y$，且令 f 是递增函数. 我们证明 $f(X) \geqslant_{st} f(Y)$ 如下. 令 $f^{-1}(a) = \inf\{x: f(x) \geqslant a\}$，则

$$P\{f(X) > a\} = P\{X > f^{-1}(a)\} \geqslant P\{Y > f^{-1}(a)\} = P\{f(Y) > a\}.$$

因此 $f(X) \geqslant_{st} f(Y)$，故而由引理 9.1.1 得 $E[f(X)] \geqslant E[f(Y)]$. 405

现在假设对一切递增函数 f 有 $E[f(X)] \geqslant E[f(Y)]$. 对任意 a，以 f_a 记递增函数

$$f_a(x) = \begin{cases} 1 & 若\ x > a \\ 0 & 若\ x \leqslant a \end{cases}$$

于是

$$E[f_a(X)] = P\{X > a\}, \quad E[f_a(Y)] = P\{Y > a\},$$

而我们可见 $X \geqslant_{st} Y$. ◀

例 9.1 (A) 递增和递减失效率 令 X 为具有分布 F 和密度 f 的非负随机变量. 回忆 X 的失效率（或风险率）函数的定义

$$\lambda(t) = \frac{f(t)}{\overline{F}(t)}.$$

若

$$\lambda(t) \uparrow t,$$

则我们说 X 是递增失效率（IFR）随机变量，而若

$$\lambda(t) \downarrow t,$$

则我们说 X 是递减失效率（DFR）随机变量. 若我们认为 X 是某个部件的寿命，则由于 $\lambda(t)\mathrm{d}t$ 是一个用了 t 单位时间的部件在区间 $(t, t+\mathrm{d}t)$ 中失效的概率，可见 IFR（对应地，DFR）意即，部件越旧，在小时段 $\mathrm{d}t$ 中失效的可能性越大（对应地，越小）.

现在假设部件已用到时刻 t，而以 X_t 记它在 t 往后的额外寿命. X_t 具有分布 $\overline{F}_t$：

$$\overline{F}_t(a) = P\{X_t > a\} = P\{X - t > a | X > t\} = \overline{F}_t(t+a)/\overline{F}(t). \quad (9.1.2)$$ ■

命题 9.1.3

X 为 IFR $\Leftrightarrow$ X_t 对 t 随机地递减； X 为 DFR $\Leftrightarrow$ X_t 对 t 随机地递增. 406

证明 可证 X_t 的风险率函数（将它记为 λ_t）为

$$\lambda_t(a) = \lambda(t+a), \quad (9.1.3)$$

其中 λ 是 X 的风险率函数. 方程（9.1.3）可用（9.1.2）正式地证明，或可更直观地论证如下：

$$\begin{aligned}\lambda_t(a) &= \lim_{h\to 0} P\{a < X_t < a+h | X_t \geqslant a\}/h \\ &= \lim_{h\to 0} P\{a < X - t < a+h | X \geqslant t, X - t \geqslant a\}/h \\ &= \lim_{h\to 0} P\{t+a < X < t+a+h | X \geqslant t+a\}/h = \lambda(t+a).\end{aligned}$$

因为

$$\overline{F}_t(s)=\exp\left\{-\int_0^s \lambda_t(a)\mathrm{d}a\right\}=\exp\left\{-\int_t^{t+s}\lambda(y)\mathrm{d}y\right\},\tag{9.1.4}$$

由此推出若 $\lambda(y)$ 递增（对应地，递减），则 $\overline{F}_t(s)$ 对 t 递减（对应地，递增）. 类似地，若 $\overline{F}_t(s)$ 对 t 递减（对应地，递增），则（9.1.4）蕴含 $\lambda(y)$ 对 y 递增（对应地，递减）.

若更旧的部件附加寿命随机地更短（对应地，更长），那么其寿命是 IFR（对应地，DFR）. ◀

一类常见的 DFR 分布由混合指数随机变量组成，这里若对某个分布 G 有

$$F(x)=\int_0^\infty F_\alpha(x)\mathrm{d}G(\alpha),$$

则我们说分布 F 是分布 $F_\alpha, 0<\alpha<\infty$ 的混合. 混合分布出现于在我们从由不同类型构成的群体中取样的时候. 这里由 α 描述的类型的部件的值具有分布 F_α，G 是描述的特征量的分布.

现在考虑具有速率 λ_1 和 λ_2 的两个指数分布的混合，其中 $\lambda_1<\lambda_2$. 为了证明这个混合分布是 DFR，我们注意若选取的部件已用到时刻 t，则它的剩余寿命仍是这两个指数分布的混合. 这是因为若它是 1 型部件则其剩余寿命将仍是速率为 λ_1 的指数随机变量，或若它是 2 型部件则其剩余寿命将仍是速率为 λ_2 的指数随机变量. 可现在部件是 1 型的概率不再是（先验的）概率 p，而是在给定已使用到了时刻 t 的条件概率. 事实上，它是 1 型的概率是

407

$$P\{1\text{ 型}\mid\text{寿命}>t\}=\frac{P\{1\text{ 型},\text{寿命}>t\}}{P\{\text{寿命}>t\}}=\frac{P\mathrm{e}^{-\lambda_1 t}}{P\mathrm{e}^{-\lambda_1 t}+(1-p)\mathrm{e}^{-\lambda_2 t}}.$$

由于上式对 t 是递增的，由此推出 t 越大是 1 型的可能性就越大（因为 $\lambda_1<\lambda_2$，这是较好的一个）. 因此，部件越旧失效的可能性越小. 于是混合指数随机变量是 DFR 随机变量.

看来 DFR 分布类在混合运算下是封闭的（由于指数随机分布具有常数失效率函数，它既是 IFR 又是 DFR，这蕴含了上面的结果）. 它的证明需要下述著名的引理，我们将引理的证明留作一个练习.

引理 9.1.4（Cauchy-Schwarz 不等式） 对任意分布 G 和函数 $h(t),k(t),t\geqslant 0$，有

$$\left(\int h(t)k(t)\mathrm{d}G(t)\right)^2\leqslant\left(\int h^2(t)\mathrm{d}G(t)\right)\left(\int k^2(t)\mathrm{d}G(t)\right),$$

只要其中的积分都存在. ◀

我们现在可叙述下述命题

命题 9.1.5 若对一切 $0<\alpha<\infty$，F_α 是 DFR 分布，而 G 是 $(0,\infty)$ 上的分布函数，则 F 是 DFR，其中

$$F(t)=\int_0^\infty F_\alpha(t)\mathrm{d}G(\alpha).$$

证明

408

$$\lambda_F(t)=\frac{\dfrac{\mathrm{d}}{\mathrm{d}t}F(t)}{\overline{F}(t)}=\frac{\displaystyle\int_0^\infty f_\alpha(t)\mathrm{d}G(\alpha)}{\overline{F}(t)}.$$

我们论证 $\lambda_F(t)$ 对 t 递减，为此首先要假定一切导数存在，而且要说明 $(\mathrm{d}/\mathrm{d}t)\lambda_F(t) \leqslant 0$. 现在

$$\frac{\mathrm{d}}{\mathrm{d}t}[\lambda_F(t)] = \frac{\overline{F}(t)\int f'_\alpha(t)\mathrm{d}G(\alpha) + \left(\int f_\alpha(t)\mathrm{d}G(\alpha)\right)^2}{\overline{F}^2(t)}.$$

408

因为 $\overline{F}(t) = \int \overline{F}_\alpha(t)\mathrm{d}G(\alpha)$，由上面推出，为了证明 $(\mathrm{d}/\mathrm{d}t)\lambda_F(t) \leqslant 0$，我们需要说明

$$\left(\int f_\alpha(t)\mathrm{d}G(\alpha)\right)^2 \leqslant \left(\int \overline{F}_\alpha(t)\mathrm{d}G(\alpha)\right)\left(\int -f'_\alpha(t)\mathrm{d}G(\alpha)\right). \tag{9.1.5}$$

令 $h(\alpha) = (\overline{F}_\alpha(t))^{1/2}, k(\alpha) = (-f'_\alpha(t))^{1/2}$，利用 Cauchy-Schwarz 不等式，可见

$$\left(\int (-\overline{F}_\alpha(t)f'_\alpha(t))^{1/2}\mathrm{d}G(\alpha)\right)^2 \leqslant \int \overline{F}_\alpha(t)\mathrm{d}G(\alpha)\int -f'_\alpha(t)\mathrm{d}G(\alpha).$$

因此为了证明（9.1.5）只需说明

$$\left(\int f_\alpha(t)\mathrm{d}G(\alpha)\right)^2 \leqslant \left(\int (-\overline{F}_\alpha(t)f'_\alpha(t))^{1/2}\mathrm{d}G(\alpha)\right)^2. \tag{9.1.6}$$

现在，由假定 F_α 是 DFR 分布，于是

$$0 \geqslant \frac{\mathrm{d}}{\mathrm{d}t}\frac{f_\alpha(t)}{\overline{F}_\alpha(t)} = \frac{\overline{F}_\alpha(t)f'_\alpha(t) + f_\alpha^2(t)}{\overline{F}_\alpha^2(t)},$$

它蕴含了

$$-\overline{F}_\alpha(t)f'_\alpha(t) \geqslant f_\alpha^2(t),$$

它既证明了式（9.1.6）同时又证明了我们的结果.（上式也说明了 $f'_\alpha(t) \leqslant 0$，从而 $k(\alpha) \equiv (-f'_\alpha(t))^{1/2}$ 是定义好的. ◀

9.2 耦合

若 $X \geqslant_{\mathrm{st}} Y$，则分别存在与 X 和 Y 同分布的随机变量 X^* 和 Y^*，使以概率为 1 地 X^* 至少和 Y^* 一样大. 在证明它之前，我们需要下述引理.

409

引理 9.2.1 *令 F 和 G 是连续的分布函数. 若 X 具有分布 F，则随机变量 $G^{-1}(F(X))$ 具有分布 G.*

证明

$$P\{G^{-1}(F(X)) \leqslant a\} = P\{F(X) \leqslant G(a)\} = P\{X \leqslant F^{-1}(G(a))\} = F(F^{-1}(G(a)) = G(a).$$ ◀

命题 9.2.2 *若 F 和 G 是对任意 a 满足 $\overline{F}(a) \geqslant \overline{G}(a)$ 的分布，则存在分布分别为 F 和 G 的随机变量 X 和 Y，满足*

$$P\{X \geqslant Y\} = 1.$$

证明 我们在 F 和 G 是连续的分布函数时介绍一个证明. 设 X 具有分布 F，且由 $Y = G^{-1}(F(X))$ 定义 Y. 那么由引理 9.2.1，Y 具有分布 G. 但是因为由 $F \leqslant G$ 可推出 $F^{-1} \geqslant G^{-1}$，故而

$$Y = G^{-1}(F(X)) \leqslant F^{-1}(F(X)) = X,$$

这就证明了结论. ◀

通常证明 $\overline{F} \geqslant \overline{G}$ 的最简易的方法是，令 X 是具有分布 F 的随机变量，而利用 X 定义一个随机变量 Y 使 (i) Y 具有分布 G，且 (ii) $Y \leqslant X$．我们用几个例子来阐述这个称为耦合的方法．

例 9.2 (A) 向量的随机序　令 $X_1,\cdots,X_n$ 是独立的，且 $Y_1,\cdots,Y_n$ 是独立的．若 $X_i \geqslant_{\mathrm{st}} Y_i$，则对任意递增函数 f 有

$$f(X_1,\cdots,X_n) \underset{\mathrm{st}}{\geqslant} f(Y_1,\cdots,Y_n).$$

410

证明　令 $X_1,\cdots,X_n$ 是独立的，我们用命题 9.2.2 产生独立的 $Y_1^*,\cdots,Y_n^*$，其中 Y_i^* 具有 Y_i 的分布，且 $Y_i^* \leqslant X_i$．于是因为 f 递增，得 $f(X_1,\cdots,X_n) \geqslant f(Y_1^*,\cdots,Y_n^*)$．因此对任意 a 有

$$f(Y_1^*,\cdots,Y_n^*) > a \Rightarrow f(X_1,\cdots,X_n) > a,$$

故而

$$P\{f(Y_1^*,\cdots,Y_n^*) > a\} \leqslant P\{f(X_1,\cdots,X_n) > a\}.$$

由于上式左边等于 $P\{f(Y_1,\cdots,Y_n) > a\}$ 随之就得到结论．■

例 9.2 (B) Poisson 随机变量的随机序　我们说明 Poisson 随机变量对均值是随机递增的．以 N 记均值为 λ 的 Poisson 随机变量．对任意 $p(0 < p < 1)$，令 $I_1,I_2,\cdots$ 彼此独立，且独立于 N，并使

$$I_j = \begin{cases} 1 & \text{以概率 } p \\ 0 & \text{以概率 } 1-p \end{cases}$$

于是

$$\sum_{j=1}^{N} I_j \quad \text{是均值为 } \lambda p \text{ 的 Poisson 随机变量．（为什么？）}$$

由于

$$\sum_{j=1}^{N} I_j \leqslant N,$$

随之得结果．■

我们要利用命题 9.1.2，先介绍随机向量随机大于的定义，再对随机过程的随机大于给出定义．

定义　若对一切递增函数 f 有

411

$$E[f(\underline{X})] \geqslant E[f(\underline{Y})],$$

则我们称随机向量 $\underline{X} = (X_1,\cdots,X_n)$ 随机大于随机向量 $\underline{Y} = (Y_1,\cdots,Y_n)$，记为 $\underline{X} \geqslant_{\mathrm{st}} \underline{Y}$．

若对一切 $n,t_1,\cdots,t_n$ 都有

$$(X(t_1),\cdots,X(t_n)) \underset{\mathrm{st}}{\geqslant} (Y(t_1),\cdots,Y(t_n)),$$

则我们说随机过程 $\{X(t),t \geqslant 0\}$ 随机大于随机过程 $\{Y(t),t \geqslant 0\}$．

由例 9.2 (A) 推出，若 $\underline{X}$ 和 $\underline{Y}$ 是满足 $X_i \geqslant_{\mathrm{st}} Y_i$ 的具有独立分量的随机向量，则 $\underline{X} \geqslant_{\mathrm{st}} \underline{Y}$．在放弃独立性假定时，作为练习我们让读者举一个反例．

在证明一个随机过程随机大于另一个随机过程时，再次显示耦合常常是关键因素.

例 9.2 (C) 比较更新过程 以 $N_i=\{N_i(t),t\geqslant 0\}(i=1,2)$ 记到达间隔分布分别为 F 和 G 的更新过程. 若 $\overline{F}\geqslant\overline{G}$ ，则

$$\{N_1(t),t\geqslant 0\}\underset{\text{st}}{\leqslant}\{N_2(t),t\geqslant 0\}.$$

我们利用耦合如下进行证明. 令 $X_1,X_2,\cdots$ 是遵从分布 F 的独立随机变量. 则由 X_i 生成的更新过程（记成 N_1^* ）和 N_1 有相同的分布. 现在我们生成遵从分布 G 并有 $Y_i\leqslant X_i$ 的独立随机变量 $Y_1,Y_2,\cdots$. 于是由到达间隔时间 Y_i 生成的更新过程（记成 N_2^* ）和 N_2 有相同的分布. 然而，由对一切 i 都有 $Y_i\leqslant X_i$ 推出，对一切 t 都有

$$N_1^*(t)\leqslant N_2^*(t),$$

这就证明了结论. ■

我们下一个应用耦合的例子涉及强大数定律.

例 9.2 (D) 令 $X_1,X_2,\cdots$ 是独立的 Bernoulli 随机变量列，且令 $p_i=P\{X_i=1\}(i\geqslant 1)$. 若对一切 i 有 $p_i\geqslant p$ ，证明以概率为 1 地有

$$\liminf_n\sum_{i=1}^n X_i/n\geqslant p.$$

（上式意即，对任意 $\varepsilon>0$ ，只对有限个 n 成立 $\sum_{i=1}^n X_i/n\leqslant p-\varepsilon$.）

412

解 我们从将序列 $X_i(i\geqslant 1)$ 和一列独立同分布的 Bernoulli 随机变量列 $Y_i(i\geqslant 1)$ 做耦合开始，要使得对一切 $i\geqslant 1$, Y_i 满足 $P\{Y_i=1\}=p$ 和 $X_i\geqslant Y_i$. 为了完成这一步，令 $U_i(i\geqslant 1)$ 是独立的 (0, 1) 均匀随机变量序列. 现在，对 $i=1,\cdots,n$ ，取

$$X_i=\begin{cases}1 & \text{若 } U_i\leqslant p_i\\ 0 & \text{其他情形}\end{cases}\quad \text{和}\quad Y_i=\begin{cases}1 & \text{若 } U_i\leqslant p\\ 0 & \text{其他情形}\end{cases}$$

因为 $p\leqslant p_i$ ，推出 $Y_i\leqslant X_i$. 由此

$$\liminf_n\sum_{i=1}^n X_i/n\geqslant\liminf_n\sum_{i=1}^n Y_i/n.$$

然而由强大数定律得，以概率为 1 地有 $\liminf_n\sum_{i=1}^n Y_i/n=p$. ■

例 9.2 (E) 优惠券收集问题 假设有 m 种不同类型的优惠券，收集到每张 j 型的优惠券的概率是 $P_j(j=1,\cdots,m)$. 以 N 记收集人为了收集到各类型至少一张的优惠券所需收集的张数，我们感兴趣的是得到 $E[N]$ 的界.

开始令 $i_1,\cdots,i_m$ 是 $1,\cdots,m$ 的一个排列. 以 T_1 记得到一张 i_1 型券所需优惠券的张数，而对 $j>1$ ，以 T_j 记在得到 $i_1,\cdots,i_{j-1}$ 型券后直至也得到一张 i_j 型券额外所需的优惠券张数. (于是，若一张 i_j 型券在 $i_1,\cdots,i_{j-1}$ 型券都至少有一张之前得到，则 $T_j=0$ ，而若不是这种情形，则 T_j 是参数为 P_{i_j} 的几何随机变量). 现在

$$N=\sum_{j=1}^n T_j,$$

故而

$$E[N]=\sum_{j=1}^{m}P\{i_j\text{ 是 }i_1,\cdots,i_j\text{ 中最后收集到的 }\}/P_{i_j}\,. \tag{9.2.1}$$

413

现在，若我们假设在按速率为 1 的 Poisson 分布的随机时间点收集优惠券，比起假设在固定时间点收集优惠券，显然不会有差异．给定这种假设，我们可断定直至首次出现不同型的优惠券的时间都是具有各自（对 j 型券）速率 $P_j(j=1,\cdots,m)$ 的独立指数随机变量．因此若我们令 $X_j(j=1,\cdots,m)$ 是速率为 1 的独立指数随机变量，则 X_j/P_j 是速率为 $P_j(j=1,\cdots,m)$ 的独立指数随机变量，故而

$$P\{i_j\text{ 是 }i_1,\cdots,i_j\text{ 中最后收集到的 }\}=P\{X_{i_j}/P_{i_j}=\max(X_{i_1}/P_{i_1},\cdots,X_{i_j}/P_{i_j})\}. \tag{9.2.2}$$

现在将优惠券类型重新排序使 $P_1\leqslant P_2\leqslant\cdots\leqslant P_m$．我们要使用耦合推理证明

$$P\{j\text{ 是 }1,\cdots,j\text{ 中最后收集到的 }\}\leqslant 1/j, \tag{9.2.3}$$

$$P\{j\text{ 是 }m,m-1,\cdots,j\text{ 中最后收集到的 }\}\geqslant 1/(m-j+1). \tag{9.2.4}$$

为了验证（9.2.3），只需注意下面的推导

$$\begin{aligned}&P\{j\text{ 是 }1,\cdots,j\text{ 中最后收集到的 }\}\\&=P\left\{X_j/P_j=\max_{1\leqslant i\leqslant j}(X_i/P_i)\right\}\\&\leqslant P\left\{X_j/P_j=\max_{1\leqslant i\leqslant j}(X_i/P_j)\right\}\qquad(\text{因为 }P_i\leqslant P_j\,)\\&=1/j\,.\end{aligned}$$

于是证明了不等式（9.2.3）．由类似的推理（留作练习）也建立了不等式（9.2.4）．

因此，利用方程（9.2.1），先对排列 $1,\cdots,m$（为得到一个上界），再对排列 $m,m-1,\cdots,1$（为得到一个下界），我们可见

$$\sum_{j=1}^{m}\frac{1}{(m-j+1)P_j}\leqslant E[N]\leqslant\sum_{j=1}^{m}\frac{1}{jP_j}\,.$$

$E[N]$ 的另一个下界将在习题 9.17 中给出．■

例 9.2（F）装箱问题　假设将 n 个部件装入一系列箱中，各部件的重量是独立地在（0，1）上均匀分布的，每个箱最多能承载一个单位重量．部件相继地装入第一箱直至到达的一个部件的重量加进箱中已有重量超过箱的承受力（一个单位），该部件就停止转入．

414

这时第一箱装完离开，部件再装入第二箱，过程就这样继续．于是，例如，若前 4 个部件的重量是 0.45，0.32，0.92 和 0.11，则部件 1 和 2 将在第一箱，部件 3 是第二箱中的唯一部件，而部件 4 是第三箱中开始装的部件．我们感兴趣的是所需箱子的期望数 $E[B]$．

作为开始，假设有无穷多部件，并将装入第 i 箱的部件数记为 N_i．若以 W_i 记在第 i 箱中的最初装的部件的重量（即不适合装入第 $i-1$ 箱的部件），则

$$N_i\overset{d}{=}\max\{j:W_i+U_1+\cdots+U_{j-1}\leqslant 1\}, \tag{9.2.5}$$

其中 $X\overset{d}{=}Y$ 意即 X 与 Y 有相同的分布，而 $U_1,U_2,\cdots$ 是与 W_i 独立的一列独立的（0，1）均匀随机变量．令 A_{i-1} 是第 $i-1$ 箱中空余的承载量，即该箱的重量是 $1-A_{i-1}$．现在，在给定 A_{i-1} 时 W_i 的条件分布，与一个（0，1）均匀随机变量在给定超过 A_{i-1} 时的条件分布相同．即

$$P\{W_i>x|A_{i-1}\}=P\{U>x\mid U>A_{i-1}\},$$

其中 U 是一个（0，1）均匀随机变量．因为

$$P\{U > x | U > A_{i-1}\} > P\{U > x\},$$

我们可见 W_i 随机地大于（0，1）均匀随机变量. 因此，由式（9.2.5）得 N_i 与 $N_1, \cdots, N_{i-1}$ 独立地有

$$N_i \leqslant_{\text{st}} \max\{j : U_1 + \cdots + U_j \leqslant 1\}. \tag{9.2.6}$$

注意上式的右方，和到达间隔分布是（0，1）均匀分布的更新过程直至时刻 1 为止的更新次数有相同的分布.

装载这 n 个部件所需的箱数可表示为

$$B = \min\left\{m : \sum_{i=1}^{m} N_i \geqslant n\right\}.$$

然而若我们令 $X_i, i \geqslant 1$ 是一列独立随机变量且与（0，1）均匀更新过程直至时刻 1 为止的更新次数 $N(1)$ 有相同的分布，则由式（9.2.6）我们得到

$$B \geqslant_{\text{st}} N,$$

其中

$$N \equiv \min\{m : \sum_{i=1}^{m} X_i \geqslant n\}.$$

但是由 Wald 方程

$$E\left[\sum_{i=1}^{N} X_i\right] = E[N]E[X_i].$$

此外，习题 3.7（其解答可在书后的附录中找到）要求证明

$$E[X_i] = E[N(1)] = \mathrm{e} - 1,$$

于是因为 $\sum_{i=1}^{N} X_i \geqslant n$，我们可断言

$$E[N] \geqslant \frac{n}{\mathrm{e} - 1},$$

最后我们用 $B \geqslant_{\text{st}} N$ 导出

$$E[B] \geqslant \frac{n}{\mathrm{e} - 1}.$$

若相继的重量服从一个集中于 [0，1] 上的任意分布 F，则相同的推理说明了

$$E[B] \geqslant \frac{n}{m(1)},$$

其中 $m(1)$ 是到达间隔分布为 F 的更新过程直至时刻 1 为止的期望更新次数. ■

415

9.2.1 生灭过程的随机单调性

令 $\{X(t), t \geqslant 0\}$ 是生灭过程. 我们要证明 $\{X(t), t \geqslant 0\}$ 的两个随机单调性质. 第一个是，生灭过程对初始状态 $X(0)$ 随机递增.

416

命题 9.2.3 $\{X(t), t \geqslant 0\}$ 关于 $X(0)$ 随机递增. 即对于一切 $t_1, \cdots, t_n$ 和递增函数 f，$E[f(X(t_1), \cdots, X(t_n)) | X(0) = i]$ 关于 i 递增.

证明 令 $\{X_1(t), t \geqslant 0\}$ 和 $\{X_2(t), t \geqslant 0\}$ 是具有相同生灭率的独立的生灭过程，且假设 $X_1(0)=i+1$ 和 $X_2(0)=i$．现在因为 $X_1(0)>X_2(0)$ 且两个过程总是只增减 1，而决不会在相同的时刻增减（因为这种可能性为 0），由此推出，或者过程 $X_1(t)$ 总是大于过程 $X_2(t)$，或者它们在某个时刻相等．让我们以 T 记它们首次成为相等的时刻．即

$$T=\begin{cases}\infty & \text{若对一切 } t \text{ 有 } X_1(t)>X_2(t)\\ \text{首个 } t & X_1(t)=X_2(t) \text{ 的其他情形}\end{cases}$$

现在，若 $T<\infty$，则这两个过程在时刻 T 相等，因此，由 Markov 性质，它们在 T 以后的延拓具有相同的概率结构．于是若我们定义记为 $X_3(t)$ 的第三个随机过程

$$X_3(t)=\begin{cases}X_1(t) & \text{若 } t<T\\ X_2(t) & \text{若 } t\geqslant T\end{cases}$$

则 $\{X_3(t)\}$ 也是一个生灭过程，与其他两个过程有相同的参数，且有 $X_3(t)=X_1(0)=i+1$．然而，由定义对一切 t 有

$$X_1(t)>X_2(t),$$

我们可见对一切 t 有

$$X_3(t)\geqslant X_2(t),$$

这就证明了结论． ◀

第二个随机单调性质是说，若初始状态是 0，则在时刻 t 的状态对 t 随机地递增．

417

命题 9.2.4 *对一切 j，$P\{X(t)\geqslant j \mid X(0)=0\}$ 对 t 递增．*

证明 对 $s<t$：

$$\begin{aligned}
&P\{X(t)\geqslant j \mid X(0)=0\}\\
&=\sum_i P\{X(t)\geqslant j \mid X(0)=0, X(t-s)=i\}P\{X(t-s)=i \mid X(0)=0\}\\
&=\sum_i P\{X(t)\geqslant j \mid X(t-s)=i\}P_{0i}(t-s) \qquad (\text{由 Markov 性})\\
&=\sum_i P\{X(s)\geqslant j \mid X(0)=i\}P_{0i}(t-s)\\
&\geqslant \sum_i P\{X(s)\geqslant j \mid X(0)=0\}P_{0i}(t-s) \qquad (\text{由命题 9.2.3})\\
&=P\{X(s)\geqslant j \mid X(0)=0\}\sum_i P_{0i}(t-s)=P\{X(s)\geqslant j \mid X(0)=0\}.
\end{aligned}$$ ◀

注 除了提供一个关于生灭过程转移概率清晰的定性分析外，命题 9.2.4 在实际应用中也很有价值．因为鉴于对固定的 t，常常很难显式地确定 $P_{0j}(t)$ 的值，而得到极限概率 P_j 是简单的事．现在由命题 9.2.4 我们有

$$P\{X(t)\geqslant j \mid X(0)=0\}\leqslant \lim_{t\to\infty}P\{X(t)\geqslant j \mid X(0)=0\}=\sum_{i=j}^{\infty}P_i,$$

这说明了 $X(t)$ 随机地小于具有极限分布的随机变量，记为 $X(\infty)$，也提供了对 $X(t)$ 的分布的一个界． □

9.2.2 Markov 链中的指数收敛性

考虑一个具有转移概率 P_{ij}^n 的有限个状态的不可约 Markov 链. 我们要用耦合推理证明在 $n \to \infty$ 时 P_{ij}^n 以指数速度趋向一个不依赖 i 的极限. 为了证明这个结论, 我们利用这样的结果, 即若一个遍历 Markov 链具有有限个数状态 (比如 M 个状态), 则必定存在 $N, \varepsilon > 0$ 使

$$P_{ij}^N > \varepsilon \qquad (\text{对一切 } i, j). \tag{9.2.7}$$

现在考虑 Markov 链的两个独立的版本, 比如 $\{X_n, n \geqslant 0\}$ 和 $\{X_n', n \geqslant 0\}$, 其中一个从 i 出发, 比如 $P\{X_0 = i\} = 1$, 而另一个使 $P\{X_0' = j\} = \pi_j, j = 1, \cdots, M$, 其中 π_j 是一组平稳概率. 即它们是下列方程组的非负解: 418

$$\pi_j = \sum_{i=1}^{M} \pi_i P_{ij}, \quad j = 1, \cdots\cdots, M,$$

$$\sum_{j=1}^{M} \pi_j = 1.$$

以 T 记这两个过程首次处于相同状态的时刻, 即

$$T = \min\{n: \quad X_n = X_n'\}.$$

现在

$$T > mN \Rightarrow X_N \neq X_N', X_{2N} \neq X'_{2N}, \cdots, X_{mN} \neq X'_{mN},$$

故而

$$P\{T > mN\} \leqslant P(A_1)P(A_2 | A_1) \cdots P(A_m | A_1, \cdots, A_{m-1}), \tag{9.2.8}$$

其中 A_i 是事件 $X_{Ni} \neq X_{Ni}'$. 由式 (9.2.7) 推出, 不管现在的状态是什么, 在将来时刻 N 的状态是 j 的概率至少是 ε. 因此, 不管过去的状态是什么, 这两个链在将来时刻 N 都在状态 j 的概率至少是 ε^2, 于是它们处于同一个状态的概率至少是 $M\varepsilon^2$. 因此在式 (9.2.8) 的右方的条件概率不大于 $1 - M\varepsilon^2$. 于是

$$P\{T > mN\} \leqslant (1 - M\varepsilon^2)^m = (1 - \alpha)^m, \tag{9.2.9}$$

其中 $\alpha \equiv M\varepsilon^2$.

现在让我们定义第三个 Markov 链, 记为 $\{\overline{X}_n, n \geqslant 0\}$, 是直至时刻 T 为止, 它等于 X', 而在以后, 它等于 X. 即

$$\overline{X}_n = \begin{cases} X_n' & \text{对 } n \leqslant T \\ X_n & \text{对 } n \geqslant T \end{cases}$$

因为 $X_T' = X_T$, 显然 $\{\overline{X}_n, n \geqslant 0\}$ 是一个以 P_{ij} 为转移概率的 Markov 链, 其初始状态是按一组平稳概率选取的. 现在

$$\begin{aligned} P\{\overline{X}_n = j\} &= P\{\overline{X}_n = j | T \leqslant n\} P\{T \leqslant n\} + P\{\overline{X}_n = j | T > n\} P\{T > n\} \\ &= P\{X_n = j | T \leqslant n\} P\{T \leqslant n\} + P\{\overline{X}_n = j, T > n\}. \end{aligned}$$

419

类似地,

$$P_{ij}^n = P\{X_n = j\} = P\{X_n = j | T \leqslant n\} P\{T \leqslant n\} + P\{X_n = j, T > n\}.$$

因此

$$P_{ij}^n - P\{\overline{X}_n = j\} = P\{X_n = j, T > n\} - P\{\overline{X}_n = j, T > n\},$$

它蕴含了

$$| P_{ij}^n - P\{\overline{X}_n = j\} | \leqslant P\{T > n\} \leqslant (1-\alpha)^{n/N-1} \qquad (\text{由式 } (9.2.9)).$$

但是容易验证（比如对 n 归纳地）

$$P\{\overline{X}_n = j\} = \pi_j,$$

于是我们可见

$$| P_{ij}^n - \pi_j | \leqslant \frac{\beta^n}{1-\alpha}，\text{其中 } \beta = (1-\alpha)^{1/N}.$$

因此 P_{ij}^n 确实以指数速度收敛到一个不依赖 i 的极限.（此外上式也说明了不可能有多于一组的平稳概率.）

注　在 9.3 节中，我们要用在上面的定理中给出的类似推理，证明到达间隔分布为连续的更新过程的 Blackwell 定理. □

9.3　风险率排序与对计数过程的应用

若

$$\text{对一切 } t \text{ 有} \qquad \lambda_X(t) \geqslant \lambda_Y(t), \tag{9.3.1}$$

则随机变量 X 比 Y 有更大的风险（失效）率函数，其中 $\lambda_X(t)$ 和 $\lambda_Y(t)$ 是 X 和 Y 的风险率函数. 方程（9.3.1）说明了在相同的年龄，寿命为 X 的元件比寿命为 Y 的元件更可能即时毁坏. 事实上，由

420

$$P\{X > t+s | X > t\} = \exp\left\{-\int_t^{t+s} \lambda(y) \mathrm{d}y\right\}$$

推出，方程（9.3.1）等价于

$$P\{X > t+s | X > t\} \leqslant P\{Y > t+s | Y > t\},$$

或等价于对一切 $t \geqslant 0$ 有

$$X_t \underset{\text{st}}{\leqslant} Y_t,$$

其中 X_t 和 Y_t 分别是与 X 和 Y 同分布的元件已使用了 t 单位时间后的剩余寿命.

风险率排序在比较计数过程时可能非常有用. 为阐述这一点，让我们首先考虑一个延迟更新过程，其首次更新具有分布 G，而其他到达间隔具有分布 F，其中 F 和 G 都是连续分布，具有风险率函数 $\lambda_F(t)$ 和 $\lambda_G(t)$. 令 $\mu(t)$ 使

$$\max\left(\max_{0 \leqslant s \leqslant t} \lambda_F(s), \max_{0 \leqslant s \leqslant t} \lambda_G(s)\right) \leqslant \mu(t).$$

我们先证明怎样可由具有强度函数 $\mu(t)$ 的非时齐 Poisson 过程的随机样本生成这个延迟更新过程.

以 $S_1, S_2, \cdots$ 记具有强度函数 $\mu(t)$ 的非时齐 Poisson 过程 $\{N(t), t \geqslant 0\}$ 的事件发生的时刻. 现在定义一个计数过程，我们要论证它是一个具有初始更新分布 G 和到达间隔分布 F 的延迟更新过程，其事件只可能在时刻 $S_1, S_2, \cdots$ 发生. 令

$$I_i = \begin{cases} 1 & \text{若此计数过程有事件发生在时刻 } S_i \\ 0 & \text{其他情形} \end{cases}$$

因此为了定义这个计数过程，我们必须指定 $I_i, i \geqslant 1$ 的联合分布.

对给定的 $S_1, S_2, \cdots$ 取

$$P\{I_1 = 1\} = \lambda_G(S_1)/\mu(S_1), \tag{9.3.2}$$

而对 $i \geqslant 1$ 定义

$$P\{I_i = 1 | I_1, \cdots, I_{i-1}\} = \begin{cases} \dfrac{\lambda_G(S_i)}{\mu(S_i)} & \text{若 } I_1 = \cdots = I_{i-1} = 0 \\ \dfrac{\lambda_F(S_i - S_j)}{\mu(S_i)} & \text{若 } j = \max\{k : k < i, I_k = 1\} \end{cases} \tag{9.3.3}$$

421

为了对上式有一点感性认识，以 $A(t)$ 记计数过程在时刻 t 的年龄，即它是计数过程在 t 前最后一个事件到 t 的时间. 于是 $A(S_1) = S_1$，且其余 $A(S_i)$ 的值可递推地得自 $I_1, \cdots, I_{i-1}$. 例如，若 $I_1 = 0$，则 $A(S_2) = S_2$；而若 $I_1 = 1$，则 $A(S_2) = S_2 - S_1$. 于是式 (9.3.2) 和式 (9.3.3) 等价于

$$P\{I_i = 1 | I_1, \cdots, I_{i-1}\} = \begin{cases} \dfrac{\lambda_G(S_i)}{\mu(S_i)} & \text{若 } A(S_i) = S_i \\ \dfrac{\lambda_F(A(S_i))}{\mu(S_i)} & \text{若 } A(S_i) < S_i \end{cases}$$

我们断言由 $I_i, i \geqslant 1$ 定义的计数过程构成我们所要的延迟更新过程. 为了明白这一点，注意在给定过去的历史时，此计数过程在任意时刻 t 有一个事件的概率强度为

$$\begin{aligned} & P\{\text{在 } (t, t+h) \text{ 中有事件} \mid \text{直到 } t \text{ 的历史}\} \\ & = P\{\text{非时齐 Poisson 过程在 } (t, t+h) \text{ 中发生一个事件，而且被计数} \mid \text{直至 } t \text{ 的历史}\} \\ & = (\mu(t)h + o(h))P\{\text{被计数} \mid \text{直至 } t \text{ 的历史}\} \\ & = \begin{cases} [\mu(t)h + o(h)]\dfrac{\lambda_G(t)}{\mu(t)} = \lambda_G(t)h + o(h) & \text{若 } A(t) = t \\ [\mu(t)h + o(h)]\dfrac{\lambda_F(A(t))}{\mu(t)} = \lambda_F(A(t))h + o(h) & \text{若 } A(t) < t \end{cases} \end{aligned}$$

因此在任意时刻有一个事件的概率（强度）只依赖于此时的年龄，若年龄为 t，则它等于 $\lambda_G(t)$，而若在其他情形则它等于 $\lambda_F(A(t))$. 而这样的计数过程显然是一个到达间隔分布为 F 和初始分布为 G 的延迟更新过程.

现在我们利用延迟更新过程表示为一个非时齐 Poisson 过程的随机采样这一事实，给出当到达间隔分布为连续时的 Blackwell 定理的一个简单证明.

定理（Blackwell 定理） *以 $\{N^*(t), t \geqslant 0\}$ 记具有连续的到达间隔分布 F 的更新过程. 那么当 $t \to \infty$ 时有*

$$m(t+a) - m(t) \to \frac{a}{\mu},$$

其中 $m(t) = E[N^*(t)]$，而 μ 假定有限，是平均到达间隔时间.

422

证明 我们在 F 的失效率函数 $\lambda_F(t)$ 具有正的下界和上界的附加的简化假定下证明 Blackwell 定理. 即我们假定存在 $0 < \lambda_1 < \lambda_2 < \infty$ 使

$$\text{对一切 } t \text{ 有} \quad \lambda_1 < \lambda(t) < \lambda_2. \tag{9.3.4}$$

此外，设 G 是一个分布，其失效率函数也介于 λ_1 和 λ_2 之间.

考虑一个速率为 λ_2 的 Poisson 过程. 设其事件时间为 $S_1, S_2, \cdots$. 现在，假设由式（9.3.3）以 $\mu(t) \equiv \lambda_2$ 生成 $I_1^*, I_2^*, \cdots$，而假设 $I_1, I_2, \cdots$ 与 $I_1^*, I_2^*, \cdots$ 条件独立（对给定的 $S_1, S_2, \cdots$），且 I_1，I_2，$\cdots$由式（9.3.3）以 $G = F$ 和 $\mu(t) \equiv \lambda_2$ 生成. 于是，事件发生在 $I_i^* = 1$ 的那些时刻 S_i 的计数过程（记为 $\{N_0(t), t \geqslant 0\}$）是一个具有到达间隔分布 F 的延迟更新过程，而事件发生在 $I_i = 1$ 的那些时刻 S_i 的计数过程（记为 $\{N(t), t \geqslant 0\}$）是一个具有到达间隔分布 F 的更新过程. 令

$$N = \min\{i: \quad I_i = I_i^* = 1\},$$

即 N 是被生成的两个过程计入的 Poisson 过程的首个事件. 因为与其他的一切独立地，每个 Poisson 事件至少以概率 λ_1/λ_2 被一个已知生成的过程计入，由此推出

$$P\{I_i = I_i^* = 1 | I_1, \cdots, I_{i-1}, I_1^*, \cdots, I_{i-1}^*\} \geqslant \left(\frac{\lambda_1}{\lambda_2}\right)^2.$$

故而

$$P\{N < \infty\} = 1.$$

现在由

$$\overline{I}_i = \begin{cases} I_i^* & 对 i \leqslant N \\ I_i & 对 i \geqslant N \end{cases}$$

定义第三个序列 $\overline{I}_i, i \geqslant 1$. 于是事件在对 $\overline{I}_i = 1$ 的那些 S_i 值上发生的计数过程 $\{\overline{N}(t), t \geqslant 0\}$ 是一个初始分布为 G 和到达间隔分布为 F 的延迟更新过程，它的由时刻 N 开始的事件时间和 $\{N(t), t \geqslant 0\}$ 的事件时间相同.

令 $N(t, t+a) = N(t+a) - N(t)$，且对 $\overline{N}$ 用类似的记号，我们有

$$\begin{aligned} E[\overline{N}(t, t+a)] &= E[\overline{N}(t, t+a) | S_N \leqslant t] P\{S_N \leqslant t\} + E[\overline{N}(t, t+a) | S_N > t] P\{S_N > t\} \\ &= E[N(t, t+a) | S_N \leqslant t] P\{S_N \leqslant t\} + E[\overline{N}(t, t+a) | S_N > t] P\{S_N > t\} \\ &= E[N(t, t+a) + (E[\overline{N}(t, t+a) | S_N > t] - E[N(t, t+a) | S_N > t]) P\{S_N > t\}. \end{aligned}$$

423

现在容易推出 $E[N(t, t+a) | S_N > t] \leqslant \lambda_2 a$，且对用 $\overline{N}$ 代替 N 有类似的不等式. 因此，由于 $N < \infty$ 蕴含在 $t \to \infty$ 时有 $P\{S_N > t\} \to 0$，我们由上可见

$$在 t \to \infty 时有 \quad E[\overline{N}(t, t+a)] - E[N(t, t+a)] \to 0. \tag{9.3.5}$$

但是现在若取 $G = F_e$，其中 $F_e = \int_0^t \overline{F}(y) \mathrm{d}y / \mu$，我们易建立（参见第3章的定理3.5.2的第（i）部分的证明）在 $G = F_e$ 时，$E[\overline{N}(t)] = t/\mu$，故而由式（9.3.5）得

$$E[N(t, t+a)] \to a/\mu,$$

这就完成了证明. ◀

我们也发现，对得到具有递减失效率的到达间隔分布的更新过程的一些有关单调性的结果，用 Poisson 过程的随机样本生成一个更新过程的方法很有用. 作为前奏，我们定义一些附加的记号.

定义 对计数过程 $\{N(t), t \geqslant 0\}$ 和时间点的任意集合 T，定义发生在 T 中的事件数为 $N(T)$.

我们从一个引理开始.

引理 9.3.1 以 $N=\{N(t),t\geqslant 0\}$ 记一个更新过程，其到达间隔分布 F 具有递减失效率. 此外，以 $N_y=\{N_y(t),t\geqslant 0\}$ 记一个延迟更新过程，其首个到达间隔时间具有分布 H_y，其中 H_y 是更新过程 N 在时刻 y 的剩余寿命的分布，而其他的到达间隔分布为 F. (即 N_y 可设想为一个和 N 具有相同的到达间隔分布的更新过程从 y 出发的延拓.) 于是对时间点的任意集合 $T_1,\cdots,T_n$ 有

$$(N(T_1),\cdots,N(T_n))\geqslant_{\mathrm{st}}(N_y(T_1),\cdots,N_y(T_n)).$$

424

证明 以 $N^*=\{N^*(t),t\leqslant y\}$ 记更新过程的前 y 个时间单位，它们独立于 N，而有相同的到达间隔分布 F. 我们将 N_y 解释为 N^* 在时刻 y 往后的延拓. 令 $A^*(y)$ 为更新过程 N^* 在时刻 y 的年龄.

考虑一个速率为 $\mu=\lambda(0)$ 的 Poisson 过程，以 $S_1,S_2,\cdots$ 记事件发生的时刻. 用此 Poisson 过程生成一个计数过程（记为 N），其中事件只能在时刻 $S_i,i\geqslant 1$ 发生. 若当一个事件在 S_i 发生时 I_i 等于 1，否则 I_i 等于 0，则我们令

$$P\{I_i=1|I_1,\cdots,I_{i-1}\}=\lambda(A(S_i))/\mu,$$

其中 $A(S_1)=S_1$，而对 $i>1$，$A(S_i)$ 是在 S_i 前最后一个被计数的事件到 S_i 的时间，其中在 S_j 的 Poisson 事件在 $I_j=1$ 时被计数. 则像前一样，生成的计数过程是具有到达间隔分布 F 的更新过程.

我们现在定义另一个计数过程，它的事件也只能在时刻 $S_i,i\geqslant 1$ 发生，而我们以 $\overline{I}_i$ 表示是否在 S_i 有一个事件. 以 $\overline{A}(t)$ 记这个过程从 t 前最后一个事件到 t 的时间，或若直至 t 没有事件，则将它定义为 $t+A^*(y)$. 令 $\overline{I}_i$ 使

$$\text{若 } I_i=0\text{，则 }\overline{I}_i=0$$

$$\text{若 } I_i=1\text{，则 }\overline{I}_i=\begin{cases}1 & \text{以概率 }\lambda(\overline{A}(S_i))/\lambda(A(S_i))\\0 & \text{其他情形}\end{cases}$$

因为只在 $I_i=1$ 时 $\overline{I}_i$ 才可能取 1，我们总有 $\overline{A}(t)\geqslant A(t)$，而因为 $\lambda(t)$ 非增 $\lambda(\overline{A}(S_i))\leqslant\lambda(A(S_i))$，上述定义总是有意义的. 因此我们可见

$$P\{\overline{I}_i=1\mid\overline{I}_1,\cdots,\overline{I}_{i-1},I_1,\cdots,I_{i-1}\}=P\{I_i=1\mid I_1,\cdots,I_{i-1}\}P\{\overline{I}_i=1|I_i=1\}=\lambda(\overline{A}(S_i))/\mu,$$

故而，由 $\overline{I}_i,i\geqslant 1$ 生成的计数过程（记为 N_y）是延迟（因为 $\overline{A}(0)=A^*(y)$）更新过程，其初始分布为 H_y. 因为 N_y 的事件只能发生在 N 的事件发生的时间点（对一切 i 有 $\overline{I}_i\leqslant I_i$），由此推出对一切集合 T 有

$$N(T)\geqslant N_y(T),$$

引理得证. ◀

命题 9.3.2 (DFR 更新过程的单调性质) 以 $A(t)$ 和 $Y(t)$ 分别记具有 DFR 到达间隔分布的更新过程 $N=\{N(t),t\geqslant 0\}$ 在时刻 t 的年龄和剩余寿命. 则 $A(t)$ 和 $Y(t)$ 都对 t 随机地递增. 即对一切 a，$P\{A(t)>a\}$ 和 $P\{Y(t)>a\}$ 都对 t 递增.

425

证明 假设我们要证明

$$P\{A(t+y)>a\}\geqslant P\{A(t)>a\}.$$

为此，我们将 $A(t)$ 解释为更新过程 N 在时刻 t 的年龄，而将 $A(t+y)$ 解释为引理 9.3.1 中更新过程 N_y 在时刻 t 的年龄. 那么，令 $T=[t-a,t]$，我们由引理 9.3.1 有

$$P\{N(T)\geqslant 1\}\geqslant P\{N_y(T)\geqslant 1\},$$

或等价地

$$P\{A(t)\leqslant a\}\geqslant P\{A(t+y)\leqslant a\}.$$

剩余寿命的证明是类似的，除了现在我们需要令 $T=[t,t+a]$. ◀

命题 9.3.2 可用于得到 DFR 更新过程的更新函数和 DFR 随机变量的分布的一些精致的界.

推论 9.3.3 *以 F 记 DFR 分布，其两个矩是*

$$\mu_1=\int x\mathrm{d}F(x),\quad \mu_2=\int x^2\mathrm{d}F(x).$$

(i) *若 $m(t)$ 是具有到达间隔分布 F 的更新过程的更新函数，则*

$$\frac{t}{\mu_1}\leqslant m(t)\leqslant\frac{t}{\mu_1}+\frac{\mu_2}{2\mu_1^2}-1,$$

(ii) $$\overline{F}(t)\geqslant\exp\left\{-\frac{t}{\mu_1}+\frac{\mu_2}{2\mu_1^2}+1\right\}.$$

证明 (i) 以 $X_1,X_2,\cdots$ 记具有到达间隔分布 F 的更新过程 $\{N(t),t\geqslant 0\}$ 的到达间隔时间. 现在有

$$\sum_{i=1}^{N(t)+1}X_i=t+Y(t),$$

其中 $Y(t)$ 是在 t 的剩余寿命. 取期望，并利用 Wald 方程，我们得

426

$$\mu_1(m(t)+1)=t+E[Y(t)].$$

但是由命题 9.3.2 知，$E[Y(t)]$ 是 t 的递增函数，且由于 $E[Y(0)]=\mu_1$ 以及（参见第 3 章命题 3.4.6）

$$\lim_{t\to\infty}E[Y(t)]=\frac{\mu_2}{2\mu_1},$$

我们可见

$$t+\mu_1\leqslant\mu_1(m(t)+1)\leqslant t+\frac{\mu_2}{2\mu_1},$$

或者

$$\frac{t}{\mu_1}\leqslant m(t)\leqslant\frac{t}{\mu_1}+\frac{\mu_2}{2\mu_1^2}-1.$$

(ii) 对等式 $m(t)=\sum_{n=1}^{\infty}F_n(t)$ 求微商，导致

$$\begin{aligned}m'(t)\mathrm{d}t&=\sum_{n=1}^{\infty}F_n'(t)\mathrm{d}t\\&=\sum_{n=1}^{\infty}P\{\text{第 }n\text{ 次更新发生在}(t,t+\mathrm{d}t)\text{ 中}\}+o(\mathrm{d}t)\end{aligned}$$

$$= P\{有一次更新发生在(t,t+\mathrm{d}t)中\}+o(\mathrm{d}t),$$

于是 $m'(t)$ 等于在时刻 t 存在一次更新的概率（强度）. 但是由于 $\lambda(A(t))$ 是已知直到时刻 t 为止的历史条件下，在 t 发生一次更新的概率（强度），于是我们有

$$m'(t) = E[\lambda(A(t))] \geqslant \lambda(t),$$

其中上述不等号的成立是因为 $\lambda(t)$ 是递减函数且 $A(t) \leqslant t$. 对上述不等式求积分得

$$m(t) \geqslant \int_0^t \lambda(s)\mathrm{d}s.$$

因为

$$\overline{F}(t) = \exp\left\{-\int_0^t \lambda(s)\mathrm{d}s\right\},$$

我们可见

$$\overline{F}(t) \geqslant \mathrm{e}^{-m(t)},$$

于是结论得自 (i). ◀ [427]

9.4 似然比排序

以 X 和 Y 分别记具有密度 f 和 g 的连续的非负随机变量. 若对一切 $x \leqslant y$ 有

$$\frac{f(x)}{g(x)} \leqslant \frac{f(y)}{g(y)},$$

则我们说 X 在似然比意义下大于 Y，记为

$$X \underset{\mathrm{LR}}{\geqslant} Y$$

因此若它们各自的密度的比值 $f(x)/g(x)$ 对 x 递增，则 $X \geqslant_{\mathrm{LR}} Y$. 我们先注意似然比序强于失效率序（后者强于随机序).

命题 9.4.1 令 X 和 Y 分别是具有密度 f 和 g 及风险率函数 λ_X 和 λ_Y 的非负随机变量. 若

$$X \underset{\mathrm{LR}}{\geqslant} Y,$$

则对一切 $t \geqslant 0$ 有

$$\lambda_X(t) \leqslant \lambda_Y(t).$$

证明 因为 $X \geqslant_{\mathrm{LR}} Y$，由它推出对 $x \geqslant t, f(x) \geqslant g(x)f(t)/g(t)$. 因此

$$\lambda_X(t) = \frac{f(t)}{\int_t^\infty f(x)\mathrm{d}x} \leqslant \frac{f(t)}{\int_t^\infty g(x)f(t)/g(t)\mathrm{d}x} = \frac{g(t)}{\int_t^\infty g(x)\mathrm{d}x} = \lambda_Y(t).$$

◀ [428]

例 9.4 (A) 若 X 是参数为 λ 的指数随机变量，而 Y 是参数为 μ 的指数随机变量，则

$$\frac{f(x)}{g(x)} = \frac{\lambda}{\mu}\mathrm{e}^{(\mu-\lambda)x},$$

所以当 $\lambda \leqslant \mu$ 时有 $X \geqslant_{\mathrm{LR}} Y$. ■

例 9.4 (B) 一个统计推断问题 在统计中的一个核心问题是对随机变量的未知分布做

推断．在最简单情形，我们假设 X 是一个已知其密度为 f 或 g 的连续随机变量．基于对 X 的观察值，我们必须决定是 f 还是 g．

对上述问题的一个决策规则是一个函数 $\phi(x)$，它取值1或0，解释为若 X 的观察值等于 x，则如果 $\phi(x)=0$ 我们决定取密度 f，而如果 $\phi(x)=1$ 决定取密度 g．为了帮助我们决定优良的决策规则，让我们先注意

$$\int_{x:\phi(x)=1} f(x)\mathrm{d}x=\int f(x)\phi(x)\mathrm{d}x$$

表示当 f 是真实密度时拒绝它的概率．得到决策规则的经典方法是固定一个常数 $\alpha(0\leqslant\alpha\leqslant 1)$，再限制在考虑决策规则 ϕ 使

$$\int f(x)\phi(x)\mathrm{d}x\leqslant\alpha. \tag{9.4.1}$$

然后企图在这种规则中选取一个，使得当 f 是错误密度时拒绝它的概率最大．就是使

$$\int_{x:\phi(x)=1} g(x)\mathrm{d}x=\int g(x)\phi(x)\mathrm{d}x$$

最大．按此准则的最佳决策规则，称为 Neyman-Pearson 引理，它由下述命题给出． ■

Neyman-Pearson 引理 在满足（9.4.1）的一切决策规则 ϕ 中，使 $\int g(x)\phi(x)\mathrm{d}x$ 最大的那个 ϕ^* 为

429

$$\phi^*(x)=\begin{cases}0 & 若\ f(x)/g(x)\geqslant c\\ 1 & 若\ f(x)/g(x)<c\end{cases}$$

其中 c 应选取得使

$$\int f(x)\phi^*(x)\mathrm{d}x=\alpha.$$

证明 令 ϕ 满足式（9.4.1）．对任意 x 有

$$(\phi^*(x)-\phi(x))(cg(x)-f(x))\geqslant 0.$$

上述不等式成立是因为，若 $\phi^*(x)=1$，则乘积中的两项都是非负的，而若 $\phi^*(x)=0$，则乘积中的两项都是非正的．因此

$$\int(\phi^*(x)-\phi(x))(cg(x)-f(x))\mathrm{d}x\geqslant 0,$$

故而

$$c\left[\int\phi^*(x)g(x)\mathrm{d}x-\int\phi(x)g(x)\mathrm{d}x\right]\geqslant\int\phi^*(x)f(x)\mathrm{d}x-\int\phi(x)f(x)\mathrm{d}x\geqslant 0,$$

这就证明了结论． ◀

现在若我们假设 f 和 g 有一个单调似然比序，即 $f(x)/g(x)$ 对 x 非减，则最佳决策规则可写为

$$\phi^*(x)=\begin{cases}0 & 若\ x\geqslant k\\ 1 & 若\ x<k\end{cases}$$

其中 c 应选取得使

$$\int_{-\infty}^{k} f(x)\mathrm{d}x = \alpha.$$

即最佳决策规则是当观察值大于一个临界值时决定取 f，而在其他情形决定取 g.

似然比序在最优化理论中有重要应用. 下述命题非常有价值.

命题 9.4.2 假设 X 和 Y 独立，分别有密度 f 和 g，再假设

$$X \geqslant_{\mathrm{LR}} Y.$$

430

若实值函数 $h(x,y)$ 满足

$$\text{只要 } x \geqslant y \quad \text{就有 } h(x,y) \geqslant h(y,x),$$

则

$$h(X,Y) \geqslant_{\mathrm{st}} h(Y,X).$$

证明 令 $U = \max(X,Y), V = \min(X,Y)$. 那么，在 $U = u, V = v, u \geqslant v$ 的条件下，$h(X,Y)$ 的条件分布就集中在 $h(u,v)$ 和 $h(v,u)$ 两个点，并分配概率

$$\lambda_1 \equiv P\{X = \max(X,Y), Y = \min(X,Y) \mid U = u, V = v\} = \frac{f(u)g(v)}{f(u)g(v) + f(v)g(u)}$$

于较大的值 $h(u,v)$. 类似地，在 $U = u, V = v$ 的条件下，$h(Y,X)$ 的条件分布也集中在 $h(u,v)$ 和 $h(v,u)$ 两个点，并分配概率

$$\lambda_2 \equiv P\{Y = \max(X,Y), X = \min(X,Y) \mid U = u, V = v\} = \frac{g(u)f(v)}{g(u)f(v) + f(u)g(v)}.$$

由于 $u \geqslant v$,

$$f(u)g(v) \geqslant g(u)f(v),$$

故而，在 $U = u, V = v$ 的条件下，$h(X,Y)$ 随机地大于 $h(Y,X)$. 即

$$P\{h(X,Y) \geqslant a | U,V\} \geqslant P\{h(Y,X) \geqslant a | U,V\},$$

而命题得自对上式两边取期望. ◀

注 当我们只假定 $X \geqslant_{\mathrm{st}} Y$ 时，上述并不是必要的，对此也许有点惊人. 举一个反例，注意在 $x \geqslant y$ 时 $2x + y \geqslant x + 2y$. 然而，若 X 和 Y 独立且

$$X = \begin{cases} 3 & \text{以概率 } 0.2 \\ 9 & \text{以概率 } 0.8 \end{cases} \qquad Y = \begin{cases} 1 & \text{以概率 } 0.2 \\ 4 & \text{以概率 } 0.8 \end{cases}$$

431

则 $X \geqslant_{\mathrm{st}} Y$，但是 $P\{2X + Y \geqslant 11\} = 0.8$ 和 $P\{2Y + X \geqslant 11\} = 0.8 + 0.2 \times 0.8 = 0.96$. 于是 $2X + Y$ 并不随机地大于 $2Y + X$. □

命题 9.4.2 在最优排序问题中有重要的应用. 例如，假设有 n 个部件，每个都有一些可测量的特性，要排成某种次序. 例如，一个部件的可测量特性可能是完成此部件加工所需的时间. 假设部件 i 的可测量特性为 x_i，且若选取的次序是 $1,\cdots,n$ 的一个排列 $i_1,\cdots,i_n$，则收益为 $h(x_{i_1},\cdots,x_{i_n})$. 让我们现在假设部件 i 的可测量特性是一个随机变量，比如 $X_i (i = 1,\cdots,n)$. 若

$$X_1 \geqslant_{\mathrm{LR}} X_2 \geqslant_{\mathrm{LR}} \cdots \geqslant_{\mathrm{LR}} X_n,$$

且若 h 满足：只要 $y_i > y_{i-1}$ 就有

$$h(y_1,\cdots,y_{i-1},y_i,y_{i+1},\cdots,y_n)\geqslant h(y_1,\cdots,y_i,y_{i-1},y_{i+1},\cdots,y_n),$$

则由命题 9.4.2 推出次序 $1,2,\cdots,n$（对应地，$n,n-1,\cdots,1$）使收益随机地最大化（对应地，最小化）. 为了明白这一点，考虑不是从 1 开始的任意次序，比如 $(i_1,i_2,1,i_3,\cdots,i_{n-1})$. 由取条件于 $X_{i_1},X_{i_3}\cdots,X_{i_{n-1}}$ 的值，我们可用命题 9.4.2 证明排序 $(i_1,1,i_2,i_3,\cdots,i_{n-1})$ 引至随机地更大的收益. 继续这样的交换次序，引至 $1,2,\cdots,n$ 随机地最大化收益的结论.（类似的推理证明 $n,n-1,\cdots,1$ 随机地最小化收益.）

具有密度 f 的连续随机变量 X，若 $\ln f(x)$ 是凹函数，则称为*有递增似然比*；而若 $\ln f(x)$ 是凸函数，则称为*有递减似然比*. 为什么给出这样的术语，注意随机变量 $c+X$ 具有密度 $f(x-c)$，故而

$$\begin{aligned} c_1+X\underset{\text{LR}}{\geqslant}c_2+X & \quad（对一切\ c_1\geqslant c_2） \\ \Leftrightarrow\frac{f(x-c_1)}{f(x-c_2)}\uparrow x & \quad（对一切\ c_1\geqslant c_2） \\ \Leftrightarrow\ln f(x-c_1)-\ln f(x-c_2)\uparrow x & \quad（对一切\ c_1\geqslant c_2） \\ \Leftrightarrow\ln f(x)\ 是凹函数 & \end{aligned}$$

因此，当 c 增加时 $c+X$ 按似然比增加，则 X 有递增似然比.

作为第二种解释，回忆到记号 X_t 作为一个寿命是 X 的部件从年龄 t 往后的剩余寿命. 现在

432

$$\overline{F}_t(a)\equiv P\{X_t>a\}=\overline{F}(t+a)/\overline{F}(t),$$

所以 X_t 的密度为

$$f_t(a)=f(t+a)/\overline{F}(t).$$

因此

$$对一切\ s\leqslant t\quad 有\ X_s\underset{\text{LR}}{\geqslant}X_t\Leftrightarrow 对一切\ s\leqslant t\quad 有\frac{f(s+a)}{f(t+a)}\uparrow a\Leftrightarrow\ln f(x)\ 是凹函数$$

所以，若 s 增加时 X_s 按似然比减小，则 X 有递增似然比. 类似地，若 s 增加时 X_s 按似然比增加，则 X 有递减似然比.

命题 9.4.3　*若 X 有递增似然比，则 X 是 IFR. 类似地，若 X 有递减似然比，则 X 是 DFR.*

证明

$$\begin{aligned} X_s\underset{\text{LR}}{\geqslant}X_t & \Rightarrow\lambda_{X_s}\leqslant\lambda_{X_t}\qquad（由命题\ 9.4.1） \\ & \Rightarrow X_s\underset{\text{st}}{\geqslant}X_t. \end{aligned}$$

◀

注　(1) 当 $\ln f(x)$ 是凹函数时，密度函数 f 称为 2 阶 Polya 频率.

(2) 对于定义在相同的值的集合上的离散随机变量也可定义似然比序. 若 $P\{X=x\}/P\{Y=x\}$ 对 x 递增，则我们称 $X\geqslant_{\text{LR}}Y$. □

9.5　随机地更多变

回忆若对一切 $0<\lambda<1,x_1,x_2$ 都有

433

$$h(\lambda x_1+(1-\lambda)x_2)\leqslant\lambda h(x_1)+(1-\lambda)h(x_2).$$

则函数 $h(x)$ 称为凸函数. 若

$$\text{对一切递增的凸函数 } h \text{ 都有} \quad E[h(X)] \geqslant E[h(Y)], \tag{9.5.1}$$

则我们说 X 比 Y 随机地更多变，并记为 $X \geqslant_v Y$.

若 X 和 Y 分别具有分布 F 和 G，则当式 (9.5.1) 成立时我们也说 $F \geqslant_v G$. 当式 (9.5.1) 成立时我们为什么说 X 比 Y 随机地更多变的一种解释，将推迟至我们证明了下面的结论以后.

命题 9.5.1 *若 X 和 Y 是分别具有分布 F 和 G 的非负随机变量，则 $X \geqslant_v Y$ 当且仅当*

$$\text{对一切 } a \geqslant 0 \text{ 有} \quad \int_a^{\infty} \overline{F}(x)\mathrm{d}x \geqslant \int_a^{\infty} \overline{G}(x)\mathrm{d}x. \tag{9.5.2}$$

证明 假定 $X \geqslant_v Y$. 令 h_a 定义为

$$h_a(x) = (x-a)^+ = \begin{cases} 0 & x \leqslant a \\ x-a & x > a \end{cases}$$

由于 h_a 是递增的凸函数，我们有

$$E[h_a(X)] \geqslant E[h_a(Y)].$$

但是

$$\begin{aligned} E[h_a(X)] &= \int_0^{\infty} P\{(X-a)^+ > x\}\mathrm{d}x \\ &= \int_0^{\infty} P\{X > a + x\}\mathrm{d}x \\ &= \int_0^{\infty} \overline{F}(y)\mathrm{d}y. \end{aligned}$$

而类似地

$$E[h_a(Y)] = \int_a^{\infty} \overline{G}(y)\mathrm{d}y,$$

这就建立了式 (9.5.2). 为了证明另一方向的结论，假设式 (9.5.2) 对一切 $a \geqslant 0$ 成立，且以 h 记一个递增的凸函数，我们假设它是二次可微的. 由于 h 凸等价于 $h'' \geqslant 0$，我们从式 (9.5.2) 有

$$\int_0^{\infty} h''(a)\int_a^{\infty} \overline{F}(x)\mathrm{d}x\mathrm{d}a \geqslant \int_0^{\infty} h''(a)\int_a^{\infty} \overline{G}(x)\mathrm{d}x\mathrm{d}a. \tag{9.5.3}$$

434

计算上述不等式左方：

$$\begin{aligned} \int_0^{\infty} h''(a)\int_a^{\infty} \overline{F}(x)\mathrm{d}x\mathrm{d}a &= \int_0^{\infty}\int_0^{x} h''(a)\mathrm{d}a\overline{F}(x)\mathrm{d}x \\ &= \int_0^{\infty} h'(x)\overline{F}(x)\mathrm{d}x - h'(0)E[X] \\ &= \int_0^{\infty} h'(x)\int_x^{\infty}\mathrm{d}F(y)\mathrm{d}x - h'(0)E[X] \\ &= \int_0^{\infty}\int_0^{y} h'(x)\mathrm{d}x\mathrm{d}F(y) - h'(0)E[X] \\ &= \int_0^{\infty} h(y)\mathrm{d}F(y) - h(0) - h'(0)E[X] \end{aligned}$$

$$= E[h(X)] - h(0) - h'(0)E[X].$$

因为当用 $\overline{G}$ 代替 $\overline{F}$ 后，类似的等式也成立，从式（9.5.3）我们可见

$$E[h(X)] - E[h(Y)] \geqslant h'(0)(E[X] - E[Y]). \tag{9.5.4}$$

由于 $h'(0) \geqslant 0$（h 是递增的），又由于 $E[X] \geqslant E[Y]$（它得自在式（9.5.2）中取 $a = 0$），可得上述不等式的右方是非负的. ◀

推论 9.5.2　若 X 和 Y 是非负随机变量，使 $E[X] = E[Y]$，则 $X \geqslant_v Y$ 当且仅当

对一切凸函数 h 有　$E[h(X)] \geqslant E[h(Y)]$.

证明　令 h 是凸函数且假设 $X \geqslant_v Y$. 那么因为 $E[X] = E[Y]$，在 h 是凸函数假定下得到的不等式（9.5.4）简化为

$$E[h(X)] \geqslant E[h(Y)],$$

这就证明了结论. ◀

于是，对具有相同的均值的两个非负随机变量，若对一切凸函数 h 都有 $E[h(X)] \geqslant E[h(Y)]$，则我们有 $X \geqslant_v Y$. 正是由于这个原因我们说 $X \geqslant_v Y$，其意即 X 比 Y 随机地更多变. 即若它给极值以更多的权重，则直观地 X 比 Y 随机地更多变，而保证它的一种途径是，只要 h 是凸函数就有 $E[h(X)] \geqslant E[h(Y)]$.（例如，由于 $E[X] = E[Y]$，且由于 $h(x) = x^2$ 是凸函数，我们将有 $\mathrm{Var}(X) \geqslant \mathrm{Var}(Y)$.）

435

推论 9.5.3　若 X 和 Y 是非负随机变量，使 $E[X] = E[Y]$，则 $X \geqslant_v Y$ 蕴含 $-X \geqslant_v -Y$

证明　以 h 记一个递增的凸函数. 我们必须证明

$$E[h(-X)] \geqslant E[h(-Y)].$$

然而因为函数 $f(x) = h(-x)$ 是凸函数，从推论 9.5.2 即得结论. ◀

我们的下一个结果处理变动性序的保持性.

命题 9.5.4　若 $X_1, \cdots, X_n$ 是独立的，且 $Y_1, \cdots, Y_n$ 是独立的，而 $X_i \geqslant_v Y_i (i = 1, \cdots, n)$，则对每个变量都是凸的一切递增凸函数 g 有

$$g(X_1, \cdots, X_n) \underset{v}{\geqslant} g(Y_1, \cdots, Y_n).$$

证明　我们先从假定这 $2n$ 个随机变量都独立的情形开始. 对 n 用归纳法证明. 当 $n = 1$ 时我们必须证明当 g 和 h 是递增的凸函数时，且当 $X_1 \geqslant_v Y_1$ 时，有

$$E[h(g(X_1))] \geqslant E[h(g(Y_1))]$$

它得自 $X_1 \geqslant_v Y_1$ 的定义和 $h(g(x))$ 是凸函数，因为

$$\frac{\mathrm{d}}{\mathrm{d}x} h(g(x)) = h'(g(x))g'(x) \geqslant 0,$$

$$\frac{\mathrm{d}^2}{\mathrm{d}x^2} h(g(x)) = h''(g(x))(g'(x))^2 + h'(g(x))g''(x) \geqslant 0.$$

假定结论对 $n-1$ 维向量成立. 再一次令 g 和 h 是递增的凸函数. 如今

$$\begin{aligned} &E[h(g(X_1, X_2, \cdots, X_n)) \mid X_1 = x] \\ &= E[h(g(x, X_2, \cdots, X_n)) \mid X_1 = x] \\ &= E[h(g(x, X_2, \cdots, X_n))] \quad (\text{由 } X_1, \cdots, X_n \text{ 的独立性}) \end{aligned}$$

$$\geqslant E[h(g(x,Y_2,\cdots,Y_n))] \quad (\text{由归纳法假设})$$
$$= E[h(g(X_1,Y_2,\cdots,Y_n))|X_1 = x] \quad (\text{由 } X_1,Y_2\cdots,Y_n \text{ 的独立性}),$$

436

取期望给出

$$E[h(g(X_1,X_2,\cdots,X_n))] \geqslant E[h(g(X_1,Y_2,\cdots,Y_n))].$$

但是，对 $Y_2\cdots,Y_n$ 取条件，并利用对 $n=1$ 时的结果，我们可证

$$E[h(g(X_1,Y_2,\cdots,Y_n))] \geqslant E[h(g(Y_1,Y_2,\cdots,Y_n))],$$

这就证明了结论. 由于假定这 $2n$ 个随机变量都独立并没有影响 $g(X_1,\cdots,X_n)$ 和 $g(Y_1,\cdots,Y_n)$ 的分布，所以在这两组 n 个随机变量分别独立的更弱假设条件下结论仍然正确. ◀

9.6 变动性排序的应用

在介绍变动性排序的应用之前，我们要确定一类随机变量，它们比指数随机变量更多变（对应地，更少变).

定义 对于非负随机变量 X，若

$$\text{对一切 } a \geqslant 0 \text{ 有} \quad E[X-a|X>a] \leqslant E[X],$$

则称为**平均新的比用过的好**(NBUE). 若

$$\text{对一切 } a \geqslant 0 \text{ 有} \quad E[X-a|X>a] \geqslant E[X],$$

则称为**平均新的比用过的差**(NWUE). ⋘

若我们将 X 设想为某些部件的寿命，则 X 是 NBUE（对应地，NWUE）意即任意用过的部件的期望额外寿命短于（对应地，长于）或等于新的部件的期望寿命. 若 X 是 NBUE，而 F 是 X 的分布，则我们说 F 是 NBUE 分布，同样类似地有 NWUE 分布.

命题 9.6.1 *若 F 是均值为 μ 的 NBUE 分布，则*

$$F \underset{\text{v}}{\leqslant} \exp(\mu),$$

其中 $\exp(\mu)$ 是均值为 μ 的指数分布. 若 F 是均值为 μ 的 NWUE 分布，则不等式取反向.

437

证明 假设 F 是均值为 μ 的 NBUE 分布. 由命题 9.5.1，我们必须证明

$$\text{对一切 } c \geqslant 0 \text{ 有} \quad \int_x^\infty \overline{F}(x)\mathrm{d}x \leqslant \int_x^\infty \mathrm{e}^{-x/\mu}\mathrm{d}x. \tag{9.6.1}$$

现在若 X 有分布 F，则

$$E[X-a|X>a] = \int_0^\infty P\{X-a>x|X>a\}\mathrm{d}x = \int_0^\infty \frac{\overline{F}(a+x)}{\overline{F}(a)}\mathrm{d}x = \int_a^\infty \frac{\overline{F}(y)}{\overline{F}(a)}\mathrm{d}y.$$

因此，对均值为 μ 的 NBUE 分布 F，我们有

$$\int_a^\infty \frac{\overline{F}(y)}{\overline{F}(a)}\mathrm{d}y \leqslant \mu$$

或

$$\frac{\overline{F}(a)}{\int_a^\infty \overline{F}(y)\mathrm{d}y} \leqslant \frac{1}{\mu},$$

它蕴含

$$\int_0^c \left(\frac{\overline{F}(a)}{\int_a^\infty \overline{F}(y)\mathrm{d}y} \right) \mathrm{d}a \geqslant \frac{c}{\mu}.$$

我们可用变量替换 $x = \int_a^\infty \overline{F}(y)\mathrm{d}y, \mathrm{d}x = -\overline{F}(a)\mathrm{d}a$ 计算上式的左方，得到

$$-\int_\mu^{x(c)} \frac{\mathrm{d}x}{x} \geqslant \frac{c}{\mu},$$

其中 $x(c) = \int_c^\infty \overline{F}(y)\mathrm{d}y$. 求积分得

$$-\ln\left(\int_c^\infty \frac{\overline{F}(y)\mathrm{d}y}{\mu}\right) \geqslant \frac{c}{\mu},$$

或

$$\int_c^\infty \overline{F}(y)\mathrm{d}y \leqslant \mu \mathrm{e}^{-c/\mu},$$

438 这证明了式 (9.6.1). 当 F 是 NWUE 时，情况是类似的. ◀

9.6.1　G/G/1 排队系统的比较

G/G/1 系统假设了顾客之间的到达间隔时间 $X_n, n \geqslant 1$ 是独立同分布的，同样，相继的服务时间 $S_n, n \geqslant 1$ 也是独立同分布的. 只有一条服务线，而服务规则是“先来先服务”.

若我们以 D_n 记第 n 个顾客在队列中的等待时间，则易验证（若你不能验证它，可参见第 7 章的 7.1 节）以下的递推公式

$$D_1 = 0, D_{n+1} = \max\{0, D_n + S_n - X_{n+1}\}. \tag{9.6.2}$$

定理 9.6.2　*考虑两个 G/G/1 系统. 第 $i(i=1,2)$ 个系统具有到达间隔时间 $X_n^{(i)}$ 和服务时间 $S_n^{(i)}, n \geqslant 1$. 以 $D_n^{(i)}$ 记在系统 $i(i=1,2)$ 中第 n 个顾客在队列中的等待时间. 若*

(i) $E[X_n^{(1)}] = E[X_n^{(2)}]$,

(ii) $X_n^{(1)} \underset{\mathrm{v}}{\geqslant} X_n^{(2)}, \quad S_n^{(1)} \underset{\mathrm{v}}{\geqslant} S_n^{(2)}$,

则

$$\text{对一切 } n \text{ 有}\quad D_n^{(1)} \underset{\mathrm{v}}{\geqslant} D_n^{(2)}.$$

证明　用归纳法证明. 由于对 $n=1$ 是显然的，假定对 n 成立. 现在

$$D_n^{(1)} \underset{\mathrm{v}}{\geqslant} D_n^{(2)} \qquad \text{（由归纳法假设）},$$

$$S_n^{(1)} \underset{\mathrm{v}}{\geqslant} S_n^{(2)} \qquad \text{（由假定）},$$

$$-X_n^{(1)} \underset{\mathrm{v}}{\geqslant} -X_n^{(2)} \qquad \text{（由推论 9.5.3）}.$$

于是由命题 9.5.4

$$D_n^{(1)} + S_n^{(1)} - X_{n+1}^{(1)} \underset{\mathrm{v}}{\geqslant} D_n^{(2)} + S_n^{(2)} - X_{n+1}^{(2)}.$$

由于 $h(x) = \max(0, x)$ 是递增的凸函数，由递推式 (6.9.2) 和命题 9.5.4 推出

$$D_{n+1}^{(1)} \underset{\mathrm{v}}{\geqslant} D_{n+1}^{(2)},$$

439 于是完成了证明. ◀

以 $W_Q=\lim\limits_{n\to\infty}E[D_n]$ 记顾客在队列中的平均等待时间.

推论 9.6.3 对具有 $E[S]<E[X]$ 的 G/G/1 排队系统有

(i) 若等待间隔时间是具有均值 $1/\lambda$ 的 NBUE, 则

$$W_Q\leqslant\frac{\lambda E[S^2]}{2(1-\lambda E[S])}.$$

若分布是 NWUE, 则不等式取反向.

(ii) 若服务时间是具有均值 $1/\mu$ 的 NBUE, 则

$$W_Q\leqslant\mu\beta(1-\beta),$$

其中 β 是

$$\beta=\int_0^\infty \mathrm{e}^{-\mu t(1-\beta)}\,\mathrm{d}G(t)$$

的解, 而 G 是到达间隔分布. 若 G 是 NWUE, 则不等式反向.

证明 由命题 9.6.1 我们有 NBUE 分布比具有相同的均值的指数分布更少变. 因此在 (i) 中我们可将系统与 M/G/1 比较, 而在 (ii) 中与 G/M/1 比较. 因为 (i) 和 (ii) 中不等式的右边分别是在系统 M/G/1 和 G/M/1 中顾客在队列中的平均等待时间 (参见第 4 章的例 4.3 (A) 和例 4.3 (B)), 推论的结论来自定理 9.6.2. ◀

9.6.2 对更新过程的应用

以 $\{N_F(t),t\geqslant 0\}$ 记具有到达间隔分布 F 的更新过程. 我们在本节中的目的是证明以下定理.

定理 9.6.4 若 F 是均值为 μ 的 NBUE, 则 $N_F(t)\leqslant_{\mathrm{v}}N(t)$, 其中 $\{N(t)\}$ 是速率为 $1/\mu$ 的 Poisson 过程, 当 F 是均值为 μ 的 NWUE 时不等式取反方向. ◀

十分有趣的是, 证明一个更一般的结论反而更简单. (我们将在后面更多地介绍这一点.) 440

引理 9.6.5 令 $F_i(i\geqslant 1)$ 是 NBUE 分布, 每个具有均值 μ, 再以 G 记均值为 μ 的指数分布. 则对每个 $k\geqslant 1$ 有

$$\sum_{i=k}^{\infty}(F_1*F_2*\cdots*F_i)(t)\leqslant\sum_{i=k}^{\infty}G_{(i)}(t),\tag{9.6.3}$$

其中 $*$ 表示卷积, 而 $G_{(i)}$ 是 G 与自己的 i 次卷积.

证明 证明是对 k 用归纳法. 对 $k=1$ 情形的证明: 令 $X_1,X_2,\cdots$ 为独立的, X_i 具有分布 F_i, 且令

$$N^*(t)=\max\left\{n:\sum_1^n X_i\leqslant t\right\}.$$

现在, 我们能够证明对独立的非负的且有相同均值的 X_i 而言 (虽然它们不是同分布的), Wald 方程也成立. 由 Wald 方程有

$$E\left[\sum_{i=1}^{N^*(t)+1}X_i\right]=E[X]E[N^*(t)+1],\tag{9.6.4}$$

然而我们也有

$$\sum_{i=1}^{N^*(t)+1} X_i = t + \text{从 } t \text{ 到 } N^* \text{ 增加的时间}.$$

但是 E[从 t 到 N^* 增加的时间] 等于 X_i 之一的期望剩余寿命，于是由 NBUE，它小于或等于 μ. 即

$$E\left[\sum_{1}^{N^*(t)+1} X_i\right] \leqslant t + \mu,$$

而由式 (9.6.4)

$$E[N^*(t)] \leqslant t/\mu. \tag{9.6.5}$$

然而

[441]

$$E[N^*(t)] = \sum_{i=1}^{\infty} P\{N^*(t) \geqslant i\} = \sum_{i=1}^{\infty} P\{X_1 + \cdots + X_t \leqslant t\} = \sum_{t=1}^{\infty} (F_1 * \cdots * F_i)(t).$$

类似地，当 $k=1$ 时，因为式 (9.6.3) 的右边是指数更新过程在时刻 t（或 t/μ）的均值，我们由式 (9.6.5) 可得式 (9.6.3) 在 $k=1$ 时成立.

现在假定 (9.6.3) 对 k 成立. 我们有

$$\begin{aligned}
\sum_{i=k+1}^{\infty} (F_1 * \cdots * F_i)(t) &= \sum_{i=k+1}^{\infty} \int_0^t (F_1 * \cdots * F_{i-1})(t-x)\mathrm{d}F_i(x) \\
&= \int_0^t \sum_{j=k}^{\infty} (F_1 * \cdots * F_j)(t-x)\mathrm{d}F_{j+1}(x) \\
&\leqslant \int_0^t \sum_{j=k}^{\infty} G_{(j)}(t-x)\mathrm{d}F_{j+1}(x) \qquad \text{(由归纳法假设)} \\
&= \sum_{j=k}^{\infty} (G_{(j)} * F_{j+1})(t) = \left(\left(\sum_{j=k}^{\infty} G_{(j-1)} * F_{j+1}\right) * G\right)(t) \\
&\leqslant \left(\left(\sum_{j=k}^{\infty} G_{(j)}\right) * G\right)(t) \qquad \text{(由归纳法假设)} \\
&= \sum_{j=k}^{\infty} G_{(j+1)}(t) = \sum_{i=k+1}^{\infty} G_{(i)}(t),
\end{aligned}$$

这就证明了定理. ◀

现在我们已做好了证明定理 9.6.4 的准备.

定理 9.6.4 的证明　由命题 9.5.1，我们必须对一切 $k \geqslant 1$ 证明

$$\sum_{i=k}^{\infty} P\{N_F(t) \geqslant i\} \leqslant \sum_{i=k}^{\infty} P\{N(t) \geqslant i\}.$$

但是上式左方等于式 (9.6.3) 的左方，其中每个 F_i 都等于 F，而右方则正好是式 (9.6.3) 的右方.

注　假设我们试图直接证明，只要 F 是 NBUE 而 G 是具有相同均值的指数随机变量就有

$$\sum_{i=k}^{\infty} F_{(i)}(t) \leqslant \sum_{i=k}^{\infty} G_{(i)}(t)$$

那么我们可试图对 k 用归纳法. 当 $k=1$ 时与我们在引理 9.6.5 用过的证明完全相同. 然而，当我们试图从假定对 k 的结论成立去证明对 $k+1$ 的结论也成立时，在证明中我们会到达我们已证的这一步 [442]

$$\sum_{i=k+1}^{\infty} F_{(i)} \leqslant \left(\sum_{j=k}^{\infty} G_{(j-1)} * F\right) * F.$$

然而此时归纳法假设不足以让我们断言其右方小于或等于 $\left(\sum_{j=k}^{\infty} G_{(j)}\right) * F$. 道理在于有时使用归纳法更容易证明一个较强的结论，因为归纳法假设给我们更多可用的东西. □

9.6.3 对分支过程的应用[⊖]

考虑两个分支过程，且以 F_1 和 F_2 分别记这两个过程中每个个体的子裔数的分布. 假设

$$F_1 \underset{v}{\geqslant} F_2.$$

即我们假设第一个过程中每个个体的子裔数更多变. 以 $Z_n^{(i)}(i=1,2)$ 记第 i 个过程的第 n 代的规模.

定理 9.6.6 *若 $Z_0^{(i)}=1(i=1,2)$，则对一切 n 有 $Z_n^{(1)} \geqslant_v Z_n^{(2)}$.*

证明 证明是能通过对 n 用归纳法. 因为它在 $n=0$ 正确，假定它对 n 正确. 现在有

$$Z_{n+1}^{(1)} = \sum_{j=1}^{Z_n^{(1)}} X_j,$$

$$Z_{n+1}^{(2)} = \sum_{j=1}^{Z_n^{(2)}} Y_j,$$

其中 X_j 都是独立的，且具有分布 F_1（X_j 表示过程 1 的第 n 代第 j 个人的子裔数），而 Y_j 都是独立的，且具有分布 F_2. 由于 [443]

$$X_j \underset{v}{\geqslant} Y_j \qquad (\text{由假设}),$$

$$Z_n^{(1)} \underset{v}{\geqslant} Z_n^{(2)} \qquad (\text{由归纳法假设}),$$

定理结论得自下述引理. ◀

引理 9.6.7 *令 $X_1, X_2, \cdots$ 为独立同分布的非负随机变量列，而类似地有 $Y_1, Y_2, \cdots$ 也是独立同分布的非负随机变量列. 令 N 和 M 都是整数值的非负随机变量，且与序列 X_i 和 Y_i 都独立. 那么*

$$X_i \underset{v}{\geqslant} Y_i, \quad N \underset{v}{\geqslant} M \Rightarrow \sum_{i=1}^{N} X_i \underset{v}{\geqslant} \sum_{i=1}^{M} Y_i.$$

证明 我们先证明

$$\sum_{i=1}^{N} X_i \underset{v}{\geqslant} \sum_{i=1}^{M} X_i. \tag{9.6.6}$$

⊖ 读者应该参考第 4 章的 4.5 节来复习这个模型.

以 h 记一个递增的凸函数. 为证不等式 (9.6.6) 我们必须证明

$$E\left[h\left(\sum_1^N X_i\right)\right] \geqslant E\left[h\left(\sum_1^M X_i\right)\right]. \tag{9.6.7}$$

因为 $N \geqslant_{\mathrm{v}} M$ 且它们都独立于这些 X_i，所以若我们能证明由

$$g(n) = E[h(X_1 + \cdots + X_n)]$$

定义的函数 $g(n)$ 是 n 的递增的凸函数，则就能得到上式. 因为 h 递增且每个 X_i 都非负，g 显然递增，余下的是证明 g 是凸的，或等价地证明

$$g(n+1) - g(n) \quad 对 n 递增. \tag{9.6.8}$$

为此，令 $S_n = \sum_{i=1}^n X_i$，并注意

444

$$g(n+1) - g(n) = E[h(S_n + X_{n+1}) - h(S_n)].$$

现在

$$E[h(S_n + X_{n+1}) - h(S_n) \mid S_n = t] = E[h(t + X_{n+1}) - h(t)] = f(t) \quad (比如).$$

由于 h 是凸的，由此推出 $f(t)$ 对 t 递增. 此外由于 S_n 对 n 递增，我们可见 $E[f(S_n)]$ 对 n 递增. 但是

$$E[f(S_n)] = g(n+1) - g(n),$$

故而式 (9.6.8) 和式 (9.6.7) 都满足.

于是我们已证了

$$\sum_1^N X_i \geqslant_{\mathrm{v}} \sum_1^M X_i,$$

而证明将由说明

$$\sum_1^M X_i \geqslant_{\mathrm{v}} \sum_1^M Y_i$$

完成. 或等价地，对递增的凸函数 h 证明

$$E\left[h\left(\sum_1^M X_i\right)\right] \geqslant E\left[h\left(\sum_1^M Y_i\right)\right].$$

但是

$$\begin{aligned} E\left[h\left(\sum_1^M X_i\right)\middle| M = m\right] &= E\left[h\left(\sum_1^m X_i\right)\right] \quad (由独立性) \\ &\geqslant E\left[h\left(\sum_1^m Y_i\right)\right] \quad \left(因为 \sum_1^m X_i \geqslant_{\mathrm{v}} \sum_1^m Y_i\right) \\ &= E\left[h\left(\sum_1^M Y_i\right)\middle| M = m\right]. \end{aligned}$$

结论得自对上式两边取期望. ◀

于是我们证明了定理 9.6.6，它说明第一个过程的第 n 代的规模比第二个过程更多变. 在结束本节前我们将证明若第二个过程（更少变的过程）和第一个过程的每个人都具有相

同的平均子裔数，则它在每一代较少可能灭绝.

445

推论 9.6.8 *以 μ_1 和 μ_2 分别记子裔分布 F_1 和 F_2 的均值. 若 $Z_0^{(i)} = 1, i = 1,2, \mu_1 = \mu_2 = \mu$ 且 $F_1 \geqslant_v F_2$，则对一切 n 有*

$$P\{Z_n^{(1)} = 0\} \geqslant P\{Z_n^{(2)} = 0\}.$$

证明 由定理 9.6.6 我们有 $Z_n^{(1)} \geqslant_v Z_n^{(2)}$，于是由命题 9.5.1 知

$$\sum_{i=2}^{\infty} P\{Z_n^{(1)} \geqslant i\} \geqslant \sum_{i=2}^{\infty} P\{Z_n^{(2)} \geqslant i\},$$

或等价地，由于

$$E[Z_n] = \sum_{i=1}^{\infty} P\{Z_n \geqslant i\} = \mu^n,$$

我们有

$$\mu^n - P\{Z_n^{(1)} \geqslant 1\} \geqslant \mu^n - P\{Z_n^{(2)} \geqslant 1\},$$

或者

$$P\{Z_n^{(2)} \geqslant 1\} \geqslant P\{Z_n^{(1)} \geqslant 1\},$$

这就证明了结论. ◀

9.7 相伴随机变量

一组随机变量 $X_1, X_2, \cdots, X_n$，如果对于一切递增函数 f 和 g 都有

$$E[f(\boldsymbol{X})g(\boldsymbol{X})] \geqslant E[f(\boldsymbol{X})]E[g(\boldsymbol{X})],$$

就称为**相伴的**，其中 $\boldsymbol{X} = (X_1, X_2, \cdots, X_n)$，在这里，若只要对 $i = 1, \cdots, n$ 有 $x_i \leqslant y_i$，就有，$h(x_1, \cdots, x_n) \leqslant h(y_1, \cdots, y_n)$，则我们称 h 是一个递增函数，

命题 9.7.1 *独立随机变量都是相伴的.*

证明 假设 $X_1, \cdots, X_n$ 是独立的. 它们是相伴的证明是用归纳法. 因为当 $n=1$ 时的结论已证明（参见命题 7.2.1），假定任意一组 $n-1$ 个独立的随机变量是相伴的，而令 f 和 g 都是递增函数. 令 $\boldsymbol{X} = (X_1, X_2, \cdots, X_n)$. 现在

446

$$\begin{aligned} E[f(\boldsymbol{X})g(\boldsymbol{X}) | X_n = x] &= E[f(X_1, \cdots, X_{n-1}, x)g(X_1, \cdots, X_{n-1}, x) | X_n = x] \\ &= E[f(X_1, \cdots, X_{n-1}, x)g(X_1, \cdots, X_{n-1}, x)] \\ &\geqslant E[f(X_1, \cdots, X_{n-1}, x)]E[g(X_1, \cdots, X_{n-1}, x)] \\ &= E[f(\boldsymbol{X}) \mid X_n = x]E[g(\boldsymbol{X}) \mid X_n = x] \end{aligned}$$

其中最后两个不等式得自 X_i 的独立性和来自归纳法假设的不等式. 因此

$$E[f(\boldsymbol{X})g(\boldsymbol{X}) \mid X_n] \geqslant E[f(\boldsymbol{X}) \mid X_n]E[g(\boldsymbol{X}) \mid X_n],$$

故而

$$E[f(\boldsymbol{X})g(\boldsymbol{X})] \geqslant E[E[f(\boldsymbol{X}) \mid X_n]E[g(\boldsymbol{X}) \mid X_n]].$$

然而，$E[f(\boldsymbol{X}) \mid X_n]$ 和 $E[g(\boldsymbol{X}) \mid X_n]$ 都是 X_n 的递增函数，故而命题 7.2.1 导致

$$E[f(\boldsymbol{X})g(\boldsymbol{X})] \geqslant E[E[f(\boldsymbol{X}) \mid X_n]] \cdot E[E[g(\boldsymbol{X}) \mid X_n]] = E[f(\boldsymbol{X})]E[g(\boldsymbol{X})],$$

这就证明了结论. ◀

由相伴性的定义推出，相伴的随机变量的递增函数也是相伴的. 因此，我们由命题 9.7.1 可得独立随机变量的递增函数也是相伴的.

例 9.7 (A) 考虑一个由 n 个部件组成的系统，每个部件或者在工作，或者已失效. 若部件 i 在工作，则令 X_i 等于 1，而若它失效，则令 X_i 等于 0，再假设 X_i 都是独立的且有 $P\{X_i=1\}=p_i, i=1,\cdots,n$. 此外假设存在部件的一组子集 $C_1,\cdots,C_r$ 使得系统在工作当且仅当，每个子集中至少有一个部件在工作.（这些子集称为切割集，而若选取得使它不是另一个切割集的真子集时，则称为最小切割集.）因此，若系统在工作，我们令 S 等于 1，否则令 S 等于 0，则

$$S=\prod_{i=1}^{r} Y_i,$$

其中

447

$$Y_i=\max_{j\in C_i} X_j.$$

因为 $Y_1,\cdots,Y_r$ 都是独立随机变量 $X_1,\cdots,X_n$ 的递增函数，它们是相伴的. 因此

$$P\{S=1\}=E[S]=E\left[\prod_{i=1}^{r} Y_i\right]\geqslant E[Y_1]E\left[\prod_{i=2}^{r} Y_i\right]\geqslant\cdots\geqslant\prod_{i=1}^{r} E[Y_i],$$

其中的不等式得自相伴性. 由于当 C_i 中至少有一个部件在工作时 Y_i 等于 1，我们得到

$$P\{\text{ 系统在工作 }\}\geqslant\prod_{i=1}^{r}\left(1-\prod_{j\in C_i}(1-p_j)\right).$$ ■

证明随机变量是相伴的最简单的方法常常是将它们中每一个表示为指定的一组独立随机变量的递增函数.

定义 若对一切 n 和 $t_1,\cdots,t_n$，随机变量 $X(t_1),\cdots,X(t_n)$ 是相伴的，则随机过程 $\{X(t),t\geqslant 0\}$ 称为相伴的.

例 9.7 (B) 任意具有独立增量且 $X(0)=0$ 的随机过程 $\{X(t),t\geqslant 0\}$，比如 Poisson 过程或 Brown 运动过程，都是相伴的. 为验证这个断言，令 $t_1<t_2<\cdots<t_n$. 然后，因为 $X(t_1),\cdots,X(t_n)$ 都是独立随机变量 $X(t_i)-X(t_{i-1})(i=1,\cdots,n)$ 的递增函数（其中 $t_0=0$），所以它们是相伴的. ■

若对一切 n 和 a 有 $P\{X_n\leqslant a\mid X_{n-1}=x\}$ 是 x 的递减函数，Markov 链 $\{X_n,n\geqslant 0\}$ 就称为随机单调的. 即若 Markov 链在时刻 n 的状态关于时刻 $n-1$ 的状态是随机地递增的，则它是随机单调的.

命题 9.7.2 随机单调的 Markov 链是相伴的.

证明 我们要将 $X_0,X_1,\cdots,X_k$ 表示为一组独立随机变量的递增函数以证明它们是相伴的. 以 $F_{n,x}$ 记 X_n 对 $X_{n-1}=x$ 的条件分布函数. 令 $U_1,\cdots,U_n$ 是独立于 $\{X_n,n\geqslant 0\}$ 的独立的 (0, 1) 均匀随机变量. 现在，令 X_0 具有过程指定的分布，而对 $i=1,\cdots,n$ 相继地定义

448

$$X_i=F_{i,X_{i-1}}^{-1}(U_i)\equiv\inf\{x:U_i\leqslant F_{i,X_{i-1}}(x)\}.$$

易验证，对给定的 X_{i-1} ，X_i 具有适合的条件分布.

由于 $F_{i,X_{i-1}}(x)$ 对 X_{i-1} 递减（由随机单调性假定），我们可见 X_i 对 X_{i-1} 递增．此外，由于 $F_{i,X_{i-1}}(x)$ 对 x 递增，就得 X_i 对 U_i 递增．因此，$X_1 = F_{1,X_0}^{-1}(U_1)$ 是 X_0 和 U_1 的递增函数；$X_2 = F_{2,X_1}^{-1}(U_2)$ 是 X_1 和 U_2 的递增函数，因而是 X_0 ，U_1 和 U_2 的递增函数，如此等等．因为每个 $X_i(i = 1,\cdots,n)$ 都是独立随机变量 X_0 ，U_1 ，$\cdots$，U_n 的递增函数，所以 $X_1,\cdots,X_n$ 是相伴的. ◀

我们下一个例子在统计的 Bayes 理论中很重要．它说明若随机变量对一个参数的值随机递增，而这个参数具有一个先验分布，则这个随机样本是无条件地相伴的.

例 9.7（C） 令 Λ 是一个随机变量，且假设在取条件于 $\Lambda = \lambda$ 时，随机变量 $X_1,\cdots,X_n$ 是独立的，且具有共同的分布 F_λ ．若对一切 x ，$F_\lambda(x)$ 对 λ 递减，则 $X_1,\cdots,X_n$ 是相伴的．这个结论可用类似于在命题 9.7.2 中用过的推理来验证．就是令 $U_1,\cdots,U_n$ 是独立于 Λ 的独立的（0，1）均匀随机变量．然后递推地由 $X_i = F_\Lambda^{-1}(U_i)(i = 1,\cdots,n)$ 定义 $X_1,\cdots,X_n$ ．因为 X_i 是独立随机变量 Λ ，$U_1,\cdots,U_n$ 的递增函数，所以 $X_1,\cdots,X_n$ 是相伴的. ■

习 题

9.1 若 $X \geqslant_{st} Y$，证明 $X^+ \geqslant_{st} Y^+$ 和 $Y^- \geqslant_{st} X^-$.

9.2 假设 $X_i \geqslant_{st} Y_i (i = 1,2)$．用反例说明未必有 $X_1 + X_2 \geqslant_{st} Y_1 + Y_2$.

9.3 (a) 若 $X \geqslant_{st} Y$，假定 X 和 Y 独立，证明 $P\{X \geqslant Y\} \geqslant 1/2$.

(b) 若 $P\{X \geqslant Y\} \geqslant 1/2$，$P\{Y \geqslant Z\} \geqslant 1/2$，且 X,Y,Z 都是独立的，问是否有 $P\{X \geqslant Z\} \geqslant 1/2$？证明或给出反例.

9.4 n 个元素中的一个被需求——这个元素是 i 的概率为 $P_i(i = 1,\cdots,n)$．设这些元素被排列为一个有序的表列．求使被需求的元素的位置随机地最小的排列. [449]

9.5 若对某个 $\lambda > 0$，$\alpha > 0$ 随机变量的密度为

$$f(t) = \frac{\lambda e^{-\lambda t}(\lambda t)^{\alpha-1}}{\Gamma(\alpha)}, \quad t \geqslant 0,$$

其中

$$\Gamma(\alpha) = \int_0^\infty e^{-x} x^{\alpha-1} dx.$$

则称该随机变量具有 gamma 分布．证明当 $\alpha \geqslant 1$ 时，它是 IFR 随机变量，而当 $\alpha \leqslant 1$ 时，它是 DFR 随机变量.

9.6 若 $X_i(i = 1,\cdots,n)$ 是独立的 IFR 随机变量，证明 $\min(X_1,\cdots,X_n)$ 也是 IFR 随机变量．举一个反例说明 $\max(X_1,\cdots,X_n)$ 未必是 IFR 随机变量.

9.7 可以证明如下的关于 IFR 分布的定理.

定理：若 F 和 G 都是 IFR，则 F 和 G 的卷积 $F * G$ 也是 IFR．说明当以 DFR 代替 IFR 时定理并不正确.

9.8 若一个取非负整数值的随机变量满足

$$P\{X = k \mid X \geqslant k\} \text{ 对 } k(k = 0,1,\cdots) \text{ 递减},$$

则称为离散的 IFR 随机变量．证明 (a) 二项随机变量，(b) Poisson 随机变量，和 (c) 负二项随机变量都是离散的 IFR 随机变量.（提示：利用 IFR 分布在卷积（在习题 9.7 中叙述的定理）和取极

限后仍然是 IFR 分布，证明会更容易.）

9.9 证明参数为 n,p 的二项分布 $B_{n,p}$ 对 n,p 两者都是随机地递增的. 即 $\overline{B}_{n,p}$ 对 n,p 两者都是递增的.

9.10 考虑状态为 $0,1,\cdots,n$ 的 Markov 链，具有转移概率

$$P_{ij}=\begin{cases}c_i & \text{若 } j=i-1\\ 1-c_i & \text{若 } j=i+k(i)\end{cases}\quad (i=1,\cdots,n-1;P_{0,0}=P_{n,n}=1),$$

450

其中 $k(i)\geqslant 0$. 以 f_i 记在给定此 Markov 链从状态 i 出发时它迟早进入状态 0 的概率. 证明 f_i 是 $(c_1,\cdots,c_{n-1})$ 的递增的函数.（提示：考虑两个这样的 Markov 链，一个有 $(c_1,\cdots,c_{n-1})$ 而另一个有 $(\bar{c}_1,\cdots,\bar{c}_{n-1})$，其中 $\bar{c}_j\geqslant c_j$. 假设两者都从状态 i 开始. 将两个过程耦合使得第一个链的下一个状态不小于第二个链的下一个状态. 然后让第一个链运动（保持第二个链固定）直至它，或者与第二个链在相同的状态，或者到达状态 n. 若与第二个链在相同的状态，那么重新开始这个进程.）

9.11 证明具有均值 μ 和方差 σ^2 的正态分布对 μ 随机地递增. 在 σ^2 增加时该是怎样的？

9.12 考虑具有转移概率 p_{ij} 的 Markov 链. 假设对一切 k，$\sum_{j=k}^{\infty}p_{ij}$ 对 i 递增.

(a) 证明对一切增函数 f，$\sum_j p_{ij}f(j)$ 对 i 递增.

(b) 证明对一切 k，$\sum_{j=k}^{\infty}p_{ij}^n$ 对 i 递增，其中 p_{ij}^n 是 n 步转移概率，$n\geqslant 2$.

9.13 以 $\{N_i(t),t\geqslant 0\}$ 记两个具有分别的到达间隔分布 F_1 和 F_2 的更新过程. 以 $\lambda_i(t)$ 记 $F_i(i=1,2)$ 的风险率函数. 若对一切 s,t 有

$$\lambda_1(t)\geqslant\lambda_2(s),$$

证明对一切集合 $T_1,\cdots,T_n$ 有

$$(N_1(T_1),\cdots,N_1(T_n))\geqslant_{\mathrm{st}}(N_2(T_1),\cdots,N_2(T_n)).$$

9.14 考虑一个条件 Poisson 过程（参见第 2 章的 2.6 节）. 即，令 Λ 是具有分布 G 的非负随机变量，且令 $\{N(t),t\geqslant 0\}$ 是一个计数过程，使在给定 $\Lambda=\lambda$ 的条件时它是速率为 λ 的 Poisson 过程. 以 $G_{t,n}$ 记在给定 $N(t)=n$ 的条件下 Λ 的条件分布.

(a) 推导 $G_{t,n}$ 的表达式.

(b) $G_{t,n}$ 对 n 随机递增吗，对 t 随机递减吗？

(c) 以 $Y_{t,n}$ 记在给定 $N(t)=n$ 时从 t 到下一个事件的时间. $Y_{t,n}$ 对 t 随机递增吗，对 n 随机递减吗？

9.15 对随机变量 X 和 Y 以及任意集合 A，证明耦合上界

451

$$|P\{X\in A\}-P\{Y\in A\}|\leqslant P\{X\neq Y\}.$$

9.16 验证在例 9.2（E）中的不等式（9.2.4）.

9.17 令 $R_1,\cdots,R_m$ 是数 $1,\cdots,m$ 的随机排列，其意义为，对任意排列 $i_1,\cdots,i_m$，$P\{$对一切 $j=1,\cdots,m$ 有 $R_j=i_j\}=1/m!$.

(a) 在例 9.2（E）中描述的优惠券收集问题中，论证 $E[N]=\sum_{j=1}^{m}j^{-1}E[1/P_{R_j}\mid R_j$ 是 $R_1,\cdots,R_j$ 中最后收集到的$]$，其中 N 是每种类型至少有一张所需收集的优惠券数.

(b) 论证在给定 R_j 是 $R_1,\cdots,R_j$ 中最后收集到的优惠券的条件下 P_{R_j} 的条件分布随机地小于 P_{R_j} 的无条件分布.

(c) 证明

$$E[N]\geqslant\frac{1}{m}\sum_{i=1}^{m}1/P_i\sum_{j=1}^{m}1/j.$$

9.18 令 X_1 和 X_2 分别有风险率函数 $\lambda_1(t)$ 和 $\lambda_2(t)$. 证明对一切 t 有 $\lambda_1(t)\geqslant\lambda_2(t)$ 当且仅当，对一切 $s<t$ 有

$$\frac{P\{X_1 > t\}}{P\{X_1 > s\}} \leqslant \frac{P\{X_2 > t\}}{P\{X_2 > s\}}.$$

9.19 令 X 和 Y 有各自的风险率函数 $\lambda_X(t) \leqslant \lambda_Y(t)$．定义一个随机变量 $\overline{X}$ 如下：若 $Y = t$，则

$$\overline{X} = \begin{cases} t & \text{以概率 } \lambda_X(t)/\lambda_Y(t) \\ t + X_t & \text{以概率 } 1 - \lambda_X(t)/\lambda_Y(t) \end{cases}$$

其中 X_t 是一个独立于其他随机变量，且具有分布

$$P\{X_t > s\} = \frac{P\{X > t + s\}}{P\{X > t\}}$$

的随机变量．证明 $\overline{X}$ 和 X 有相同的分布．

9.20 令 F 和 G 分别具有风险率函数 λ_F 和 λ_G．证明对一切 t 有 $\lambda_F(t) \geqslant \lambda_G(t)$ 当且仅当，存在独立的连续随机变量 Y 和 Z，使 Y 具有分布 G，而 $\min(Y, Z)$ 具有分布 F．

452

9.21 一族随机变量 $\{X_\theta, \theta \in [a, b]\}$，若当 $\theta_1 \leqslant \theta_2$ 时有 $X_{\theta_1} \leqslant_{\mathrm{LR}} X_{\theta_2}$，则称为单调似然比族．证明下述各族都具有单调似然比：

(a) X_θ 是具有参数 n, p 的二项随机变量，n 固定．

(b) X_θ 是具有均值 λ 的 Poisson 随机变量．

(c) X_θ 是 $(0, \theta)$ 的均匀随机变量．

(d) X_θ 是具有参数 $(n, 1/\theta)$ 的 gamma 随机变量，n 固定．

(e) X_θ 是具有参数 (θ, λ) 的 gamma 随机变量，λ 固定．

9.22 考虑如下的统计推断问题，其中随机变量 X 已知具有密度 f 或 g．Bayes 方法是假设了 f 是真实密度的一个先验概率 p．若给定 X 的值时的后验概率大于某个临界值，则接受 f 是真实密度的假设．证明若 $f(x)/g(x)$ 对 x 不减，则它等价于当 X 的观测值大于某个临界值就接受 f 是真实密度的假设．

9.23 我们有 n 个工作，第 i 个工作需要随机时间 X_i 处理．这些工作必须逐个地处理，而我们的目标是使在一个（固定的）时刻 t 前处理的工作数达到最大．

(a) 若

$$X_i \underset{\mathrm{LR}}{\leqslant} X_{i+1}, \quad i = 1, \cdots, n-1,$$

确定最佳策略．

(b) 若只假定

$$X_i \underset{\mathrm{st}}{\leqslant} X_{i+1}, \quad i = 1, \cdots, n-1,$$

结果会是怎样？

9.24 库存有 n 个部件，有一个随机变量 $X_i (i = 1, \cdots, n)$ 与第 i 个部件相系．若在时刻 t 将第 i 个部件安置在运动场，则部件的寿命是 $X_i e^{-\alpha t}$．若 $X_i \geqslant_{\mathrm{LR}} X_{i+1} (i = 1, \cdots, n-1)$，问怎样的排序使一切部件的运动场总寿命最大？注意若 $n = 2$ 且排序用 1，2，则在运动场的总寿命是 $X_1 + X_2 e^{-\alpha X_1}$．

9.25 证明具有下列密度的随机变量有递增的似然比，即密度的对数是凹的：

(a) Gamma 分布：$f(x) = \lambda e^{-\lambda x} (\lambda x)^{\alpha - 1} / \Gamma(\alpha), \alpha \geqslant 1$．

(b) Weibull 分布：$f(x) = \alpha\lambda (\lambda x)^{\alpha - 1} e^{-(\lambda x)^\alpha}, \alpha \geqslant 1$．

(c) 截断为正的正态分布：$f(x) = \dfrac{1}{a\sqrt{2\pi}\sigma} e^{-(x-\mu)^2/2\sigma^2}, x > 0$．

453

9.26 假设 $X_1, \cdots, X_n$ 是独立的，且 $Y_1, \cdots, Y_n$ 是独立的．若 $X_i \geqslant_{\mathrm{v}} Y_i (i = 1, \cdots, n)$．证明

$$E[\max(X_1, \cdots, X_n)] \geqslant E[\max(Y_1, \cdots, Y_n)].$$

当没有独立性假定时给出一个反例.

9.27 证明 F 是 NBUE 随机变量的分布当且仅当，对一切 a 有

$$\overline{F}_e(a) \leqslant \overline{F}(a),$$

其中 $\overline{F}_e$ 是 F 的平衡分布，它定义为

$$F_e(a) = \int_0^a \frac{\overline{F}(x)\mathrm{d}x}{\mu},$$

而 $\mu = \int_0^\infty \overline{F}(x)\mathrm{d}x$.

9.28 对下述说法给出证明或给出反例：若 $F \geqslant_{\mathrm{v}} G$，则 $N_F(t) \geqslant_{\mathrm{v}} N_G(t)$，其中 $\{N_H(t), t \geqslant 0\}$ 是到达间隔分布为 H 的更新过程，$H=F$，G.

9.29 令 $X_1,\cdots,X_n$ 是独立的，具有分布 $P\{X_i = 1\} = P_i = 1 - P\{X_i = 0\}, i = 1,\cdots,n$. 证明

$$\sum_{i=1}^n X_i \underset{\mathrm{v}}{\leqslant} \mathrm{Bin}(n, \overline{p}),$$

其中 $\mathrm{Bin}(n,\overline{p})$ 是参数为 n 和 $\overline{p} = \sum_{i=1}^n P_i/n$ 的二项分布.（提示：先对 $n=2$ 证明.）用上式证明 $\sum_{i=1}^n X_i \leqslant_{\mathrm{v}} Y$，其中 Y 是均值为 $n\overline{p}$ 的 Poisson 随机变量. 因此例如有，一个 Poisson 随机变量比一个具有相同均值的二项随机变量更多变.

9.30 假设 $P\{X=0\} = 1 - M/2, P\{X=2\} = M/2$，其中 $0 < M < 2$. 若 Y 是一个非负的整数值随机变量，使 $P\{Y=1\} = 0$ 且 $E[Y] = M$，证明 $X \leqslant_{\mathrm{v}} Y$.

9.31 Jensen 不等式是说，对一个凸函数 f 有

$$E[f(X)] \geqslant f(E[X]).$$

454

(a) 证明 Jensen 不等式.

(b) 若 X 具有均值 $E[X]$，证明

$$X \underset{\mathrm{v}}{\geqslant} E[X],$$

其中 $E[X]$ 是常数随机变量.

(c) 假设存在随机变量 Z 使 $E[Z \mid Y] \geqslant 0$，且使 X 具有和 $Y+Z$ 相同的分布. 证明 $X \geqslant_{\mathrm{v}} Y$. 事实上可证（虽然另一个方向较难证明）这是 $X \geqslant_{\mathrm{v}} Y$ 的必要且充分条件.

9.32 若 $E[X] = 0$，证明当 $c \geqslant 1$ 时有 $cX \geqslant_{\mathrm{v}} X$.

9.33 假设 $P\{0 \leqslant X \leqslant 1\} = 1$，而令 $\theta = E[X]$. 证明 $X \leqslant_{\mathrm{v}} Y$，其中 Y 是一个参数为 θ 的二项随机变量.（即，$P\{Y=1\} = \theta = 1 - P\{Y=0\}$.）

9.34 证明 $E[Y \mid X] \leqslant_{\mathrm{v}} Y$. 再用此事实证明

(a) 若 X 和 Y 独立，则 $XE[Y] \leqslant_{\mathrm{v}} XY$.

(b) 若 X 和 Y 独立，且 $E[Y] = 0$，则 $X \leqslant_{\mathrm{v}} X + Y$.

(c) 若 $X_i, i \geqslant 1$ 独立同分布，则

$$\frac{1}{n}\sum_{i=1}^n X_i \underset{\mathrm{v}}{\geqslant} \frac{1}{n+1}\sum_{i=1}^{n+1} X_i.$$

(d) $X + E[X] \leqslant_{\mathrm{v}} 2X$.

9.35 证明：若 $X_1,\cdots,X_n$ 都是一组指定的相伴随机变量的递减函数，则它们是相伴的随机变量.

9.36 在例 9.7（A）的模型中，我们总能找到一族部件子集 $M_1,\cdots,M_m$，使系统在工作当且仅当，这些子集中至少有一个子集的全部部件在工作.（若 M_i 中没有一个是另一个的真子集，则它们称为最小道路集.）证明

$$P\{S=1\}\leqslant 1-\prod_{i}\left(1-\prod_{j\in M_i}p_i\right).$$

9.37 证明一个可交换的 Bernoulli 随机变量的无穷序列是相伴的. 455

参考文献

文献 8 是本章所有结果的重要参考文献. 此外，有关随机地大于，读者应参考文献 4. 在文献 1 中可见到有关 IFR 和 DFR 随机变量的更多的材料. 耦合是一种很有价值和有用的技巧，它可追溯到文献 5；事实上，在 9.2.2 节中使用的方法正来自此文献. 该方法导致并建立命题 9.3.2，而推论 9.3.3 取自文献 2 和 3. 文献 4 介绍了变动性序的一些应用.

1. R. E. Barlow, and F. Proschan, *Statistical Theory of Reliability and Life Testing*, Holt, New York, 1975.
2. M. Brown, "Bounds, Inequalities and Monotonicity Properties for some Specialized Renewal Processes," *Annals of Probability*, 8 (1980), pp. 227 - 240.
3. M. Brown, "Further Monotonicity Properties for Specialized Renewal Processes," *Annals of Probability* (1981) .
4. S. L. Brumelle, and R. G. Vickson, "A Unified Approach to Stochastic Dominance," in *Stochastic Optimization Models in Finance*, edited by W. Ziemba and R. Vickson, Academic Press, New York, 1975.
5. W. Doeblin, "sur Deux Problèmes de M. Kolmogoroff Concernant Les Chaines Dénombrables," *Bulletin Societe Mathematique de France*, 66 (1938), pp. 210 - 220.
6. T. Lindvall, Lectures on the Coupling Method, Wiley, New York, 1992.
7. A. Marshall and I. Olkin, *Inequalities: Theory of Majorization and Its Applications*, Academic Press, Orlando, FL, 1979.
8. J. G. Shanthikumar and M. Shaked, *Stochastic Orders and Their Applications*, Academic Press, San Diego, CA, 1994.

456

第 10 章 Poisson 逼近

设 $X_1, \cdots, X_n$ 是具有

$$P\{X_i = 1\} = \lambda_i = 1 - P\{X_i = 0\}, \qquad i = 1, \cdots, n$$

的 Bernoulli 随机变量，令 $W = \sum_{i=1}^{n} X_i$. Poisson 范例说明，若 λ_i 都很小，且若 X_i 都是独立的或者至多是“弱”相依的随机变量，则 W 的分布将近似于具有均值为 $\lambda \equiv \sum_{i=1}^{n} \lambda_i$ 的 Poisson 分布，故而

$$P\{W = k\} \approx e^{-\lambda} \lambda^k / k!.$$

在 10.1 节中，我们介绍一种方法，它基于称为 Brun 筛法的结果，建立前面的近似的有效性. 在 10.2 节中，我们给出对 Poisson 逼近的误差上界的 Stein-Chen 方法. 在 10.3 节中，我们考虑对 $P\{W = k\}$ 的另一种逼近，它常常是上面确定的逼近的改进.

10.1 Brun 筛法

Poisson 逼近的有效性，常可用下述称为 Brun 筛法的结果建立.

命题 10.1.1 令 W 为有界的非负整数值随机变量. 若对一切 $i \geqslant 0$ 有

457

$$E\left[\binom{W}{i}\right] \approx \lambda^i / i!,$$

则

$$P\{W = j\} \approx e^{-\lambda} \lambda^j / j!, \quad j \geqslant 0.$$

证明 令 $I_j (j \geqslant 0)$ 定义为

$$I_j = \begin{cases} 1 & 若 W = j \\ 0 & 其他情形 \end{cases}$$

于是，在 $r < 0$ 或 $K > r$ 时将 $\binom{r}{k}$ 理解为等于 0 后，我们有

$$\begin{aligned} I_j \binom{W}{j} (1-1)^{W-j} &= \binom{W}{j} \sum_{k=0}^{W-j} \binom{W-j}{k} (-1)^k \\ &= \sum_{k=0}^{\infty} \binom{W}{j} \binom{W-j}{k} (-1)^k \\ &= \sum_{k=0}^{\infty} \binom{W}{j+k} \binom{j+k}{k} (-1)^k. \end{aligned}$$

取期望给出

$$\begin{aligned} P\{W = j\} &= \sum_{k=0}^{\infty} E\left[\binom{W}{j+k}\right] \binom{j+k}{k} (-1)^k \approx \sum_{k=0}^{\infty} \frac{\lambda^{j+k}}{(j+k)!} \binom{j+k}{k} (-1)^k \\ &= \frac{\lambda^j}{j!} \sum_{k=0}^{\infty} (-\lambda)^k / k! = e^{-\lambda} \lambda^j / j!. \end{aligned}$$

◀

例 10.1 (A) 假设 W 是参数为 n,p 的二项随机变量，其中 n 很大，p 很小. 令 $\lambda=np$，并将 W 解释为 n 次独立试验中的成功次数，其中每次成功的概率为 p；故而 $\binom{W}{i}$ 表示有 i 次成功的集合数. 现在，对这 i 次试验的 $\binom{n}{i}$ 个集合中的每个，定义一个示性随机变量 X_j：若所有的试验都成功，则它等于 1，否则它等于 0. 那么

458

$$\binom{W}{i}=\sum_j X_j,$$

于是

$$E\left[\binom{W}{i}\right]=\binom{n}{i}p^i=\frac{n(n-1)\cdots(n-i+1)}{i!}p^i.$$

因此，若 i 相对于 n 很小，则

$$E\left[\binom{W}{i}\right]\approx\lambda^i/i!.$$

若 i 相对于 n 不是很小，则 $E\left[\binom{W}{i}\right]\approx 0\approx\lambda^i/i!$，故而我们得到对二项随机变量的经典 Poisson 逼近. ■

例 10.1 (B) 我们重新研究在例 1.3(A) 中考虑过的匹配问题. 在此问题中，n 个人将他们的帽子混合后每人随机取一个. 以 W 记取得自己帽子的人数，且注意 $\binom{W}{i}$ 表示有 i 个人取得自己的帽子的集合数. 对 i 个人的 $\binom{n}{i}$ 个集合的每个，定义一个示性随机变量：若此集合中的所有人都取得自己的帽子，则它等于 1，否则它等于 0. 则若 $X_j\left[j=1,\cdots,\binom{n}{i}\right]$ 是 i 个人的第 j 个集合的示性函数，我们有

459

$$\binom{W}{i}=\sum_j X_j,$$

故而对 $i\leqslant n$，

$$E\left[\binom{W}{i}\right]=\binom{n}{i}\frac{1}{n(n-1)\cdots(n-i+1)}=1/i!,$$

于是由 Brun 筛法，匹配数近似地具有均值为 1 的 Poisson 分布. ■

例 10.1 (C) 考虑一些独立的试验，其中每个试验等可能地出现 r 个可能结果之一，这里 r 很大. 以 X 记直至至少其中一个结果已出现 k 次时所需的试验次数. 我们要用 Poisson 逼近得到 X 大于 n 的近似概率.

以 W 记在前 n 次试验中至少已出现 k 次的结果数，则

$$P\{X > n\} = P\{W = 0\}.$$

假定在前 n 次试验中任意指定的结果至少已出现 k 次的可能性较小，我们现在论证 W 的分布近似地是Poisson分布.

作为开始，注意 $\binom{W}{i}$ 等于在前 n 次试验中已出现 k 次或更多次的 i 个结果的集合数. 在对 $\binom{r}{i}$ 个集合的每个定义示性随机变量后，我们可见

$$E\left[\binom{W}{i}\right] = \binom{r}{i}p,$$

其中 p 是在前 n 次试验中指定的 i 个结果已出现 k 次或更多次的概率. 现在，每次试验导致 i 个指定的结果中任一个的概率为 i/r，故而若 i/r 很小，则由二项分布的Poisson逼近推出，在前 n 次试验中出现 i 个指定结果中任一个的次数 Y 近似地具有均值为 ni/r 的Poisson分布. 考虑出现 i 个指定结果中任意一个的 Y 次试验，按哪 i 个指定结果出现分类. 若 Y_j 是这 i 个指定结果中的第 j 个出现的次数，则由例1.5(I) 推出 $Y_j(j = 1,\cdots,i)$ 是独立的Poisson随机变量，每个具有均值 $\frac{1}{i}(ni/r) = n/r$. 所以，我们由 Y_j 的独立性可见 $p \approx (\alpha_n)^i$，其中

[460]

$$\alpha_n = 1 - \sum_{j=0}^{k-1} \mathrm{e}^{-n/r}(n/r)^j/j!.$$

于是在 i/r 很小时

$$E\left[\binom{W}{i}\right] \approx \binom{r}{i}\alpha_n^i \approx (r\alpha_n)^i/i!.$$

此外，由于我们假设在 n 次试验中指定的 i 个结果已出现 k 次或更多次的概率很小，由此推出 α_n（对这二项概率的Poisson逼近）也很小，故而当 i/r 并不很小时

$$E\left[\binom{W}{i}\right] \approx 0 \approx (r\alpha_n)^i/i!.$$

因此，在所有的情形我们可见

$$E\left[\binom{W}{i}\right] \approx (r\alpha_n)^i/i!.$$

所以，W 近似地是均值为 $r\alpha_n$ 的Poisson随机变量，故而

$$P\{X > n\} = P\{W = 0\} \approx \exp\{-r\alpha_n\}.$$

作为上式的一个应用，考虑生日问题，其中我们感兴趣的是确定直至至少有3个人是同一天过生日所需的人数. 事实上这是上面在 $r = 365, k = 3$ 的情形. 于是

$$P\{X > n\} \approx \exp\{-365\alpha_n\},$$

其中 α_n 是均值为 $n/365$ 的Poisson随机变量至少是3的概率. 例如，对 $n = 88$，$\alpha_{88} = 0.001\,952$，故而

$$P\{X > 88\} \approx \exp\{-365\alpha_{88}\} \approx 0.490.$$

[461] 即对房间中88个人近似以51%的可能性至少有3个人具有相同的生日. ■

10.2 给出 Poisson 逼近的误差界的 Stein-Chen 方法

如上一节，令 $W = \sum_{i=1}^{n} X_i$，其中 X_i 是分别具有均值 $\lambda_i (i = 1, \cdots, n)$ 的 Bernoulli 随机变量. 令 $\lambda = \sum_{i=1}^{n} \lambda_i$，并以 A 记非负整数的一个集合. 在本节中我们介绍在用 $\sum_{i \in A} e^{-\lambda}\lambda^i/i!$ 近似 $P\{W \in A\}$ 时确定误差上界的方法，称之为 Stein-Chen 方法.

作为开始，对固定的 λ 和 A，我们定义一个函数 g 使

$$E[\lambda g(W+1) - Wg(W)] = P\{W \in A\} - \sum_{i \in A} e^{-\lambda}\lambda^i/i!.$$

这可归纳地完成如下：

$$g(0) = 0,$$

而对 $j \geqslant 0$ 定义

$$g(j+1) = \frac{1}{\lambda}\left[I\{j \in A\} - \sum_{i \in A} e^{-\lambda}\lambda^i/i! + jg(j)\right],$$

其中若 $j \in A$ 则 $I\{j \in A\}$ 等于 1，否则它等于 0. 因此，对 $j \geqslant 0$ 有

$$\lambda g(j+1) - jg(j) = I\{j \in A\} - \sum_{i \in A} e^{-\lambda}\lambda^i/i!,$$

故而

$$\lambda g(W+1) - Wg(W) = I\{W \in A\} - \sum_{i \in A} e^{-\lambda}\lambda^i/i!.$$

取期望给出

$$E[\lambda g(W+1) - Wg(W)] = P\{W \in A\} - \sum_{i \in A} e^{-\lambda}\lambda^i/i!. \tag{10.2.1}$$

我们需要 g 的下述性质，这里略去其证明.

引理 10.2.1 对任意 λ 和 A 有

$$|g(j) - g(j-1)| \leqslant \frac{1 - e^{-\lambda}}{\lambda} \leqslant \min(1, 1/\lambda).$$

462

由于对 $i < j$ 有

$$g(j) - g(i) = g(j) - g(j-1) + g(j-1) - g(j-2) + \cdots + g(i+1) - g(i),$$

我们从引理 10.2.1 和三角不等式得到

$$|g(j) - g(i)| \leqslant |j - i| \min(1, 1/\lambda). \tag{10.2.2}$$

我们需要下述引理来继续我们的分析.

引理 10.2.2 对任意随机变量 R 有

$$E[WR] = \sum_{i=1}^{n} \lambda_i E[R | X_i = 1].$$

证明

$$E[WR] = E\left[\sum_{i=1}^{n} RX_i\right] = \sum_{i=1}^{n} E[RX_i] = \sum_{i=1}^{n} E[RX_i | X_i = 1]\lambda_i = \sum_{i=1}^{n} \lambda_i E[R | X_i = 1].$$

若在引理 10.2.2 中令 $R = g(W)$，则我们得

$$E[Wg(W)] = \sum_{i=1}^{n}\lambda_i E[g(W)|X_i = 1] = \sum_{i=1}^{n}\lambda_i E[g(V_i+1)], \qquad (10.2.3)$$

其中 V_i 是任意一个随机变量，它的分布和在给定 $X_i = 1$ 时 $\sum_{j\neq i}X_j$ 的条件分布相同. 即 V_i 是使

463

$$P\{V_i = k\} = P\left\{\sum_{j\neq i}X_j = k|X_i = 1\right\}$$

的任意随机变量.

由于 $E[\lambda g(W+1)] = \sum_{i=1}^{n}\lambda_i E[g(W+1)]$，我们由方程（10.2.1）和（10.2.3）得

$$\begin{aligned}
&\left|P\{W\in A\} - \sum_{i\in A}\mathrm{e}^{-\lambda}\lambda^i/i!\right| \\
&= \left|\sum_{i=1}^{n}\lambda_i(E[g(W+1)] - E[g(V_i+1)])\right| \qquad (10.2.4)\\
&= \left|\sum_{i=1}^{n}\lambda_i E[g(W+1) - g(V_i+1)]\right| \\
&\leqslant \sum_{i=1}^{n}\lambda_i E[|g(W+1) - g(V_i+1)|] \\
&\leqslant \sum_{i=1}^{n}\lambda_i \min(1,1/\lambda)E[|W - V_i|],
\end{aligned}$$

其中最后的不等式用了方程（10.2.2）. 所以，我们就证明了下述定理. ◀

定理 10.2.3　令 $V_i(i = 1,\cdots,n)$ 是任意随机变量，其分布与在给定 $X_i = 1(i = 1,\cdots,n)$ 时 $\sum_{j\neq i}X_j$ 的条件分布相同. 即对一切 i，V_i 使对一切 k 有

$$P\{V_i = k\} = P\{\sum_{j\neq i}X_i = k|X_i = 1\}.$$

则对非负整数的任意子集 A 有

$$\left|P\{W\in A\} - \sum_{i\in A}\mathrm{e}^{-\lambda}\lambda^i/i!\right| \leqslant \min(1,1/\lambda)\sum_{i=1}^{n}\lambda_i E[|W - V_i|]. \quad ◀$$

注　定理 10.2.3 的证明加强了我们对 Poisson 范例有效性的直观感觉. 我们从方程（10.2.4）可见，若对一切 i，W 和 V_i 近似地有相同的分布，则 Poisson 逼近将是精确的. 这正是对一切 i，在给定 $X_i = 1$ 时，$\sum_{j\neq i}X_j$ 的条件分布近似是 W 的分布的时候. 但是，若

464

$$\sum_{j\neq i}X_j|X_i = 1 \overset{d}{\approx} \sum_{j\neq i}X_j \overset{d}{\approx} \sum_{j}X_j,$$

则就是这种情形，此处 $\overset{d}{\approx}$ 意即"近似地有相同的分布". 即 X_i 之间的依赖性必须足够弱，致使其中指定的一个等于 1 并不对其他项和的分布有大的影响，此外 $\lambda_i = P\{X_i = 1\}$ 对一切 i 也必须很小，致使 $\sum_{j\neq i}X_j$ 和 $\sum_{j}X_j$ 近似地有相同的分布. 因此，

倘使 λ_i 都很小而 X_i 之间只有弱的相依性，Poisson 逼近将是精确的. □

例 10.2 (A) 若 X_i 是独立的 Bernoulli 随机变量，则我们可令 $V_i = \sum_{j \neq i} X_j$. 所以

$$E[|W - V_i|] = E[X_i] = \lambda_i,$$

故而

$$\left|P\{W \in A\} - \sum_{i \in A} e^{-\lambda}\lambda^i/i!\right| \leqslant \min(1, 1/\lambda)\sum_{i=1}^{n}\lambda_i^2.$$ ■

由于在定理 10.2.3 中 Poisson 逼近的界是用具有指定分布的任意随机变量 $V_i(i = 1, \cdots, n)$ 给出的，我们可尝试将 V_i 与 W 耦合以简化 $E[|W - V_i|]$ 的计算. 例如，在很多情形中，X_j 是负相关的，故而 $X_i = 1$ 的信息将使其他 X_j 等于 1 的可能减少，存在一个导致 V_i 小于或等于 W 的耦合. 若 V_i 与 W 如此耦合，就推出

$$E[|W - V_i|] = E[W - V_i] = E[W] - E[V_i].$$

例 10.2 (B) 假设有 m 个球放进 n 个瓮中，每个球独立地以概率 $p_i(i = 1, \cdots, n)$ 放进瓮 i 中. 令 X_i 是瓮 i 为空这一事件的示性函数，并以 $W = \sum_{i=1}^{n} X_i$ 记空瓮数. 若 m 足够大，使

$$\lambda_i = P\{X_i = 1\} = (1 - p_i)^m$$

中的每一个都很小，则我们可预期 W 应该近似地具有均值为 $\lambda = \sum_{i=1}^{n} \lambda_i$ 的 Poisson 分布.

因为 X_i 具有负相关，由于瓮 i 是空这一事实使其他瓮也空的可能减少，所以我们可假设能构建一个导致 $W \geqslant V_i$ 的耦合. 为证明这确实可能，想象这 m 个球按指定的概率分配，而以 W 记空瓮数. 现在把在瓮 i 中的每个球独立地以概率 $p_j/(1 - p_i)(j \neq i)$ 重新分配到其他瓮中. 若现在我们以 V_i 记空瓮 $j(j \neq i)$ 的个数，则易见 V_i 具有定理 10.2.3 中指定的合适分布. 由于 $W \geqslant V_i$，这就推出 [465]

$$E[|W - V_i|] = E[W - V_i] = E[W] - E[V_i] = \lambda - \sum_{j \neq i}\left(1 - \frac{p_j}{1 - p_i}\right)^m.$$

于是对任意集合 A 有

$$\left|P\{W \in A\} - \sum_{i \in A} e^{-\lambda}\lambda^i/i!\right| \leqslant \min(1, 1/\lambda)\sum_{i=1}^{n}\lambda_i\left[\lambda - \sum_{j \neq i}\left(1 - \frac{p_j}{1 - p_i}\right)^m\right].$$ ■

何时 Poisson 逼近误差较小的进一步见解得自于在每个 $i(i = 1, \cdots, n)$ 存在一个 V_i 和 W 耦合的方法使 $W \geqslant V_i$ 的情形. 因为在此情形，我们有

$$\begin{aligned}\sum_i \lambda_i E[|W - V_i|] &= \sum_i \lambda_i E[W] - \sum_i \lambda_i E[V_i] \\ &= \lambda^2 - \sum_i \lambda_i (E[1 + V_i] - 1) \\ &= \lambda^2 + \lambda - \sum_i \lambda_i E\left[1 + \sum_{j \neq i} X_j | X_i = 1\right]\end{aligned}$$

$$= \lambda^2 + \lambda - \sum_i \lambda_i E[W|X_i = 1]$$
$$= \lambda^2 + \lambda - E[W^2]$$
$$= \lambda - \mathrm{Var}(W),$$

其中倒数第二个等式来自在引理10.2.2中置$R = W$.

[466] 于是我们已证明了下述命题.

命题 10.2.4 若对每个$i(i = 1,\cdots,n)$存在一个V_i和W耦合的方法，使$W \geqslant V_i$，则对任意集合A有

$$\left|P\{W \in A\} - \sum_{i \in A} \mathrm{e}^{-\lambda}\lambda^i/i!\right| \leqslant \min(1,1/\lambda)[\lambda - \mathrm{Var}(W)]. \quad ◀$$

于是，粗略地说，在X_i中一个的出现使其他X_j出现的可能减少的情形，倘若$\mathrm{Var}(W) \approx E[W]$，则Poisson逼近将是很精确的.

10.3 改善Poisson逼近

再次令$X_1,\cdots,X_n$是Bernoulli随机变量，具有$\lambda_i = P\{X_i = 1\}$. 在本节中我们介绍逼近$W = \sum_{i=1}^n X_i$的概率函数的另一个方法. 它基于下述命题.

命题 10.3.1 令V_i的分布与在给定$X_i = 1$时$\sum_{j \neq i} X_j$的条件分布相同.

(a) $P\{W > 0\} = \sum_{i=1}^n \lambda_i E[1/(1+V_i)]$.

(b) $P\{W = k\} = \frac{1}{k}\sum_{i=1}^n \lambda_i P\{V_i = k-1\}, \quad k \geqslant 1$.

证明 两部分都得自引理10.2.2. 为证(a)，令

$$R = \begin{cases} 1/W & 若 W > 0 \\ 0 & 若 W = 0 \end{cases}$$

则由引理10.2.2我们得

[467]

$$P\{W > 0\} = \sum_{i=1}^n \lambda_i E[1/W|X_i = 1] = \sum_{i=1}^n \lambda_i E[1/(1+V_i)],$$

这证明了(a). 为证(b)，令

$$R = \begin{cases} 1/k & 若 W = k \\ 0 & 其他情形 \end{cases}$$

并用引理10.2.2得

$$P\{W = k\} = \sum_{i=1}^n \lambda_i \frac{1}{k} P\{W = k|X_i = 1\} = \frac{1}{k}\sum_{i=1}^n \lambda_i P\{V_i = k-1\}. \quad ◀$$

令

$$a_i = E[V_i] = \sum_{j \neq i} E[X_j|X_i = 1].$$

现在，若所有的 a_i 都很小，且若在给定 $X_i=1$ 时余下的 $X_j(j\neq i)$ 只是“弱”相依的，则 V_i 的条件分布近似地是均值为 a_i 的 Poisson 分布. 假定是这样，则

$$P\{V_i=k-1\}\approx\exp\{-a_i\}a_i^{k-1}/(k-1)!,\quad k\geqslant 1,$$

$$\begin{aligned}E[1/(1+V_i)]&\approx\sum_j(1+j)^{-1}\exp\{-a_i\}a_i^j/j!\\&=\frac{1}{a_i}\exp\{-a_i\}\sum_j a_i^{j+1}/(j+1)!\\&=\exp\{-a_i\}(\exp\{a_i\}-1)/a_i\\&=(1-\exp\{-a_i\})/a_i.\end{aligned}$$

利用上式并结合命题 10.3.1，就得到下面的逼近

$$P\{W>0\}\approx\sum_{i=1}^n\lambda_i(1-\exp\{-a_i\})/a_i,$$

$$P\{W=k\}\approx\frac{1}{k}\sum_{i=1}^n\lambda_i\exp\{-a_i\}a_i^{k-1}/(k-1)!,\quad k\geqslant 1.\tag{10.3.1}$$

若 X_i 都是“负”相依的，则在给定 $X_i=1$ 时其他 X_j 等于 1 的可能性变小. 因此，V_i 是 Bernoulli 随机变量的和，和的每项的均值比 W 作为和的每项的均值小，故而我们可预期它的分布比 W 的分布离 Poisson 分布更近. 事实上，在参考文献 [4] 中已证明了，当 X_i 都是“负”相依时，倘使 $\lambda<1$，上述逼近比通常的 Poisson 逼近更精确. 下面的例子对这个命题提供了一些数值上的证据. [468]

例 10.3 (A) **Bernoulli 卷积** 假设 $X_i(i=1,\cdots,10)$ 是具有 $E[X_i]=i/1000$ 的独立的 Bernoulli 随机变量. 下面的表给出了在本节中新的逼近与通常的 Poisson 逼近的比较.

k	$P\{W=k\}$	新的逼近	通常的逼近
0	0.946 302	0.946 299	0.946 485
1	0.052 413	0.052 422	0.052 056
2	0.001 266	0.001 257	0.001 431
3	0.000 018	0.000 020	0.000 026

■

例 10.3 (B) 例 10.2 (B) 涉及 m 次独立的多项试验中不出现的结果数，其中每次试验分别以概率 $p_1,\cdots,p_n$ 出现 n 个可能结果之一. 当试验结果 $i(i=1,\cdots,n)$ 不出现时令 X_i 等于 1，否则令它为 0. 由于结果 i 不出现使其他结果不出现的可能性更小，在 X_i 之间存在一种负相依性. 于是我们可预期由方程 (10.3.1) 给出的逼近在 $\lambda<1$ 时比直接的 Poisson 逼近更精确，其中

$$a_i=\sum_{j\neq i}E[X_j\,|\,X_i=1]=\sum_{j\neq i}\left(1-\frac{p_j}{1-p_i}\right)^m.$$

下面的表在 $n=4,m=20$ 和 $p_i=i/10$ 时给出了两种逼近的比较. W 是不出现的结果数.

k	$P\{W=k\}$	新的逼近	通常的逼近
0	0.866 90	0.866 89	0.874 64
1	0.132 27	0.132 30	0.117 15
2	0.000 84	0.000 80	0.007 85

■

例 10.3 (C) 再次考虑 m 次独立试验，每次试验分别以概率 $p_1,\cdots,p_n$ 出现 n 个可能的结果之一，但是现在以 W 记至少出现 r 次的结果数. 在任意指定的至少出现 r 次的结果是不太可能的情形时，W 粗略地为 Poisson 随机变量. 此外，因为 W 的示性随机变量是负相关的（因为结果 i 出现至少 r 次使其他结果也出现至少 r 次的可能性更小），当 $\lambda<1$ 时新的逼近应是很精确的.

469

下面的表在 $n=6,m=10$ 和 $p_i=1/6$ 时给出了两种逼近的比较. W 是至少出现 5 次的结果数.

k	$P\{W=k\}$	新的逼近	通常的逼近
0	0.907 291 0	0.907 291 1	0.911 40
1	0.092 646 8	0.092 646 9	0.084 55
2	0.000 062 5	0.000 062 4	0.003 92

■

命题 10.3.1 (a) 也可用于得到 $P\{W>0\}$ 的界.

推论 10.3.2

$$P\{W>0\}\geqslant\sum_{i=1}^{n}\lambda_i/(1+a_i).$$

证明 由于 $f(x)=1/x$ 对 $x\geqslant 0$ 是凸函数，结论得自命题 10.3.1 (a) 并利用 Jensen 不等式. ◀

在推论 10.3.2 中给出的界可能十分精确. 例如，在例 10.3 (A) 中它给出了上界 $P\{W=0\}\leqslant 0.947\,751$，而准确概率是 0.946 302. 在例 10.3 (B) 和例 10.3 (C) 中它给出了上界 $P\{W=0\}\leqslant 0.867\,67$ 和 $P\{W=0\}\leqslant 0.907\,35$，两者都小于直接的 Poisson 逼近.

习 题

10.1 一组 n 个元件排成一列，每个元件独立地以概率 p 失效. 若 k 个相继的元件失效，则系统失效.

(a) 对 $i\leqslant n+1-k$，令 Y_i 为元件 $i,i+1,\cdots,i+k-1$ 都失效这一事件. 你是否预期 $\sum_i Y_i$ 的分布近似地为 Poisson 分布？给以解释.

470

(b) 定义示性随机变量 $X_i(i=1,\cdots,n+1-k)$，使对一切 $i\neq j$ 事件 $\{X_i=1\}$ 和 $\{X_j=1\}$ 不是互斥就是独立，且对它有

$$P\{系统失效\}=P\left\{X+\sum_i X_i>0\right\},$$

其中 X 是一切元件都失效这一事件的示性随机变量.

(c) 逼近 $P\{系统失效\}$.

10.2 假设 m 个球从一组含有 n 个红球的 N 个球中随机地取出. 以 W 记选取到的红球数. 若与 N 相比 n 和 m 都很小, 用 Brun 筛法论证 W 的分布近似地是 Poisson 分布.

10.3 假设习题 10.1 中的元件安排在圆周上. 逼近 $P\{系统失效\}$ 并用 Brun 筛法证明逼近的合法性.

10.4 若 X 是均值为 λ 的 Poisson 随机变量, 证明: 倘若涉及的期望都存在, 则

$$E[Xh(X)] = \lambda E[h(X+1)].$$

10.5 一群由 n 对夫妇组成的 $2n$ 个人随机安排在圆桌上. 以 W 记座位相邻的夫妇数.

(a) 逼近 $P\{W = k\}$.

(b) 给出此逼近的界.

10.6 假设 N 个人将他们的帽子投掷到一个圈内, 而后随机地各取一个. 以 W 记前 n 个人中取得自己的帽子的人数.

(a) 用通常的 Poisson 逼近去近似 $P\{W = 0\}$.

(b) 用 10.3 节中的 Poisson 逼近去近似 $P\{W = 0\}$.

(c) 对 $P\{W = 0\}$ 确定由推论 10.3.2 提供的界.

(d) 对 $N = 20, n = 3$ 计算准确概率, 并将它与上面的界和近似做比较.

471

10.7 给定 n 个顶点的一个集合, 假设在 $\binom{n}{2}$ 对顶点中的每一对之间以概率 p 存在 (独立地) 一条边. 将此顶点集和边集称为一个图. 任意三个顶点, 若图包含连接它们的全部 $\binom{3}{2}$ 条边, 则称这三个顶点构成一个三角形. 以 W 记图中的三角形数. 假定 p 很小, 在下面两种情形逼近 $P\{W = k\}$.

(a) 用 Poisson 逼近.

(b) 用 10.3 节中的逼近.

10.8 用 10.3 节中的逼近去近似习题 10.3 中的 $P\{系统失效\}$. 再确定由推论 10.2.3 提供的界.

10.9 假设 W 是独立的 Bernoulli 随机变量的和. 给出 $P\{W = k\}$ 和方程 (10.3.1) 中给的近似之间的差的界. 将这个界和在例 10.2 (A) 中对通常的 Poisson 逼近得到的界做比较.

参考文献

关于 Poisson 范例和 Brun 筛法的更多结果, 包括命题 10.1.1 的极限定理版本, 可参见文献 2. 要知道广义 Stein-Chen 方法的更多内容, 我们推荐文献 3. 10.3 节的逼近方法取自文献 4. 有关 Poisson 逼近的许多完美的应用可在文献 1 中找到.

1. D. Aldous, *Probability Approximations via the Poisson Clumping Heuristic*, Springer-Verlag, New York, 1989.
2. N. Alon, J. Spencer, and P. Erdos, *The Probabilistic Method*, Wiley, New York, 1992.
3. A. D. Barbour, L. Holst, and S. Janson, *Poisson Approximations*, Clarendon Press, Oxford, England, 1992.
4. E. Peköz and S. M. Ross, "Improving Poisson Approximations," *Probability in the Engineering and Informational Sciences*, Vol. 8, No. 4, December, 1994, pp. 449 - 462.

472

部分习题的解答

第1章

1.5 (a) $P_{N_1,\cdots,N_{r-1}}(n_1,\cdots,n_{r-1})=\dfrac{n!}{\prod_{i=1}^{r}n_i!}\prod_{i=1}^{r}P_i^{n_i}$，其中 $n_i=0,\cdots,n$，且 $\sum_{i=1}^{r}n_i=n$.

(b) $E[N_i]=nP_i$，$E[N_i^2]=nP_i-nP_i^2+n^2P_i^2$，

$E[N_j]=nP_j$，$E[N_j^2]=nP_j-nP_j^2+n^2P_j^2$，

$E[N_iN_j]=E[E[N_iN_j\mid N_j]]$，

$$E[N_iN_j\mid N_j=m]=mE[N_i\mid N_j=m]=m(n-m)\frac{P_i}{1-P_j}=\frac{nmP_i-m^2P_i}{1-P_j},$$

$$E[N_iN_j]=\frac{nE[N_j]P_i-E[N_j^2]P_i}{1-P_j}=\frac{n^2P_jP_i-nP_iP_j+nP_j^2P_i-n^2P_j^2P_i}{1-P_j}$$

$$=\frac{n^2P_jP_i(1-P_j)-nP_iP_j(1-P_j)}{1-P_j}=n^2P_iP_j-nP_iP_j,$$

$\mathrm{Cov}(N_i,N_j)=E[N_iN_j]-E[N_i]E[N_j]=-nP_iP_j, i\neq j.$

(c) 令 $I_j=\begin{cases}1 & \text{若结果 } j \text{ 永不出现}\\ 0 & \text{其他情形}\end{cases}$

$E[I_j]=(1-P_j)^n$，$\mathrm{Var}[I_j]=(1-P_j)^n(1-(1-P_j)^n)$，

473

$E[I_iI_j]=(1-P_i-P_j)^n$，$i\neq j$，

不出现的结果数 $=\sum_{j=1}^{r}I_j$，

$$E\left[\sum_{j=1}^{r}I_j\right]=\sum_{j=1}^{r}(1-P_j)^n,\mathrm{Var}\left[\sum_{i=1}^{r}I_i\right]=\sum_{1}^{r}\mathrm{Var}[I_j]+\sum_{i\neq j}\sum\mathrm{Cov}[I_i,I_j],$$

$\mathrm{Cov}[I_iI_j]=E[I_iI_j]-E[I_i]E[I_j]=(1-P_i-P_j)^n-(1-P_i)^n(1-P_j)^n$，

$$\mathrm{Var}\left[\sum_{j=1}^{r}I_i\right]=\sum_{j=1}^{r}(1-P_j)^n(1-(1-P_j)^n)+\sum_{i\neq j}\sum[(1-P_i-P_j)^n-(1-P_i)^n(1-P_j)^n].$$

1.6 (a) 令 $I_j=\begin{cases}1 & \text{在时刻 } j \text{ 有一个记录}\\ 0 & \text{其他情形}\end{cases}$

$$N_n=\sum_{j=1}^{r}I_j,\quad E[N_n]=\sum_{j=1}^{n}E[I_j]=\sum_{j=1}^{n}\frac{1}{j},$$

$\mathrm{Var}(N_n)=\sum_{j=1}^{n}\mathrm{Var}(I_j)=\sum_{j=1}^{n}\dfrac{1}{j}\left(1-\dfrac{1}{j}\right)$，因为 I_j 都是独立的.

(b) 令 $T=\min\{n:n>1$ 且在 n 出现一个记录$\}$，

$T>n\Leftrightarrow X_1=X_1,X_2,\cdots,X_n$ 中的最大者，

$$E[T]=\sum_{n=1}^{\infty}P\{T>n\}=\sum_{n=1}^{\infty}\frac{1}{n}=\infty,$$

$P\{T=\infty\}\ \lim_{n\to\infty}P\{T>n\}=0.$

(c) 以 T_y 记大于 y 的首次记录值的时刻. 令 XT_y 是在时刻 T_y 的记录值.

$$\begin{aligned}P\{XT_y>x\mid T_y=n\}&=P\{X_n>x\mid X_1<y,X_2<y,\cdots,X_{n-1}<y,X_n>y\}\\&=P\{X_n>x\mid X_n>y\}\\&=\begin{cases}1 & x<y\\ \overline{F}(x)/\overline{F}(y) & x>y\end{cases}\end{aligned}$$

因为 $P\{XT_y>x|T_y=n\}$ 不依赖 n，所以 T_y 和 XT_y 独立.

1.10 假设每次比赛的结果是独立的，每个参赛人以 1/2 概率赢. 对 k 个参赛人的任意集合 S，令 $A(S)$ 是没有 S^c 的成员打败 S 中每个人这一事件. 那么 [474]

$$P\left\{\bigcup_S A(S)\right\}\leqslant\sum_S P\{A(S)\}=\binom{n}{k}[1-(1/2)^k]^{n-k},$$

其中等式来自，存在 $\binom{n}{k}$ 个规模为 k 的集合，而 $P\{A(S)\}$ 是不在 S 中的 $n-k$ 个参赛人中的每人与 S 中参赛人的 k 次比赛至少输一次的概率. 因此，若 $\binom{n}{k}[1-(1/2)^k]^{n-k}<1$，则存在一个正的概率使所有的事件 $A(S)$ 都不出现.

1.14 (a) 以 $Y_j(j=1,\cdots,10)$ 记在第 $j-1$ 个和第 j 个偶数之间出现的 1 的个数. 由取条件于，1 先于偶数出现还是偶数先于 1 出现，我们得

$$\begin{aligned}E[Y_j]&=E[Y_j\mid \text{偶数先于 1 出现}]3/4+E[Y_j\mid \text{1 先于偶数出现}]1/4\\&=(1+E[Y_j])1/4,\end{aligned}$$

它蕴含

$$E[X_j]=1/3.$$

因为

$$X_1=\sum_{j=1}^{10}Y_j,$$

由此推出

$$E[X_1]=10/3.$$

(b) 以 W_j 记在第 $j-1$ 个和第 j 个偶数之间出现的 2 的个数，$j=1,\cdots,10$. 那么

$$E[W_j]=E[W_j\mid \text{偶数是 2}]1/3+E[W_j\mid \text{偶数不是 2}]2/3=1/3,$$

故而

$$E[X_2]=E\left[\sum_{j=1}^{10}W_j\right]=10/3.$$

(c) 因为每个结果以概率 3/4 不是 1 就是偶数，由此推出 $1+Y_j$ 是均值为 4/3 的几何随机变量. 因此 $\sum_{j=1}^{10}(1+Y_j)=10+X_1$ 是 $n=10$ 和 $p=3/4$ 的负二项随机变量. 所以 [475]

$$P\{X_1=i\}=P\{\text{Neg Bin}(10,3/4)=10+i\}=\binom{9+i}{9}(3/4)^{10}(1/4)^i.$$

(d) 因为有 10 个结果是偶数，且每个独立地以概率 1/3 是 2，由此推出 X_2 是具有参数 $n=10$ 和 $p=1/3$ 的二项随机变量. 即

$$P\{X=i\}=\binom{10}{i}(1/3)^i(2/3)^{10-i}.$$

1.17　(a) 令

$$F_{i,n}(x) = P\{第\ i\ 个最小者 \leqslant x \mid X_n \leqslant x\}F(x) + P\{第\ i\ 个最小者 \leqslant x \mid X_n > x\}\overline{F}(x) = P\{X_{i-1,n-1} \leqslant x\}F(x) + P\{X_{i,n-1} \leqslant x\}\overline{F}(x).$$

(b) 令

$$F_{i,n-1}(x) = P\{X_{i,n-1} \leqslant x \mid X_n\ 在第\ i\ 个最小者中\}i/n + P\{X_{i,n-1} \leqslant x \mid X_n\ 不在第\ i\ 个最小者中\}(1-i/n) = P\{X_{i+1,n} \leqslant x\}i/n + P\{X_{i,n} \leqslant x\}(1-i/n),$$

其中最后的等式来自，因为 X_n 是否在 $X_1,\cdots,X_n$ 的第 i 个最小者之中并不影响 $X_{i,n}(i=1,\cdots,n)$ 的联合分布.

1.21　$P\{N=0\} = P\{u_1 < e^{-\lambda}\} = e^{-\lambda}$. 假设

$$P\{N=n\} = P\{u_1 \geqslant e^{-\lambda}, u_1u_2 \geqslant e^{-\lambda}, \cdots, u_1\cdots u_n \geqslant e^{-\lambda}, u_1\cdots u_{n+1} < e^{-\lambda}\} = e^{-\lambda}\lambda^n/n!,$$

因此

$$\begin{aligned} P\{N=n+1\} &= \int_0^1 P\{u_1 \geqslant e^{-\lambda}, \cdots, u_1\cdots u_{n+1} \geqslant e^{-\lambda}, u_1\cdots u_{n+2} < e^{-\lambda} \mid u_1 = x\}dx \\ &= \int_{e^{-\lambda}}^1 P\left\{u_2 \geqslant \frac{e^{-\lambda}}{x}, \cdots, u_2\cdots u_{n+1} \geqslant \frac{e^{-\lambda}}{x}, u_2\cdots u_{n+2} < \frac{e^{-\lambda}}{x}\right\}dx \\ &= \int_{e^{-\lambda}}^1 e^{-(\lambda+\ln x)}\frac{(\lambda+\ln x)^n}{n!}dx, \end{aligned}$$

[476]

其中最后的等式是由于 $e^{-\lambda}/x = e^{-(\lambda+\ln x)}$ 且来自归纳法假设. 于是我们从上式可得

$$\begin{aligned} P\{N=n+1\} &= \frac{1}{n!}\int_{e^{-\lambda}}^1 \frac{e^{-\lambda}(\lambda+\ln x)^n}{x}dx \\ &= \frac{e^{-\lambda}}{n!}\int_0^\lambda y^n dy \quad (由\ y=\lambda+\ln x) \\ &= \frac{e^{-\lambda}\lambda^{n+1}}{(n+1)!}, \end{aligned}$$

这就完成了归纳法.

1.22

$$\begin{aligned} \mathrm{Var}(X \mid Y) &= E[(X-E(X\mid Y))^2 \mid Y] \\ &= E[X^2 - 2XE(X\mid Y) + (E(X\mid Y))^2 \mid Y] \\ &= E[X^2 \mid Y] - 2[E(X\mid Y)]^2 + [E(X\mid Y)]^2 \\ &= E[X^2 \mid Y] - (E[X\mid Y])^2, \\ \mathrm{Var}(X) &= E[X^2] - (E[X])^2 \\ &= E(E[X^2 \mid Y]) - (E[E[X\mid Y]])^2 \\ &= E[\mathrm{Var}(X\mid Y) + (E[X\mid Y])^2] - (E[E[X\mid Y]])^2 \\ &= E[\mathrm{Var}(X\mid Y)] + E[(E[X\mid Y])^2] - (E[E[X\mid Y]])^2 \\ &= E[\mathrm{Var}(X\mid Y)] + \mathrm{Var}(E[X\mid Y]). \end{aligned}$$

1.34

$$\begin{aligned} P\{X_1 < X_2 \mid \min(X_1,X_2)=t\} &= \frac{P\{X_1 < X_2, \min(X_1,X_2)=t\}}{P\{\min(X_1,X_2)=t\}} \\ &= \frac{P\{X_1=t, X_2>t\}}{P\{X_1=t,X_2>t\} + P\{X_2=t,X_1>t\}} \\ &= \frac{P\{X_1=t\}P\{X_2>t\}}{P\{X_1=t\}P\{X_2>t\} + P\{X_2=t\}P\{X_1>t\}}, \end{aligned}$$

$$P\{X_2=t\}=\lambda_2(t)P\{X_2>t\},\quad P\{X_1>t\}=\frac{P\{X_1=t\}}{\lambda_1(t)},$$

$$P\{X_2=t\}P\{X_1>t\}=\frac{\lambda_2(t)}{\lambda_1(t)}P\{X_1=t\}P\{X_2>t\}.$$

因此

$$P\{X_1<X_2\mid\min(X_1,X_2)=t\}=\frac{1}{1+\frac{\lambda_2(t)}{\lambda_1(t)}}=\frac{\lambda_1(t)}{\lambda_1(t)+\lambda_2(t)}.$$

477

1.37 若峰值出现在时刻 n 则令 I_n 等于 1，否则令 I_n 等于 0；注意由于 X_{n-1},X_n 或 X_{n+1} 中的每一个都等可能地是这三个中的最大者，所以 $E[I_n]=1/3$．因为 $\{I_2,I_5,I_8,\cdots\}$，$\{I_3,I_6,I_9,\cdots\}$，$\{I_4,I_7,I_{10},\cdots\}$ 都是独立同分布序列，由强大数定理推出，每个序列的前 n 项的平均以概率为 1 地收敛到 1/3．但是这蕴含了以概率为 1 地有 $\lim_{n\to\infty}\sum_{i=1}^{n}I_{n+1}/n=1/3$.

1.39 $E[T_1]=1$.

对 $i>1$，

$$E[T_i]=1+1/2(E[\text{从 } i-2 \text{ 到 } i \text{ 的时间}])=1+1/2(E[T_{i-1}]+E[T_i]),$$

故而

$$E[T_i]=2+E[T_{i-1}],\quad i>1.$$

因此

$$E[T_2]=3,E[T_3]=5,E[T_i]=2i-1,\quad i=1,\cdots,n.$$

若 $T_{0,n}$ 是从 0 到 n 的步数，则

$$E[T_{0,n}]=E[\sum_{i=1}^{n}T_i]=2n(n+1)/2-n=n^2.$$

第 2 章

2.6 以 N 记失效的部件数，所求的答案是 $E[N]/(\mu_1+\mu_2)$，这里

$$E[N]=\sum_{k=\min(n,m)}^{n+m-1}k\left[\binom{k-1}{n-1}\left(\frac{\mu_1}{\mu_1+\mu_2}\right)^n\left(\frac{\mu_2}{\mu_1+\mu_2}\right)^{k-n}+\binom{k-1}{m-1}\left(\frac{\mu_1}{\mu_1+\mu_2}\right)^{k-m}\left(\frac{\mu_2}{\mu_1+\mu_2}\right)^m\right],$$

其中在 $i>k-1$ 时 $\binom{k-1}{i}=0$.

2.7 由于 $(S_1,S_2,S_3)=(s_1,s_2,s_3)$ 等价于 $(X_1,X_2,X_3)=(s_1,s_2-s_1,s_3-s_2)$，由此推出 S_1,S_2,S_3 的联合分布为

$$f(s_1,s_2,s_3)=\lambda e^{-\lambda s_1}\lambda e^{-\lambda(s_2-s_1)}\lambda e^{-\lambda(s_3-s_2)}=\lambda^3e^{-\lambda s_3},\qquad 0<s_1<s_2<s_3.$$

478

2.8 (a) $P\{\frac{-\ln U_i}{\lambda}\leqslant x\}=P\{\ln\left(\frac{1}{U_i}\right)\leqslant\lambda x\}=P\{1/U_i\leqslant e^{\lambda x}\}=P\{U_i\geqslant e^{-\lambda x}\}=1-e^{-\lambda x}$.

(b) 以 X_i 记 Poisson 过程的到达间隔时间，则直至时刻 1 为止的事件数 $N(1)$ 等于满足

$$\sum_1^n X_i<1<\sum_1^{n+1}X_i$$

的 n，或等价于满足

$$-\sum_1^n\ln U_i<\lambda<-\sum_1^{n+1}\ln U_i$$

的 n，或等价于

$$\sum_1^n \ln U_i > -\lambda > \sum_1^{n+1} \ln U_i$$

或

$$\prod_1^n U_i > \mathrm{e}^{-\lambda} > \prod_1^{n+1} U_i.$$

现在，结果得自 $N(1)$ 是均值为 1 的 Poisson 随机变量.

2.9 (a) $P_s\{赢\} = P\{在[s,T]中有1个事件\} = \lambda(T-s)\mathrm{e}^{-\lambda(T-s)}$.

(b) 令 $\frac{\mathrm{d}}{\mathrm{d}s}P_s\{赢\} = \lambda \mathrm{e}^{-\lambda T}[(T-s)\lambda \mathrm{e}^{\lambda s} - \mathrm{e}^{\lambda s}]$. 令它等于 0，给出最大值出现在 $s = T - 1/\lambda$.

(c) 将 $s = T-1/\lambda$ 代入 (a) 部分给出最大概率 e^{-1}.

2.14 以 N_{ij} 记在第 i 层进入而在第 j 层离开的人数，则 N_{ij} 是均值为 $\lambda_i P_{ij}$ 的 Poisson 随机变量，且一切 $N_{ij}(i \geqslant 0, j \geqslant i)$ 都是独立的. 因此

(a) $E[O_j] = E[\sum_i N_{ij}] = \sum_i \lambda_i P_{ij}$；

(b) $O_j = \sum_i N_{ij}$ 是均值为 $\sum_i \lambda_i P_{ij}$ 的 Poisson 随机变量；

(c) O_j 和 O_k 独立.

2.15 (a) N_i 是负二项分布. 即

479

$$P\{N_i = k\} = \binom{k-1}{n_i-1} P_i^{n_i}(1-P_i)^{k-n_i}, \quad k \geqslant n_i.$$

(b) 否.

(c) T_i 是参数为 n_i 和 P_i 的 gamma 随机变量.

(d) 是.

(e)

$$\begin{aligned} E[T] &= \int_0^\infty P\{T > t\}\mathrm{d}t = \int_0^\infty P\{T_i > t, i = 1,\cdots,r\}\mathrm{d}t \\ &= \int_0^\infty \Big(\prod_{i=1}^r P\{T_i > t\}\Big)\mathrm{d}t \qquad (由独立性) \\ &= \int_0^\infty \Big(\prod_{i=1}^r \int_t^\infty \frac{P_i \mathrm{e}^{P_i x}(P_i x)^{n_i-1}}{(n_i-1)!}\mathrm{d}x\Big)\mathrm{d}x. \end{aligned}$$

(f) $T = \sum_{i=1}^N X_i$，其中 X_i 是第 $i-1$ 次投掷和第 i 次投掷之间的时间. 由于 N 独立于序列 X_i，我们得

$$E[T] = E[E[T \mid N]] = E[NE[X]] = E[N] \quad (由于 E[X_i] = 1).$$

2.22 若进入的一辆车在时刻 t 处在 a 和 b 之间，则我们称它为 I 型的. 因此，在时刻 $s(s<t)$ 进入的一辆车，若其速度 V 满足 $a < (t-s)V < b$，则它是 I 型的. 故而它是 I 型的概率是

$$F\Big(\frac{b}{t-s}\Big) - F\Big(\frac{a}{t-s}\Big).$$

于是 I 型车数是 Poisson 过程，其均值为

$$\lambda\int_0^t \Big(F\Big(\frac{b}{t-s}\Big) - F\Big(\frac{a}{t-s}\Big)\Big)\mathrm{d}s.$$

2.24 令在时刻 t 进入的车的速度为 v，且以 $t_v = L/v$ 记产生的旅行时间. 以 G 记旅行时间的分布，那么因为 $T \equiv L/X$ 是速度为 X 时的旅行时间，由此推出 $G(x) = \overline{F}(L/x)$. 令一辆车进入路对应一个事件，且若该车与时刻 t 进入的车相遇，则称这个事件被计数. 现在，与其他车独立地，一个发生在时刻 $s(s<t)$ 的事件以概率 $P\{s+T > t+t_v\}$ 被计数，而一个发生在时刻 $s(s>t)$ 的事件以概率 $P\{s+T < t+t_v\}$ 被计数. 即一个发生在时刻 s 的事件与其他事件独立地以概率 $p(s)$ 被计数，

其中

$$p(s)=\begin{cases}\overline{G}(t+t_v-s) & 若\ s<t\\ G(t+t_v-s) & 若\ t<s<t+t_v\\ 0 & 其他情形\end{cases}$$

480

因此，相遇数是均值为

$$\lambda\int_0^{\infty}p(s)\mathrm{d}s=\lambda\int_0^{t}\overline{G}(t+t_v-s)\mathrm{d}s+\lambda\int_t^{t+t_v}G(t+t_v-s)\mathrm{d}s$$
$$=\lambda\int_{t_v}^{t+t_v}\overline{G}(y)\mathrm{d}y+\lambda\int_0^{t_v}G(y)\mathrm{d}y$$

的 Poisson 随机变量. 为了选取使上式最小的值，我们求微商得

$$\frac{\mathrm{d}}{\mathrm{d}t_v}\left\{\lambda\int_0^{\infty}p(s)\mathrm{d}s\right\}=\lambda[\overline{G}(t+t_v)-\overline{G}(t_v)+\overline{G}(t_v)].$$

令上式等于 0，由于当 t 很大时 $\overline{G}(t+t_v)\approx 0$，它给出

$$\overline{G}(t_v)=G(t_v)\ 或\ G(t_v)=1/2.$$

于是最佳旅行时间 t_v^* 是分布的中位数，它蕴含最佳速度 $v^*=L/t_v^*$ 满足 $G(L/v^*)=1/2$. 因为 $G(L/v^*)=\overline{F}(v^*)$，这就给出了结论.

2.26 可用与定理 2.3.1 相同的方式证明，在给定 $S_n=t$ 时，$S_1,\cdots,S_{n-1}$ 和 $n-1$ 个 $(0,t)$ 均匀随机变量的次序统计量有相同的分布. 有些直观的第二个论证是

$$S_1,\cdots,S_{n-1}\mid S_n=t$$
$$=S_1,\cdots,S_{n-1}\mid N(t^-)=n-1,N(t)=n$$
$$=S_1,\cdots,S_{n-1}\mid N(t^-)=n-1\quad（由独立增量性）$$
$$=S_1,\cdots,S_{n-1}\mid N(t)=n-1.$$

2.41 (a) 它没有独立增量，因为在任意区间中的事件数的信息会改变 Λ 的分布.

(b) 知道 $\{N(s),0\leqslant s\leqslant t\}$ 等价于知道 $N(t)$ 和到达时刻 $S_1,\cdots,S_{N(t)}$. 现在（直观地论证）对 $0<s_1<\cdots<s_n<t$

$$P\{\Lambda=\lambda,N(t)=n,S_1=s_1,\cdots,S_n=s_n\}$$
$$=P\{\Lambda=\lambda\},P\{N(t)=n\mid\Lambda=\lambda\}P\{S_1=s_1,\cdots,S_n=s_n\mid\Lambda,N(t)=n\}$$
$$=\mathrm{d}G(\lambda)\mathrm{e}^{-\lambda t}\frac{(\lambda t)^n}{n!}\frac{n!}{t^n}\quad（由定理 2.3.1）.$$

因此

$$P\{\Lambda\in(\lambda,\lambda+\mathrm{d}\lambda)\mid N(t)=n,S_1=s_1,\cdots,S_n=s_n\}=\frac{\mathrm{e}^{-\lambda t}(\lambda t)^n\mathrm{d}G(\lambda)}{\int_0^{\infty}\mathrm{e}^{-\lambda t}(\lambda t)^n\mathrm{d}G(\lambda)}.$$

481

因此 Λ 的条件分布只依赖 $N(t)$. 之所以这样，是因为在给定 $N(t)$ 的值时，无论 Λ 的值是什么，$S_1,\cdots,S_{N(t)}$ 都是同分布的（和 $(0,t)$ 均匀随机变量的次序统计量一样）.

(c) $P\{t$ 后首个事件的时刻大于 $t+s\mid N(t)=n\}=\dfrac{\int_0^{\infty}\mathrm{e}^{-\lambda s}\mathrm{e}^{-\lambda t}(\lambda t)^n\mathrm{d}G(\lambda)}{\int_0^{\infty}\mathrm{e}^{-\lambda t}(\lambda t)^n\mathrm{d}G(\lambda)}$.

(d) $\lim\limits_{h\to 0}\int_0^{\infty}\dfrac{1-\mathrm{e}^{-\lambda h}}{h}\mathrm{d}G(\lambda)=\int_0^{\infty}\lim\limits_{h\to 0}\left(\dfrac{1-\mathrm{e}^{-\lambda h}}{h}\right)\mathrm{d}G(\lambda)=\int_0^{\infty}\lambda\mathrm{d}G(\lambda)$.

(e) 同分布但是不独立.

2.42 (a) $P\{N(t)=n\}=\int_0^{\infty}\mathrm{e}^{-\lambda t}\dfrac{(\lambda t)^n}{n!}\alpha\mathrm{e}^{-\alpha\lambda}\dfrac{(\alpha\lambda)^{m-1}}{(m-1)!}\mathrm{d}\lambda$

$$= \frac{\alpha^m t^n (m+n-1)!}{n!(m-1)!(\alpha+t)^{m+n}} \int_0^\infty (\alpha+t) e^{-(\alpha+t)\lambda} \frac{((\alpha+t)\lambda)^{m+n-1}}{(m+n-1)!} d\lambda$$

$$= \binom{m+n-1}{n} \left(\frac{\alpha}{\alpha+t}\right)^m \left(\frac{t}{\alpha+t}\right)^n.$$

(b) $$P\{\Lambda = \lambda \mid N(t) = n\} = \frac{P\{N(t)\} = n \mid \Lambda = \lambda\} P\{\Lambda = \lambda\}}{P\{N(t) = n\}}$$

$$= \frac{e^{-\lambda t} \frac{(\lambda t)^n}{n!} \alpha e^{-\alpha\lambda} \frac{(\alpha\lambda)^{m-1}}{(m-1)!}}{\binom{m+n-1}{n} \left(\frac{\alpha}{\alpha+t}\right)^m \left(\frac{t}{\alpha+t}\right)^n}$$

$$= (\alpha+t) e^{-(\alpha+t)\lambda} \frac{((\alpha+t)\lambda)^{m+n-1}}{(m+n-1)!}.$$

(c) 由习题 2.41 的 (d) 部分，答案是条件分布的均值，由 (b) 它是 $(m+n)/(\alpha+t)$.

第 3 章

3.7 更新方程是，对 $t \leqslant 1$，

$$m(t) = t + \int_0^t m(t-s) ds = t + \int_0^t m(y) dy.$$

求微商得

$$m'(t) = 1 + m(t).$$

令 $h(t) = 1 + m(t)$ 得到

482

$$h'(t) = h(t) \quad 或 \quad h(t) = ce^t.$$

在 $t = 0$ 处取值，我们可见 $c = 1$，故而

$$m(t) = e^t - 1.$$

因为在时刻 1 后首次更新的时刻 $N(t)+1$，是直至和超过 1 需要增加的到达间隔数，由此推出需要加起来超过 1 的 (0,1) 均匀随机变量的期望个数是 e.

3.17 $g = h + g * F$

$$= h + (h + g * F) * F = h + h * F + g * F_2$$
$$= h + h * F = (h + g * F) * F_2 = h + h * F + h * F_2 + g * F_3$$
$$\vdots$$
$$= h + h * F + h * F_2 + \cdots + h * F_n + g * F_{n+1}.$$

令 $n \to \infty$ 且利用 $F_n \to 0$ 推出

$$g = h + h * \sum_{n=1}^{\infty} F_n = h + h * m.$$

(a) $$P(t) = \int_0^\infty P\{在时刻\ t\ 处于开状态 \mid Z_1 + Y_1 = s\} dF(s)$$

$$= \int_0^t P(t-s) dF(s) + \int_t^\infty P\{Z_1 > t \mid Z_1 + Y_1 = s\} dF(s)$$

$$= \int_0^t P(t-s) dF(s) + P\{Z_1 > t\}.$$

(b) $$g(t) = \int_0^\infty E[A(t) \mid X_1 = s] dF(s)$$

$$= \int_0^t g(t-s) dF(s) + \int_t^\infty t dF(s)$$

$$= \int_0^t g(t-s)\mathrm{d}F(s) + t\overline{F}(t).$$

$$P(t) \to \frac{\int_0^\infty P\{Z_1 > t\}\mathrm{d}t}{\mu_F} = \frac{E[Z]}{E[Z]+E[Y]},$$

$$g(t) \to \frac{\int_0^\infty t\overline{F}(t)\mathrm{d}t}{\mu} = \frac{\int_0^\infty t\int_t^\infty \mathrm{d}F(s)\mathrm{d}t}{\mu} = \frac{\int_0^\infty \int_0^s t\mathrm{d}t\mathrm{d}F(s)}{\mu} = \frac{\int_0^\infty s^2\mathrm{d}F(s)}{2\mu} = \frac{E[X^2]}{2E[X]}.$$

3.24　以 T 记直至相继有四张相同花色的扑克牌所需抽版的次数. 假定你连续地抽取扑克牌，而在任意时刻最后的四张有相同的花色时，我们就称发生了一个更新. 于是更新之间的期望时间是

$$\mathrm{E}[\text{更新之间的时间}] = 1 + \frac{3}{4}(E[T]-1).$$

483

上述方程是正确的，因为若下一张牌同花色则更新之间的时间是 1，而若下一张牌不同花色则它正像初始循环的第一张牌. 由 Blackwell 定理

$$\mathrm{E}[\text{更新之间的时间}] = (\lim P\{\text{更新出现在时刻 } n\})^{-1} = (1/4)^{-3} = 64,$$

因此

$$E[T] = 85.$$

3.27　$$E[R_{N(t)+1}] = \int_0^t E[R_{N(t)+1} \mid S_{N(t)} = s]\overline{F}(t-s)\mathrm{d}m(s) + E[R_{N(t)+1} \mid S_{N(t)} = 0]\overline{F}(t)$$

$$= \int_0^t E[R_1 \mid X_1 > t-s]\overline{F}(t-s)\mathrm{d}m(s) + E[R_1 \mid X_1 > t]\overline{F}(t)$$

$$\to \int_0^\infty E[R_1 \mid X_1 > t]\overline{F}(t)\mathrm{d}t/\mu$$

$$= \int_0^\infty \int_t^\infty E[R_1 \mid X_1 = s]\mathrm{d}F(s)\mathrm{d}t/\mu$$

$$= \int_0^\infty \int_0^s \mathrm{d}t E[R_1 \mid X_1 = s]\mathrm{d}F(s)/\mu$$

$$= \int_0^\infty sE[R_1 \mid X_1 = s]\mathrm{d}F(s)/\mu$$

$$= E[R_1X_1]/\mu,$$

其中 $\mu = E[X_1]$. 我们已假定了 $E[R_1X_1] < \infty$，它蕴含了在 $t \to \infty$ 有

$$E[R_1 \mid X_1 > t]\overline{F}(t) \to 0.$$

因为 $\mathrm{Var}(X) > 0$，所以 $E[X^2] > (E[X])^2$，除非 X 以概率为 1 地是常数.

3.32　(a) 两个过程都是再现过程.

(b) 若 T 是一个循环的时间，而 N 是已接受服务的顾客数，则

$$V = E\left[\int_0^T V(s)\mathrm{d}x\right] \Big/ E[T], \quad W_Q = \frac{E[D_1 + \cdots + D_N]}{E[N]}.$$

设想在任意时刻，每个人以等于顾客的剩余服务时间的钱数支付费用. 那么

$$\text{一个循环的报酬} = \int_0^T V(s)\mathrm{d}s.$$

再者，以 Y_i 记顾客 i 的服务时间，

$$\text{一个循环的报酬} = \sum_{i=1}^N \left[D_iY_i + \int_0^{Y_i}(Y_i - t)\mathrm{d}t\right] = \sum_{i=1}^N D_iY_i + \sum_{i=1}^N \frac{Y_i^2}{2}.$$

484

因此

$$E[\text{一个循环的报酬}] = E\left[\sum_{i=1}^{N} D_i Y_i\right] + E\left[\sum_{i=1}^{N} \frac{Y_i^2}{2}\right]$$

$$= E[\sum_{i=1}^{N} D_i Y_i] + \frac{E[N]E[Y^2]}{2} \quad \text{(由 Wald 方程)}.$$

现在

$$\left.\frac{E\left[\sum_{i=1}^{N} D_i Y_i\right]}{E[N]}\right] = \lim_{n\to\infty} \frac{E[D_1 Y_1 + \cdots D_n Y_n]}{n}$$

$$= E[Y] \lim_{n\to\infty} \frac{E[D_1 + \cdots D_n]}{n} \quad \text{(因为 } D_i \text{ 和 } Y_i \text{ 都是独立的)}$$

$$= E[Y] W_Q.$$

所以从上面得到

$$E[\text{ 一个循环的报酬 }] = E[N]\left(E[Y]W_Q + \frac{E[Y^2]}{2}\right).$$

令它和 $E[\int_0^T V(s)\mathrm{d}s = VE[T]$ 相等，并用关系 $E[T] = E[N]/\lambda$，便建立了等式.

3.34 假设 $P\{X < Y\} = 1$. 例如 $P\{X = 1\} = 1$，且 Y 是(2,3)上均匀随机变量，而 $k = 3$.

3.35 (a) 再现的.

(b) $E[\text{在第 } i \text{ 个循环中包裹等待的时间}]/\mu_F$，其中

$$E[\text{在第 } i \text{ 个循环中包裹等待的时间}]$$

$$= \int_0^\infty E[\text{ 时间 } | \text{ 长度为 } x \text{ 的循环}]\mathrm{d}F(x)$$

$$= \int_0^\infty \sum_{j=i}^{\infty} E[\text{ 时间 } | \text{ 循环长度是 } x, N(x) = j]\mathrm{e}^{-\lambda x} \frac{(\lambda x)^j}{j!}\mathrm{d}F(x)$$

$$= \int_0^\infty \sum_{j=i}^{\infty} \frac{x}{j+1}\mathrm{e}^{-\lambda x} \frac{(\lambda x)^j}{j!}\mathrm{d}F(x).$$

[485] 最后一个等号来自第 2 章习题 2.17.

3.36

$$\lim \int_0^t r(X(s))\mathrm{d}s/t = E\left[\int_0^T r(X(s))\mathrm{d}s\right]\bigg/ E[T]$$

$$= \frac{\mathrm{E}[\sum_j r(j)\cdot(\text{在 } T \text{ 期间处在 } i \text{ 的时间总量})]}{E[T]}$$

$$= \sum_j r(j) P_j.$$

第 4 章

4.10 (a) $\alpha_i \equiv 1 - (1-p)^i$.

(b) 否.

(c) 否.

(d) 是，转移概率为

$$P\{X_{n+1} = k, Y_{n+1} = j-k \mid X_n = i, Y_n = j\} = \binom{j}{k}\alpha_i^k (1-\alpha_i)^{j-k}, 0 \leqslant k \leqslant j.$$

4.13　假设 $i \leftrightarrow j$ 而 i 是正常返的. 令 m 使 $P_{ij}^m > 0$. 以 N_k 记这个链第 k 次处在状态 i 的时刻，且令

$$I_k = \begin{cases} 1 & \text{若 } X_{N_k+m} = j \\ 0 & \text{其他情形} \end{cases}$$

由强大数定律

$$\sum_{k=1}^{n} \frac{I_k}{n} \to P_{ij}^m > 0.$$

因此

$$\lim_{k\to\infty} \frac{\text{直至 } N_k + m \text{ 访问 } j \text{ 的次数}}{n} \frac{n}{N_k + m} \geqslant P_{ij}^m \frac{1}{E[T_{ii}]} > 0,$$

其中 T_{ii} 是两次访问 i 之间的时间，因此 j 也是正常返的. 若 i 是零常返的，则因为 $i \leftrightarrow j$，而常返是类的性质，j 也是常返的. 若假设 j 是正常返的，则由上面的论证 i 将是正常返的. 这个矛盾导致 j 也是零常返的.

4.14　假设状态 i 是零常返的且以 C 记 i 所在的互通类，则 C 中的一切状态都是零常返的蕴含对一切 $j \in C$ 有

$$\lim_{n\to\infty} P_{ij}^n \to 0,$$

但是这与 $\sum_{j\in C} P_{ij}^n = 1$ 和 C 是有限集有矛盾. 由于相同的原因，在一个有限状态链中，不能一切状态都是暂态的.

486

4.16　(a) 取在她当前所在地点的雨伞数为状态. 转移概率是

$$P_{0,r} = 1, \quad P_{i,r-i} = 1 - p, \quad P_{i,r-i+1} = p, \quad i = 1,\cdots,r.$$

(b) 极限概率的方程是

$$\pi_r = \pi_0 + \pi_1 p,$$
$$\pi_j = \pi_{r-j}(1-p) + \pi_{r-j+1} p, \quad j = 1,\cdots,r-1,$$
$$\pi_0 = \pi_r(1-p).$$

易验证他们满足

$$\pi_i = \begin{cases} \dfrac{q}{r+q} & \text{若 } i = 0 \\ \dfrac{1}{r+q} & \text{若 } i = 1,\cdots,r \end{cases}$$

其中 $q = 1 - p$.

(c) $p\pi_0 = \dfrac{pq}{r+q}$.

4.17　令 $I_n(j) = \begin{cases} 1 & \text{若 } X_n = j \\ 0 & \text{其他情形} \end{cases}$，则

$$\pi_j = \lim_n \frac{E\left[\sum_{k=1}^{n} I_k(j)\right]}{n} = \lim_n E\left[\sum_{k=1}^{n}\sum_i I_{k-1}(i) I_k(j)\right] \Big/ n$$
$$= \lim_n \sum_{k=1}^{n}\sum_i E[I_{k-1}(i) I_k(j)]/n = \lim_n \sum_{k=1}^{n}\sum_i E[I_{k-1}(i)] P_{ij}/n$$
$$= \lim_n \sum_i P_{ij} \sum_{k=1}^{n} E[I_{k-1}(i)]/n = \sum_i P_{ij} \lim_n E\left[\sum_{k=1}^{n} I_{k-1}(i)\right] \Big/ n = \sum_i \pi_i P_{ij}.$$

487

4.20 若从状态 i 出发的第 n 次转移是进入状态 j，则令 $X_{ij}(n)$ 等于1，否则令它为0. 再者，以 N_i 记这个链在回到0以前处在状态 i 的时间单位数. 则对 $j>0$ 有

$$m_j = E\left[\sum_i \sum_{n=1}^{N_i} X_{ij}(n)\right] = \sum_i E\left[\sum_{n=1}^{N_i} X_{ij}(n)\right].$$

但是由 Wald 方程

$$E\left[\sum_{n=1}^{N_i} X_{ij}(n)\right] = E[N_i]P_{ij} = m_i P_{ij}.$$

对于第二个证明，注意将访问状态0看做循环，由此推出处在状态 j 的时间的长程比例 π_j 满足

$$\pi_j = m_j/\mu_{00}.$$

因此我们由平稳方程 $\pi_j = \sum_i \pi_i P_{ij}$ 得到，对 $j>0$ 有

$$m_j = \sum_i m_i P_{ij}.$$

4.21 Markov 链正常返当且仅当，方程组

$$y_0 = y_1 q_1, y_j = y_{j+1} q_{j+1} + y_{j-1} p_{j-1}, \quad j \geqslant 1,$$

具有满足 $y_j \geqslant 0, \sum_j y_j = 1$ 的一个解. 现在我们可改写这些方程以得

$$y_0 = y_1 q_1, y_{j+1} q_{j+1} - y_j p_j = y_j q_j - y_{j-1} p_{j-1}, \quad j \geqslant 1.$$

从上面推出

$$y_{j+1} q_{j+1} = y_j p_j, \quad j \geqslant 0.$$

因此

$$y_{j+1} = y_0 \frac{p_0 \cdots p_j}{q_1 \cdots q_{j+1}}, \quad j \geqslant 0.$$

所以随机徘徊是正常返的一个必要且充分的条件是

488

$$\sum_{j=0}^{\infty} \frac{p_0 \cdots p_j}{q_1 \cdots q_{j+1}} < \infty.$$

4.30 由于 $P\{X_i - Y_i = 1\} = P_1\{1-P_2\}$ 和 $P\{X_i - Y_i = -1\} = \{1-P_1\}P_2$，若我们只看在 $X_i - Y_i \neq 0$ 时发生的一对 X_i, Y_i，则看到的是具有

$$P = \frac{P_1(1-P_2)}{P_1(1-P_2)+P_2(1-P_1)}$$

的简单随机徘徊. 因此由赌徒破产问题得

$$\begin{aligned} P\{\text{误差}\} &= P\{\text{在到达 } M \text{ 前下降 } M\} \\ &= 1 - \frac{1-(1-(q/p)^M)}{1-(q/p)^{2M}} = \frac{(q/p)^M(1-(q/p)^M)}{1-(q/p)^{2M}} = \frac{(q/p)^M}{1+(q/p)^M} \\ &= \frac{1}{(q/p)^M+1} = \frac{1}{1+\lambda^M}. \end{aligned}$$

由 Wald 方程得

$$E\left[\sum_{i=1}^{N}(X_i - Y_i)\right] = E[N](P_1 - P_2)$$

或

$$E[N](P_1 - P_2) = M\frac{\lambda^M}{1+\lambda^M} - \frac{M}{1+\lambda^M} = \frac{M(\lambda^M - 1)}{1+\lambda^M}.$$

4.40 考虑处在稳态的链，且注意其倒向过程是以 $P_{ij}^* = \pi_j P_{ji}/\pi_i$ 为转移概率的 Markov 链. 现在，在链刚

进入状态 i 时，直至它再进入状态 i（在 T 次转移后）的（倒向）状态序列正好和 $Y_j, j=0,\cdots,T$ 有相同的分布. 对于更正式的论证，令 $i_0 = i_n = 0$. 那么

$$P\{\boldsymbol{Y}=(i_0,\cdots,i_n)\}=P\{\boldsymbol{X}=(i_n,\cdots,i_0)\}=\prod_{k=1}^{n}P_{i_k,i_{k-1}}$$
$$=\prod_{k=1}^{n}P^*_{i_{k-1},i_k}\pi_{i_{k-1}}/\pi_{i_k}=\prod_{k=1}^{n}P^*_{i_{k-1},i_k}.$$

4.43 对 $1,2,\cdots,n$ 的任意排列 $i_1,i_2,\cdots,i_n$，以 $\pi(i_1,i_2,\cdots,i_n)$ 记在移前一位规则下的极限概率. 根据时间可逆性，对一切排列有

$$(*)\ P_{i_{j+1}}\pi(i_1,\cdots,i_j,i_{j+1},\cdots,i_n)=P_{i_j}\pi(i_1,\cdots,i_{j+1},i_j,\cdots,i_n).$$

489

现在需求的元素的平均位置可表为

$$\begin{aligned}\text{平均位置}&=\sum_i P_i E[\text{元素 } i \text{ 的位置}]\\&=\sum_i P_i\Big[1+\sum_{j\neq i}P\{\text{元素 } j \text{ 在 } i \text{ 前}\}\Big]\\&=1+\sum_i\sum_{j\neq i}P_iP\{e_j \text{ 在 } e_i \text{ 前}\}\\&=1+\sum_{i<j}[P_iP\{e_j \text{ 在 } e_i \text{ 前}\}+P_jP\{e_i \text{ 在 } e_j \text{ 前}\}]\\&=1+\sum_{i<j}[P_iP\{e_j \text{ 在 } e_i \text{ 前}\}+P_j(1-P\{e_j \text{ 在 } e_i \text{ 前}\}]\\&=1+\sum_{i<j}\sum(P_i-P_j)P\{e_j \text{ 在 } e_i \text{ 前}\}+\sum_{i<j}\sum P_j.\end{aligned}$$

因此，为了使我们需求的元素的位置最小，我们想使 $P\{e_j \text{ 在 } e_i \text{ 前}\}$ 在 $P_j > P_i$ 时尽量大，而在 $P_i > P_j$ 时尽量小. 现在，在移至最前面的规则下

$$P\{e_j \text{ 在 } e_i \text{ 前}\}>\frac{P_j}{P_j+P_i},$$

因为在移至最前面的规则下元素 j 在元素 i 前当且仅当，最后一个对 i 或 j 的需求是 j. 所以，为了证明移前一位规则比移至最前面的规则更好，证明在 $P_j > P_i$ 时对移前一位规则有

$$P\{e_j \text{ 在 } e_i \text{ 前}\}=\frac{P_j}{P_j+P_i}$$

就已足够. 现在考虑 i 在 j 前的任意状态，比如 $(\cdots i,i_1,\cdots,i_k,j\cdots)$. 利用（$*$）连续地转移位置，我们有

$$\pi(\cdots,i,i_1,\cdots,i_k,j,\cdots)=\left(\frac{P_i}{P_j}\right)^{k+1}\pi(\cdots,j,i_1,\cdots,i_k,i,\cdots).$$

现在当 $P_j > P_i$ 时上式蕴含

$$\pi(\cdots,i,i_1,\cdots,i_k,j,\cdots)<\frac{P_i}{P_j}\pi(\cdots,j,i_1,\cdots i_k,i,\cdots).$$

令 $\alpha(i,j)=P\{e_i \text{ 在 } e_j \text{ 前}\}$，由对 i 在 j 前的状态求和，且利用上面的事实，我们可见

$$\alpha(i,j)<\frac{P_i}{P_j}\alpha(j,i),$$

490

由于 $\alpha(i,j)=1-\alpha(j,i)$，它导致

$$\alpha(j,i)>\frac{P_j}{P_j+P_i}.$$

4.46 (a) 是.

(b) 在状态 j 的时间的比例 $=\pi_j/\sum_{i=0}^{N}\pi_i, 0\leqslant j\leqslant N$.

(c) 注意，将访问 i 想象成更新

$$\pi_i(N) = (E[\text{在 } Y \text{ 访问 } i \text{ 之间 } Y \text{ 的转移次数}])^{-1},$$

$$\pi_j(N) = \frac{E[\text{在 } Y \text{ 访问 } i \text{ 之间 } Y \text{ 访问 } j \text{ 的次数}]}{E[\text{在 } Y \text{ 访问 } i \text{ 之间 } Y \text{ 的转移次数}]}$$

$$= E[\text{在 } X \text{ 访问 } i \text{ 之间 } X \text{ 访问 } j \text{ 的次数}]/(1/\pi_i(N)).$$

(d) 对于对称随机徘徊，Y 转移概率是

$$P_{i,i+1} = \frac{1}{2} = P_{i,i-1}, \quad i = 1, \cdots, N-1,$$

$$P_{00} = \frac{1}{2} = P_{01}, \quad P_{NN} = \frac{1}{2} = P_{N,N-1}.$$

转移概率矩阵是双随机的，于是

$$\pi_i(N) = \frac{1}{n+1}, \quad i = 0, 1, \cdots, N.$$

因此，由 (b) 得

$$E[\text{过程 } X \text{ 在访问 } i \text{ 之间在 } j \text{ 停留的时间}] = 1.$$

(e) 用定理 4.7.1.

第 5 章

5.3 (a) 以 $N(t)$ 记直至 t 为止的转移次数. 在此情形易证

$$P\{N(t) \geqslant n\} \leqslant \sum_{j=n}^{\infty} \mathrm{e}^{-Mt} \frac{M(t)^j}{j!},$$

故而 $P\{N(t) < \infty\} = 1$.

5.5 与其设想 $X(0) = i$ 的单个 Yule 过程，不如设想 i 个 $X(0) = 1$ 的独立 Yule 过程. 由取条件于在时刻 t 这 i 个群体中每个群体的规模，可见这 k 个出生的条件分布是 k 个独立随机变量，每个具有式 (5.3.2) 给出的分布.

491

5.8 我们由证明在时间 t 内有 2 次或更多次转移的概率是 $o(t)$ 开始. 取条件于下一个访问的状态，给出

$$P\{\text{直至 } t \text{ 为止的转移} \geqslant 2 \mid X_0 = i\} = \sum_j P_{ij} P\{T_i + T_j \leqslant t\},$$

这里 T_i 和 T_j 是分别有速率 v_i 和 v_j 的独立的指数随机变量，它们分别表示离开 i 和 j 的时间（注意 T_i 独立于离开它时访问的状态 j）. 因此

$$\begin{aligned}
& P\{\text{直至 } t \text{ 为止的转移} \geqslant 2 \mid X_0 = i\}/t \\
&= \lim_{t \to 0} \sum_j P_{ij} P\{T_i + T_j \leqslant t\}/t \\
&\leqslant \lim_{t \to 0} \left[\sum_{j \leqslant M} P_{ij} P\{T_i + T_j \leqslant t\}/t + \sum_{j > M} P_{ij} P\{T_i \leqslant t\}/t \right] \\
&= \lim_{t \to 0} \left[\sum_{j \leqslant M} P_{ij} P\{T_i + T_j \leqslant t\}/t + \frac{1 - \mathrm{e}^{-v_i t}}{t} \left(1 - \sum_{j \leqslant M} P_{ij}\right) \right].
\end{aligned}$$

现在

$$\begin{aligned}
P\{T_i + T_j \leqslant t\} &\leqslant P\{T + T' \leqslant t\} \quad T, T' \text{ 是速率 } v = \max(v_i, v_j) \text{ 的独立指数随机变量} \\
&= P\{N(t) \geqslant 2\}, N(t) \text{ 是速率为 } v \text{ 的 Poisson 过程} \\
&= o(t)
\end{aligned}$$

且在 $t \to 0$ 时

$$\frac{1-e^{-v_i t}}{t} \to v_i\ .$$

因此从上面可知，对一切 M 有

$$P\{\text{直至 } t \text{ 为止的转移} \geqslant 2 \mid X_0 = i\}/t \leqslant v_i\Big(1-\sum_{j\leqslant M}P_{ij}\Big).$$

现在令 $M\to\infty$ 就给出需要的结果.

现在，

$$\begin{aligned}P_{ii}(t) &= P\{X(t)=i \mid X(0)=i\}\\ &= P\{X(t)=i,\text{直至 } t \text{ 为止无转移} \mid X(0)=i\}\\ &\quad + P\{X(t)=i,\text{直至 } t \text{ 为止至少 2 次转移} \mid X(0)=i\}\\ &= e^{-v_i t}+o(t).\end{aligned}$$

类似地，对 $i\neq j$ 有

$$\begin{aligned}P_{ij}(t) &= P\{\text{首次转移的状态是 } j,\text{转移时间} \leqslant t \mid X(0)=i\}\\ &\quad + P\{X(t)=j,\text{首次转移} \neq j \mid X(0)=i\}\ .\end{aligned}$$

492

因此

$$P_{ij}(t)-P_{ij}(1-e^{-v_i t}) \leqslant P\{\text{直至 } t \text{ 为止的转移} \geqslant 2\} = o(t)$$

或

$$P_{ij}(t) = v_i P_{ij} t + o(t).$$

5.14　以群体感染人数为状态，这是出生率为 $\lambda_k = k(n-k)\lambda$ 的纯生过程. 从状态 1 至状态 n 的期望时间是

$$\sum_{k=1}^{n-1} 1/\lambda_k = \sum_{k=1}^{n-1} 1/\{k(n-k)\lambda\}.$$

5.23　以 q^x 和 P^x 记过程 $X(t)$ 的转移速率和平稳概率函数,类似地对过程 $Y(t)$ 有 q^y 和 P^y. 对链$\{(X(t),Y(t)),t\geqslant 0\}$ 我们有

$$q_{(i,j),(i',j)} = q^x_{i,i'}\ ,\qquad q_{(i,j),(i,j')} = q^y_{j,j'}\ .$$

我们断定极限概率是

$$P_{i,j} = P^x_i P^y_j.$$

为了验证这个断言且同时证明时间可逆性，我们需要做的一切是检查可逆性方程. 现在

$$\begin{aligned}P_{i,j}q_{(i,j),(i',j)} &= P^x_i P^y_j q^x_{ii'}\\ &= P^x_{i'} P^y_j q^x_{i',i} \qquad (\text{由 } X(t) \text{ 的时间可逆性})\\ &= P_{i',j}q_{(i',j),(i,j)}\ .\end{aligned}$$

由于验证从类型 (i,j) 到 (i,j') 是类似的，这就得到结论.

5.34　(a) $P_i/\sum_{j\in B}P_j$.

(b)

$$P\{X(t)=i \mid X(t)\in B, X(t^-)\in G\} = \frac{P\{X(t)=i, X(t^-)\in G\}}{P\{X(t)\in B, X(t^-)\in G\}}$$

$$= \frac{\sum_{j\in G}P\{X(t^-)=j\}P\{X(t)=i \mid X(t^-)=j\}}{\sum_{j\in G}P\{X(t^-)=j\}P\{X(t)\in B \mid X(t^-)=j\}} = \frac{\sum_{j\in G}P_j q_{ji}}{\sum_{j\in G}\sum_{k\in B}P_j q_{jk}}.$$

493

(c) 以 T 记离开状态 i 的时刻，而 T' 是离开 i 后进入 G 的附加时间. 利用 T 和 T' 的独立性，由取条件于在 i 后面访问的状态，我们得

$$\widetilde{F}_i(s) = E[e^{-s(T+T')}] = E[e^{-sT}]E[e^{-sT'}] = \frac{v_i}{v_i+s}\sum_j E[e^{-sT'} \mid \text{下一个是 } j]P_{ij}\ .$$

现在

$$E[\mathrm{e}^{-sT'} \mid 下一个是 j] = \begin{cases} 1 & 若 j \in G \\ \widetilde{F}_j(s) & 若 j \in B \end{cases}$$

这证明了 (c).

(d) 在任意时刻 t，从 G 到 B 的转移次数与从 B 到 G 的转移次数之差必须不大于 1. 因此从 G 到 B 的转移发生的长程速率 ((d) 的左方) 必须等于从 B 到 G 的转移发生的长程速率 ((d) 的右方).

(e) 从 (c) 推出

$$(s+v_i)\widetilde{F}_i(s) = \sum_{j\in B}\widetilde{F}_j(s)q_{ij} + \sum_{j\in G}q_{ij}.$$

乘以 P_i 且对一切 $i \in B$ 求和，导致

$$\begin{aligned}\sum_{i\in B}P_i(s+v_i)\widetilde{F}_i(s) &= \sum_{i\in B}\sum_{j\in B}P_i\widetilde{F}_j(s)q_{ij} + \sum_{i\in B}\sum_{j\in G}P_iq_{ij} \\ &= \sum_{j\in B}\widetilde{F}_j(s)\sum_{i\in B}P_iq_{ij} + \sum_{i\in G}\sum_{j\in B}P_iq_{ij} \\ &= \sum_{j\in B}\widetilde{F}_j(s)\Big[v_jP_j - \sum_{i\in G}P_iq_{ij}\Big] + \sum_{i\in G}\sum_{j\in B}P_iq_{ij},\end{aligned}$$

其中最后的等式来自

$$v_jP_j = \sum_i P_iq_{ij},$$

倒数第二个等式来自 (d). 由此我们可见

$$s\sum_{i\in B}P_i\widetilde{F}_i(s) = \sum_{i\in G}\sum_{j\in B}P_iq_{ij}(1-\widetilde{F}_j(s)).$$

494

(f)
$$E[\mathrm{e}^{-sT_v}] = \frac{\sum_{i\in B}\widetilde{F}_i(s)\sum_{j\in G}P_jq_{ji}}{\sum_{j\in G}\sum_{k\in B}P_jq_{jk}} \quad (由 (b)).$$

(g) 我们从 (f) 利用 (c) 得到

$$s\sum_{i\in B}P_i\widetilde{F}_i(s) = \Big(\sum_{i\in G}\sum_{j\in B}P_iq_{ij}\Big)(1-E[\mathrm{e}^{-sT_v}]).$$

除以 s 并令 $s\to 0$ 导致

$$\sum_{i\in B}P_i = \sum_{i\in G}\sum_{j\in B}P_iq_{ij}E[T_v].$$

(h)
$$\begin{aligned}E[\mathrm{e}^{-sT_x}] &= \frac{\sum_{i\in B}P_i\widetilde{F}_i(s)}{\sum_{j\in B}P_j} \quad (由 (a)) \\ &= \frac{\sum_{i\in G}\sum_{j\in B}P_iq_{ij}(1-\widetilde{F}_j(s))}{s\sum_{j\in B}P_j} \quad (由 (e)) \\ &= \frac{\sum_{i\in G}\sum_{j\in B}P_iq_{ij}(1-E[\mathrm{e}^{-sT_v}])}{s\sum_{j\in B}P_j} \quad (由 (f)) \\ &= \frac{1-E[\mathrm{e}^{-sT_v}]}{sE[T_v]} \quad (由 (g)).\end{aligned}$$

(i) 若 $P\{T_x \leqslant t\}$ 已给定，则

$$\begin{aligned}E[\mathrm{e}^{-sT_x}] &= \int_0^\infty \mathrm{e}^{-st}P\{T_v > t\}\mathrm{d}t/E[T_v] = \int_0^\infty \mathrm{e}^{-st}\int_0^\infty \mathrm{d}F_{T_v}(y)\mathrm{d}tE[T_v] \\ &= \int_0^\infty\int_0^y \mathrm{e}^{-st}\mathrm{d}t\mathrm{d}F_{T_v}(y)/E[T_v] = \frac{1-E[\mathrm{e}^{-sT_v}]}{sE[T_v]}.\end{aligned}$$

因此，根据（h），所假设的分布可导出正确的 Laplace 变换．于是结论得自变换和分布的一一对应．

(j)
$$E[T_x]=\int_0^\infty t\mathrm{d}F_{T_x}(t)=\int_0^\infty t\int_0^\infty \mathrm{d}F_{T_v}(y)\mathrm{d}t/E[T_v]$$
$$=\int_0^\infty\int_0^y t\mathrm{d}t\mathrm{d}F_{T_v}(y)/E[T_v]=\frac{E[T_v^2]}{2E[T_v]}.$$

由于 $\mathrm{Var}(T_v)\geqslant 0, E[T_v^2]\geqslant(E[T_v])^2$．

495

5.35 $\{R(t),t\geqslant 0\}$ 是两状态的 Markov 链，它以指数速率 $\lambda_1 q$(对应地,$\lambda_2 p$) 离开状态 1（对应地，2）并进入状态 2（对应地，1）．由于，从例 5.8（A）（或例 5.4（A））推出

$$P\{R(t)=1\}=p\mathrm{e}^{-\bar{\lambda}t}+(1-\mathrm{e}^{-\bar{\lambda}t})\lambda_2 p/\bar{\lambda},$$

其中 $\bar{\lambda}=\lambda_1 q+\lambda_2 p$．因此

(∗)
$$\int_0^t P\{R(s)=1\}\mathrm{d}s=\frac{pq(\lambda_1-\lambda_2)}{\bar{\lambda}^2}(1-\mathrm{e}^{-\bar{\lambda}t})+\frac{\lambda_2 pt}{\bar{\lambda}}.$$

为证明（b），令 $\Lambda(t)=\lambda_{R(t)}$，并对 $\varepsilon>0$ 定义

$$N(t)=\sum_{n=1}^{t/\varepsilon}[N(n\varepsilon)-N(n-1)\varepsilon]+o(\varepsilon).$$

现在

$$E[N(n\varepsilon)-N((n-1)\varepsilon)\mid\Lambda((n-1)\varepsilon)]=\Lambda((n-1)\varepsilon)\varepsilon+o(\varepsilon).$$

于是

$$E[N(n\varepsilon)-(N(n-1)\varepsilon)]=\varepsilon E[\Lambda((n-1)\varepsilon)]+o(\varepsilon).$$

因此，由上式，

$$E[N(t)]=E\left[\sum_{n=1}^{t/\varepsilon}\varepsilon\Lambda((n-1)\varepsilon)+\frac{to(\varepsilon)}{\varepsilon}\right].$$

现在令 $\varepsilon\to 0$ 得

$$E[N(t)]=E\left[\int_0^t\Lambda(s)\mathrm{d}s\right]=\sum_{i=1}^2\lambda_i\int_0^t P\{R(s)=i\}\mathrm{d}s$$
$$=\frac{pq(\lambda_1-\lambda_2)^2}{\bar{\lambda}^2}(1-\mathrm{e}^{-\bar{\lambda}t})+\frac{\lambda_1\lambda_2 t}{\bar{\lambda}},$$

其中最后的等式来自（∗）．另一个对（b）（更直观）的论证如下：

$$P\{在(s,s+h)有更新\}=hE[\Lambda(s)]+o(h),$$

故而

$$E[\Lambda(s)]=P\{在(s,s+h)有更新\}/h+o(h)/h.$$

496

令 $h\to 0$，给出

$$E[\Lambda(s)]=m'(s),$$

故而

$$m(t)=\int_0^t E[\Lambda(s)]\mathrm{d}s.$$

第 6 章

6.2 $\mathrm{Var}Z_n=\mathrm{Var}(\sum_1^n X_i)=\sum_1^n\mathrm{Var}(X_i)+\sum\sum_{i\neq j}\mathrm{Cov}(X_i,X_j).$

但是，对 $i<j$，

$$\begin{aligned}\mathrm{Cov}(X_i,X_j)&=E[X_iX_j]=E[(Z_i-Z_{i-1})(Z_j-Z_{j-1})]\\&=E[E[(Z_i-Z_{i-1})(Z_j-Z_{j-1})\mid Z_1,\cdots,Z_i]]\\&=E[(Z_i-Z_{i-1})(E(Z_j\mid Z_1,\cdots,Z_i)-E[Z_{j-1}\mid Z_1,\cdots,Z_i])]\\&=E[(Z_i-Z_{i-1})(Z_i-Z_i)]=0.\end{aligned}$$

6.7 $E[S_n^2\mid S_1^2,\cdots,S_{n-1}^2]=E[(S_{n-1}+X_n)^2\mid S_1^2,\cdots,S_{n-1}^2]$

$$\begin{aligned}&=E[S_{n-1}^2\mid S_1^2,\cdots,S_{n-1}^2]+2E[X_nS_{n-1}\mid S_1^2,\cdots,S_{n-1}^2]+E[X_n^2\mid S_1^2,\cdots,S_{n-1}^2]\\&=S_{n-1}^2+2E(X_n)E[S_{n-1}\mid S_1^2,\cdots,S_{n-1}^2]+E[X_n^2]\\&=S_{n-1}^2+\sigma^2.\end{aligned}$$

因此

$$E[S_n^2-n\sigma^2\mid S_1^2,\cdots,S_{n-1}^2]=S_{n-1}^2-(n-1)\sigma^2.$$

6.8 (a) $E[X_n+Y_n\mid X_i+Y_i,i=1,\cdots,n-1]$

$$=E[X_n\mid X_i+Y_i,i=1,\cdots,n-1]+E[Y_n\mid X_i+Y_i,i=1,\cdots,n-1].\quad(*)$$

现在

$$\begin{aligned}&E[X_n\mid X_i+Y_i,i=1,\cdots,n-1]\\&=E[E[X_n\mid X_i+Y_i,X_i,i=1,\cdots,n-1]\mid X_i+Y_i,i=1,\cdots,n-1]\\&=E[E[X_n\mid X_i,i=1,\cdots,n-1]\mid X_i+Y_i,i=1,\cdots,n-1]\quad\text{(由独立性)}\\&=E[X_{n-1}\mid X_i+Y_i,i=1,\cdots,n-1].\end{aligned}$$

497

类似地

$$E[Y_n\mid X_i+Y_i,i=1,\cdots,n-1]=E[Y_{n-1}\mid X_i+Y_i,i=1,\cdots,n-1].$$

因此由（*）得

$$\begin{aligned}&E[X_n+Y_n\mid X_i+Y_i,i=1,\cdots,n-1]\\&=E[X_{n-1}+Y_{n-1}\mid X_i+Y_i,i=1,\cdots,n-1]=X_{n-1}+Y_{n-1}.\end{aligned}$$

(b) 的证明类似.

没有独立性时两者都不正确. 令 $U_i(i\geqslant 1)$ 是独立的并等可能地取 1 或 -1 的随机变量. 取 $X_n=\sum_{i=1}^n U_i$，且取 $Y_1=0$，而对 $n>1$，定义 $Y_n=\sum_{i=1}^{n-1}U_i$. 易见 $\{X_nY_n,n\geqslant 0\}$ 和 $\{X_n+Y_n,n\geqslant 0\}$ 都不是鞅.

6.20 以 $x_{i_1},x_{i_2},\cdots,x_i,\cdots,x_{i_n}$ 记最短路径，而以 $h(x)$ 记其长度. 现在若 y 和 x 只有一个元件不同，比如，第 i 个元件不同，则连接一切 y 点的最短路径小于或等于路径 $x_{i_1},x_{i_2},\cdots,y_i,\cdots,x_{i_n}$ 的长度. 然而这路径的长度与 $h(x)$ 的相差不超过 4. 因此，$h/4$ 满足推论 6.3.4 的条件，故而以 $T=h(x)$ 有

$$P\{|T/4-E[T]/4|\geqslant b\}\leqslant 2\exp\{-b^2/2n\}.$$

令 $a=4b$ 就给出结果.

第 7 章

7.5 因为 $0\leqslant \mathrm{Var}\left(\sum_1^n X_i\right)=n\mathrm{Var}(X_1)+n(n-1)\mathrm{Cov}(X_1,X_2)$，

所以 $\mathrm{Var}(X_1)+(n-1)\mathrm{Cov}(X_1,X_2)\geqslant 0$ （对一切 n），

由此推出 $\mathrm{Cov}(X_1,X_2)\geqslant 0$.

在有限情形的一个反例，令 X_1 是均值为 0 的正态随机变量，而令 $X_2 = -X_1$.

7.9 利用 $f(x) = e^{\theta x}$ 是凸函数这个事实. 于是由 Jensen 不等式

$$1 = E[e^{\theta X}] \geqslant e^{\theta E[X]}.$$

由于 $E[X] < 0$，上式蕴含 $\theta > 0$.

第 8 章

8.3 由式 (8.1.4) 推出，从某个指定的时间开始，在给定 Brown 运动的值在时间 $t_2 - t_1$ 中变化 $B - A$ 时，此过程在时间 $s - t_1$ 中值变化的条件分布，是均值为 $(B-A)(s-t_1)/(t_2-t_1)$，方差为 $(t_2 - s)(s-t_1)/(t_2-t_1), t_1 < s < t_2$ 的正态分布. 因此，在给定 $X(t_1) = A$，$X(t_2) = B$ 时，$X(s)$ 是正态随机变量，它具有均值和方差 498

$$E[X(s) \mid X(t_1) = A, X(t_2) = B] = A + (B-A)\frac{s-t_1}{t_2-t_1},$$

$$\mathrm{Var}(X(s) \mid X(t_1) = A, X(t_2) = B) = \frac{(s-t_1)(t_2-s)}{t_2-t_1}.$$

8.4 对 $s \leqslant t$

$$\mathrm{Cov}(X(s), X(t)) = (s+1)(t+1)\mathrm{Cov}(Z(t/(t+1)), Z(s/(x+1))).$$

由于 $\{Z(t)\}$ 和 $\{W(t) - tW(1)\}$ 具有相同的概率分布，其中 $\{W(t)\}$ 是 Brown 运动，我们可见

$$\begin{aligned}\mathrm{Cov}(X(s), X(t_1)) = (s+1)(t+1)\Bigg[&\mathrm{Cov}\left(W\left(\frac{t}{t+1}\right), W\left(\frac{s}{s+1}\right)\right) \\ &-\frac{t}{t+1}\mathrm{Cov}\left(W(1), W\left(\frac{s}{s+1}\right)\right) \\ &-\frac{s}{s+1}\mathrm{Cov}\left(W\left(\frac{t}{t+1}\right), W(1)\right) \\ &+\frac{st}{(s+1)(t+1)}\mathrm{Cov}(W(1), W(1))\Bigg] \\ = s(t+1) - st - st + st = s, \quad s \leqslant t.\end{aligned}$$

因为易见 $\{X(t)\}$ 是具有 $E[X(t)] = 0$ 的 Gauss 过程，由此推出它是 Brown 运动.

8.6 $\mu = \lambda$，$c = \sqrt{1/2\lambda}$.

8.7 三个都有相同的密度.

8.14 $\frac{1}{6}$.

8.15 $f(x) = \frac{A-x}{\mu} + (B+A)\frac{e^{-2\mu A} - e^{-2\mu x}}{\mu(e^{2\mu B} - e^{-2\mu A})}$.

8.16 (b)

$$\begin{aligned}E[T_x \mid X(h)] &= E[h + T_{x-X(h)}] + o(h) \\ &= h + \frac{x - X(h)}{\mu} + o(h) \qquad (\text{由于 } E[T_x] = \frac{x}{\mu}).\end{aligned}$$

$$\mathrm{Var}(T_x \mid X(h)) = \mathrm{Var}(h + T_{x-X(h)}) + o(h) = g(x - X(h)) + o(h).$$ 499

因此，由条件方差公式

$$\begin{aligned}g(x) &= \mathrm{Var}(E[T_x \mid X(h)]) + E[\mathrm{Var}(T_x \mid X(h))] \\ &= \frac{h}{\mu^2} + E[g(x - X(h))] + o(h)\end{aligned}$$

$$= \frac{h}{\mu^2} + E\left[g(x) - X(h)g'(x) + \frac{X^2(h)}{2}g''(x) + \cdots\right] + o(h)$$

$$= \frac{h}{\mu^2} + g(x) - \mu h g'(x) + \frac{h}{2}g''(x) + o(h).$$

除以 h 后，令 $h \to 0$ 得

$$0 = -\mu g'(x) + g''(x)/2 + 1/\mu^2.$$

(c) $\mathrm{Var}(T_{x+y}) = \mathrm{Var}(T_x + T_{x+y} - T_x)$

$= \mathrm{Var}(T_x) + \mathrm{Var}(T_{x+y} - T_x)$ （由独立性）

$= \mathrm{Var}(T_x) + \mathrm{Var}(T_y)$.

所以

$$g(x+y) = g(x) + g(y),$$

它蕴含了

$$g(x) = cx.$$

(d) 我们由 (c) 可见

$$g(x) = cx,$$

而由 (b) 这蕴含了

$$g(x) = x/\mu^3.$$

8.17 $\min(1, 5x/4)$.

第9章

9.8 (a) 利用表示

$$X = \sum_{i=1}^{n} X_i,$$

其中 $X_1, \cdots, X_n$ 是独立的，具有

$$P\{X_i = 1\} = 1 - P\{X_i = 0\} = p, \quad i = 1, \cdots, n.$$

500 由于 X_i 都是离散 IFR 随机变量，所以由卷积的结果知 X 是 IFR 随机变量.

(b) 令 X_n 是参数为 n, p_n 的二项随机变量，其中 $np_n = \lambda$. 由 IFR 性质在极限下的保持性，结论得自 X_n 趋于均值为 λ 的 Poisson 随机变量.

(c) 令 $X_i (i \geqslant 1)$ 是独立的几何随机变量，即

$$P\{X_i = k\} = P(1-p)^{k-1} \quad k \geqslant 1.$$

由于

$$P\{X_i = k \mid X_i \geqslant k\} = p,$$

由此推出 $X_i (i \geqslant 1)$ 是离散 IFR. 因此 $\sum_{i=1}^{r} X_i$ 是 IFR，它给出了结论.

9.12 以 T_i 记在 Markov 链中，从状态 i 离开后到达的下一个状态. 此假设导致 $T_i \leqslant_{\mathrm{st}} T_{i+1} (i \geqslant 1)$. 因此 (a) 得自 $\sum_j P_{ij} f(s) = E[f(T_i)]$. 今对 n 用归纳法证明 (b) 如下：以 P_i 和 E_i 记取条件于 $X_0 = i$ 的概率和期望，我们有

$$P_i\{X_n \geqslant k\} = E_i[P_i\{X_n \geqslant k \mid X_1\}] = E_i[P_{X_1}\{X_{n-1} \geqslant k\}].$$

现在，归纳法假设说明 $P_i\{X_{n-1} \geqslant k\}$ 对 i 递增因而 $P_i\{X_{n-1} \geqslant k\}$ 是 X_1 的递增函数. 由 (a)，X_1 关于初始状态 i 随机地递增，故而对任意递增函数 $g(X_1)$，特别对 $g(X_1) = P_{X_1}\{X_{n-1} \geqslant k\}$，我们有

$$E_i[g(X_1)] \uparrow i.$$

9.15　由不等式

$$I\{X \in A\} - I\{Y \in A\} \leqslant I\{X \neq Y\},$$

出发，此不等式得自，因为若左方等于 1 则 X 在 A 中而 Y 不在 A 中，故而右方也是 1. 取期望得

$$P\{X \in A\} - P\{Y \in A\} \leqslant P\{X \neq Y\}.$$

但是，将 X 和 Y 交换位置，就建立了

$$P\{Y \in A\} - P\{X \in A\} \leqslant P\{X \neq Y\},$$

它证明了结论.

9.20　假设 Y, Z 是独立的且 $Y \sim G, \min(Y, Z) \sim F$. 利用两个独立随机变量的极小值的风险率函数等于它们的风险率函数之和这一事实，给出

$$\lambda_G(t) = \lambda_Y(t) \leqslant \lambda_Y(t) + \lambda_Z(t) = \lambda_F(t).$$

501

为证明另一个方向的结论，我们假设 $\lambda_F(t) \geqslant \lambda_G(t)$. 令 Y 具有分布 F 而定义 Z 和 Y 独立且具有风险率函数

$$\lambda_Z(t) = \lambda_F(t) - \lambda_G(t).$$

随机变量 Y, Z 就满足需要的条件.

9.29　令 $n = 2$. 那么

$$P\{X_1 + X_2 \geqslant 2\} = P_1 P_2 \leqslant \left(\frac{P_1 + P_2}{2}\right)^2 = P\{\text{Bin}(2, \bar{p}) \geqslant 2\},$$

$$\sum_{i=1}^{2} P\{X_1 + X_2 \geqslant i\} = P_1 P_2 + P_1 + P_2 - P_1 P_2 = \sum_{i=1}^{2} P\{\text{Bin}(2, \bar{p}) \geqslant i\},$$

这说明

$$X_1 + X_2 \underset{v}{\leqslant} \text{Bin}(2, \bar{p}).$$

现在考虑 n 的情形并假设 $P_1 \leqslant P_2 \leqslant \cdots \leqslant P_n$. 令 f 是递增凸函数，利用对 $n = 2$ 的结果，我们可见

$$E\left[f\left(\sum_{i=1}^{n} X_i\right) \middle| X_2, \cdots, X_{n-1}\right] \leqslant E\left[f\left(\bar{X}_1 + \bar{X}_n + \sum_{2}^{n-1} X_i\right) \middle| X_2, \cdots, X_{n-1}\right],$$

其中 $\bar{X}_1, \bar{X}_n$ 是与其余的随机变量独立的 Bernoulli 随机变量，具有

$$P\{\bar{X}_1 = 1\} = P\{\bar{X}_n = 1\} = \frac{P_1 + P_n}{2}.$$

对上式取期望显示

$$\sum_{i=1}^{n} X_i \underset{v}{\leqslant} \bar{X}_1 + \bar{X}_n + \sum_{i=2}^{n-1} X_i.$$

重复此推理（于是不断地说明，当前的一组 X 的和，比具有最大 P 的 X 和具有最小 P 的 X 代之以它们的 P 的平均的两个 X 更少变）然后趋向极限，导致

$$\sum_{1}^{n} X_i \underset{v}{\leqslant} \text{Bin}(n, \bar{p}).$$

现在写出

$$\sum_{1}^{n} X_i = \sum_{1}^{n} X_i + \sum_{n+1}^{n+m} X_i,$$

502

其中 $X_i \equiv 0 (n + 1 \leqslant i \leqslant n + m)$. 于是由上面得

$$\sum_{1}^{n} X_i \leqslant \text{Bin}\left(n + m, \sum_{1}^{n} \frac{P_i}{n + m}\right).$$

令 $m \to \infty$ 导致

$$\sum_{1}^{n} X_i \underset{v}{\leqslant} \text{Poisson}\left(\sum_{1}^{n} P_i\right).$$

注意，我们在此假定变动性在极限下成立.

9.32 令 f 是凸函数. $f(Xc)$ 关于 X 的 Taylor 级数展开给出

$$f(cX) = f(X) + f'(X)(c-1)X + f''(Z)(cX-Z)^2/2,$$

其中 $X < Z < cX$. 取期望并利用 f 的凸性给出

$$E[f(cX)] \geqslant E[f(X)] + (c-1)E[Xf'(X)].$$

现在对 $X \geqslant 0$，函数 $g(X) = X$ 和 $g(X) = f'(X)$ 两者都是递增函数（后者由于 f 的凸性），故而由命题 7.2.1

$$E[Xf'(X)] \geqslant E[X]E[f'(X)] = 0,$$

这表明 $E[f(cX)] \geqslant E[f(X)]$.

9.34 令 f 是凸函数. 那么

$$E[f(Y)] = E[E[f(Y) \mid X]] \geqslant E[f(E[Y \mid X])],$$

其中的不等式来自将 Jensen 不等式用于分布是给定 X 时 Y 的条件分布的随机变量.

(a) 得自上式，因为

$$XY \underset{v}{\geqslant} E[XY \mid X] = XE[Y \mid X].$$

(b) $X+Y \underset{v}{\geqslant} E[X+Y \mid X] = X + E[Y \mid X] = X + E[Y] = X.$

(c) $\sum_{i=1}^{n} X_i \underset{v}{\geqslant} E\left[\sum_{i=1}^{n} X_i \,\middle|\, \sum_{i=1}^{n+1} X_i\right] = \frac{n}{n+1}\sum_{i=1}^{n+1} X_i.$

(d) 令 X 和 Y 是独立同分布的. 那么

$$2X \underset{v}{\geqslant} X+Y \underset{v}{\geqslant} E[(X+Y) \mid X] = X + E[Y \mid X] = X + E[X],$$

503

其中首个不等式得自 (c).

索 引

索引中的页码为英文原书页码，与书中页边标注的页码一致.

C

D

E

F

G

H

I

J

K

L

M

N

O

P

Q

R

S

T

U

V

W

Y

T

U

V

W

Y

推荐阅读

推荐阅读

书名	书号	定价	出版年	作者
数值分析（英文版·第2版）	978-7-111-38582-0	89	2013	（美）Timothy Sauer
数论概论（英文版·第4版）	978-7-111-38581-3	69	2013	（美）Joseph H. Silverman
数理统计学导论（英文版·第7版）	978-7-111-38580-6	99	2013	（美）Robert V. Hogg 等
代数（英文版·第2版）	978-7-111-36701-7	79	2012	（美）Michael Artin
线性代数（英文版·第 8 版）	978-7-111-34199-4	69	2011	（美）Steven J.Leon
商务统计：决策与分析(英文版)	978-7-111-34200-7	119	2011	（美）Robert Stine 等
多元数据分析(英文版·第7版)	978-7-111-34198-7	109	2011	（美）Joseph F.Hair,Jr 等
统计模型：理论和实践（英文版·第2版）	978-7-111-31797-5	38	2010	（美）David A.Freedman
实分析（英文版·第4版）	978-7-111-31305-2	49	2010	（美）H.L.Royden
概率论教程（英文版·第3版）	978-7-111-30289-6	49	2010	（美）Kai LaiChung
初等数论及其应用（英文版·第6版）	978-7-111-31798-2	89	2010	（美）Kenneth H.Rosen
组合数学（英文版·第5版）	978-7-111-26525-2	49	2009	（美）Richard A.Brualdi
数学建模（英文精编版·第4版)	978-7-111-28249-5	65	2009	（美）FrankR. Giordano
复变函数及应用（英文版·第8版）	978-7-111-25363-1	65	2009	（美）James Ward Brown
数学建模方法与分析(英文版·第3版）	978-7-111-25364-8	49	2008	（美）MarkM.Meerschaert
数论概论（英文版·第3版）	978-7-111-19611-2	52	2006	（美）Joseph H.Silverman
实分析和概率论（英文版·第2版）	978-7-111-19348-7	69	2006	（美）R.M.Dudley
高等微积分（英文版·第2版）	978-7-111-19349-4	76	2006	（美）Patrick M.Fitzpatrick
数学分析原理（英文版·第3版）	978-7-111-13306-3	35	2004	（美）Walter Rudin
实分析与复分析（英文版·第3版）	978-7-111-13305-6	39	2004	（美）Walter Rudin
泛函分析（英文版·第2版）	978-7-111-13415-2	42	2004	（美）Walter Rudin